NOUVELLES SUITES

A

BUFFON,

FORMANT,

avec les œuvres de cet auteur,

UN COURS COMPLET D'HISTOIRE NATURELLE.

Collection

accompagnée de Planches.

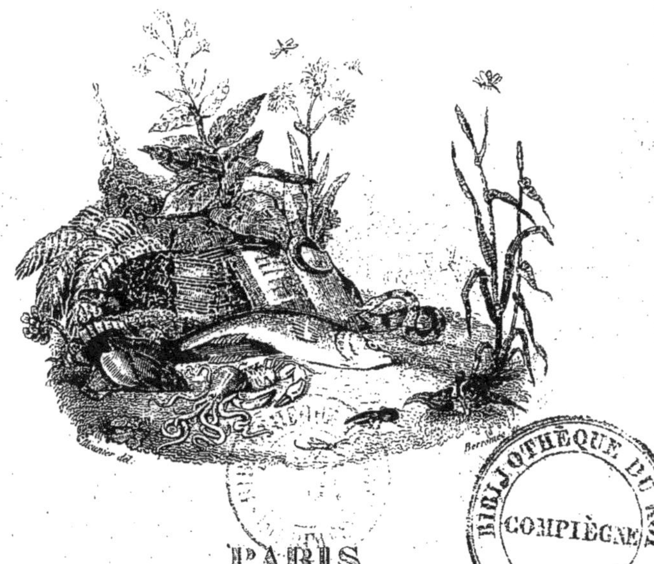

PARIS

A LA LIBRAIRIE ENCYCLOPÉDIQUE DE RORET,

Rue Hautefeuille, N.º 10 bis.

POURRAT Frères, Rue des Petits Augustins N.º 5.

HISTOIRE NATURELLE

DES

VÉGÉTAUX.

—

PHANÉROGAMES.

XIII.

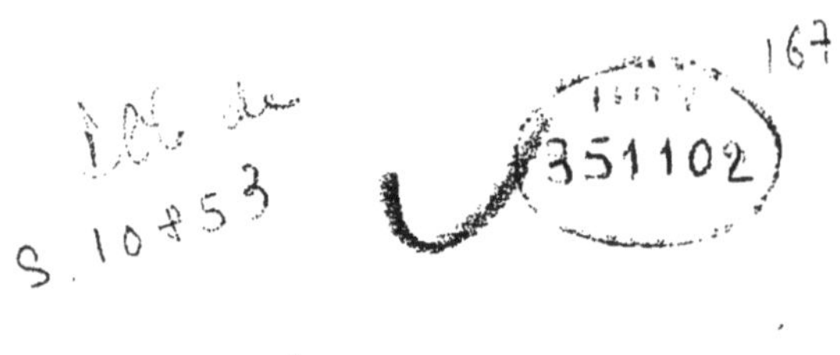

SCHNEIDER ET Ce, IMPRIMEURS,
Rue d'Erfurth, n° 1.

HISTOIRE NATURELLE

DES

VÉGÉTAUX.

PHANÉROGAMES.

Par M. Édouard SPACH,

AIDE-NATURALISTE AU MUSÉUM D'HISTOIRE NATURELLE, MEMBRE DE
PLUSIEURS SOCIÉTÉS SAVANTES.

TOME TREIZIÈME.

OUVRAGE ACCOMPAGNÉ DE PLANCHES.

PARIS.

LIBRAIRIE ENCYCLOPÉDIQUE DE RORET,

RUE HAUTEFEUILLE, N° 10 BIS.

1846.

VÉGÉTAUX PHANÉROGAMES.

MONOCOTYLÉDONES.

VEGETABILIA MONOCOTYLEDONEA.

CINQUANTIÈME CLASSE.

(SUITE.)

LES ENSIFÈRES.

ENSATÆ Bartl. (*Lirioidearum* pars et *Bromelioi-deæ* Ad. Brogn. Enum. Gen. Hort. Par.)

DEUX CENT QUATORZIÈME FAMILLE.

LES IRIDÉES. — *IRIDEÆ.*

Irides Juss. Gen. — *Irideæ* Juss. in Dict. des Sciences Nat. vol. 23, p. 623. — R. Br. Prodr. p. 302. — Reichenb. Consp. p. 53. Id. Syst. Nat. p. 149. — Bartl. Ord. Nat. p. 44. — Endl. Gen. p. 164. — Dumort. Fam. p. 157. — *Iridaceæ* Lindl. Nat. Syst. ed. 2, p. 332. — *Ensatæ* Linn. — *Liliaceæ-Irideæ* Ad. Brongn. Enum. Gen. Hort. Par. p. XV et 22.

En général les *Iridées* n'offrent aucune propriété prononcée ; toutefois les racines de certaines espèces sont âcres et drastiques ; le safran (Voir *Crocus*) est remarquable comme substance aromatique et tinctoriale. Cette famille, dont on connaît environ un millier d'espèces, se rencontre dans tous les climats ; mais elle abonde principalement dans la zone tempérée de l'hémisphère austral.

Caractères de la famille.

Herbes vivaces, à rhizome tubéreux ou bulbeux ; un petit nombre d'espèces sont ligneuses. *Tige* (nulle dans beaucoup d'espèces) simple ou rameuse, articulée, ou inarticulée.

Feuilles alternes, simples, très-entières, nerveuses, équitantes et engaînantes à la base, ensiformes, ou linéaires, en général distiques.

Fleurs régulières ou irrégulières, hermaphrodites, terminales, ou radicales, accompagnées de bractées spathacées et en général scarieuses. Inflorescence variée. Rarement les fleurs sont solitaires.

Périanthe supère, pétaloïde, non-persistant (souvent fugace), ou marcescent, soit 6-sépale, soit tubuleux et plus ou moins profondément 6-parti ; sépales ou segments bisériés : les 3 intérieurs en général plus petits et souvent non-conformes aux extérieurs.

Étamines 3, épigynes, ou insérées à la base des sépales-externes. Filets libres ou monadelphes. Anthères extrorses, dithèques, en général basifixes et dressées ; connectif nul ou continu au filet ; bourses contiguës, déhiscentes chacune par une fente longitudinale.

Pistil : Ovaire infère (rarement inadhérent au sommet), 1-style, 3-loculaire, en général trigone ou trièdre ; loges multi-ovulées, ou rarement pauci-ovulées ; ovules 2-ou pluri-sériés (rarement 1-sériés), axiles, anatropes, en général horizontaux. Style terminé en 3 stigmates le plus souvent larges et pétaloïdes.

Péricarpe capsulaire, 3-loculaire, loculicide-trivalve, en général polysperme.

Graines subglobuleuses, ou irrégulièrement anguleuses, ou aplaties ; tégument-externe souvent lâche et membraneux. Périsperme corné ou charnu. Embryon axile ou excentrique, rectiligne, ou un peu courbé, subcylindracé, intraire, en général plus court que le périsperme ; extrémité-radiculaire contiguë au hile.

La famille des Iridées comprend les genres suivants :

Iᵉ TRIBU. **FERRARIÉES.** — *FERRARIEÆ* Dumort.

Étamines monadelphes.

Ferraria Linn. — *Tigridia* Juss. — *Rigidella* Lindl. — *Hydrotœnia* Lindl. — *Cypella* Herbert. (Tinantia Dumort.) — *Alophia* Herbert. — *Patersonia* R. Br. (Genosiris Labill.) — *Galaxia* Thunb. — *Vieusseuxia* La Roche.— *Sisyrinchium* Linn. (Bermudiana Tourn. Syorhynchium Hoffmanns. Orthrosanthus Sweet. Gelasine Herbert.) — *Homeria* Vent.

IIᵉ TRIBU. **MORÉACÉES.** — *MORÆACEÆ* Dumort.

Étamines libres, droites. Périanthe non-ringent ; sépales-internes en général non-conformes aux externes.

Iris Linn. (Evansia Salisb. Iris, Xiphion, Hermodactylus et Sisyrinchium Tourn.) — *Morœa* Linn. (Dietes Salisb.?) — *Cipura* Aubl. (Marica Schreb.) — *Belemcanda* Mœnch. (Pardanthus Ker.) — *Libertia* Spreng. (Renealmia R. Br. Nematostigma Dietrich.) — *Herbertia* Sweet.

IIIᵉ TRIBU. **GLADIOLÉES.** — *GLADIOLEÆ* Dumort.

Étamines libres, ascendantes. Périanthe irrégulier, ringent.

Gladiolus Tourn. (Hebea et Lemonia Pers. Synotia,

Streptanthera et Bertera Sweet. Homoglossum Salisb.)
— *Antholyza* Linn. (Anisanthus Sweet.) — *Montbretia*
D. C. (Hexaglottis Vent. Tritonia Ker. Waizia Reichb.
Freesa Eckl. Bellendenia Rafin.) — *Watsonia* Mill.
(Micranthus Pers. Meriana Trew.) — *Diplarrhena* La-
bill.

IVe TRIBU. IXIÉES. — *IXIEÆ* Dumort.

Étamines libres, droites. Périanthe régulier. Spathe
2-valve.

Ixia Linn. (Morphixia Ker. Hyalis Salisb. Agretta Eckl.)
— *Diasia* D. C. (Aglæa Pers. Melasphærula Ker.) —
Hesperantha Ker. — *Geissorhiza* Ker. — *Sparaxis*
Ker. — *Babiana* Ker. — *Anomatheca* Ker. — *Ovieda*
Spreng. (Lapeyrousia Pourret, non Thunb. Peyrousia
Sweet, non D. C. Merisostigma Dietr.) — *Witsenia*
Thunb. (Nivenia Vent. Genlisia Reichb.) — *Sophronia*
Lichtenst. — *Aristea* Soland. (Cleanthe Salisb.) —
Trichonema Ker. (Romulea Maratti.)

Ve TRIBU. CROCINÉES. — *CROCINEÆ* Dumort.

Étamines libres, droites. Périanthe régulier. Spathe
1-phylle.

Crocus Tourn.

Genre FERRARIA. — *Ferraria* Linn.

Périanthe 6-parti : segments étalés ou réfléchis, similaires, oblongs, ondulés : les extérieurs plus larges. Étamines 5, insérées au fond du périanthe. Filets soudés en
androphore tubuleux. Anthères ovées, didymes, basifixes.
Ovaire 5-loculaire; loges multi-ovulées; ovules horizontaux, 2-sériés. Style filiforme. Stigmates larges, pétaloïdes,

connivents, bifides : lobes multifides, pénicilliformes. Capsule coriace, trigone, triloculaire, 5-valve, polysperme. Graines ovées-orbiculaires ; tégument charnu. — Herbes à rhizome tubéreux. Tige simple ou paniculée, feuillue. Feuilles distiques, imbriquées, ensiformes, légèrement charnues, glauques, nerveuses. Fleurs grandes, serrées, éphémères. Spathes plurivalves, 1-flores. — Genre propre à l'Afrique australe ; les espèces suivantes se cultivent comme plantes d'ornement de serre.

FERRARIA ONDULÉ. — *Ferraria undulata* Linn. — Mill. Ic. tab. 280. — Bot. Mag. tab. 144. — Redout. Lil. tab. 28. — Delaun. Herb. de l'Amat. vol. 6. — Rhizome gros, subglobuleux. Tige haute de 1 ½ pied à 2 pieds, rameuse. Feuilles ponctuées de rouge et de brun. Fleurs géminées ou ternées à l'extrémité des rameaux, grandes. Sépales d'un pourpre brun tirant sur le violet, comme veloutés, marqués d'un cercle blanchâtre, ponctués de jaune et ondulés aux bords.

FERRARIA FERRARIOLE. — *Ferraria Ferrariola* Willd. — *Ferraria viridiflora* Andr. Bot. Rep. tab. 285. — *Ferraria antherosa* Ker, Bot. Mag. tab. 751. — Tige simple. Feuilles inférieures plus étroites. Fleurs subsolitaires, à spathe monophylle. Sépales-extérieurs panachés de jaune et de vert avec des stries et des points violets. Sépales-intérieurs 1 fois plus étroits que les extérieurs, verdâtres en dehors à leur base, jaunâtres avec des stries d'un pourpre violet, ondulés, non-ponctués.

Genre TIGRIDIA. — *Tigridia* Juss.

Périanthe rotacé, 6-parti ; tube très-court ; segments onguiculés, concaves vers leur base, étalés : les extérieurs plus grands, oblongs-obovés ; les intérieurs beaucoup plus petits, panduriformes. Étamines 5 insérées à la gorge du périanthe, longuement saillantes. Filets soudés en androphore tubuleux, très long, grêle, dressé. Anthères linéaires, basifixes, dressées, à connectif introrse, aussi large

que les deux bourses. Ovaire 5-loculaire ; loges multi-ovulées ; ovules horizontaux , bisériés. Style filiforme, de la
longueur des étamines. Stigmates allongés, filiformes, bifurqués. Capsule submembranacée, 5-loculaire, 5-valve,
polysperme. Graines petites, ovoïdes, plus ou moins
anguleuses ; tégument membraneux, lâche, inadhérent.
— Herbes à bulbe écailleux. Tige rameuse, noueuse, cylindrique, feuillée. Feuilles ensiformes , distiques, nerveuses, plissées. Fleurs grandes, terminales, pédonculées,
peu nombreuses, dressées, éphémères, accompagnées
chacune d'une spathe bivalve. — Genre propre au Mexique.

TIGRIDIA QUEUE DE PAON. — *Tigridia pavonia* Redout. Lil.
tab. 6. — *Ferraria pavonia* Cavan. Diss. tab. 189, fig. 1. —
Andr. Bot. Rep. tab. 178. — Delaun. Herb. de l'Amat. vol. 1.
— *Ferraria Tigridia* Bot. Mag. tab. 552. — Tige haute de 1 ½
à 2 pieds, dressée, flexueuse, médiocrement feuillée, subtriflore.
Feuilles pointues, d'un vert gai, les inférieures longues d'environ
1 pied. Fleurs larges d'environ 5 pouces. Segments-externes
arrondis au sommet, acuminulés, un peu rétrécis en sinus de
chaque côté au-dessous du milieu, tigrés de violet et de jaune
dans la partie inférieure qui est concave et un peu charnue, d'un
écarlate vif dans le reste de leur surface. Segments-intérieurs 5
fois plus courts que les extérieurs, cordiformes à la base, à fond
jaune tigré de pourpre-violet. Androphore d'environ 6 lignes
plus court que le périanthe, pourpre de même que le style et les
stigmates. — Fréquemment cultivé comme plante d'ornement.
(Vulgairement *Queue de paon.*)

Genre RIGIDELLE. — *Rigidella* Lindl.

Périanthe 5-sépale ; sépales imbriqués et convolutés à la
base, contractés au-dessous du milieu, révolutés et concaves dans le haut, tordus en spirale après la floraison.
Étamines 5. Filets soudés en androphore tubuleux, longuement saillant. Anthères linéaires, basifixes, dressées.

Stigmates 3, bi-partis, appendiculés au dos, opposés aux anthères : lanières linéaires, papilleuses au sommet. Capsule chartacée, polysperme, 3-valve au sommet. Graines subglobuleuses, ponctuées ; raphé et chalaze superficiels. — Plante bulbeuse. Feuilles larges, ensiformes, distiques, plissées. Fleurs terminales, fasciculées, pédicellées ; pédicelles déclinés pendant la floraison, puis dressés. Spathe 2-valve.

RIGIDELLE ÉCARLATE. — *Rigidella flammea* Lindl. in Bot. Reg. 1840, tab. 16. — Plante haute de 3 à 4 pieds. Feuilles lancéolées-oblongues, subobtuses. Fleurs d'un écarlate orange, maculées de pourpre foncé. — Indigène du Mexique. Cultivée comme plante d'ornement.

Genre CYPELLA. — *Cypella* Sweet.

Périanthe 6-sépale ; sépales concaves à la base : les 3 extérieurs grands, étalés, presque panduriformes ; les 3 intérieurs petits, subrhomboïdaux, acuminés, convolutés. Étamines 3, dressées, courtes, insérées à la base des sépales externes. Filets monadelphes à la base. Anthères oblongues, basifixes, conniventes. Ovaire oblong, 3-loculaire ; loges multi-ovulées. Style court, filiforme. Stigmates pétaloïdes, soudés vers leur base, trifides au sommet, appendiculés de chaque côté à la base des lanières. Capsule oblongue, 3-loculaire, 3-valve, polysperme. Graines anguleuses. — Herbe à bulbe charnu, tuniqué. Tige feuillée, rameuse au sommet ; rameaux simples, 1-flores. Feuilles ensiformes, distiques, plissées. Fleurs grandes, dressées, terminales, solitaires, à spathe herbacée, bivalve.

CYPELLA DE HERBERT. — *Cypella Herbertii* Sweet, Brit. Flow. Gard. ser. 2, tab. 53. — *Tigridia Herberti* Herb. in Bot. Mag. in notâ. — *Morœa Herberti* Lindl. in Bot. Reg. tab. 949. — *Marica Herbertiana* Ker, Irid. — Tige dressée, haute d'environ 2 pieds. Feuilles glauques, pointues : les inférieures longues de $^1/_2$ pied, larges de 1 pouce ; les supérieures petites, ovées, acuminées, concaves, semblables aux spathes. Spathes de la longueur des pédoncules. Sépales-externes longs de 1 $^1/_2$ pouce, rétus, crénelés au sommet, d'un jaune orange, avec une bande médiane d'un pourpre foncé ; base très-concave, bleuâtre, ponctuée de pourpre. Sépales-internes longs de 1 pouce (étant déroulés), à base colorée comme celle des sépales-externes ; partie supérieure d'un jaune orange avec une tache blanche au milieu.—Indigène du Mexique. Cultivé comme plante d'ornement.

Genre PATERSONIA. — *Patersonia* R. Br.

Périanthe hypocratériforme, régulier ; tube long, grêle ; limbe 6-parti : segments-intérieurs petits. Étamines 3, insérées à la gorge du périanthe ; filets soudés en court androphore tubuleux. Anthères ovées ; bourses bordant le connectif. Ovaire prismatique, 3-loculaire ; loges multiovulées ; ovules bisériés, ascendants. Style capillaire, en général épaissi au sommet. Stigmates pétaloïdes, cuculliformes, entiers. Capsule prismatique, membranacée, 3-loculaire, 3-valve, polysperme. Graines oblongues, anguleuses ; tégument coriace, rugueux. — Herbes à racine fibreuse. Tige nulle, ou simple, ou rameuse. Feuilles étroites, ensiformes, serrées. Spathe générale bivalve, pluriflore. Spathes-partielles incluses, 1-flores. Fleurs grandes, éphémères, serrées. — Genre propre à la Nouvelle-Hollande.

PATERSONIA SOYEUX. — *Patersonia sericea* R. Br. Prodr. — Bot. Mag. tab. 1041. — Plante acaule. Feuilles linéaires-ensiformes, finement striées, pubescentes aux bords, laineuses à la base de leur carène, droites, longues de 4 à 6 pouces, larges de 2 à 5 lignes. Hampe plus courte que les feuilles, nue, cylindrique, soyeuse ainsi que la spathe. Segments externes du périanthe ovales, obtus, violets ; segments intérieurs droits, subulés, petits. Stigmates défléchis.—Cultivé comme plante d'ornement de serre.

Genre GALAXIA. — *Galaxia* Thunb.

Périanthe infondibuliforme, régulier ; tube grêle, cylindrique ; limbe profondément 6-fide : segments similaires, égaux, cunéiformes-oblongs : les extérieurs fovéolés à la base. Étamines 5, insérées à la gorge du périanthe. Filets soudés en androphore court, tubuleux, conique. Anthères basifixes, dressées, subsagittiformes. Ovaire trigone, 5-loculaire ; loges multi-ovulées ; ovules bisériés, ascendants. Style trièdre, filiforme, en général épaissi au sommet. Stigmates petits, lamelliformes, concaves, obtus, fimbriolés, recourbés. Capsule membranacée, trisulquée, trigone, 5-valve, polysperme. Graines petites, globuleuses. — Herbes bulbeuses, subacaules, basses. Bulbe tuniqué. Tige courte, très-simple, feuillue au sommet, aphylle dans le bas. Feuilles couronnantes, distiques, équitantes, étroites, concaves. Fleurs axillaires et terminales, solitaires, fugaces, accompagnées chacune d'une petite spathe 1-phylle. — Genre propre à l'Afrique australe ; les espèces suivantes se cultivent comme plantes d'ornement.

GALAXIA A GRANDES FLEURS. — *Galaxia grandiflora* Andr. Bot. Rep. tab. 164. — Plante haute de 4 à 5 pouces. Feuilles oblongues-lancéolées, pointues, élargies à la base, arquées en arrière. Fleurs aussi longues que les feuilles. Périanthe jaune ; limbe large de près de 2 pouces ; segments très-obtus, étalés, recourbés dans le haut. Étamines peu saillantes. Stigmates jaunes, débordant les anthères.

GALAXIA A FEUILLES OVÉES. — *Galaxia ovata* Thunb. — Andr. Bot. Rep. tab. 94. — Bot. Mag. tab. 1208. — Plante haute de 2 pouces. Feuilles ovées, obtuses, courtes. Fleurs jaunes, assez grandes, plus longues que les feuilles.

GALAXIA A FEUILLES DE GRAMINÉE. — *Galaxia graminea* Thunb. — Jacq. Ic. Rar. tab. 18, fig. 2. — Bot. Mag. tab. 1292. — Plante très-basse. Feuilles linéaires-filiformes, élargies à la base, canaliculées, longues de 1 pouce à 2 pouces. Fleurs jaunes.

GALAXIA A FLEURS D'IXIA. — *Galaxia ixiæflora* Redout. Lil. tab. 41. — Delaun. Herb. de l'Amat. vol. 7. — *Ixia monadelpha* Delaroche. — Bot. Mag. tab. 607. — *Ixia columnaris* Salisb. Prodr. — Andr. Bot. Rep. tab. 205, 211, 215 et 250. — Tige haute d'environ 1 pied, grêle, feuillée dans le bas, nue dans le haut. Feuilles au nombre de 4 ou 5, distancées, lancéolées, ou lancéolées-linéaires, pointues. Fleurs solitaires, distiques, 5-bractéolées, sessiles, disposées en épi terminal, court, assez dense. Périanthe lilas, ou pourpre, ou bleuâtre, ou jaune, ou violet, souvent panaché de brun à la base des segments ; limbe large d'environ 15 lignes ; segments oblongs ou lancéolés-oblongs, subobtus, plus ou moins inégaux. Androphore saillant, débordant les stigmates. Stigmates filiformes. (Cette espèce paraît constituer un genre tenant le milieu entre les *Galaxia* et les *Ixia*.)

Genre VIEUSSEUXIA. — *Vieusseuxia* Delaroche.

Périanthe rotacé , 6-parti : segments dissimilaires : les extérieurs onguiculés, souvent barbus; les intérieurs subulés ou tricuspidés, petits, dressés. Étamines 5, insérées sur un disque épigyne. Filets soudés en androphore tubuleux. Anthères oblongues, basifixes. Ovaire oblong, prismatique, 5-loculaire; loges multi-ovulées; ovules horizontaux, 2-sériés. Style court, filiforme. Stigmates larges, pétaloïdes, bilobés, opposés aux étamines. Capsule coriace, trigone, 5-loculaire, 5-valve, polysperme. — Herbes bulbeuses. Tige cylindrique, simple, ou paniculée. Feuilles peu nombreuses, ensiformes. Fleurs solitaires, pédicellées, accompagnées chacune d'une spathe herbacée, 2-phylle. — Genre propre à l'Afrique australe ; les espèces suivantes se cultivent dans les collections de serre.

VIEUSSEUXIA GLAUQUE. — *Vieusseuxia glaucopis* D. C. in Ann. du Mus. 2, tab. 42. — Redout. Lil. tab. 42. — Herb. de l'Amat. vol. 1. — *Iris pavonia* Bot. Mag. tab. 168. — Bulbe globuleux. Tige droite, simple, presque nue, en général 2-flore. Feuilles étroites, linéaires, pointues, aussi longues que la tige, glauques. Périanthe à segments externes blancs, étalés, obtus, marqués à la base d'une grande tache bleue; onglets barbus; segments internes courts, tricuspidés.

VIEUSSEUXIA ŒIL DE PAON. — *Vieusseuxia pavonia* D. C. — *Morœa pavonia* Ker, in Bot. Mag. tab. 1247. — *Iris pavonia* Thunb. Diss. tab. 1. — Jacq. Hort. Schœnbr. 1, tab. 10. — Andr. Bot. Rep. tab. 564. — Tige haute d'environ 1 pied, simple, 1-ou 2-flore, velue de même que les feuilles. Feuilles subsolitaires, velues, linéaires, aussi longues que la tige. Segments-externes du périanthe grands, ovales, obtus, entiers, d'un·jaune orangé, ponctués de noir à la base, marqués au-dessus des points d'une tache cordiforme, veloutée, noire et bleue; segments-internes 1 fois plus courts, beaucoup plus étroits, lancéolés.

VIEUSSEUXIA TRIPÉTALE. — *Vieusseuxia tripetala* D. C. — *Iris tripetala* Linn. fil. — *Morœa tripetala* Ker, in Bot. Mag. tab. 702. — Bulbe globuleux, 1-phylle. Feuille linéaire, caniculée, glabre, 1 fois plus longue que la tige, lâche, pendante. Tige aphylle, articulée, glabre, haute de 1 pied, ordinairement 1-flore; articulations garnies de gaînes spathacées. Périanthe bleu; segments-externes ovales, pointus, barbus sur l'onglet, maculés de jaune vers la base; segments-internes petits (quelquefois nuls), linéaires-subulés.

Genre BERMUDIENNE. — *Sisyrinchium* Linn.

Périanthe rotacé, 6-parti, régulier; tube très-court; segments similaires, presque égaux, étalés. Étamines 5, insérées au fond du périanthe. Filets soit monadelphes à la base, soit soudés en androphore tubuleux. Anthères basifixes ou supra-basifixes, versatiles, linéaires, ou oblongues. Ovaire trigone, 3-loculaire; loges multi-ovulées; ovules bi-ou pluri-sériés, horizontaux. Style court. Stig-

mates filiformes, canaliculés, indivisés, pointus, plus ou
moins recourbés, alternes avec les étamines. Capsule subglobuleuse ou obovée, chartacée, 5-loculaire, 5-valve, polysperme. Graines subglobuleuses, scrobiculées, petites; tégument subcoriace, adhérent. — Herbes à racine fibreuse.
Tige rameuse, ancipitée, articulée, feuillée. Feuilles lancéolées, ou linéaires, ou ensiformes, distiques. Fleurs pédicellées, fasciculées, éphémères, accompagnées chacune
d'une spathe bivalve; spathe commune 2-valve, en général recouvrante et herbacée.

BERMUDIENNE A FLEUR STRIÉE. — *Sisyrinchium striatum*
Smith, Ic. tab. 9. — Redout. Lil. tab. 66. — *Marica striata*
Bot. Mag. tab. 704. — Tiges hautes de 2 pieds, multiflores.
Feuilles ensiformes. Fascicules multiflores, disposés en épi in-
terrompu. Sépales obovés, acuminulés, d'un jaune pâle, réticulés de veines violâtres. — Indigène du Mexique. Cultivé comme
plante d'ornement.

BERMUDIENNE A FEUILLES D'IRIS. — *Sisyrinchium Bermudiana* Linn. — Redout. Lil. tab. 149. — *Sisyrinchium iridioides* Curt. Bot. Mag. tab. 94. — Tiges hautes de $\frac{1}{2}$ pied à
1 pied, touffues. Feuilles linéaires-ensiformes. Fascicules solitaires, terminaux, subquadriflores. Pédicelles plus longs que la
spathe. Fleurs d'un bleu violet. Segments du périanthe mucronés. — États-Unis. Plante d'ornement.

Genre IRIS. — *Iris* Linn.

Périanthe régulier, caduc, courtement ou plus ou moins
longuement tubuleux; tube évasé au sommet; limbe
6-parti : segments onguiculés, contournés ou involutés
après la floraison : les 3 extérieurs (en général plus grands
que les intérieurs) soit étalés ou défléchis dès la base, soit
dressés ou obliquement horizontaux dans le bas et défié-
chis dans le haut; les 3 intérieurs dressés et connivents
(rarement soit étalés, soit défléchis), non conformes aux
extérieurs. Étamines 3, libres, insérées à la gorge du pé-

rianthe devant les segments extérieurs du limbe, appliquées au dos des stigmates. Filets charnus. Anthères linéaires ou oblongues, basifixes, en général échancrées aux 2 bouts. Ovaire trigone, ou hexagone, ou trièdre, ou hexaèdre, 3-loculaire; loges multi-ovulées; ovules bisériés, horizontaux. Style plus ou moins allongé (suivant la longueur du tube du périanthe, auquel il adhère dans beaucoup d'espèces), filiforme, ou columnaire, trigone, peu ou point saillant, dilaté au sommet. Stigmates 3 (opposés aux étamines), liguliformes, ou spathulés, grands, larges, pétaloïdes, étalés, plus ou moins arqués et défléchis, appliqués (du moins au sommet) sur les segments extérieurs du limbe, couronnés chacun de deux appendices (crêtes) pétaloïdes, redressés, collatéraux; chaque stigmate est garni en dessous, à son sommet, d'une lamelle transversale finement papilleuse (1). Capsule trigone, ou hexaèdre, coriace, ou chartacée, 3-loculaire, loculicide-trivalve (indéhiscente chez plusieurs espèces), polysperme. Graines globuleuses, ou ovoïdes, ou aplaties, ou irrégulièrement anguleuses par compression mutuelle; tégument lâche ou adhérent, lisse, ou transversalement rugueux, par exception succulent. — Herbes vivaces. La plupart des espèces offrent un rhizome rampant, produisant une ou plusieurs tiges florales, et un nombre plus ou moins considérable de turions radicants stériles (chez certaines espèces ces turions s'allongent notablement et forment des stolons). Plusieurs espèces ont la racine bulbeuse ou tuberculeuse. Tige simple, ou rameuse, noueuse, articulée, dressée, feuillée (du moins à la base), subcylindrique, ou anguleuse, ou ancipitée. Feuilles ensiformes (chez la plupart des espèces), ou naviculaires, ou tétragones, acuminulées, ou cuspidées, très-entières, striées,

---

(1) C'est cette lamelle qui, à proprement parler, constitue seule le vrai stigmate des *Iris*; car les grandes lames pétaloïdes, qu'on a coutume de désigner par le nom de stigmates, devraient être considérées comme des branches du style.

distiques : les caulinaires-inférieures et les turionales très-rapprochées, équitantes ; les caulinaires-supérieures presque toujours courtes et spathacées. Spathes terminales ou axillaires et terminales , 1-à 7-flores, herbacées, ou scarieuses, solitaires, bivalves étant uniflores, 3-ou pluri-valves étant bi-ou pluri-flores, en général marcescentes ; valves naviculaires, carénées, plus ou moins inégales. Floraison centrifuge. Fleurs solitaires, ou géminées, ou fasciculées, courtement ou longuement pédonculées, dressées, grandes, en général odorantes. Pédoncules inarticulés et droits (excepté dans notre sous-genre *Crossiris*). — Le rhizome de la plupart des espèces contient un suc âcre et drastique.

Ce genre est propre aux régions extra-tropicales de l'hémisphère septentrional. On en connaît environ 150 espèces. Celles que nous allons décrire se cultivent fréquemment comme plantes de parterre.

Sous-genre HERMODACTYLUS Tourn.

Racine à 2 ou 5 tubercules charnus, allongés, radicants, inarticulés. Tige cylindrique, 1-flore, presque nue. *Feuilles longues, étroites, charnues, tétragones, subulées au sommet.* Spathe 1-ou 2-valve, foliacée. *Segments du périanthe imberbes :* les extérieurs dressés dans le bas, défléchis dans le haut ; les intérieurs très-petits , concaves, cuspidés, dressés.

IRIS A LONGUES FEUILLES. — *Iris (Hermodactylus) longifolia* Sweet, Brit. Flow. Gard. ser. 2, tab. 146. — Feuilles-radicales très-longues, assez grosses, glauques, striées, régulièrement tétraèdres. Tige courte, un peu renflée à la base. Segments-externes du périanthe oblongs-obovés, échancrés ; segments-internes spathulés-oblongs, longuement cuspidés. Stigmates à appendices dentelés. — Tubercules longs de 1 à 1 $\frac{1}{2}$ pouce, en général 2, d'un brun noirâtre. Tige droite, haute d'environ 9 pouces, 1-phylle, enveloppée à sa base dans plusieurs gaînes membraneuses. Feuilles-radicales longues de 3 à 4 pieds, d'un demi-pouce de circonférence. Feuille-caulinaire à peine plus longue que la tige. Spathe monophylle, persistante, glauque, pointue, aussi longue que la fleur. Périanthe à tube court ; segments-externes longs d'environ 5 pouces, courtement onguiculés, légèrement concaves, recourbés à partir du milieu, verts en dessous dans toute la longueur, d'un violet noirâtre en dessus dans la portion recourbée, d'un vert rougeâtre avec 1 ou 2 bandes jaunâtres dans la partie inférieure ; segments-internes verdâtres, plus courts que les étamines. Anthères linéaires, apiculées, jaunes. Stigmates verdâtres, plus courts que les segments-externes du périanthe, à appendice profondément bifide ; lanières pointues, divergentes. Capsule oblongue-elliptique, rétrécie vers la base. (*Sweet, l. c.*) — Italie australe. (C'est probablement l'*Iris tuberosa* Ten.) Fleurit au printemps.

Iris tubéreux. — *Iris tuberosa* (Linn. ?) Sibth. et Smith, Flor. Græc. 1, tab. 41. — Redout. Lil. tab. 48. — Delaun. Herb. de l'Amat. vol. 1. — *Hermodactylus repens* Sweet, Brit. Flow. Gard. ser. 2, sub n° 146. — Feuilles tétragones, pointues, plus longues que la tige. Spathe lancéolée, ventrue, 1-phylle. Segments-externes du périanthe arrondis et très-entiers au sommet ; segments-internes minimes, sétacés, oncinés, inclus. (*Sweet, l. c.*) — Tubercules blancs, stolonifères, en général au nombre de 2. Tige haute d'environ 1 pied, feuillée. Feuilles d'un vert pâle, longues d'environ 1 $^1/_2$ pied. Périanthe à tube allongé, filiforme ; segments-externes d'un vert brunâtre, striés de jaune, d'un pourpre brunâtre vers le sommet ; segments-internes jaunâtres. Stigmates d'un jaune verdâtre, à appendice bifide, érosé. (*Sweet, l. c.*). — Europe australe. (Vulgairement, ainsi que ses deux congénères : *Hermodacte, Iris Hermodacte.*) Fleurit au printemps.

Iris a deux spathes. — *Iris (Hermodactylus) bispathacea* Sweet, Brit. Flow. Gard. ser. 2, sub. n° 146. — *Iris tuberosa* Curt. Bot. Mag. tab. 531. (Ex Sweet.) — Tubercules en général 2. Feuilles très-étroites, glauques, longues de 1 pied ou plus. Spathe 2-phylle, enveloppant le pédoncule, l'ovaire, et le tube du périanthe. Segments-externes du périanthe cunéiformes, rétus. Segments-internes très-rétrécis vers la base, longuement cuspidés. Capsule pyriforme-globuleuse. (*Sweet, l. c.*) — Origine incertaine.

Sous-genre HERMODACTYLOIDES Spach.

Plante à bulbe composé de tuniques réticulaires. Feuilles comme celles des Hermodactylus. Segments du périanthe imberbes : les extérieurs presque étalés ; les internes plus étroits mais un peu plus longs que les extérieurs. Tige courte, aphylle, 1-flore.

IRIS RÉTICULÉ. — *Iris reticulata* Bieberst. Flor. Taur. Caucas. — Id. Plant. Rar. Ross. 1, tab. 11. — Sweet, Brit. Flow. Gard. ser. 2, tab. 189. — Bulbe petit, ovoïde, à tuniques brunâtres. Hampe solitaire, accompagnée de plusieurs feuilles latérales, longue de 1 à 2 pouces, recouverte par les gaînes de la spathe, et par deux gaînes basilaires courtes. Feuilles longues de 5 à 6 pouces, dressées, grêles, subulées, glauques, fistuleuses, accompagnées chacune d'une ou de 2 gaînes membraneuses. Spathe de deux gaînes inégales, presque membraneuses, convolutées, verdâtres, à bord scarieux, blanchâtre. Périanthe à tube long de près de 5 pouces, très-grêle, débordant plus ou moins longuement la spathe. Segments-externes presque étalés, recourbés au sommet, concaves, oblongs, spathulés, acuminulés, d'un pourpre violet réticulé de veines plus foncées (excepté la portion réfléchie qui est d'un bleu violet, avec une bande médiane jaune); segments-internes lancéolés-spathulés, obtus, violets (de même que les stigmates), sans mélange d'autres couleurs, longs de 2 pouces, légèrement ondulés. Stigmates oblongs, plus larges que les segments-internes du périanthe, à peu près aussi longs que les segments-externes; appendice-terminal à 2 lobes arrondis. — Caucase. Fleurit au printemps.

Sous-genre SCORPIRIS Spach.

Plantes bulbeuses, en général acaules, 1-à 5-flores. Bulbe à tuniques membraneuses, finement striées, non-réticu-

lées. Tige soit nulle, soit très-simple et recouverte par les gaînes des feuilles. *Feuilles linéaires-lancéolées ou oblongues-lancéolées, minces, condupliquées, striées, peu ou point carénées en dessous, plus ou moins arquées,* toutes très-rapprochées, .à gaînes imbriquées. Spathes 1-flores. Fleurs à l'époque de l'anthèse subsessiles et souvent radicales. Tube du périanthe long, souvent en partie hypogé de même que l'ovaire. Segments du limbe *courtement onguiculés, imberbes : les extérieurs grands, arqués, obliquement dressés,* divergents, *défléchis au sommet,* munis en dessus d'une crête-médiane charnue, peu saillante ; *les intérieurs petits, étalés dès la base,* plus ou moins déclinés, *presque droits. Style inadhérent. Capsule* mince, *charlacée,* trigone, *subobtuse,* finement veinée, *écostée,* 6-*nervée,* trivalve jusqu'à la base ; nervures égales, filiformes, correspondant au bord et à la ligne médiane des valves ; *placentaire grêle, trièdre, libre après la déhiscence. Graines subovoïdes ; raphé inapparent ; tégument-externe crustacé, assez épais, adhérent, rugueux, non-luisant.*

Iris de Perse. — *Iris persica* Linn. — Delaun. Herb. de l'Amat. 1, tab. 48. — Bot. Mag. tab. 1. — Redout. Lil. tab. 189. — Plante acaule, 1-à 5-flore. Bulbe pyramidal, 5-ou 6-phylle, du volume d'une petite Noix ; racines grêles, fasciculées. Feuilles un peu plus tardives que les fleurs, linéaires-lancéolées, droites, ou recourbées, d'un vert un peu glauque, finalement longues de $\frac{1}{2}$ pied à 1 pied, larges de 4 à 6 lignes (étant déployées). Fleurs radicales, vernales, très-odorantes. Spathes foliacées ; valves oblongues, pointues. Tube du périanthe grêle, bleuâtre, long de 5 à 4 pouces, en partie hypogé, en général recouvert par la spathe. Segments-externes subpanduriformes, rétus, longs d'environ 2 pouces, blanchâtres ou d'un bleu pâle, avec une bande médiane d'un jaune orangé, ponctués de violet, marqués au-dessous du sommet d'une large tache veloutée et d'un violet foncé. Segments-internes blanchâtres ou d'un bleu pâle, immaculés, déclinés, ondulés, concaves, beaucoup plus petits que les segments-externes (longs de 5 à 6 lignes), oblongs-spathulés, obtus. Stigmates bleuâtres, du tiers environ moins longs que les sépales-externes; lamelle papillifère petite, entière, demi-orbiculaire ; crêtes demi-obovées, érosées, presque aussi longues que la lame. — Perse. On peut cultiver cette plante en carafe, dans les appartements, comme les Narcisses et les Jacinthes.

IRIS SCORPIONNE. — *Iris scorpioïdes* Desfont. Flor. Atlant. (La figure, tab. 6, est à peu près imaginaire quant à la fleur.)— Redout. Lil. tab. 211. — *Iris alata* Poir. — Bot. Reg. tab. 1876. — *Iris microptera* Vahl. — *Iris transtagana* Brotero. — Plante acaule, 1-à 5-flore. Bulbe ovoïde, du volume d'une Noix ; racines grosses, subfusiformes, fasciculées, longues de 3 à 4 pouces. Feuilles paraissant en même temps que les fleurs, linéaires-lancéolées ou oblongues-lancéolées, d'un vert glauque, plus ou moins arquées, finalement longues de $^1/_2$ pied à 1 pied, larges de $^1/_2$ pouce à 2 pouces (étant déployées). Fleurs radicales, vernales, légèrement odorantes, plus ou moins longuement débordées par les feuilles. Spathes membraneuses, subherbacées, plus courtes que le tube du périanthe. Tube du périanthe en partie hypogé, long de 2 à 7 pouces, de la grosseur d'une plume d'oie, blanc, ou bleuâtre. Limbe ample, d'un bleu violet ; segments-externes longs de 1 $^1/_2$ pouce à 2 $^1/_2$ pouces, ondulés, spathulés-oblongs, obtus, marqués d'une bande médiane d'un jaune vif, et rayés de veines d'un bleu plus foncé. Segments-internes spathulés, crépus, concaves, longs de 5 à 6 lignes. Anthères bleuâtres. Stigmates grands (environ de $^1/_4$ plus courts que les segments-externes du limbe) ; crêtes dentelées, crépues, demi-obovées, à peu près aussi longues que la lame. — Région méditerranéenne.

Sous-genre XIPHIUM Tourn.

Plantes bulbeuses, 1-à 5-flores. Bulbe à tuniques membraneuses , scarieuses, fortement striées (fibreuses), non-réticulées. Tige très-simple, subcylindrique, en général recouverte par les gaînes. Feuilles linéaires-subulées ou linéaires-lancéolées, conduppliquées, fortement striées, curé-

nées en dessous, droites ou presque droites. Spathe 1-à
5-flore. Fleurs longuement pédonculées, terminales;
pédoncule inclus ou peu saillant. *Tube du périanthe
très-court*, charnu, offrant à l'entrée de la gorge 12 callosités alternant par paires avec les segments du limbe.
*Segments du limbe imberbes : les extérieurs longuement
onguiculés :* onglets étalés, ou obliquement dressés, ou
défléchis, plus ou moins arqués, très-larges, concaves,
ovales; *lame défléchie; segments internes courtement onguiculés, grands, droits, dressés,* plus ou moins divergents. Étamines à filets trigones. Ovaire linéaire-prismatique, trigone, à facettes plus ou moins concaves. *Style
inadhérent,* ou n'adhérant qu'à la base du tube du périanthe. Stigmates grands; lamelle papillifère beaucoup
plus courte que les crêtes. Capsule mince, fongueuse,
fragile, linéaire-prismatique, trigone, obtuse, écostée,
3-valve presque jusqu'à sa base; valves 3-nervées :
nervures latérales intra-marginales; nervure médiane à
peine apparente; placentaire confondu avec l'angle interne des cloisons. *Graines irrégulièrement ovoïdes; raphé inapparent; tégument externe crustacé, rugueux, adhérent.*

A. *Segments-externes du périanthe à onglet étalé ou obliquement dressé, rétréci aux 2 bouts, moins large ou seulement
de même largeur que les stigmates. Segments-internes aussi
longs ou plus longs que les externes. Tube du périanthe
campanulé ou turbiné, point adhérent au style.*

a) *Tube du périanthe turbiné. Segments-externes à onglet étalé,
caréné en dessus.*

Iris Xiphion. — *Iris Xiphium* Linn. — Bot. Mag. tab. 686.
— Redout. Lil. tab. 537. — Delaun. Herb. de l'Amat. 2, tab.
110. — *Xiphium vulgare* Mill. — *Xiphium verum* Schrank.
— Limbe du périanthe bleu ou violet (ou panaché de ces deux
couleurs, ou blanc); segments-externes à lame suborbiculaire,
rétuse; segments-internes lancéolés-oblongs, pointus, concaves;

stigmates à lame liguliforme, presque 2 fois plus longue que les crêtes ; lamelle profondément bilobée. — Tige haute de 1 pied à 2 pieds, grêle, un peu flexueuse, feuillue à la base, plus ou moins longuement débordée par les feuilles inférieures. Feuilles linéaires-lancéolées, étroites, subulées au sommet, d'un vert glauque, un peu flasques, finalement réclinées (excepté les 2 ou 3 dernières qui sont courtes et droites, ventrues dans le bas, terminées en pointe linéaire-ensiforme). Spathe herbacée, ordinairement 1-flore ; valves ventrues, carénées, presque égales, longues d'environ 3 pouces, scarieuses au sommet, oblongues-lancéolées, acuminées-subulées, tubuleuses à la base, débordées par l'ovaire. Pédoncule à l'époque de la floraison plus court que la spathe (long d'environ 2 pouces). Tube du périanthe hexagone, d'un jaune verdâtre, beaucoup plus court que l'ovaire ; segments-externes longs d'environ 2 pouces, normalement d'un bleu pâle, avec des veines violettes ; onglet large de $^1\!/_2$ pouce au milieu ; lame 1 fois plus courte que l'onglet, large de 9 lignes, d'un jaune vif à sa base (ainsi que la crête médiane de l'onglet). Segments-internes ondulés aux bords, en général d'un bleu violet (sans veines discolores), de 2 à 3 lignes plus longs que les segments-externes, larges d'environ 7 lignes au milieu. Stigmates presque aussi longs que les segments-externes du périanthe : lame large de 5 lignes, d'un bleu pâle lavé de violet ; crêtes longues de 6 à 7 lignes, d'un bleu plus ou moins vif, veinées de violet, demi-orbiculaires, pointues, érosées-crénelées.—Espagne, Portugal. Fleurit vers la fin de mai ou au commencement de juin. (On l'appelle vulgairement, ainsi que les trois espèces suivantes : *Iris bulbeux, Iris du Portugal, Iris d'Espagne, Iris d'Angleterre.*)—Cette espèce et les trois suivantes sont des plus recherchées comme plantes d'ornement.

Iris magnifique. — *Iris spectabilis* Spach. — Limbe du périanthe sans aucune nuance de bleu pur ; segments-externes à lame réniforme-orbiculaire ; segments-internes oblongs-obovés, obtus, presque plans. Stigmates à lame cunéiforme-oblongue, seulement de moitié plus longue que les crêtes ; lamelle indivisée, érosée.—Tige, feuilles et spathe comme celles de l'*Iris Xiphium.*

Fleur plus grande. Tube du périanthe jaunâtre, long de 2 à 2 ¹/₂ lignes. Segments-externes du limbe longs de 2 à 2 ¹/₂ pouces : onglet large de 8 à 10 lignes, d'un violet brunâtre veiné de pourpre-noirâtre, avec une large bande médiane d'un jaune vif, ondulé aux bords ; lame environ de moitié plus courte que l'onglet, large de 12 à 15 lignes, infléchie et érosée aux bords, rétuse, couleur de bronze, veinée de brun, avec une large tache basilaire subrhomboïdale d'un jaune vif et confluente avec la bande médiane de l'onglet. Segments-internes d'environ 1 ligne plus longs que les externes, d'un violet noirâtre sans veines discolores, érosés, échancrés. Stigmates longs de 2 à 2 ¹/₄ pouces, souvent presque aussi longs que les segments-externes du limbe : lame panachée de jaune et de violet livides, larges de 9 lignes à 1 pouce (vers le sommet); crêtes très-grandes (longues de 9 à 11 lignes, larges de 5 à 6 lignes), d'un violet brunâtre, demi-rhomboïdales, pointues, dentelées au sommet. — Origine inconnue. Fréquemment cultivé comme variété de l'*Iris Xiphium*. (Serait-ce peut-être une hybride de l'*Iris lusitanica* et de l'*Iris xiphioïdes ?*)

b) *Tube du périanthe campanulé. Segments-externes à onglet obliquement dressé (de manière que le limbe prend une forme turbinée dans sa moitié inférieure), écarené.*

Iris de Portugal. — *Iris lusitanica* Ker, in Bot. Mag. tab. 679. — *Iris juncea* Desfont. Atl. (Suivant M. Webb, *Iter Hispan*. p. 9.) — Limbe du périanthe d'un jaune vif. Segments-externes à lame obovée-orbiculaire, unicolore. Segments-internes spathulés-oblongs, pointus, échancrés. Stigmates à lame liguliforme; lamelle bilobée. — Tige, feuilles et spathe comme celles des deux espèces précédentes. Tube du périanthe très court. Segments-externes longs de 2 ¹/₂ pouces : onglet large de 7 lignes, rayé et veiné de violet ; lame large d'environ 10 lignes, sans raies ni veines discolores. Segments-internes aussi longs et de même couleur que les externes, larges de 5 lignes, pointus, échancrés, unicolores. Stigmates de même couleur que le limbe du périanthe, longs de 2 pouces : lame large de 7 lignes; crêtes demi-ovées, pointues, dentelées, d'un jaune plus vif que la lame. — Espagne,

Portugal, Afrique septentrionale.— Fleurit à la même époque que les deux espèces précédentes.

B. *Segments-externes du périanthe défléchis dès la base; onglets minces, très-larges (près de 1 fois plus larges que les stigmates), non rétrécis au sommet. Segments-internes plus courts que les externes. Tube-du périanthe courtement infondibuliforme, adhérent au style par sa partie rétrécie.*

IRIS FAUX-XIPHION. — *Iris xiphioides* Ehrh. — Bot. Mag. tab. 687. — Redout. Lil. tab. 212. — Delann. Herb. de l'A-mat. tab. 166. — *Iris Xiphium* Jacq. — *Xiphium Jacquini* Schrank. — *Xiphium latifolium* Mill.— Tige haute de 1 pied à 2 pieds, un peu anguleuse, flexueuse, le plus souvent 2-ou 5-flore. Feuilles en général plus larges que celles des trois espèces précédentes (larges de 4 à 5 lignes étant déployées), d'un vert glauque, finalement plus ou moins réclinées. Fleurs grandes, presque inodores, normalement d'un bleu plus ou moins vif, par variation violettes ou blanches, ou panachées de bleu et de violet, plus tardives que celles de l'*Iris Xiphium*. Pédoncules inclus à l'époque de la floraison. Spathe à valves très-larges, inégales, fortement ventrues : la valve externe d'environ $^1/_3$ plus courte. Tube du périanthe vert, luisant, trigone, long de 4 à 5 lignes. Segments-externes longs de 2 à 2 $^1/_2$ pouces, ondulés; onglet large de 12 à 15 lignes (étant déployé), très-concave, elliptique-obové, marqué d'une large bande médiane jaunâtre ou blanchâtre ponctuée de bleu ; côte médiane légèrement carénée en dessus ; lame suborbiculaire ou elliptique-orbiculaire, crénelée, échancrée, large de $^1/_3$ pouce, un peu plus longue que l'onglet, panachée de jaune et de blanc à sa base. Segments-internes longs de 1 $^1/_3$ pouce à 2 pouces (à peu près de $^1/_4$ moins longs que les externes), larges de 1 pouce dans le milieu, cunéiformes-obovés, ou rhomboïdaux-obovés, profondément rétus, unicolores (tantôt de même couleur que les externes, tantôt violets), plus ou moins ondulés au bord ; onglet condupliqué, spathulé-cunéiforme, presque aussi long que la lame. Stigmates de même couleur et à peu près aussi longs que les segments-externes du périanthe ; lame

cunéiforme-spathulée, fortement dentelée dès la base ; crêtes demi-
orbiculaires ou demi-rhomboïdales, dentelées, pointues, 1 à 2 fois
plus courtes que la lame ; lamelle bipartie, beaucoup moins large
que la lame ; segments triangulaires, pointus. — Pyrénées.

Sous-genre XYRIDION Tausch.

Rhizome rampant, tortueux, noueux, annulé, *écailleux.
Tige* 2-ou pluri-flore, très-simple, *subcylindrique. Feuilles planes, ensiformes.* Fleurs terminales, ou axillaires et
terminales, inodores ; spathes-axillaires 1-flores ; spathe
terminale en général 2-flore. *Tube du périanthe campanulé ou obconique, court,* charnu, offrant à l'entrée de
la gorge 6 callosités alternes avec les segments du
limbe. *Segments-externes imberbes, longuement onguiculés : onglet étalé ou défléchi dès la base, concave, large,
ovale, rétréci aux 2 bouts ;* lame défléchie. Segments-internes (en général presque aussi grands que les externes) *droits ou presque droits,* dressés, divergents, moins
longuement onguiculés : *onglet concave, sublinéaire,* à
base 1-dentée ou calleuse de chaque côté. Filets larges, obspathulés, charnus, tétragones-ancipités. *Ovaire
hexaèdre* (angles alternant par paires avec les cloisons),
rétréci en col au sommet ; facettes plus ou moins concaves, soit égales, soit alternativement plus larges et plus
étroites. *Style inadhérent.* Stigmates grands ; crêtes courtes; lamelle petite, bipartie, aussi large que la lame. *Capsule* peu ou point réticulée, *coriace, rostrée, hexaèdre* (angles plus ou moins largement carénés), 6-*nervée* (nervures filiformes, saillantes, alternes avec les angles, les
unes correspondant aux bords des valves, les autres
médianes) ; *placentaire confondu avec l'angle interne des
cloisons ; valves bicarénées* par les angles : carènes intra-
marginales. *Graines subglobuleuses ou subovoïdes* (plus ou
moins déformées par compression mutuelle), sans raphé apparent ; *tégument membraneux, luisant, tantôt entièrement lâche et inadhérent, tantôt adhérent mais pro-

*longé plus ou moins au delà de l'amande, lisse, ou ru-
gueux.*

Toutes les parties vertes des espèces de ce groupe ont une odeur
très-fétide ; les fleurs sont inodores. Les turions (touffes de feuilles
radicales latérales aux tiges) forment des touffes larges et serrées.

a) *Fleurs bleues. Onglets des segments-externes droits ou presque
droits, peu ou point défléchis même après l'anthése.*

IRIS BATARDE.—*Iris spuria* Linn. (non Redout.) — Jacq. Flor.
Austr. 1, tab. 4. — Bot. Mag. tab. 58. — Feuilles sublinéaires
(larges de 5 à 6 lignes). Tige 2-ou 5-flore. Tube du périanthe
environ 2 fois plus court que l'ovaire. Lame des segments-externes
rétuse ou tronquée, suborhiculaire, 1 fois plus courte que l'onglet. Segments-internes lancéolés-oblongs, échancrés. Stigmates
aussi longs que l'onglet des segments-externes ; lame oblongue-
spathulée ; crêtes obtuses. Ovaire ovoïde, substipité, à facettes
alternativement larges et étroites. Capsule ovoïde ou ovale, 5 fois
plus longue que son bec, à carènes étroites, très-rapprochées. —
Tiges hautes de 1 $\frac{1}{2}$ pied à 2 pieds, grêles, flexueuses, dressées,
vertes, presque entièrement couvertes par les gaînes. Feuilles glauques ; pointues, acérées, fermes, fortement striées, en général dressées, ou réfléchies seulement au sommet ; les turionales la plupart
longues de 1 à 2 pieds ; les caulinaires-inférieures conformes aux
turionales, mais rarement longues de plus de 1 pied, débordées par
la tige ; les supérieures courtes, spathacées, ventrues. Spathes plus
longues que les pédoncules. Tube du périanthe verdâtre, long de 5
à 4 lignes. Segments-externes longs de 2 pouces ou un peu plus ;
lame ovée-arrondie, ou rhomboïdale-orbiculaire, ou ovale-orbiculaire, large de 6 à 8 lignes, d'un bleu vif, rayée de violet de
jaune et de blanc à sa base, souvent apiculée au sommet ; onglet
large de 4 lignes vers le milieu, rayé et veiné de violet sur un
fond blanchâtre, avec une large bande médiane jaune qui est
ponctuée de violet en dessus, mais non rayée, étranglé et sub-
condupliqué au sommet. Segments-internes environ de $\frac{1}{4}$ plus
courts que les externes, d'un bleu foncé tirant sur le violet (excepté la base et les bords de l'onglet qui sont jaunes), sans raies
ni veines discolores, larges d'environ 6 lignes, ondulés aux bords,

légèrement concaves; onglet 2 fois plus court que la lame. Étamines un peu plus longues que la lame du stigmate. Anthères tronquées, échancrées, d'un jaune orange. Filets violets, un peu plus courts que les anthères. Stigmates de même couleur que les segments-internes du limbe, larges de près de 5 lignes vers leur sommet; crêtes demi-ovées, légèrement érosées; lamelle à lobes triangulaires, bidenticulés au sommet. Capsule longue de 1 pouce. — Europe méridionale. Fleurit vers la fin de mai et en juin.

IRIS HYBRIDE. — *Iris notha* Fisch. —Reichenb. Ic. Crit. vol. 10, fig. 1256. — *Iris halophila* Ker, in Bot. Mag. tab. 875. — *Iris spuria* Redout. Lil. tab. 549. (Non Linn.) — Tige 2-à 4-flore. Feuilles sublinéaires (larges de 5 à 9 lignes). Tube du périanthe 4 fois plus court que l'ovaire; lame des segments-externes ovale-orbiculaire, profondément échancrée, à peu près aussi longue que l'onglet. Segments-internes oblongs, bilobés au sommet. Stigmates plus longs que l'onglet des segments-externes; lame liguliforme; crêtes pointues. Ovaire oblong, non-stipité, à facettes égales. Capsule oblongue, longuement rostrée, à carènes assez larges, distancées. — Plante très-semblable à l'*Iris spuria*, mais plus grande. Tige souvent haute de 5 pieds, en général débordée par ses feuilles supérieures et par les feuilles des turions. Feuilles fermes, droites, dressées, glauques, souvent un peu tordues en spirale; les turionales et les caulinaires-inférieures la plupart longues de 2 à 5 pieds. Pédoncules plus courts que les spathes. Tube du périanthe vert, campanulé, rétréci à la base, long de 4 lignes. Limbe à segments-externes longs de 2 ½ pouces; lame large de 1 pouce, d'un bleu vif, avec un réseau de veines violettes et une tache basilaire d'un jaune vif; onglet large de 5 lignes, jaune, rayé et veiné de violet, subcaréné en dessus, non-étranglé au sommet. Segments-internes longs de 2 pouces, larges de 8 lignes, légèrement ondulés, d'un bleu violet, sans veines discolores; onglet court, jaunâtre, rayé et veiné de violet. Étamines de la longueur des lames du stigmate. Filets jaunâtres. Anthères de moitié plus longues que les filets, tronquées, apiculées, d'un jaune orange. Stigmates panachés de bleu et de lilas ; lame très-entière, large de 5 lignes dans le haut ; crêtes demi-ovées ou demi-rhomboïdales, dentelées, d'un bleu violet ; lamelle à lobes arrondis, apiculés. Capsule longue d'environ 2 pouces. — Russie méridionale. Fleurit en juin.

b) *Fleurs jaunes. Onglets des segments-externes droits, finalement défléchis.*

Iris de Guldenstædt. — *Iris Guldenstœdtii* Lepechin. — Reichenb. Ic. Crit. 10, fig. 1250. — Tige 2-à 4-flore. Feuilles sublinéaires (larges de 5 à 5 lignes). Tube du périanthe 5 fois plus court que l'ovaire. Segments-externes du limbe à lame arrondie, échancrée, trois fois plus courte que l'onglet. Segments-internes lancéolés-oblongs, échancrés. Stigmate à lame liguliforme, aussi longue que les onglets des segments-externes ; crêtes pointues. Ovaire ovoïde, courtement stipité ; facettes alternativement larges et étroites : celles-ci concaves, les autres presque planes. Capsule plus longue que son bec ; carènes larges, rapprochées par paires. — Tige haute d'environ 2 pieds, grêle, flexueuse, un peu débordée par les feuilles turionales, presque entièrement couverte par les gaînes. Feuilles glauques, fermes, droites, finement striées : les turionales longues de 2 à 2 ¹/₂ pieds ; les caulinaires-supérieures courtes, spathacées. Pédoncules grêles, trigones, inégaux, inclus. Tube du périanthe long de 4 lignes, obconique, verdâtre, hexagone. Limbe d'un jaune assez vif ; segments-externes longs de près de 2 pouces ; onglet large de 4 lignes ; lame longue de 8 à 9 lignes, large de 8 lignes. Segments-internes longs d'environ 20 lignes ; lame large de 5 lignes, du tiers plus longue que l'onglet, unicolore. Étamines aussi longues que la lame des stigmates ; filets blanchâtres ; anthères d'un jaune pâle, sagittiformes-linéaires. Stigmates d'un jaune pâle, larges de 4 lignes, longs de 1 ¹/₂ pouce ; crêtes concolores, demi-ovées, très-entières, longues d'environ 4 lignes ; lamelle papillifère à segments échancrés ou pointus. Ovaire long de 1 pouce à 1 ¹/₂ pouce (y compris le col qui est aussi long que les loges). Capsule longue de 1 pouce à 2 pouces, brune, à peine rétrécie à la base, ovale, ou oblongue, ou

ovoïde. Graines grosses, lisses, luisantes, d'un blanc sale ou roussâtre. — Russie méridionale. Fleurit en juin. Les fleurs ont une
très-légère odeur de Violette.

IRIS A STIGMATES ÉTROITS. — *Iris stenogyna* Redout. Lil. tab.
510. (Non Reichenb.) — *Iris spuria, var. stenogyna* Ker, in
Bot. Mag. tab. 1515. — Tige 2-à 4-flore. Feuilles lancéolées
(larges d'environ 1 pouce). Tube du périanthe 3 à 4 fois plus
court que l'ovaire. Segments-externes du limbe à lame suborbiculaire, rétuse, 1 fois plus courte que l'onglet. Segments-internes
lancéolés-oblongs, profondément échancrés. Stigmates un peu
moins longs que les onglets des segments-externes ; lame liguliforme ; crêtes suborbiculaires, obtuses. Ovaire ovoïde, non-stipité,
longuement rostré, à facettes concaves, alternativement 1 fois
plus larges et moins larges. Capsule 1 fois plus longue que son
bec ; carènes étroites, rapprochées par paires. — Tige haute de 2
à 5 pieds, grêle, un peu débordée par les feuilles-turionales.
Feuilles glauques, fermes, droites, fortement striées ; les turionales
la plupart longues de 2 à 5 pieds ; les florales courtes. Pédoncules grêles, inclus, subtrigones : les axillaires longs d'environ 2
pouces ; les terminaux longs de 1 à 1 ¹/₂ pouce. Tube du périanthe
obconique, hexagone, verdâtre. Segments du limbe à lame d'un
jaune pâle tirant sur le bleu ; onglets d'un jaune plus intense,
finement rayés et veinés de violet. Segments-externes longs de
2 pouces ; lame large de 7 lignes, à base d'un jaune vif et finement rayée de violet ; onglet large de 4 lignes, à côte médiane
peu saillante. Segments-internes longs de 1 ¹/₂ pouce ou un peu
plus ; lame légèrement ondulée, à base concolore. Étamines un peu
plus longues que la lame des stigmates ; filets jaunâtres ; anthères
jaunes. Stigmates d'un jaune pâle sans teinte bleuâtre, longs d'environ 15 lignes, larges de 5 ¹/₂ lignes (un peu moins larges que
l'onglet des segments-externes) ; crêtes courtes, très-entières ;
lamelle-papillifère blanchâtre. Ovaire long de 15 à 18 lignes ;
angles un peu ondulés. Capsule brunâtre, ovale, longue de 1
pouce, surmontée d'un bec long de 5 à 7 lignes. Graines brunes
ou d'un brun-roux pâle, moins grosses que celles de l'espèce pré-

cédente, plus ou moins rugueuses. — Russie méridionale. Fleurit en juin.

c) *Fleurs jaunes ou blanchâtres. Onglets des segments-externes arqués, plus ou moins défléchis.*

Iris couleur d'ocre. — *Iris ochroleuca* Linn. — Redout. Lil. tab. 550. —Reichenb. Ic. Crit. vol. 10, fig. 1289.—Tige 2-à 4-flore. Feuilles lancéolées (larges de 6 à 9 lignes). Tube du périanthe campanulé, 4 fois plus court que l'ovaire; limbe et stigmates blanc de lait; segments-externes à lame elliptique ou ovale, échancrée, aussi longue que l'onglet. Segments-internes spathulés–oblongs, échancrés. Stigmates plus longs que les onglets des segments-externes; lame liguliforme; crêtes pointues, dentelées. Ovaire à facettes égales, alternativement concaves et presque planes. Capsule oblongue, longuement rostrée; carènes étroites. — Tige haute de 1 ¹/₂ pied à 2 ¹/₂ pieds, débordée par ses feuilles supérieures et par celles des turions, grêle, flexueuse, presque entièrement couverte par les gaînes. Feuilles glauques, fermes, droites, fortement striées : les turionales longues de 2 ¹/₂ à 3 ¹/₂ pieds; les caulinaires-inférieures longues de 1 ¹/₂ pied à 2 pieds; les supérieures courtes, spathacées. Pédoncules plus courts que les spathes. Tube du périanthe verdâtre, long de 4 lignes. Segments-externes longs de 2 à 2 ³/₄ pouces; onglet déployé au sommet, muni d'une bande médiane et rayé de veines jaunes; lame ondulée, convexe, d'un jaune vif à la base. Segments-internes longs de 2 ¹/₂ pouces, larges de 9 lignes, ondulés. Étamines à peu près aussi longues que la lame des stigmates. Filets larges, jaunâtres, 1 fois plus courts que les anthères. Anthères d'un jaune vif, tronquées. Stigmates longs de 1 ³/₄ pouces; lame large de 6 à 7 lignes, très-entière; crêtes demi-ovées, pointues, dentelées. — Russie méridionale. Fleurit en juin, mais environ deux semaines plus tard que les deux espèces précédentes.

Iris de Lemonnier. —*Iris Monnieri* Redout. Lil. tab. 256. — Tige 3-à 5-flore. Feuilles (larges de 10 à 15 lignes) lancéolées. Tube du périanthe turbiné, 4 fois plus court que l'ovaire. Limbe et stigmates d'un jaune vif; segments-externes à lame elliptique ou elliptique-orbiculaire, échancrée, à peu près aussi longue que l'onglet. Segments-internes spathulés-oblongs, bilobés au sommet. Stigmates un peu plus longs que les onglets des sépales-externes ; lame cunéiforme-oblongue ; crêtes pointues, dentelées. Ovaire longuement rostré ; facettes alternativement étroites (concaves) et larges (presque planes). Capsule. . . . . Plante fort semblable à l'*Iris ochroleuca*, mais plus grande, et se distinguant facilement à ses fleurs d'un jaune très-vif. Tiges hautes de 2 à 5 pieds. Feuilles grandes, fortement striées, notablement plus larges. Tube du périanthe long de 4 lignes. Segments-externes longs de près de 5 pouces : lame large de 1 pouce, légèrement ondulée ; onglet large de 4 à 5 lignes au milieu ; segments-internes longs de 2 ¹/₂ pouces, à lobes obtus. Étamines un peu plus longues que les onglets des segments-externes. Anthères d'un jaune vif, 1 fois plus longues que les filets. Stigmates larges de 5 à 6 lignes vers leur sommet. — Orient. Fleurit en juin.

Sous-genre GRAMINIRIS Spach.

Tige ancipitée, très-simple, 1-ou 2-flore. Rhizome, feuilles, fleurs et fruits comme dans les Xyridion. Graines subglobuleuses, sans raphé apparent; tégument crustacé, adhérent (excepté à l'un des bouts où il est en général plus ou moins prolongé au delà de l'amande), *luisant, fortement rugueux.* (Plantes non-fétides. Fleurs odorantes.)

Iris à feuilles de Graminée. — *Iris graminea* Linn. — Jacq. Flor. Austr. tab. 2. — Ker, in Bot. Mag. tab. 681. — Redout. Lil. tab. 299. — Rhizome de la grosseur du petit doigt ou moins. Tiges hautes de ¹/₂ pied à 1 pied, grêles, dressées, vertes, plus ou moins flexueuses, en général engaînées presque jusqu'au sommet, ordinairement 1-flores, plus ou moins longuement débordées par les feuilles supérieures et par celles des turions. Feuilles d'un vert gai et luisantes d'un côté, glauques et opaques de l'autre côté, fortement striées, droites, fermes, dressées (les plus longues parfois réclinées dans le haut), sublinéaires, étroites (larges la plupart de 5 à 4 ¹/₂ lignes), cuspidées-acuminées ; les turionales longues de 1 pied à 2 pieds ; les caulinaires la plupart longues de 10 à 15 pouces. Spathes herbacées, verdâtres, comprimées, acuminées-cuspidées, plus ou moins inégales, en général presque aussi longues que les fleurs, parfois débordant à peine le tube du périanthe, plus ou moins largement scarieuses aux bords. Pédoncules longs de 10 à 15 lignes, inclus lors de la floraison. Tube du périanthe charnu, campanulé, verdâtre, long de 4 lignes (environ 1 fois plus court que l'ovaire). Segments du limbe concaves, écarénés : les externes longuement onguiculés, panachés, étalés dès leur base, longs de près de 2 pouces ; onglet ovale, large de 7 à 8 lignes dans le milieu, rétréci aux 2 bouts, condupliqué au sommet, d'un violet-lilas veiné de bleu, à bande médiane jaune ; lame moins large que l'onglet et 2 fois plus courte, suborbiculaire, rétuse, ondulée aux bords, défléchie, panachée de jaune et de blanc, rayée et veinée de bleu. Segments-internes à peu près du tiers plus courts que les externes, lancéolés-oblongs, échancrés, unicolores (d'un bleu violet), larges de 5 lignes, rétrécis en onglet condupliqué et 1 fois plus court que la lame. Étamines aussi longues que les lames des stigmates. Anthères rougeâtres, de moitié plus courtes que les filets. Stigmates aussi longs et un peu plus larges que les segments-internes du limbe. Lame spathulée-oblongue, large de 5 lignes dans le haut, d'un blanc rosé panaché de lilas ; crêtes arrondies ou obtuses, demi-ovées, d'un bleu violet, longues de 3 lignes ; lamelle très-courte, presque aussi large que la lame, tronquée, 1-dentée de chaque côté, quelquefois rétuse et apiculée au milieu. Ovaire long de 6 à 8 lignes, ovoïde, rétréci en col court ; facettes inégales. Capsule brunâtre, opaque, courtement acuminée aux 2 bouts, ovale ou ovoïde, longue de 1 pouce ou un peu plus ; facettes alternativement larges et étroites ; carènes minces, très-saillantes. Graines assez grosses, roussâtres. — Europe méridionale. Fleurit vers la fin de mai et en juin. Les fleurs exhalent une odeur de prunes très-prononcée.

— β : A LARGES FEUILLES. — *Iris graminea latifolia* Spach. — Feuilles caulinaires la plupart larges de 5 à 7 lignes, sublancéolées. — Cultivé dans les parterres.

— γ : INODORE. — *Iris graminea inodora* Spach. — Fleurs inodores, moins grandes. Feuilles plus étroites (la plupart larges seulement de 2 à 5 lignes). — Cultivé dans les parterres.

Sous-genre SPATHULA (Tausch.) Spach.

Rhizome, tige, feuilles, style et stigmates comme dans les *Xyridion*. *Limbe du périanthe à segments tous étalés* (du reste conforme au périanthe des *Xyridion*). *Ovaire trigone; angles canaliculés* (alternes avec les cloisons). *Anthères acuminées. Capsule chartacée, trivalve jusqu'à sa base, rostrée, trigone, 6-nervée* (nervures égales, filiformes : les unes correspondant au bord des valves, les autres médianes), *écostée, non-réticulée;* placentaire confondu avec l'angle interne des cloisons ; valves étalées, carénées. *Graines globuleuses, persistantes, sans raphé apparent; tégument épais, de couleur écarlate, luisant, succulent, finalement fongueux, opaque, rugueux, adhérent.*

IRIS FÉTIDE. — *Iris fœtidissima* Linn. — Blackw. Herb. tab. 158. — Engl. Bot. tab. 596. — Redout. Lil. tab. 551. — Reichenb. Ic. Crit. vol. 10, fig, 1257. — Tige haute de $\frac{1}{2}$ pied à 2 pieds, 2-à 4-flore, faiblement anguleuse (souvent avec un angle plus saillant), très-simple, feuillue, grêle, flexueuse, engaînée jusqu'à l'entre-nœud terminal, plus ou moins longuement débordée par les feuilles supérieures et par celles des turions, fétide (étant écrasée ou froissée) de même que les autres parties vertes de la plante. Turions touffus. Feuilles fermes, droites, lancéolées, ou lancéolées-linéaires, d'un vert foncé, luisantes, souvent longues de plus de 2 pieds, larges de $\frac{1}{2}$ pouce à 1 pouce, fortement striées. Fleurs axillaires et terminales, inodores. Pédoncules plus courts que les spathes, plus ou moins complétement inclus. Spathes herbacées, comprimées, pointues, inégales : l'externe débordant l'ovaire, mais moins longue que le limbe du périanthe; l'interne plus courte. Tube du périanthe long de 4 à 5 lignes, 1 fois plus court que l'ovaire, subcampanulé, rétréci à la base, hexagone, 5-sulqué, verdâtre.

Segments-externes longs de près de 2 pouces : onglet oblong-obové, concave, d'un jaune pâle veiné de violet livide et ponctué de bleu-violet, large de 6 lignes; lame ovale, obtuse, plus ou moins concave et ondulée, aussi longue et à peine plus large que l'onglet, défléchie, bleuâtre en dessus, panachée de bleu et de jaune en dessous, veinée et rayée de violet, avec une tache basilaire blanche. Segments-internes à peu près aussi longs que les externes, droits, concaves, lancéolés-oblongs, ou lancéolés-rhomboïdaux, obtus, larges de 4 à 6 lignes, panachés de bleu et de jaune livides, veinés de violet, rétrécis en onglet étroit, à peu près aussi long que la lame. Étamines presque aussi longues que les stigmates. Filets blanchâtres, lavés de violet. Anthères jaunes, de la longueur du filet. Stigmates un peu plus courts que les segments-externes du limbe ; lame spathulée-cunéiforme, très-entière, large de 4 à 5 lignes vers le sommet, d'un violet livide lavé de jaune ; crêtes courtes, demi-ovées, pointues, dentelées ; lamelle courte, blanchâtre, aussi large que la lame, également ou inégalement tridentée. Capsule oblongue, subotuse, rétrécie à la base, courtement stipitée, longue de 2 pouces. Graines du volume d'un pois. — France et contrées plus méridionales de l'Europe, dans les bois humides ; fleurit en juin et juillet.

β : A FEUILLES PANACHÉES. — Plante plus basse et plus touffue ; feuillus étroites, bordées et panachées de jaune ou de blanc. Fleurs plus petites. — Cette variété est recherchée pour les bordures de parterres, en raison de ses feuilles seulement, car ses fleurs ne se font guère remarquer.

Sous-genre EREMIRIS Spach.

Tiges basses, très-simples, *presque nues, ancipitées,* 2-à 4-flores. (Rhizome et feuilles comme dans les *Xyridion*.) *Fleurs toutes terminales, très-longuement pédonculées. Tube du périanthe presque nul, cupuliforme, à gorge non-calleuse. Limbe à segments longuement onguiculés, tous imberbes, très-glabres. Segments-externes à onglets dressés, droits, liguliformes, écarénés ; lame défléchie. Segments-internes* (à peu près aussi longs que les externes,

mais plus étroits) *droits*, *dressés*, *plus ou moins diver-*
gents. Filets obspathulés, trigones. *Style inadhérent*. Stigmates plus courts que les sépales internes; lamelle petite, triangulaire, très-entière, beaucoup plus étroite
que la lame. *Ovaire trigone ou subcylindrique, profon-*
dément 6-sulqué, subfusiforme. *Capsule chartacée, tri-*
gone, 6-costée (côtes larges, équidistantes, saillantes,
égales; 5 correspondant aux cloisons; les 5 autres alternes), *subréticulée, indéhiscente. Graines ovoïdes ou sub-*
globuleuses, 1-sériées, sans raphé apparent; tégument
mince, coriace, adhérent, luisant, très-lisse.

Iris de Pallas. — *Iris Pallasii* Fischer. — Reichenb. Ic.
Crit. vol. 5, fig. 479.—*Iris Pallasii :* β.*chinensis* Ker, in Bot.
Mag. tab. 2551.—*Iris hœmatophylla* Link, Enum. (Non Fisch.)
(Suivant MM. Fischer et C. A. Meyer, *Cat. Sem. Hort. Imp.*
Petropol, 2, p. 40.)— Spathes en général plus ou moins longuement débordées par les pédoncules ou les ovaires. Segments du
périanthe pointus : les extérieurs lancéolés-rhomboïdaux, à lame
1 fois plus courte que l'onglet; les intérieurs lancéolés-spathulés,
presque aussi larges que les extérieurs, dentelés, ou incisés-dentés. Stigmates linéaires-spathulés, à peine plus larges que l'onglet
des segments-externes; crêtes demi-lancéolées, dentelées. Ovaire
subcylindrique. — Tiges hautes de $\frac{1}{2}$ pied à 1 pied, en général
5-flore, moins souvent 2-ou 4-flore, presque aphylle (garnie
seulement dans le bas de 2 ou 5 feuilles), grêle, flexueuse, 1 à
2 fois plus courte que les feuilles-turionales. Turions très-nombreux, serrés. Feuilles sublinéaires, glauques, fortement striées,
dressées : les turionales longues de $\frac{1}{2}$ pied à 5 pieds, larges de
5 à 4 lignes, souvent réclinées au sommet; les caulinaires courtes, larges de 2 lignes. Spathe verte, herbacée, comprimée, longue d'environ 5 pouces; valves presque égales, acuminées, cuspidées, scarieuses aux bords. Pédoncules très-inégaux (longs de
$\frac{1}{2}$ pouce à $\frac{1}{2}$ pied, grêles, trigones. Segments-extérieurs du périanthe longs de 2 $\frac{1}{4}$ à 2 $\frac{1}{2}$ pouces; lame large de 6 à 7 lignes,
blanchâtre et rayée de bleu dans sa partie inférieure, d'un bleu de

ciel dans le haut. Segments-internes d'un bleu violet, sans veines discolores. Étamines presque aussi longues que les stigmates. Anthères blanchâtres, plus longues que le filet. Ovaire long de 15 à 18 lignes. Stigmates longs de ½ pouce, larges de 2 lignes, bleus; lame très-entière. Capsule longue de 1 ½ à 2 ½ pouces, brunâtre, oblongue, courtement rétrécie aux 2 bouts. Graines brunes. — Indigène dans la Daourie et la Mongolie; fleurit vers la fin de mai et en juin.

Iris triflore. — *Iris triflora* Balbis. — Redout. Lil. tab. 481. — Spathe débordant les ovaires. Segments du périanthe très-obtus : les extérieurs spathulés-obovés ; les intérieurs spathulés-ovales, presque aussi larges que les extérieurs, souvent incisés-dentés. Stigmates oblongs-spathulés. Ovaire prismatique, trigone. — Tige moins grêle que celle de l'espèce précédente, haute de ½ pied à 1 pied, flexueuse, plus courte que les feuilles-turionales, en général triflore. Turions nombreux et serrés. Feuilles fermes, glauques, dressées, droites, fortement striées, sublinéaires ; les turionales longues de 1 ½ pied à 2 ½ pieds, larges de 3 à 5 lignes ; les caulinaires plus étroites, en général plus ou moins longuement débordées par les pédoncules. Spathe verte, herbacée, comprimée. Pédoncules assez gros, trigones. Segments-extérieurs du périanthe longs de 2 pouces, blanchâtres (excepté aux bords et au sommet, qui sont bleus), veinés de violet, un peu moins larges que les extérieurs. Étamines de moitié plus courtes que les stigmates. Anthères blanchâtres, un peu plus courtes que le filet. Stigmates longs de 1 ½ pouce, lavés de bleu et de blanc; crêtes très-entières ou érosées, demi-ovées, obtuses. (Capsule inconnue.) — Indigène de l'Europe méridionale; fleurit en avril et en mai.

Iris de Don. — *Iris Doniana* Spach. — *Iris biglumis* D. Don, in Sweet, Brit. Flow. Gard. ser. 2, tab. 187. (Non Vahl.) — *Iris longispatha* Ker, in Bot. Mag. tab. 2528 ? — Spathe égalant ou débordant les fleurs. Segments-extérieurs du périanthe spathulés-oblongs, rétus, presque 1 fois plus larges que les segments-intérieurs ; ceux-ci lancéolés-oblongs, pointus. Stigmates

presque 1 fois plus courts que le limbe, plus larges que les segments-intérieurs. Ovaire prismatique, trigone. — Tige haute de
2 à 5 pouces, en géuéral biflore, moins souvent 1-flore, ordinairement débordée par la feuille du dernier entre-nœud. Feuilles
conformes à celles des deux espèces précédentes ; les turionales
(à l'époque de la floraison la plupart plus courtes que les tiges)
finalement longues de 1 à 2 pieds. Pédoncules aussi longs ou plus
longs que l'ovaire. Spathe verte, herbacée, comprimée, parfois
débordée par le limbe du périanthe ; valves en général moins inégalés que dans les deux espèces précédentes. Segments-extérieurs
du périanthe longs d'environ 2 pouces, panachés de bleu et de
blanc, veinés de violet; segments-intérieurs un peu plus courts que
les extérieurs, d'un bleu violet, rayés de veines plus foncées. Étamines presque 1 fois plus courtes que les stigmates. Ovaire long
d'environ 1 pouce. Stigmates violets; crêtes demi-ovées, pointues,
dentelées. Capsule longue de 1 ½ pouce à 2 pouces, d'un brun
jaunâtre, subfusiforme, assez longuement rostrée. Graines d'un
brun de Châtaigne. — Sibérie. Fleurit au printemps, et souvent
une seconde fois, en automne.

Sous-genre JONIRIS Spach.

Rhizome grêle, rampant, fibrilleux. Tiges courtes, très-simples, presque nues (garnies seulement à leur base de
1 à 5 petites feuilles spathacées), *1-flores, ancipitées.*
Feuilles (turionales) planes, ensiformes, étroites, lancéolées-linéaires. Fleurs odorantes, en gépéral longuement pédonculées. *Tube du périanthe plus ou moins allongé* (plus long que l'ovaire), *grêle, évasé au sommet ;
gorge non-calleuse. Segments du limbe tous imberbes, longuement onguiculés, réfléchis au sommet; les intérieurs
presque aussi longs ou un peu plus longs que les extérieurs;
onglets dressés,* concaves. *Ovaire trigone, ésulqué. Style
inadhérent.* Stigmates grands ; crêtes courtes ; lamelle
très-petite, triangulaire, pointue, défléchie, beaucoup
plus étroite que la lame. Capsule. . . . . .

Iris de Russie. — *Iris ruthenica* Hort. Kew. — Ker, in

Bot. Mag. tab. 1125 et 1595 (exclus. syn. Bieberst.). — Tiges
longues de 1 pouce à 4 pouces, grêles, dressées, droites, plus ou
moins cachées par les feuilles-turionales, garnies à leur base de 1
à 5 feuilles spathacées, submembranacées, verdâtres, ou brunâtres,
acuminées, longues de $^1/_2$ pouce à 1 $^1/_2$ pouce. Turions nombreux,
serrés. Feuilles-turionales un peu flasques, fortement striées,
dressées, luisantes et d'un vert gai d'un côté, plus ou moins
glauques et en général opaques de l'autre côté, finalement la plupart longues de $^1/_2$ pied à 1 pied, larges de 1 $^1/_2$ ligne à 5 lignes : les
unes droites, les autres plus ou moins falciformes. Spathe longue
de 1 pouce à 1 $^1/_2$ pouce, verdâtre, ou jaunâtre, membraneuse,
subscarieuse, un peu ventrue ; valves presque égales, lancéolées,
acuminées, tantôt débordant le tube du périanthe, tantôt débordées par l'ovaire ou même par le pédoncule. Pédoncule grêle, trigone, de longueur très-variable. Tube du périanthe long de 5 à 6
lignes (1 à 2 fois plus long que l'ovaire), bleuâtre, trigone ; limbe
subcampaniforme ; segments-extérieurs longs de 1 $^1/_2$ pouce, spathulés-oblongs, rétus, ou échancrés (parfois apiculés dans l'échancrure), jaunâtres en dessus, panachés en dessous de jaune, de
blanc et de violet ; segments-intérieurs un peu plus longs et 5 à 4
fois plus étroits que les extérieurs, linéaires-spathulés (larges de
1 ligne au sommet), échancrés, unicolores (violets ou bleuâtres).
Étamines presque aussi longues que les stigmates ; anthères
bleuâtres. Stigmates environ de moitié plus courts que le limbe,
larges de 5 lignes (à peu près aussi larges que les onglets des segments-extérieurs), d'un bleu violet, spathulés-oblongs ; crêtes
demi-orbiculaires ou demi-ovées, érosées-dentelées. Ovaire court,
ovale, obtus. Capsule..... — Russie méridionale. Sibérie. Fleurit
au printemps. Les fleurs exhalent une odeur de Violette.

— β : UNIGLUME. — *Iris ruthenica uniglumis* Spach. — Tige
presque nulle. Spathe grande, univalve, en général longuement
débordée par le pédoncule.

Sous-genre LIMNIRIS Tausch.

Rhizome gros, charnu, rampant, annulé, tortueux, *fibrilleux*. Tige cylindrique ou subcylindrique, très-simple

ou rameuse, 5-ou pluri-flore, feuillée. *Feuilles planes, ensiformes.* Spathes 2-ou 5-flores, terminales. Fleurs peu ou point odorantes, plus ou moins longuement pédonculées. *Tube du périanthe obconique ou campanulé, court, à gorge plus ou moins calleuse. Segments du limbe tous imberbes, onguiculés, divergents : les extérieurs plus grands, arqués, défléchis presque dès leur base;* lame aussi longue que l'onglet : celui-ci large, liguliforme, légèrement concave, 1-denté de chaque côté un peu au dessus de sa base. *Segments-internes droits, dressés,* à onglet condupliqué, plus court que la lame, auriculé ou calleux à la base. *Style inadhérent.* Stigmates à lamelle petite, triangulaire. *Ovaire trigone ou trièdre, prismatique, ésulqué, écosté. Capsule obtuse ou courtement rostrée, subcoriace, mince, trigone, 5-valve, 6-nervée* (nervures égales ou presque égales, filiformes : les unes correspondant aux bords des valves ; les autres médianes), réticulée ; placentaire confondu avec l'angle interne des cloisons. *Graines lisses ou peu rugueuses, luisantes, subunisériécs.*

A. *Feuilles étroites, sublinéaires. Tige fistuleuse. Spathes membraneuses, scarieuses. Segments-extérieurs du périanthe à onglet très-glabre, écaréné. Segments-intérieurs plus longs que les stigmates, presque aussi longs que les segments-extérieurs. Ovaire à angles écanaliculés. Capsule très-obtuse. Graines plus ou moins comprimées, sans raphé apparent ; tégument chartacé, plus ou moins rugueux, adhérent.*

Iris de Sibérie. — *Iris sibirica* Linn. — Jacq. Flor. Austr. tab. 5. — Reichenb. Ic. Crit. vol. 10, tab. 911 et (*Iris maritima*) 912.—*Iris pratensis* Lamk. — Tige haute de 1 ¹/₂ pied à 5 pieds, très-grêle, verte, luisante, flexueuse dans le haut, 2-à 6-flore, tantôt simple, tantôt inégalement bifurquée près du sommet, subcylindrique, plus longue que les feuilles ; le dernier entre-nœud très-allongé. Feuilles d'un vert gai : les turionales longues de ¹/₂ pied à 1 pied, larges de 5 à 5 lignes, droites, dressées, parfois réclinées au sommet ; les caulinaires plus courtes que la tige. Spathes oblongues, ou oblongues-lancéolées, inégales (longues de 1 à 1 ½ pouce), brunâtres, demi-transparentes. Fleurs légèrement odorantes : les unes subsessiles, les autres pédonculées. Pédoncules atteignant jusqu'à 1 ½ pouce de long. Tube du périanthe campanulé, long de 2 à 5 lignes. Segments-extérieurs longs de 1 ½ pouce ou un peu plus, spathulés-obovés, légèrement érosés, souvent rétus ; lame un peu ondulée, panachée de blanc et de bleu, rayée et veinée de violet ; onglet large de 5 lignes, d'un jaune brunâtre réticulé de violet, avec une large bande médiane blanche. Segments-intérieurs lancéolés-oblongs ou lancéolés-ovales, subobtus, très-entiers, ou rétus, d'un bleu violet ; onglet blanchâtre, veiné et rayé de violet. Étamines de la longueur des stigmates. Stigmates cunéiformes-oblongs, longs d'environ 16 lignes, larges de 5 lignes vers le sommet, panachés de lilas et de violet ; crêtes violettes, demi-ovées, pointues, dentelées ; lamelle 4 fois plus courte que les crêtes, défléchie au sommet. Ovaire vert, luisant, oblong, long de 4 à 5 lignes. Capsule longue de 1 à 1 ½ pouce, d'un brun roussâtre, un peu luisante, oblongue, ou ovale, courtement trivalve. Graines d'un brun de Châtaigne, aplaties, ou trigones, ou irrégulièrement anguleuses, plus ou moins marginées. — Cette espèce croît dans les prairies humides, non-seulement en Sibérie, mais dans presque toute l'Europe. Fleurit en mai et juin. Les fleurs ont une légère odeur de Jacinthe.

— β : A LONGUES FEUILLES. — *Iris sibirica longifolia* Spach. — *Iris acuta* Willd. Enum. — Reichenb. Ic. Crit. vol. 10, tab. 915. — *Iris pratensis* Redout. Lil. tab. 457. — *Iris sibirica* Bot. Mag. tab. 50. — Feuilles turionales aussi longues ou plus longues que la tige. Segments-internes du périanthe en général pointus.

— γ : A FLEURS BLANCHES. — *Iris sibirica flexuosa* Ker, in Bot. Mag. tab. 1163. — *Iris sibirica pumila* Redout. Lil. tab. 420. — *Iris flexuosa* Murr. in Comment. Gotting. 7, tab. 4. — Plante plus basse et plus grêle. Fleurs plus petites, blanches, à onglets d'un jaune brunâtre, réticulés de veines violettes.

Segments-internes du périanthe pointus. (Variété de culture.)

— δ : A FLEURS JAUNATRES. — *Iris sibirica ochroleuca* Redout. Lil. tab. 438. — Fleurs d'un blanc jaunâtre. (Variété de culture.)

? — ε : A FEUILLES ROUGES. — *Iris hæmatophylla* Fisch. (Non Link.) — Sweet, Brit. Flow. Gard. tab. 118. — *Iris sibirica hæmatophylla* Fisch. in Cat. Sem. Hort. Petropol. II, p. 40. — *Iris sanguinea* Don. — *Iris sibirica sanguinea* Ker, in Bot. Mag. tab. 1604. — *Iris nertchinskia* Lodd. Bot. Cab. tab. 1843. — Gaîne des feuilles d'un pourpre violet. Segments-externes du périanthe à lame rhomboïdale-orbiculaire. — Indigène de Sibérie. (C'est peut-être une espèce distincte.)

B, *Tige subpaniculée, pleine. Feuilles lancéolées. Spathes entièrement ou presque entièrement herbacées. Segments-extérieurs du périanthe à onglet muni en dessus d'une crête médiane plus ou moins saillante, finement veloutée de même que les veines. Segments-intérieurs notablement plus courts que les extérieurs, moins grands ou à peine aussi grands que les stigmates. Capsule courtement rostrée. Graines à raphé tantôt apparent, tantôt oblitéré ; tégument fongueux, épais, très-lisse, inadhérent.*

a) *Limbe du périanthe soit bleu soit d'un pourpre violet. Segments intérieurs aussi longs et aussi larges ou plus larges que les stigmates : onglets légèrement calleux et subauriculés un peu au-dessus de leur base. Segments-extérieurs à crête écarénée, presque plane, peu saillante. Tube du périanthe campanulé ou courtement infondibuliforme. Ovaire à angles légèrement canaliculés, ou écanaliculés ; facettes planes ou convexes. Stigmates à lamelles presque aussi larges que les crêtes.*

IRIS VERSICOLORE. — *Iris versicolor* Linn. — Ker, in Bot. Mag. tab. 21. — Redout. Lil. tab. 559. — Tige légèrement comprimée, à 2 angles presque également saillants. Feuilles flasques, d'un vert gai. Limbe du périanthe d'un pourpre violet, panaché de jaune et de blanc ; tube courtement infondibuliforme ; segments-extérieurs à lame suborbiculaire ; segments-intérieurs oblongs, de moitié plus larges que les stigmates. Stigmates liguliformes, d'un blanc lavé de rose ; lamelle triangulaire, pointue ; crêtes obtuses, arrondies, subcrénelées. Ovaire à angles subcanaliculés. — Tige haute d'environ 2 pieds, très-flexueuse, luisante, d'un vert gai, débordée par les feuilles supérieures ainsi que par celles des turions, 5-à 9-flore, rameuse dans le haut, de la grosseur du doigt vers la base ; rameaux au nombre de 2 ou 5, flexueux, nus, distancés, ordinairement biflores. Feuilles fortement striées, en général réclinées ; les turionales la plupart longues de 2 à 2 ¹/₂ pieds, larges de 1 pouce ; les caulinaires larges de 9 à 12 lignes, la plupart longues de 1 ¹/₂ pied à 2 pieds. Fleurs légèrement odorantes, très-élégantes. Pédoncules trièdres, en général plus courts que la spathe. Spathes comprimées, finement striées ; valves oblongues, ou oblongues-lancéolées, pointues, ou obtuses, inégales. Tube du périanthe long de ¹/₂ pouce, lavé de vert et de violet. Segments-extérieurs longs de 2 à 2 ¹/₄ pouces : onglet un peu plus long que la lame, large de 5 lignes, jaune, rayé et veiné de pourpre violet ; lame rétuse, large de 10 lignes, d'un pourpre violet, panachée à sa base de jaune et de blanc, avec des ponctuations et des veines d'un pourpre violet. Segments-intérieurs du quart environ plus courts que les extérieurs ; onglet court, jaunâtre, rayé et veiné de violet ; lame unicolore (d'un pourpre violet plus clair que celui des segments-extérieurs), oblongue, obtuse, large de 5 à 6 lignes. Étamines presque aussi longues que les stigmates. Anthères d'un blanc jaunâtre. Stigmates longs de 1 ¹/₂ pouce, larges de 4 lignes ; crêtes longues de 5 lignes, d'un blanc carné. Ovaire oblong, long de 9 lignes à 1 pouce. Capsule longue de 1 à 1 ¹/₂ pouce, oblongue, ou ovale, d'un brun jaunâtre, plus ou moins profondément trivalve. Graines trigones, ou plus ou moins comprimées, ovoïdes, assez grosses, d'un brun roussâtre. — Indigène des États-Unis. Fleurit en juin.

IRIS DE VIRGINIE. — *Iris virginica* Ker, in Bot. Mag. tab. 1705. — Tige un peu comprimée, à un angle marginal plus saillant. Feuilles fermes, droites, d'un vert glauque. Tube du périanthe campanulé ; limbe bleu, panaché de jaune et de blanc.

Segments-extérieurs à lame suborbiculaire, très-obtuse. Segments-intérieurs à lame oblongue, ou lancéolée-oblongue, rétuse,
à peine plus large que les stigmates. Stigmates liguliformes, panachés de bleu et de blanc ; crêtes arrondies, obtuses, subcrénelées ; lamelle suborbiculaire, très-obtuse. Ovaire à angles écanaliculés. — Tige haute d'environ 2 pieds, flexueuse, luisante, d'un
vert gai, bifurquée au sommet, ou rameuse dès l'avant-dernier
nœud, plus ou moins longuement débordée par les feuilles supérieures et par celles des turions ; rameaux 2-ou 5-flores, grêles,
nus, longs de ½ pied à 1 ½ pied. Feuilles fortement striées, en
général dressées, moins souvent réclinées ; les turionales longues
de 1 ½ pied à 2 pieds, larges de 9 à 15 lignes ; les caulinaires la
plupart longues de 1 à 1 ½ pied. Fleurs légèrement odorantes,
moins grandes que celles de l'espèce précédente. Pédoncules
longs de 1 pouce à 2 pouces, en général plus courts que la
spathe. Spathes comme celles de l'*Iris versicolor*. Tube du
périanthe long de 3 lignes, d'un vert lavé de violet. Segments-
extérieurs longs de 2 pouces ou un peu plus ; onglet large de 5
lignes, jaunâtre, rayé et veiné de violet foncé, un peu plus long
que la lame ; lame large de 10 à 12 lignes, d'un bleu foncé, à
base panachée de jaune et de blanc avec un réseau de veines violettes et des ponctuations de cette même couleur. Segments-intérieurs environ du tiers plus courts que les extérieurs : onglet
blanchâtre, rayé et ponctué de violet ; lame large de 4 à 5 lignes,
d'un bleu violet plus clair que celui des segments-extérieurs,
blanchâtre aux bords. Étamines presque aussi longues que les
stigmates. Anthères d'un violet foncé, un peu plus longues que le
filet. Ovaire long d'environ 9 lignes. Stigmates à peu près aussi
longs que les segments intérieurs du périanthe, larges de 4 à 5
lignes ; crêtes longues de 5 lignes, d'un bleu clair ; lamelle blanchâtre. Capsule et graines comme celles de l'*Iris versicolor*. —
Indigène des États-Unis. Fleurit en juin.

IRIS A FEUILLES FLASQUES. — *Iris flaccida* Spach. — Tige
subancipitée aux entre-nœuds inférieurs, irrégulièrement angulée aux entre-nœuds supérieurs. Feuilles d'un vert gai,

flasques, réclinées. Limbe du périanthe d'un bleu clair, panaché de jaune et de blanc; tube campanulé, rétréci à sa base. Segments-extérieurs à lame ovée, pointue. Segments-intérieurs à lame ovale, à peine plus large que les stigmates. Ovaire à angles écanaliculés. Stigmates oblongs-spathulés, panachés de bleu, de lilas et de blanc; crêtes subovales, pointues, incisées-dentées au sommet; lamelle tronquée, érosée, presque aussi large que les crêtes. — Port et feuilles de l'*Iris versicolor*. Tige haute de 2 à 5 pieds, très-flexueuse, d'un vert glauque, rameuse dans le haut, débordée par les feuilles des nœuds supérieurs et par celles des turions, 5-à 9-flore; rameaux 2 ou 5, grêles, flexueux, nus, simples, distancés, 1-ou 2-flores. Feuilles plus ou moins réclinées au sommet, en général violettes vers leur base; les turionales la plupart longues de près de 2 pieds, larges de 7 à 10 lignes; les caulinaires la plupart longues de 1 à 1 ½ pied. Spathes comme celles des deux espèces précédentes. Pédoncules longs de 1 à 2 pouces, le primordial en général saillant. Fleurs presque inodores, plus grandes que celles de l'*Iris virginica*. Tube du périanthe long de 4 lignes, d'un jaune verdâtre lavé de violet. Segments-extérieurs longs de 2 ½ pouces, larges de 1 pouce, d'un bleu plus clair et plus panaché de blanc que ceux de l'*Iris virginica*, rayés et veinés de violet; onglet large de 5 lignes, d'un blanc jaunâtre, un peu plus court que la lame. Segments-intérieurs longs de 20 lignes, d'un bleu clair avec des veines plus foncées, non-panachés; lame large de 6 lignes; onglet plus court que la lame, jaunâtre, veiné de violet. Étamines presque aussi longues que les stigmates. Anthères violettes, un peu plus courtes que les filets. Ovaire long de 9 à 10 lignes. Stigmates longs d'environ 20 lignes, larges de 5 lignes vers leur sommet; crêtes plus grandes que dans les deux espèces précédentes (longues de 5 à 6 lignes), bleues. Fruit et graines comme dans les deux espèces précédentes. — Espèce probablement originaire des États-Unis, et confondue par les auteurs avec l'*Iris virginica*. Fleurit en juin.

b) Limbe du périanthe jaune; tube obconique. Segments-intérieurs beaucoup plus petits que les stigmates; onglet à base cordiforme, peu ou point calleuse. Onglets des segments extérieurs à crête assez saillante, carénée. Stigmates larges, spathulés ; crêtes acérées, fimbriées, beaucoup plus larges que la lamelle : celle-ci petite, pointue. Ovaire à angles profondément canaliculés, et à facettes plus ou moins concaves.

Iris Faux-Acore. — *Iris Pseud-Acorus* Linn. — Bull. Herb. tab. 157. — Flor. Dan. tab. 494. — Redout. Lil. tab. 255. — Engl. Bot. tab. 578. — *Iris lutea* Lamk. — *Iris palustris* Mœnch. — Limbe du périanthe en général d'un jaune vif. Segments-extérieurs à lame suborbiculaire, très-obtuse, marquée d'une tache-basilaire d'un jaune plus foncé. Segments-intérieurs plus courts que l'onglet des segments-extérieurs ; onglet profondément cordiforme et légèrement calleux à la base. Stigmates spathulés-obovés, près de moitié plus courts que les segments-externes du limbe ; lame dentelée vers le sommet. — Rhizome brunâtre à la surface, rougeâtre en dedans, souvent de 1 pouce de diamètre, cylindrique. Tige haute de 2 à 4 pieds, dressée, grêle, flexueuse, subcylindrique aux entre-nœuds inférieurs, angulée aux entre-nœuds supérieurs, 5-à 15-flore, en général débordée par les feuilles turionales ; rameaux 2-ou 5-flores, distancés, nus, plus ou moins comprimés, au nombre de 2 ou 3, en général courts. Feuilles un peu flasques, d'un vert gai, fortement striées, lancéolées, droites, ou subfalciformes, dressées, plus ou moins réclinées au sommet ; celles des turions longues de 2 à 3 ½ pieds, larges de ½ à 1 ½ pouce ; les caulinaires plus longues que les entre-nœuds : les inférieures longues de ½ pied à 1 ½ pied ; les supérieures la plupart courtes, conformes aux spathes. Spathes verdâtres, comprimées, peu ou point ventrues, finement striées, longues de 2 à 5 pouces ; la terminale 3-à 5-flore. Fleurs grandes, presque inodores, inégalement pédonculées. Pédoncules longs de 9 à 18 lignes, inclus : celui de la fleur primordiale plus court que les autres. Tube du périanthe long de 5 à 6 lignes, hexagone, d'un jaune verdâtre. Segments-extérieurs longs de 2 ¼ à 2 ½ pouces ; lame large de 15 à 20 lignes, un peu plus longue que l'onglet, à tache-basilaire arrondie, rayée de violet ; onglet large de 5 lignes, rayé et veiné de violet ; veines et stries finement veloutées. Segments-intérieurs longs de 10 à 12 lignes, de moitié plus courts que les stigmates, d'un jaune moins vif que celui des segments-extérieurs, sans veines ni stries discolores ; lame ovale ou elliptique, obtuse, large de 5 lignes, un peu plus courte que l'onglet. Étamines aussi longues que la lame des stigmates. Anthères violettes, un peu plus courtes que les filets. Stigmates longs de 1 $\frac{1}{2}$ pouce ou un peu plus, de même couleur que les segments-intérieurs du limbe, larges de 8 à 9 lignes au sommet ; crêtes longues de 5 lignes, demi-ovées, acuminées ; lamelle jaune, triangulaire, pointue. Ovaire long d'environ 1 pouce. Capsule longue de 1 pouce à 2 $\frac{1}{2}$ pouces, d'un brun jaunâtre, plus ou moins profondément trivalve, oblongue, plus ou moins rétrécie à sa base. Graines d'un brun de Châtaigne ou d'un brun jaunâtre, subtrigones, ou comprimées, ovoïdes, ou suborbiculaires, assez grosses. — Cette espèce, connue sous les noms vulgaires d'*Iris des marais* ou *Glayeul des marais*, est commune en Europe dans les marais et autres localités aquatiques ; elle fleurit en juin et juillet. Sa racine, à l'état frais, est âcre et drastique ; étant séchée, elle devient très-astringente, et peut, au besoin, remplacer le sulfate de fer dans la composition de l'encre.

IRIS ACOROÏDE.— *Iris acoroides* Spach.— *Iris Pseud-Acorus pallidiflora* Hook. in Bot. Mag. tab. 2259. — Limbe du périanthe d'un jaune très-pâle. Segments-extérieurs à lame ovée, un peu pointue, immaculée. Segments-internes plus longs que l'onglet des sépales externes; onglet légèrement cordiforme et point calleux à sa base. Stigmates spathulés-oblongs, $\frac{1}{4}$ plus courts que les segments-extérieurs du limbe ; lame peu ou point dentelée au sommet.—Rhizome, tige, feuilles et inflorescence comme dans l'*Iris Pseud-Acorus*. Tube du périanthe long de 4 lignes. Segments-extérieurs longs d'environ 2 pouces ; lame presque de moitié plus longue que l'onglet, large de 1 pouce, rétuse, rayée et veinée de violet à sa base, ainsi que l'onglet ; onglet large de 5 lignes ; veines et stries finement veloutées. Segments-intérieurs longs de près de 1 pouce, de même couleur que les segments-extérieurs (mais sans veines ni stries discolores); lame oblongue ou ovale, obtuse, concave, de moitié plus courte que l'onglet. Étamines comme dans l'espèce précédente. Stigmates longs de 1 ¹/₂ pouce, larges seulement de 4 à 5 lignes dans le haut, d'un jaune pâle comme le limbe du périanthe; crêtes longues de 5 lignes; demi-ovées, pointues; lamelle triangulaire, pointue, ou échancrée, d'un jaune pâle, plus petite que dans l'*Iris Pseud-Acorus*, 2 à 5 fois plus courte que les crêtes. Ovaire long de 9 à 10 lignes. Capsule et graines comme dans l'espèce précédente. — Indigène de l'Amérique septentrionale. Fleurit en juin et juillet.

C. *Tige subpaniculée, pleine. Feuilles lancéolées. Spathes herbacées. Segments-externes du limbe très-glabres, à côte médiane écarénée. Segments-intérieurs minimes (beaucoup plus petits que les stigmates), à lame subulée, condupliquée, beaucoup plus étroite que l'onglet. Capsule mince, très-obtuse. Graines subtrigones, ovoïdes, très-lisses, jamais aplaties; raphé très-saillant; tégument mince, lâche, in-adhérent.*

Iris à courtes pointes. — *Iris brachycuspis* Fisch. — Bot. Mag. tab. 2526. — *Iris brevicuspis* Schult. Mant. — *Iris se-tosa* (Pallas) Fisch. et Mey. Cat. Sem. Hort. Petropol. V, p. 57. — Tige haute de 1 pied à 2 pieds, dressée, très-flexueuse, d'un vert glauque, 5-à 9-flore, subancipitée au premier entre-nœud (qui est long de 4 à 6 pouces), subcylindrique aux entre-nœuds suivants, en général débordée par les feuilles des nœuds supérieurs et par celles des turions; rameaux au nombre de 1 à 4, grêles, simples, aphylles, flexueux, 1-à 5-flores, plus ou moins divergents, parfois subfastigiés. Feuilles d'un vert gai, un peu flasques, droites, ou subfalciformes, forte-ment striées, la plupart larges de 8 à 9 lignes; les turionales la plupart longues de 1 pied à 1 ¹/₂ pied, ordinairement réclinées au sommet; les caulinaires-supérieures plus longues que les en-tre-nœuds. Fleurs grandes, très-élégantes, inodores, inégalement et plus ou moins longuement pédonculées. Spathes 2-ou 5-flores, verdâtres, lavées de violet, non ventrues, finement striées : val-ves inégales, oblongues-lancéolées, pointues. Pédoncules longs de ¹/₂ pouce à 1 ¹/₂ pouce, en général plus courts que les spathes.

Tube du périanthe long de 5 lignes, subcampanulé, verdâtre.
Segments-extérieurs du limbe longs de 2 pouces ou un peu plus;
onglet long de 1 pouce, large de 5 lignes, un peu rétréci et calleux à la base, jaunâtre, veiné et rayé de violet; lame un peu
plus longue que l'onglet, large de 1 ½ pouce, suborbiculaire,
très-obtuse, subrétuse, légèrement ondulée aux bords, d'un bleu
violet ou d'un bleu pâle, à base panachée de jaune et de blanc,
et rayée de violet. Segments-intérieurs longs de 4 lignes : onglet obcordiforme, stipité, aussi long et beaucoup plus large que
la lame, jaunâtre avec un réseau de veines violettes, légèrement
calleux à la base; lame très-étroite, d'un violet pâle lavé de
blanc. Étamines presque aussi longues que les stigmates. Filets
obspathulés, jaunâtres dans le bas, violets dans le haut. Anthères
violettes. Ovaire long de 6 lignes, écanaliculé aux angles. Stigmates longs de ½ pouce, larges de 4 lignes dans le haut, oblongs-
spatulés, panachés de blanc, de bleu et de lilas; crêtes longues
de 4 lignes, demi-ovées, pointues, dentelées, de même couleur
que les segments-extérieurs du limbe. Lamelle bleuâtre, triangulaire, 4 fois moins large que les crêtes, ordinairement pointue.
Capsule longue de 1 à 1 ½ pouce, d'un brun jaunâtre, oblongue,
ou ovale, ou elliptique, ou ovoïde, plus ou moins rétrécie à la
base, ombiliquée au sommet et apiculée par la base du style,
tantôt courtement tantôt plus ou moins profondément trivalve,
parfois subtrigastre. Graines (notablement plus petites que dans
les espèces précédentes) longues de 2 lignes, d'un brun de Châtaigne. — Sibérie orientale. Fleurit en mai et en juin. La racine
est vénéneuse.

Sous-genre PHÆIRIS Spach.

Rhizome, tiges et feuilles comme dans les *Limniris*. *Tube
du périanthe allongé, subcolumnaire* (un peu ventru au
milieu), à gorge non-calleuse. *Segments du limbe bilobés au sommet, tous imberbes, très-glabres, courtement
onguiculés, unicolores en dessus (d'un brun roux), défléchis presque dès la base des onglets. Style inadhérent.
Stigmates petits, repliés en dessous, embrassant les anthères ; lamelle bipartie, de la largeur de la lame. Capsule*

trièdre, chartacée, subobtuse, 12-costée ; côtes minces, ca-
rénées : 5 correspondant aux angles, 5 médianes, les 6 au-
tres interpositives ; valves très-larges, tricarénées (par la
côte-médiane et les côtes intramarginales) ; placentaire
confondu avec l'angle interne des cloisons. *Graines bi-*
sériées, grosses, subtrigones, sans raphé apparent ; *tégu-*
ment très-épais, opaque, fongueux, adhérent, scrobiculé.

IRIS BRUN ROUX. — *Iris falva* Ker, in Bot. Mag. tab. 1496.
— *Iris cuprea* Pursh, Flor. Amer. Sept. — Rhizome jaunâtre,
subcylindrique, d'environ 1 pouce de diamètre. Tige haute de
2 à 5 pieds, simple , ou courtement rameuse, grêle, feuillée,
flexueuse, 5-à 9-flore, distinctement ancipitée au premier entre-
nœud, subancipitée aux autres entre-nœuds, un peu débordée par
les feuilles des nœuds supérieurs et par celles des turions, ou bien
aussi longue que les feuilles-turionales ; entre-nœuds plus courts
que les feuilles, engaînés seulement à leur base. Feuilles d'un vert
gai, flasques, fortement striées, droites, lancéolées, larges de 6
à 12 lignes ; les turionales la plupart longues de 2 à 5 pieds, plus
ou moins réclinées au sommet ; les caulinaires-inférieures longues de 1 pied à 1 ¹/₂ pied ; les supérieures plus courtes. Fleurs
(axillaires et terminales lorsque la tige est sans rameaux) grandes, inodores : les terminales subsessiles ou courtement pédonculées ; les axillaires plus ou moins longuement pédonculées,
subsolitaires. Spathes plus ou moins scarieuses, comprimées, en
général débordant le tube du périanthe, longues de 2 à 4 pouces;
valves linéaires-lancéolées ou oblongues-lancéolées, acuminées,
cuspidées, inégales : l'externe débordant parfois le limbe. Pédoncules inclus. Tube du périanthe long de 8 lignes (à peu près aussi
long que l'ovaire), jaunâtre, hexagone. Segments du limbe d'un
brun roux, lavés de jaune en dessous et aux bords ; les extérieurs
longs de 2 pouces ou un peu moins, larges de 1 ¹/₂ pouce, ovales,
plus ou moins infléchis aux bords, ou convexes, point ondulés,
rayés et finement veinés de pourpre-violet, munis en dessus
d'une côte médiane assez large, presque plane, papilleuse ; onglet
large, plan, cunéiforme, long de 1 ¹/₂ pouce. Segments intérieurs
de ¹/₄ plus courts et de ¹/₃ moins larges que les segments extérieurs,

lancéolés-oblongs, très-courtement onguiculés, plans, un peu
ondulés aux bords; onglet concave. Étamines à peu près aussi
longues que les stigmates. Filets linéaires, ancipités, jaunâtres.
Anthères d'un jaune pâle, aussi longues que les filets. Ovaire long
de 7 à 8 lignes, gros, ovale, hexagone, rétréci en col court; facettes concaves, alternativement plus larges et plus étroites ; angles
alternes par paires avec les cloisons. Stigmates d'un brun roux
moins foncé que le limbe, liguliformes, moins larges et au moins
de moitié plus courts que les segments-intérieurs du limbe; lame
très-entière ; crêtes petites, demi-ovées, pointues, dentelées ; lamelle 2 fois plus courte que les crêtes : lobes pointus ou obtus,
triangulaires, érosés, divergents. Capsule longue de 1 pouce à 2
pouces, ovale , ou oblongue , plus ou moins profondément trivalve. Graines longues de 4 à 5 lignes, roussés, en général demi-
orbiculaires.— Cette espèce remarquable croît dans les marais de
la Louisiane. Fleurit en juin et juillet.

Sous-genre POGONIRIS Tausch.

Rhizome rampant, charnu, noueux, annulé, *nu. Feuilles
planes, ensiformes-lancéolées,* fortement striées, tantôt
droites, tantôt plus ou moins falciformes. Tige simple
ou rameuse, subcylindrique. Fleurs terminales; odorantes, courtement pédonculées. *Tube du périanthe adné
au style,* soit court, soit plus ou moins allongé, *garni
à l'entrée de la gorge de 6 callosités dentiformes alternes
avec les segments du limbe. Segments-extérieurs spathulés,
presque inonguiculés, défléchis* (en général dans les deux
tiers supérieurs), *moins larges que les segments-intérieurs,
munis en dessus* (depuis la base jusque vers le milieu)
*d'une large côte médiane couverte d'une barbe de poils cla-
viformes colorés. Segments-intérieurs dressés, connivents,
droits, courtement onguiculés, imberbes* (excepté dans une
espèce), aussi longs ou un peu plus longs que les segments-extérieurs, en général repliés aux bords ou rédu-
pliqués. *Ovaire trigone, ésulqué.* Stigmates à lamelle
presque aussi large que la lame, courte, arrondie, souvent rétuse. *Capsule* coriace ou chartacée, *trigone, non-*

rostrée, 5-valve, 6-*nervée* (nervures les unes correspondant aux bords des valves et aux angles; les autres médianes); *placentaire filiforme, libre après la déhiscence. Graines ovoïdes ou subglobuleuses*, en général peu ou point anguleuses, *bisériées*, sans raphé apparent; *tégument mince, crustacé, adhérent, fortement rugueux.*

A. *Tige 1-flore ou 2-flore, très-simple. Tube du périanthe grêle, plus long que l'ovaire. Spathes herbacées* (excepté au sommet et aux bords qui sont scarieux), *ventrues.*

a) *Tige basse, 1-flore (rarement par variation biflore), en général plus courte que les feuilles. Floraison vernale. (Assez souvent il y a une seconde floraison en été ou en automne.) Feuilles glauques.*

Iris nain.—*Iris pumila* Linn.—Jacq. Flor. Austr. tab. 1.— Bot. Mag. tab. 9. — Redout. Lil. tab. 261. — Tige entièrement ou presque entièrement couverte par les gaînes des feuilles. Tube du périanthe (plus ou moins saillant hors la spathe) 4 à 5 fois plus long que l'ovaire, à peu près aussi long que le limbe. Limbe violet (par variation blanc ou jaune). Segments-extérieurs spathulés-obovés, aussi longs et aussi larges que les segments-intérieurs; ceux-ci ovales. Ovaire obscurément trigone. Stigmates spathulés-oblongs, de $\frac{1}{3}$ plus courts que le limbe; crêtes demi-ovées, acuminées. — Tiges hautes de 1 pouce à 6 pouces, ou parfois presque nulles à l'époque de la floraison. Feuilles glauques, plus ou moins falciformes, ou très-droites; les turionales atteignant finalement jusqu'à 1 pied de long (mais en général à l'époque de la floraison vernale longues seulement de 2 à 5 pouces), larges de 2 à 5 lignes, débordant quelquefois la fleur. Spathe d'un vert lavé de violet ou de bleu, après la floraison scarieuse; valves plus ou moins inégales, oblongues-lancéolées, pointues: l'externe longue de 1 pouce à 2 $\frac{1}{2}$ pouces, l'interne plus courte. Tube du périanthe long de 1 $\frac{1}{2}$ pouce à 2 $\frac{1}{2}$ pouces, violet. Segments du limbe échancrés, plus ou moins ondulés. Barbes à poils d'un bleu pâle, jaune au sommet. Étamines un peu plus courtes que la lame des stigmates. Anthères bleuâtres. Stigmates violets.

Capsule......, — Cette espèce, connue sous le nom vulgaire de *Petite flambe*, croît dans les localités arides ou rocailleuses, dans l'Europe moyenne et surtout dans l'Europe méridionale. On la recherche avec raison, de même que les deux espèces suivantes, pour border les parterres. Fleurit en mars et en avril.

·IRIS BLEU DE CIEL. — *Iris cœrulea* Spach. — *Iris pumila cœrulea* Bot. Mag. tab. 1261. — Redout. Lil. tab. 262. — Tige entièrement couverte par les gaînes des feuilles. Tube du périanthe en général à peu près aussi long que la spathe, 5 fois plus long que l'ovaire, de $^1/_4$ plus court que le limbe. Limbe d'un bleu clair panaché de violet; segments-extérieurs spathulés-oblongs, un peu plus courts et de $^1/_3$ moins larges que les segments-intérieurs; ceux-ci ovales-oblongs. Stigmates liguliformes-linéaires, de moitié au moins plus courts que le limbe; crêtes demi-ovées, pointues. Ovaire distinctement trigone. — Tige de $^1/_2$ pouce à 2 pouces. Feuilles semblables à celles de l'espèce précédente, mais à l'époque de la floraison en général plus courtes, débordées par la fleur. Spathe tantôt aussi longue, tantôt plus longue que le tube du périanthe. Tube du périanthe long de 15 à 20 lignes. Limbe long de 2 pouces; segments fortement échancrés : les externes violets en dessus, d'un bleu pâle en dessous : barbes à poils d'un bleu blanchâtre, à sommet jaune. Segments-intérieurs concolores en dessous. Étamines presque aussi longues que la lame des stigmates. Anthères et stigmates d'un bleu pâle. Stigmates longs d'environ 15 lignes : crêtes dentelées. Capsule...... Origine incertaine. (Probablement de l'Europe méridionale.) Fleurit en mars et avril.

IRIS MIGNON. — *Iris Chamœiris* Bertol. — P. Savi, in Memor. Valdarn. vol. 2, cum Icone. Id. in Ann. des Sciences Nat. 2e sér. vol. 15, p. 159. — *Iris lutescens* Desfont. Hort. Par. (Non Lam.) — Redout. Lil. tab. 265. — *Chamœiris latifolia minima* Besl. Hort. Eystett. ordo 8, tab. 1, fig. 5. — Tige nue dans le haut. Tube du périanthe saillant, de moitié à 1 fois plus long que l'ovaire, 1 fois plus court que le limbe. Limbe d'un jaune pâle (1). Segments-extérieurs spathulés-oblongs, un peu plus courts et à peu près de moitié moins larges que les segments-intérieurs ; ceux-ci ovales-obovés. Ovaire obscurément trigone. Stigmates cunéiformes-oblongs, presque 1 fois plus courts que le limbe ; crêtes arrondies ou demi-ovales. — Tige haute de 2 à 6 pouces, en général débordée par la feuille du dernier nœud ; entre-nœud terminal ordinairement très-allongé, et peu ou point recouvert par la gaîne de la dernière feuille. Feuilles comme celles des deux espèces précédentes ; les turionales atteignant, en été, 1/2 pied à 1 pied de long. Spathe tantôt un peu plus courte tantôt un peu plus longue que le tube du périanthe, mais toujours lâche et divergente dans le haut. Tube du périanthe long de 9 à 12 lignes, jaunâtre. Segments du limbe très-obtus, subrétus, plus ou moins ondulés aux bords : les extérieurs à barbe d'un jaune vif, veinés de violet livide ; les intérieurs longs d'environ 2 pouces, larges de 9 à 11 lignes. Stigmates d'un jaune pâle, longs de 1 pouce ; crêtes dentelées. Étamines en général de 1/3 plus courtes que la lame des stigmates. Anthères d'un jaune pâle. Capsule longue de 1 pouce à 1 1/2 pouce, chartacée, jaunâtre, subréticulée, oblongue ou ovale, trivalve en général jusqu'à sa base (valves cohérant longtemps au sommet), à nervures carénées. Graines longues de 2 lignes, ovoïdes, ou subglobuleuses, peu ou point anguleuses, d'un brun jaunâtre. — Europe méridionale. Fleurit en mars et en avril, et souvent pour la seconde fois en septembre et en octobre. Cette espèce produit un fort bel effet en bordures, surtout étant mêlée aux deux espèces précédentes qui fleurissent à la même époque.

b) *Tige de 1/2 pied à 1 pied, 1- ou 2-flore, débordant les feuilles supérieures. Floraison en mai. Feuilles d'un vert clair.*

IRIS JAUNE PALE. — *Iris lutescens* Lamk. Dict. (Non Desfont., nec Redout. Lil., nec Reichenb. Ic.) — Bot. Mag. tab. 2861. —

____

(1) Je ne l'ai jamais trouvé d'une autre couleur, bien que la plante soit extrêmement abondante, en bordures, au Jardin du Roi ; elle y fructifie fréquemment, tandis que je n'ai pu observer dans cet état ni l'*Iris pumila* ni l'*Iris cœrulea*.

Tige 1-flore, entièrement ou presque entièrement engaînée. Spathe à valves longuement acuminées. Pédoncule aussi long que l'ovaire. Tube du périanthe débordé par la spathe, près de 1 fois plus long que l'ovaire. Limbe d'un jaune pâle veiné de brun ; segments légèrement rétus, érosés : les extérieurs spathulés-obovés. Ovaire distinctement trigone. — Tige droite, grêle, haute de $^1/_2$ pied à 1 pied, feuillue, en général plus ou moins débordée par les feuilles des turions. Feuilles lancéolées-ensiformes, plus ou moins arquées ou droites : les turionales longues de $^1/_2$ pied à 1 $^1/_2$ pied, larges de 5 à 7 lignes ; les caulinaires plus longues que les entrenœuds. Pédoncule long de 7 lignes, caché dans la spathe de même que l'ovaire. Spathe longue d'environ 2 pouces, d'un jaune verdâtre : valves inégales, lâches et divergentes dans le haut. Tube du périanthe long de 11 à 15 lignes, d'un jaune verdâtre. Limbe long de 2 pouces ou un peu plus. Segments-extérieurs larges de 9 lignes dans le haut, de même longueur que les segments-intérieurs, mais de $^1/_4$ ou $^1/_3$ moins larges ; barbe d'un jaune vif. Segments-internes ovales, larges de 1 pouce. Étamines presque aussi longues que la lame des stigmates. Anthères d'un blanc jaunâtre, à peu près aussi longues que les filets. Stigmates longs de 1 $^1/_2$ pouce, larges de $^1/_2$ pouce (moins larges que les segments-extérieurs du limbe), en général érosés dans le haut ; crêtes demi-ovées, acuminées, incisées-dentées. Ovaire long de 5 à 6 lignes, gros, sublagéniforme. (Fruit inconnu.) — Origine incertaine. (Probablement de l'Europe méridionale, à moins que la plante ne soit une hybride.

Iris jaune-verdâtre.— *Iris virescens* Redout. Lil. tab. 295. —*Iris lutescens* Reichenb. Ic. Crit. vol. 10, tab. 917. (Non Lam., nec Desfont., nec Redout., nec Bot. Mag.) — Tige biflore, nue dans le haut. Spathe à valves obtuses. Pédoncule 1 fois plus court que l'ovaire. Tube du périanthe longuement saillant, 1 fois plus long que l'ovaire. Limbe d'un blanc jaunâtre lavé de vert; segments profondément échancrés, à peine érosés : les externes spathulés-oblongs. Ovaire obscurément trigone. — Tige haute de 10 à 15 pouces, grêle, droite, feuillée, engaînée jusqu'au milieu ou au delà, plus ou moins débordée par les feuilles turionales. Feuilles comme celles de l'espèce précédente. Pédoncule long de 5 lignes, caché dans la spathe de même que l'ovaire. Spathe longue de 1 ¹/₂ pouce, d'un jaune verdâtre, lâche ; valves inégales, ovales. Tube du périanthe verdâtre, long de 1 pouce. Limbe long de 2 pouces ou un peu plus ; segments de longueur égale, veinés de brun : les externes larges de 9 lignes dans le haut, peu ou point ondulés, à barbe d'un jaune vif. Segments-intérieurs larges de 1 pouce, ovales, légèrement ondulés aux bords. Étamines et stigmates comme dans l'*Iris lutescens*. Ovaire sublagéniforme, gros, long de 8 à 9 lignes. (Fruit inconnu.)— Europe méridionale.

Iris subbiflore. — *Iris subbiflora* Brotero, Flor. Lusitan. — Ker, in Bot. Mag. tab. 1130. — *Iris furcata* Bot. Reg. tab. 801. (Non Bieberst.) —Tige 2-flore, nue dans le haut. Spathe débordant le tube du périanthe : valve externe pointue ; valves internes obtuses. Pédoncules très-courts. Tube du périanthe un peu plus court que l'ovaire, beaucoup plus court que le limbe. Limbe très-grand, violet : segments-extérieurs spathulés-obovés. —Tige haute de 1 pied à 15 pouces, grêle, feuillue, engaînée jusqu'au delà du milieu, peu ou point débordée par les feuilles turionales. Feuilles droites ou peu arquées : les turionales longues de ¹/₂ pied à 1 pied, larges de 5 à 7 lignes ; les caulinaires courtes, spathacées. Spathe longue d'environ 20 lignes, d'un vert jaunâtre lavé de violet : valves inégales, divergentes dans le haut. Tube du périanthe long à peine de 1 pouce. Segments-extérieurs du limbe longs de 2 ¹/₂ pouces, larges de 1 ¹/₂ pouce vers le sommet, un peu ondulés aux bords ; barbe jaune. Segments-intérieurs elliptiques-obovés, un peu plus longs que les segments-extérieurs, larges de près de 2 pouces, érosés et ondulés aux bords, arrondis au sommet. Stigmates longs de près de 2 pouces, violets, spathulés-oblongs, beaucoup moins larges que les segments-intérieurs du limbe : crêtes demi-ovales, pointues, dentelées. (Fruit inconnu.) — Portugal.

B. *Tige bifurquée dans le haut : branches nues, ordinairement 1-flores (rarement l'une 1-flore, l'autre 2-flore).*

Spathes herbacées (scarieuses seulement aux bords et au sommet), ventrues. Feuilles caulinaires conformes aux turionales. Tube du périanthe grêle, allongé.

IRIS BIFURQUÉ. — *Iris furcata* Bieberst. Suppl. — Bot. Mag. tab. 2564. — Branches plus ou moins inégales, débordées par la feuille du dernier nœud. Pédoncules plus courts que l'ovaire. Tube du périanthe 3 à 4 fois plus long que l'ovaire, débordé par la spathe. — Tige grêle, feuillue, haute de ½ pied. Feuilles d'un vert clair, larges de 4 à 6 lignes, en général droites ou peu arquées ; les turionales à l'époque de la floraison plus courtes ou à peine aussi longues que la tige, plus tard souvent longues de 1 pied ; les caulinaires plus longues que les entre-nœuds. Spathes longues de 2 à 2 ½ pouces, d'un vert jaunâtre lavé de violet ; valves lancéolées, inégales, pointues, divergentes dans le haut. Tube du périanthe long de 1 ½ pouce. Limbe violet ; segments érosés et un peu ondulés aux bords, arrondis et rétus au sommet : les extérieurs spathulés-oblongs, longs de 2 pouces, larges de 8 à 9 lignes vers leur sommet : barbe jaune ; segments-intérieurs ovales ou obovés, cunéiformes à la base, un peu plus longs et plus larges que les extérieurs. Stigmates spathulés-oblongs, environ de ¼ moins longs que le limbe, 4 fois moins larges que les segments-extérieurs, violets ; crêtes demi-ovées, pointues, dentelées, longues de 4 à 5 lignes. Capsule....., —Caucase. Fleurit en mai.

C. *Tige bi-ou tri-furquée dès la base : branches 1-à 4-flores, tantôt également ou inégalement bifurquées, tantôt indivisées. Spathes herbacées (scarieuses seulement aux bords et au sommet), ventrues. Feuilles caulinaires courtes et spathacées (du moins la plupart). Tube du périanthe allongé.*

IRIS A TIGE NUE. — *Iris nudicaulis* Lam. Dict. — *Iris biflora* Sweet, (non Linn.) Brit. Flow. Gard. ser, 2, tab. 152. —Tige haute de 5 à 6 pouces, 5-à 7-flore, un peu comprimée, débordée par les feuilles turionales. Feuilles glauques : les turionales longues de 4 pouces à 1 pied, larges de 9 à 18 lignes, lancéolées, plus ou moins arquées ; les caulinaires la plupart courtes, conformes aux spathes, lâches, lavées de violet : les basilaires conformes en général aux turionales, tantôt plus courtes que la tige, tantôt aussi longues ou un peu plus longues. Fleurs grandes, violettes, subsessiles. Spathes longues d'environ 2 pouces, 1-flores, d'un jaune verdâtre lavé de violet, débordant le tube du périanthe ; valves un peu inégales, lancéolées, acuminées, divergentes dans le haut. Tube du périanthe assez gros, long de 1 pouce. Limbe violet (excepté vers la base, qui est blanchâtre avec un réseau de veines d'un pourpre violet) ; segments très-entiers ou légèrement érosés au sommet, très-obtus, peu ou point ondulés, longs de 2 pouces : les extérieurs spathulés-obovés, larges de près de 1 pouce (vers leur sommet), à barbe blanchâtre ; les intérieurs à peine plus longs et un peu plus larges que les extérieurs, ovales. Étamines aussi longues que la lame des stigmates. Filets d'un blanc bleuâtre. Anthères blanchâtres, 1 fois plus courtes que les filets. Stigmates violets, longs de 1 $^{1}/_{2}$ pouce, 1 fois moins larges que les segments du limbe, cunéiformes-oblongs ; crêtes longues de 3 à 4 lignes, demi-ovales, obtuses, dentelées ; lamelle blanchâtre, arrondie, très-entière. Ovaire long de 4 lignes, columnaire, obscurément hexagone. Capsule..... — Europe méridionale. Fleurit en mai.

D. *Tige paniculée dans le haut, plus longue que les feuilles turionales ; rameaux nus, allongés (le premier aussi long ou plus long que l'entre-nœud), naissant chacun à l'aisselle d'une courte feuille spathacée. Spathes au commencement de la floraison soit entièrement herbacées, soit scarieuses seulement aux bords et au sommet.*

a) *Spathes entièrement ou presque entièrement herbacées (au commencement de la floraison). Segments-externes du limbe discolores en dessous, rayés en dessus presque jusqu'au sommet de veines discolores. Segments-internes très-glabres.*

IRIS BRUNATRE. — *Iris lurida* Willd. (Non Redout. Lil.) — Ker, in Bot. Mag. tab. 669 et 986. — Tube du périanthe à peu près 1 fois plus long que l'ovaire. Segments-externes bilobés au sommet, panachés, rayés et veinés de violet. Segments-internes d'un violet-brunâtre, à base jaune mouchetée de pourpre-brun.

Stigmates oblongs, panachés de brun et de jaune ; crêtes jaunâtres, grandes (2 fois seulement plus courtes que la lame). —
Tige haute d'environ 2 pieds, sub-7-flore. Feuilles lancéolées,
d'un vert clair tirant un peu sur le glauque ; les turionales longues
de 1 pied à 1 $\frac{1}{2}$ pied, larges de 15 à 20 lignes, droites, ou peu
arquées ; les caulinaires inférieures longues de 6 à 8 pouces, larges
de 1 pouce. Spathes verdâtres, ventrues, peu ou point carénées,
involutées, longues d'environ 2 pouces ; valves un peu inégales
(l'externe un peu débordée par le tube du périanthe, l'interne
plus ou moins débordante), oblongues-obovées, acuminulées,
divergentes dans le haut. Pédoncules inclus, à peu près aussi longs
que l'ovaire. Tube du périanthe assez gros, long d'environ 1
pouce, d'un jaune verdâtre. Segments-externes spathulés-obovés
ou spathulés-cunéiformes, longs de 2 $\frac{1}{4}$ à 2 $\frac{1}{2}$ pouces, larges de
12 à 15 lignes vers leur sommet, peu ou point ondulés, en dessous
d'un bleu glauque, en dessus jaunes dans la partie barbue (avec
un réseau de veines d'un brun violet), d'un bleu clair (avec des
raies d'un violet foncé) dans le milieu, d'un violet foncé et comme
velouté vers le sommet ; barbe dense : poils d'un jaune foncé, à
sommet noirâtre. Segments-internes aussi longs et un peu plus
larges que les segments-externes, légèrement ondulés aux bords,
elliptiques, ou ovales. Étamines plus courtes que la lame des
stigmates. Filets blanchâtres. Anthères d'un blanc bleuâtre, un
peu plus courtes que les filets. Ovaire long de 5 à 6 lignes, gros,
subtrigone. Stigmates un peu plus longs et moins larges que la
partie barbue des segments-externes ; lamelle subdenticulée ;
crêtes demi-ovées, acuminées, dentées, ou incisées-dentées. Capsule..... — Cette espèce passe pour originaire de l'Europe méridionale. Ses fleurs exhalent une odeur de Sureau très-prononcée ;
elles paraissent en juin ou vers la fin de mai.

Iris de Redouté. — *Iris Redouteana* Spach. — *Iris lurida*
Redout. Lil. tab. 518. (Non Willd.) — Tube du périanthe 1 fois
plus long que l'ovaire. Segments-externes subrétus, rayés et
veinés de pourpre-noir, d'un jaune sale dans la partie barbue,
d'un violet très-foncé dans la partie imberbe. Segments-internes

d'un violet brunâtre, à base jaune veinée et rayée de pourpre
(mais non-mouchetée). Stigmates oblongs, panachés de jaune et
de violet livides ; crêtes petites (4 fois plus courtes que la lame),
brunâtres. — Tige de 1 1/2 à 2 pieds, un peu comprimée, 4-à 7-
flore, plus grêle que celle de l'espèce précédente, flexueuse dans
le haut. Feuilles d'un vert clair tirant sur le glauque ; les turionales longues de 1/2 pied à 1 1/2 pied (en général la plus grande
égale la tige), larges de 8 lignes seulement (notablement plus
étroites que celles de l'*Iris lurida* W.) ; les caulinaires inférieures longues d'environ 1/2 pied, larges de 8 à 9 lignes ; celle
du dernier nœud de la partie indivisée conformes aux inférieures.
Pédoncules longs de 2 à 5 lignes (plus courts que l'ovaire).
Fleurs très-légèrement odorantes. Spathes vertes, écarénées,
longues de 1 1/2 pouce à 2 pouces ; valves débordant le tube du
périanthe, un peu inégales, lancéolées, pointues. Tube du périanthe long de 1 pouce, d'un jaune verdâtre, grêle, subcolumnaire, distinctement trigone. Segments-extérieurs spathulés-
oblongs, longs d'environ 2 pouces, larges de 8 lignes (vers le
sommet), très-obtus, érosés dans le haut, peu ou point ondulés,
d'un violet livide en dessous : barbe un peu lâche, d'un jaune vif.
Segments-intérieurs un peu plus longs et à peu près de 1/3 plus
larges que les segments-extérieurs, concolores en dessous, cunéiformes-obovés, échancrés, érosés dans le haut, peu ou point
ondulés, non-repliés en dessous. Étamines à peu près aussi longues
que la lame des stigmates. Filets blanchâtres. Anthères d'un blanc
jaunâtre, un peu plus courtes que les filets. Ovaire long de 5 à 6
lignes, ovale, subtrigone. Stigmates un peu plus longs et à peu
près aussi larges que la partie barbue des segments-extérieurs du
limbe ; lamelle arrondie, subérosée ; crêtes demi-ovées, pointues,
dentelées. — Cet *Iris* est peut-être une hybride du *lurida ;* son
origine est inconnue ; il fleurit en mai et en juin.

Iris panaché. — *Iris variegata* Linn. — Jacq. Flor. Austr. 1,
tab. 5. — Bot. Mag. tab. 16. — Tube du périanthe 1 fois plus long
que l'ovaire. Segments-externes rétus, panachés, rayés et veinés de
brun ou de violet, aussi larges que les segments-internes. Segments-

intérieurs d'un jaune pur, veinés de violet dans le bas. Stigmates spathulés-ovales, de même couleur que les segments-internes du limbe, jamais panachés ; crêtes 1 fois seulement plus courtes que la lame. — Tige haute de 1 à 2 pieds, 5-à 8-flore, flexueuse, d'un vert glauque, légèrement angulée, plus ou moins comprimée dans le bas. Feuilles d'un vert un peu glauque, fortement striées, tantôt droites, tantôt plus ou moins arquées ; les turionales longues de 1 à 1 ½ pied (les plus grandes souvent aussi longues que la tige), larges de 1 ½ pouce ; les caulinaires plus courtes : celle du dernier nœud de la partie indivisée conforme aux inférieures. Spathes d'un vert glauque, subcarénées, longues d'environ 2 pouces, la terminale 2-où 5-flore ; valves inégales (l'externe un peu débordée par le tube, en général pointue ; l'interne obtuse, débordant le tube du périanthe), ovales. Pédoncules courts (longs de 1 à 2 lignes), gros, trigones. Fleurs légèrement odorantes. Tube du périanthe long de 1 pouce (1 fois plus long que l'ovaire), d'un jaune verdâtre, gros, columnaire, évasé au sommet. Segments-extérieurs longs de 2 à 2 ½ pouces, larges d'environ 1 pouce (dans le haut), spathulés-oblongs, arrondis et érosés au sommet, légèrement ondulés aux bords, d'un jaune pâle en dessous, panachés en dessus : partie barbue d'un jaune vif, rayée et veinée de brun ; partie imberbe jaune aux bords, panachée de blanc et de jaune au milieu, d'un brun roux ou d'un brun violet au sommet, rayée et veinée de brun violet ; barbe dense, d'un jaune vif. Segments-internes à peu près aussi longs que les segments-externes, elliptiques-oblongs, rétus, ondulés, d'un jaune vif, finement veinés de violet, repliés en dessous. Étamines un peu plus courtes que la lame des stigmates. Filets blanchâtres. Anthères d'un jaune pâle, plus courtes que les filets. Stigmates à peu près aussi longs et de même largeur que la partie barbue des segments-externes du limbe ; crêtes demi-ovées, pointues, dentelées. Ovaire oblong, subtrigone, long de 6 à 7 lignes. Capsule..... — Indigène d'Autriche et de Hongrie. Fleurit vers la fin de mai et en juin.

— β : AGRÉABLE. — *Iris variegata amœna* Spach. — *Iris amœna* Redout. Lil. tab. 356. — Sweet, Brit. Flow. Gard. ser. 2, tab. 165. — Segments-externes du périanthe rayés et veinés de violet sur un fond blanc; excepté vers le sommet qui est d'un bleu violet. Segments-internes d'un blanc lavé de bleu, à base jaunâtre, ponctuée et réticulée de violet. Stigmates blancs. — Variété de culture.

— γ : DE BELGIQUE. — *Iris variegata belgica* Spach. — *Iris belgica* Hortul. — *Iris variegata* Redout. Lil. tab. 292. — Segments-externes du périanthe spathulés-obovés; partie imberbe d'un brun roux ou d'un pourpre brunâtre, peu ou point rayée; partie barbue blanche vers le sommet, jaune dans le bas, rayée et veinée de pourpre brun. Segments-internes et stigmates d'un jaune vif. — Variété de culture.

b) *Spathes scarieuses dans le haut (dès le commencement de la floraison). Segments-externes du limbe discolores en dessous. Segments-internes très-glabres. Stigmates panachés.*

IRIS A ODEUR DE SUREAU. — *Iris sambucina* Linn. — Jacq. Hort. Vindob. tab. 2. — Bot. Mag. tab. 187. — *Iris squalens* Redout. Lil. tab. 565. — Segments-externes du périanthe panachés et rayés jusqu'au delà du milieu, très-discolores en dessous, spathulés-cunéiformes, rétus. Segments-internes profondément échancrés, elliptiques, d'un jaune bronzé lavé de violet. — Tige de 1 1/2 pied à 2 pieds, 7-à 9-flore, flexueuse dans le haut; le dernier entre-nœud de la partie indivisée long de 1/2 pied à 1 pied. Feuilles glauques, larges de 15 à 18 lignes, la plupart arquées; les turionales longues de 1/2 pied à 1 pied; les caulinaires inférieures à peu près aussi longues que les turionales, plus longues que les entre-nœuds; celle du dernier nœud de la partie indivisée de la tige grande, droite, conforme aux inférieures, en général de la longueur de l'entre-nœud. Spathes vertes et herbacées dans le bas, scarieuses et bleuâtres dans le haut, longues de 15 à 20 lignes; valves inégales (l'interne débordant le tube du périanthe, l'externe un peu plus courte), ovales ou obovées, subobtuses, appliquées, équitantes. Pédoncules longs de 1 à 2 lignes, gros. Fleurs exhalant une odeur de Sureau. Tube du périanthe gros, obconique, d'un jaune verdâtre, long de 9 à 10 lignes (à peine de moitié plus long que l'ovaire), subtrigone. Segments-extérieurs longs de 2 1/4 pouces, larges de 1 pouce (vers leur sommet), érosés, peu ou point ondulés, d'un jaune livide en dessous, panachés en dessus : partie imberbe rayée presque jusqu'au sommet de blanc, de violet et de pourpre-brun, sur fond bleu ; barbe assez dense, d'un jaune vif. Segments-internes larges de 16 lignes, aussi longs que les segments-externes, elliptiques, crépus. Étamines un peu plus courtes que la lame des stigmates. Filets bleuâtres. Anthères d'un blanc jaunâtre, plus courtes que les filets. Ovaire gros, subtrigone, long de 6 à 7 lignes. Stigmates un peu plus longs et aussi larges que la partie barbue des segments-externes du limbe, spathulés-oblongs, panachés de jaune et de violet livides, dentelés du milieu jusqu'au sommet ; lamelle arrondie, tronquée, érosée ; crêtes grandes, demi-ovées, pointues, dentelées. Capsule..... — Cette espèce passe pour originaire de l'Europe méridionale. Fleurit vers la fin de mai et en juin.

IRIS JAUNE-SALE. — *Iris squalens-*Linn. — Jacq. Flor. Austr. 1, tab. 5. — Bot. Mag. tab. 787. — *Iris sambucina* Redout. Lil. tab. 558. — Segments-externes du périanthe panachés et rayés jusqu'au delà du milieu, très-discolores en dessous, spathulés-obovés, rétus. Segments-internes rétus, elliptiques, d'un bleu pâle lavé de jaune. — Tige, feuilles et inflorescence absolument comme chez l'espèce précédente. Fleurs répandant une légère odeur de Sureau. Tube du périanthe subinclus, obconique, verdâtre, gros, long de 8 à 10 lignes (environ de moitié ou même seulement du tiers plus long que l'ovaire). Segments-extérieurs du limbe longs de 2 1/2 pouces, larges de près de 2 pouces (vers le sommet), érosés au sommet, repliés aux bords, peu ou point ondulés, d'un bleu glauque en dessous, panachés en dessus ; partie barbue jaunâtre, avec un réseau de veines d'un pourpre-brun ; partie imberbe d'un bleu violet ; barbe dense, d'un jaune vif. Segments-intérieurs aussi longs et un peu plus larges que les segments-extérieurs, érosés, légèrement ondulés, plus ou moins repliés en dessous, à base et à onglet jaunes, maculés de pourpre-brun. Étamines de 2 à 3 lignes plus courtes que la lame des

stigmates. Filets blanchâtres. Anthères d'un blanc jaunâtre, plus
courtes que les filets. Ovaire gros, subtrigone, long de ¹/₂ pouce.
Stigmates à peu près aussi longs et un peu plus larges que la partie
barbue des segments-externes du périanthe, spathulés-oblongs,
panachés de jaune et de violet livides, dentelés dans le haut ; lamelle arrondie, érosée ; crêtes demi-ovées, pointues, dentelées.
Capsule..... — Cet *Iris* croît dans l'Europe méridionale ; c'est
probablement une variété de l'*Iris sambucina*.

IRIS NÉGLIGÉ. — *Iris neglecta* Hornem. — Bot. Mag. tab.
2455. — Probablement variété ou hybride de l'*Iris squalens* ou
de l'*Iris sambucina ;* il n'en diffère qu'en ce que le limbe du
périanthe est panaché de bleu et de violet, sans mélange de jaune,
et rayé en dessus de violet noirâtre ; la barbe des segments-
externes est bleue et non jaune. Les stigmates sont blanchâtres
ou d'un bleu très-pâle, avec une large bande médiane bleue ou
violette. — Origine inconnue.

IRIS D'ALLEMAGNE. — *Iris germanica* Linn. — Bull. Herb.
tab. 141. — Bot. Mag. tab. 670. — Flora Græca, tab. 40. —
Redout. Lil. tab. 509.—Reichenb. Ic. Crit. vol. 10, fig. 1245.
— Blackw. Herb. tab. 69. — Poiteau et Turp. Flor. Par. tab.
48. — Segments-externes du périanthe presque concolores en
dessous, unicolores en dessus dans les ²/₃ supérieurs, spathulés-
cunéiformes, d'un violet plus ou moins foncé. Segments-internes
de même couleur que les extérieurs (ou plus pâles, mais jamais
jaunâtres ni blancs). — Tige haute de 1 ¹/₂ pied à 5 pieds, grêle,
subcylindrique, glauque, 5-à-6-flore (en général 5-flore) ; rameaux le plus souvent 2 ou 5, moins souvent 4 ou 1 seul, 1-
flores, ou rarement biflores. Feuilles glauques, en général plus ou
moins arquées : les turionales et les caulinaires-inférieures longues
de 1 pied à 2 pieds (tantôt presque aussi longues, tantôt plus
courtes que la tige), larges de 1 pouce à 1 ¹/₂ pouce ; celle du dernier nœud de la partie indivisée de la tige conforme aux inférieures, en général aussi longue ou plus longue que l'entre-nœud ;
les supérieures plus ou moins colorées aux bords, marcescentes
après la floraison. Spathes longues de 1 ¹/₂ pouce à 2 pouces, d'un

vert glauque lavé de violet ; valves inégales (l'externe égalant
le tube du périanthe, l'interne plus ou moins débordante), ovales,
obtuses, divergentes dans le haut. Fleurs très-odorantes. Pédoncules plus courts que l'ovaire (longs de 2 à 5 lignes), gros,
trigones. Tube du périanthe long de 1 pouce (aussi long ou un
peu plus long que l'ovaire), gros, columnaire (évasé seulement au
sommet), obscurément hexagone, lavé de vert et de violet, presque entièrement caché par la spathe. Limbe d'un violet foncé et
comme velouté. Segments isomètres, très-obtus, longs de 3 à 4
pouces : les externes larges d'environ 20 lignes vers leur sommet, rétus, subérosés : partie barbue blanchâtre, rayée et veinée
de pourpre brun ; barbe d'un jaune vif (excepté vers son sommet, où les poils sont d'un bleu pâle, à tête jaune). Segments-
intérieurs aussi larges ou un peu plus larges (parfois un peu moins
larges) que les extérieurs, elliptiques, ou oblongs, ou oblongs-obovés, rétus, plus ou moins ondulés, concolores (l'onglet excepté, qui
est d'un blanc jaunâtre, rayé et veiné de pourpre-brun), repliés
en dessous. Étamines à peu près aussi longues que la lame des stigmates. Filets d'un bleu pâle. Anthères jaunâtres, de la longueur
des filets. Ovaire long de 10 à 12 lignes, oblong, subtrigone.
Stigmates un peu plus longs que la partie barbue des segments-
externes du périanthe, larges de 10 à 15 lignes, elliptiques, panachés de lilas et de blanc rosé ; crêtes grandes, demi-ovées,
dentelées, acuminées ; lamelle arrondie, érosée. Capsule. . . . . .
— Cette espèce, connue sous les noms vulgaires de *Flambe* ou
Flamme, croît sur les murs, les rochers, et dans d'autres localités arides en France, en Allemagne et dans les contrées plus
méridionales de l'Europe ; elle fleurit en mai. Sa racine, à l'état
frais, est âcre et drastique, comme celle de la plupart de ses congénères ; séchée, elle acquiert une légère odeur de Violette, et, dans
cet état, on l'emploie aux mêmes usages que la racine de l'*Iris de
Florence.*

    — β : A FLEURS BLEUES. — *Iris germanica cœrulea* Desfont. Hort.
    Par. — Tige toujours notablement plus longue que les feuilles.
    Segments-extérieurs du périanthe violets, cunéiformes-oblongs ;
    segments-intérieurs bleu de ciel, ou d'un violet beaucoup

moins foncé que celui des segments-extérieurs, fortement échancrés, elliptiques–obovés. Tube du périanthe obconique. Stigmates panachés de bleu de diverses nuances. — Variété commune dans les jardins.

c) *Spathes scarieuses dans le haut (dès le commencement de la floraison). Limbe concolore en dessous. Segments–internes à onglet poilu en dessus. Stigmates unicolores.*

IRIS de FLORENCE. — *Iris florentina* Linn.— Bot. Mag. tab. 674. — Redout. Lil. tab. 23. — *Iris alba* Savi, Flor. Pisan. 1, p. 52. — Tige 5-à 7-flore, en général à peine plus longue que les feuilles ; le dernier entre-nœud de la partie indivisée en général un peu plus court que sa feuille. Fleurs très-odorantes, d'un blanc bleuâtre. Segments-extérieurs du limbe barbus jusqu'au milieu, cunéiformes-spathulés, crénelés, non repliés en dessous. Segments-intérieurs repliés et crépus aux bords, ovales-obovés, échancrés : lobules pointus. — Racine, tige, feuilles et inflorescence absolument comme dans l'*Iris germanica.* Spathes en général débordées par le tube du périanthe. Pédoncules longs de 5 à 6 lignes. Tube du périanthe long de 11 à 14 lignes (ordinairement un peu plus long que l'ovaire), gros, d'un jaune verdâtre. Segments du limbe de même longueur (3 pouces ou un peu plus), très-obtus : les externes rayés et veinés jusqu'au milieu de brun-verdâtre, larges de près de 2 pouces vers leur sommet ; barbe très-dense, d'un jaune vif (excepté vers son sommet, où les poils sont blanchâtres, à extrémité jaune). Segments-intérieurs obovés ou ovales-obovés, un peu plus larges que les segments-extérieurs, unicolores, excepté sur l'onglet (qui est d'un blanc sale, rayé et veiné comme la partie barbue des segments-extérieurs, et parsemé de poils blanchâtres). Étamines à peu près aussi longues que la lame des stigmates. Filets d'un bleu pâle. Anthères de la longueur des filets, d'un blanc jaunâtre. Ovaire oblong, trigone, long d'environ 9 lignes. Stigmates ovales-oblongs, longs de près de 2 pouces, larges de 8 à 9 lignes dans le milieu, de même couleur que le limbe ; crêtes demi-ovées, pointues, érosées ; lamelle tronquée, légèrement érosée. Capsule . . . . . . — Cette espèce croît en Italie et probablement aussi dans d'autres contrées de l'Europe méridionale ; elle fleurit vers la fin d'avril et en mai. Sa racine séchée a une odeur de Violette qui la fait employer à différentes préparations de parfumerie ; c'est aussi avec cette racine (ainsi qu'avec celle de l'*Iris d'Alle-magne*) qu'on confectionne les petites boules appelées *pois d'Iris* ou *pois à cautères*. Le suc de la racine fraîche est émétique et purgatif; on l'employait autrefois, en thérapeutique, contre l'hydropisie.

IRIS JAUNATRE. — *Iris flavescens* Redout. Lil. tab. 375. — Sweet, Brit. Flow. Gard. ser. 2, tab. 56.— Reichenb. Ic. Crit. vol. 10, fig. 1242. — Tige 5-à 7-flore; le dernier entre-nœud de la partie indivisée plus long que sa feuille. Fleurs très-légèrement odorantes, d'un jaune pâle. Segments-extérieurs du limbe spathulés-obovés, subérosés, barbus jusqu'au delà du milieu; partie imberbe repliée en dessous. Segments-intérieurs cunéiformes-obovés, rétus, peu ou point ondulés, non repliés. — Racine, tige, feuilles et inflorescence comme chez les deux espèces précédentes ; fleurs plus tardives que chez celles-ci. Pédoncules 1 à 5 fois plus courts que l'ovaire. Tube du périanthe long de 8 à 9 lignes (à peu près de $1/4$ plus long que l'ovaire), obconique, gros, verdâtre. Segments-extérieurs d'un jaune pâle, rayés et veinés de pourpre-brun depuis leur base jusque vers le milieu, connivents presque en forme de cloche dans le bas, longs de près de 2 pouces, larges de 15 à 18 lignes (vers leur sommet) ; barbe dense, d'un jaune vif (excepté vers son sommet, où elle est blanchâtre). Segments-intérieurs aussi longs et un peu plus larges que les extérieurs, d'un jaune moins pâle que ceux-ci, unicolores excepté à la base et sur l'onglet, qui sont rayés et veinés comme la partie barbue des segments-extérieurs; onglet parsemé de poils jaunes. Étamines un peu plus courtes que la lame des stigmates. Filets blanchâtres. Anthères d'un jaune blanchâtre, de moitié plus courtes que les filets. Stigmates de même couleur que les segments-intérieurs du limbe, un peu plus longs que la barbe des segments-extérieurs, spathulés-oblongs (larges de $1/2$ pouce dans le haut) ; crêtes demi-ovées, grandes, dentelées, pointues ; lamelle blanchâtre, arrondie, finement érosée. Ovaire long de 7 à 8 lignes, oblong, obscurément 6-gone. — Origine incertaine. Fleurit vers la fin de mai et en juin.

E. *Tige divisée dans le haut en 3 ou 4 ramules courts, nus, naissant chacun à l'aisselle d'une courte feuille spathacée, subscarieuse. Spathes entièrement-scarieuses dès le commencement de la floraison, lâches. Segments du périanthe concolores en dessous.*

a) *Tube du périanthe 1 fois plus court que l'ovaire ; segments panachés seulement à leur base. Stigmates non panachés.*

IRIS A FLEURS PALES. — *Iris pallida* Lamk. Dict. — Bot. Mag. tab. 685. — Redout. Lil. tab. 566. — Reichenb. Ic. Crit. vol. 10, fig. 1245.—*Iris odoratissima* Jacq. Hort. Schœnbr. 1, tab. 9. — Tige haute de 2 à 5 pieds, grêle, glauque, subcylindrique, aphylle et fortement fléxueuse dans le haut, 5-à 9-flore. Feuilles très-glauques, toutes plus courtes que la tige : les turionales et les caulinaires-inférieures longues de 1 pied à 2 pieds, larges de 2 pouces ; celle du dernier nœud de la partie indivisée de la tige beaucoup plus courte que l'entre-nœud, naviculaire, falciforme, acuminée-cuspidée, largement scarieuse aux bords. Spathes peu ou point ventrues, blanchâtres, demi-transparentes, finement striées, égalant ou débordant le tube du périanthe, divergentes dans le haut ; valves ovées ou ovales, obtuses, écarénées, un peu inégales. Pédoncules gros, longs de 2 à 5 lignes. Fleurs très-odorantes, moins grandes et plus tardives que celles de l'*Iris germanica*. Tube du périanthe long de 5 à 4 lignes, subinfondibuliforme, gros, verdâtre. Limbe d'un bleu pâle. Segments-extérieurs très-entiers ou subrétus, cunéiformes-obovés, subérosés, peu ou point ondulés, barbus jusqu'au milieu, légèrement concaves dans la partie barbue (qui est rayée et veinée de jaune-verdâtre ou de brun-violet à la base), longs de 2 1/2 pouces, larges de 18 à 22 lignes (vers le sommet) ; barbe très-dense, d'un jaune vif dans le bas, blanchâtre dans le haut. Segments-intérieurs obovés-orbiculaires, aussi longs et un peu plus larges que les segments-extérieurs, ré-

tus, ou échancrés, érosés-crénelés, plus ou moins repliés aux bords;
onglet court, très-glabre, rayé et veiné de même que la base de la
lame de brun-violet ou de verdâtre. Étamines de 3 à 4 lignes plus
courtes que la lame des stigmates, blanchâtres. Ovaire inclus,
long de 7 à 8 lignes (1 fois plus court que le tube du périanthe),
gros, trigone. Stigmates, de même couleur que le limbe du périanthe, un peu plus longs que la barbe des segments-extérieurs,
2 à 5 fois moins larges, oblongs-spathulés, dentelés ; crêtes demi-
ovées, pointues, dentelées ; lamelle subérosée. Capsule longue de
1 pouce à 1 ¹/₂ pouce, coriace, épaisse, d'un brun jaunâtre, non-
réticulée, oblongue, trigone, plus ou moins profondément trivalve, à nervures presque oblitérées. Graines d'un brun rougeâtre,
grosses, subovoïdes, plus ou moins anguleuses. — Indigène de
France et de l'Europe plus méridionale. Fleurit vers la fin de
mai et en juin. Les fleurs exhalent une odeur très-suave, analogue à celle des fleurs de l'Oranger.

— β : À FLEURS LILAS. — *Iris plicata* Redout. Lil. tab. 556.
(Non Lamk.) — Variété de culture..

b) *Tube du périanthe aussi long que l'ovaire; limbe réticulé et
panaché de violet presque à toute la surface et surtout aux
bords. Stigmates panachés.*

IRIS PLISSÉ. — *Iris plicata* Lamk. Dict. (Non Redout.) —
Iris aphylla plicata Ker, in Bot. Mag. tab. 870 (exclus. synon.
præter Lam.). — Tige 7-9-flore, plus longue que les feuilles.
Feuilles larges. Tube du périanthe débordé par la spathe. Capsule
oblongue, acuminée. Graines grosses, d'un brun roux. — Port et
feuillage de l'*Iris pallida.* Tige haute de 2 à 5 pieds, subcylindrique, glauque; rameaux plus courts que les entre-nœuds, en
général biflores. Feuilles glauques, la plupart peu arquées ou
droites; les turionales longues de 1 pied à 2 pieds, larges de 1
pouce à 2 pouces ; les caulinaires-inférieures plus courtes que la
partie indivisée de la tige, plus longues que les entre-nœuds;
celle du dernier nœud de la partie indivisée de la tige droite, à
peu près de la longueur de l'entre-nœud ; la suivante falciforme,

courte, scarieuse aux bords ; les dernières scarieuses comme les spathes. Spathes longues d'environ 2 pouces, bleuâtres ; valves inégales, ovées, ou ovales, comprimées. Fleurs très-odorantes, grandes, très-élégantes, subsessiles. Tube du périanthe long de 7 à 8 lignes, vert, lavé de violet, gros, infondibuliforme. Limbe d'un blanc de lait, concolore en dessous, avec une bande marginale plus ou moins large d'un lilas violet, et réticulée de veines plus foncées. Segments-extérieurs spathulés-obovés, longs de 2 à 2 1/4 pouces, larges de 15 lignes (vers le sommet), rétus et érosés au sommet, ondulés aux bords, barbus jusqu'au milieu ; partie barbue légèrement concave, réticulée et rayée de pourpre brun ; partie imberbe repliée aux bords ; barbe très-dense, d'un jaune vif dans le bas, d'un bleu pâle vers le sommet. Segments-intérieurs aussi longs et un peu plus larges que les segments-extérieurs, très-glabres, crépus, érosés-crénelés, rétus, obovés, à base et à onglet mouchetés de pourpre-brun. Étamines à peu près aussi longues que la lame des stigmates. Filets d'un blanc bleuâtre. Anthères d'un blanc jaunâtre, un peu plus courtes que les filets. Ovaire gros, ovale, obscurément hexagone, long de 7 à 9 lignes.—Stigmates aussi longs et aussi larges que la partie barbue des segments-externes du limbe, ovales-oblongs, d'un blanc lavé de rose avec une large bande médiane lilas ou violette ; crêtes érosées ou dentelées, demi-ovées, pointues, d'un lilas pâle ; lamelle arrondie, tronquée, érosée. Capsule longue de 1 1/2 pouce à 2 pouces, épaisse, coriace, plus ou moins profondément trivalve, d'un brun jaunâtre, peu ou point réticulée, trigone, à facettes plus ou moins concaves ; les nervures médianes filiformes ; les autres carénées. Graines peu ou point anguleuses, longues de 5 lignes, en général ovoïdes. — Origine incertaine. Fleurit vers la fin de mai et en juin. Les fleurs exhalent une odeur de fleur d'Oranger.

. IRIS DE SWERTIUS. — *Iris Swertii* Lam. Dict. — Redout. Lil. tab. 560. — Reichenb. Ic. Crit. vol. 10, fig. 1259. — *Iris portugalensis* Besl. Hort. Eystett. vol. 1, ordo 8, tab. 6, fig. 2. — Tige 5-à 5-flore, basse, en général à peine plus longue que les feuilles-turionales. Feuilles assez étroites. Tube du périanthe débordant la spathe. Capsule oblongue, obtuse. Graines petites, jaunâtres. — Espèce très-voisine de la précédente, mais plus petite dans toutes ses parties. Tige de 1 pied à 1 ¹/₂ pied, glauque, subcylindrique, flexueuse, peu rameuse ; dernier entre-nœud de la partie indivisée en général plus long que sa feuille. Feuilles droites ou arquées, glauques, larges de 9 à 12 lignes ; les turionales et les caulinaires-inférieures la plupart longues d'environ 1 pied ; celle du dernier nœud de la partie indivisée de la tige en général courte, falciforme, naviculaire, scarieuse aux bords ; celles de la base des rameaux presque entièrement scarieuses. Spathes blanchâtres, lavées de violet, longues d'environ 1 pouce ; valves inégales, ovées, pointues, écarénées, non-ventrues. Fleurs subsessiles, très-odorantes, très-élégantes. Tube du périanthe gros, infondibuliforme, long de 5 à 6 lignes, panaché de vert et de violet. Segments du limbe d'un blanc de lait, à bords réticulés de violet. Segments-extérieurs spathulés-obovés, érosés et rétus au sommet, barbus jusqu'au milieu, longs de 2 pouces, larges de 1 pouce (vers leur sommet) ; partie barbue légèrement concave, rayée et veinée de violet à toute sa surface ; partie imberbe ondulée, finalement repliée en dessous ; barbe dense, jaune dans le bas, d'un blanc bleuâtre dans le haut. Segments-intérieurs très-glabres, crépus, obovés, érosés, profondément rétus. Étamines comme celles de l'espèce précédente. Ovaire long de 5 à 6 lignes, gros, ovale, subtrigone. Stigmates aussi longs et aussi larges que la partie barbue des segments-externes du limbe, ovales-oblongs, panachés de blanc et de violet ; crêtes ovées ou demi-ovées, grandes, pointues, dentelées, violettes ; lamelle blanchâtre, arrondie, tronquée, érosée. Capsule plus petite que celle de l'espèce précédente, longue de 10 à 15 lignes, plus ou moins profondément trivalve, coriace, épaisse, d'un brun jaunâtre, peu ou point réticulée, trigone, à facettes en général convexes ; nervures inégales : les médianes filiformes ; les autres plus grosses, carénées. Graines ovoïdes ou subglobuleuses, peu ou point anguleuses, longues de 1 ¹/₂ ligne. — Europe méridionale. Fleurit en mai. Cette espèce et la précédente sont du nombre des plus élégantes de leur genre, et se recommandent en outre par le délicieux parfum de leurs fleurs.

Sous-genre PSAMMIRIS Spach.

Tige comprimée, subancipitée. Pédoncules grêles, plus ou moins allongés. Périanthe fortement tordu en spirale après la floraison. Graines caronculées. (Autres caractères comme chez les Pogoniris.)

IRIS DES SABLES. — *Iris arenaria* Waldst. et Kit. Plant. Rar. Hungar. tab. 57. — Redout. Lil. tab. 296. — Bot. Reg. tab. 549. — Rhizome grêle, très-rameux. Tiges hautes de 2 à 4 pouces (en général à peu près aussi longues que les feuilles turionales, ou un peu plus courtes), très-grêles, très-simples, 2-à 4-phylles dans le bas, nues dans le haut, 2-flores (rarement 1-flores ou 3-flores). Feuilles larges de 1 $\frac{1}{2}$ ligne à 5 lignes, droites, ou plus ou moins falciformes : les caulinaires tantôt plus courtes que la tige, tantôt plus longues. Fleurs terminales, légèrement odorantes, inégalement pédonculées. Pédoncules longs de 2 à 4 lignes (l'un plus court que l'ovaire, l'autre aussi long que l'ovaire ou plus long). Spathes jaunâtres, herbacées (un peu scarieuses au sommet), un peu ventrues, longues d'environ 1 pouce, plus ou moins débordées par le tube du périanthe, ou un peu débordantes ; valves ovales, obtuses, subacuminulées, un peu carénées en dessous. Tube du périanthe d'un jaune verdâtre, long de 2 à 4 lignes. Segments du limbe d'un jaune vif, veinés (depuis la base jusque vers le milieu) de brun-violet : les extérieurs spathulés-oblongs, obtus, inonguiculés, longs de 1 pouce, larges de 5 lignes dans le haut, barbus jusqu'au delà du milieu ; barbe à poils serrés, d'un jaune très-vif, brunâtres au sommet. Segments-internes un peu plus courts et à peu près du tiers moins larges que les segments-externes, spathulés-ovales, très-obtus, onguiculés, très-glabres : onglet concave, plus court que la lame. Gorge du périanthe garnie de 6 petites glandes. Étamines à peu près aussi longues que la lame des stigmates. Anthères sagittiformes-linéaires, apiculées, d'un violet brunâtre. Stigmates à peu près de $\frac{1}{5}$ plus courts que les segments du périanthe, d'un blanc jaunâtre, linéaires-oblongs, tantôt très-entiers, tantôt légèrement érosés au bord ; crêtes demi-ovées, pointues, peu ou point dentelées, un peu divergentes ; lamelle arrondie, courte, très-entière, moins large que la lame. Ovaire distinctement trigone. Capsule longue de 1 pouce, chartacée, jaunâtre, oblongue, pointue, 6-nervée (les nervures médianes filiformes, peu apparentes ; les autres carénées), subréticulée, profondément 5-valve. Graines petites (longues de 1 ligne), ovoïdes, rugueuses, d'un brun de Châtaigne ; caroncule blanche, mince, adnée. — Europe orientale. Fleurit en avril et en mai.

Sous-genre SUSIANA Spach.

Rhizome et feuilles comme ceux des *Pogoniris*. Tige simple, subcylindrique, 1-flore. Segments du périanthe courtement onguiculés ; les extérieurs défléchis, *barbus en dessus depuis la base jusque vers le milieu sur presque toute la surface ;* les intérieurs dressés, connivents, à onglet légèrement barbu. Capsule.....

Iris de Suse. — *Iris Susiana* Linn. (Non Redout.) — Bot. Mag. tab. 91. — Trait. Arch. ed. pict. tab. 150 ; ed. in nigro tab. 177. — *Iris chalcedonica latifolia* Bel. Hort. Eystett. vol. 1, ordo 8, tab. 4, fig. 1. — Tige haute d'environ 1 pied, couverte par les gaînes, plus longue que les feuilles. Feuilles larges de $1/2$ pouce, glauques, lancéolées, les inférieures longues de $1/2$ pied. Spathe débordant le tube du périanthe. Limbe ample, d'un blanc sale, réticulé à toute la surface de veines très-fines et très-rapprochées, d'un violet noirâtre (ce qui lui donne l'apparence d'un crêpe). Segments arrondis au sommet, ondulés : les extérieurs longs de 3 pouces, larges de 2 pouces, ovales, à barbe violette ; les intérieurs plus grands, cunéiformes-obovés, longs de 4 pouces, larges de 2 pouces vers leur sommet. Stigmates de 3 ou 4 lignes plus courts que les segments-externes du limbe, beaucoup plus étroits, violets, spathulés-oblongs. — Cette espèce, très-remarquable par la singulière coloration de sa fleur, est connue sous les noms vulgaires d'*Iris deuil*, ou *Iris tigré* (ces noms, du reste, s'appliquent aussi à l'espèce suivante) ; elle est originaire de l'Asie Mineure ou de Perse. Fleurit en mai.

IRIS LIVIDE. — *Iris livida* Tratt. Arch. ed. pict. tab. 129 ; id.
ed. nigr. tab. 176. — *Iris susiana* Redout. Lil. tab. 18. (Non
Linn.) — Tige haute d'environ 1 1/2 pied, un peu plus longue que
les feuilles, couverte par les gaînes. Feuilles longues d'environ 1
pied, larges de 1 pouce, glauques, un peu flasques. Fleur moins
grande que dans l'espèce précédente, de la grandeur de celle de
l'*Iris germanica*. Tube du périanthe long de 1 1/2 pouce, débordé par la spathe. Limbe réticulé de blanc sur un fond d'un
violet livide. Segments ondulés : les extérieurs spathulés-oblongs,
à barbe violette ; les intérieurs suborbiculaires, notablement plus
larges que les extérieurs. Stigmates violets, de moitié plus courts
que les segments-extérieurs du limbe. — Origine incertaine. (La
plante est peut-être une hybride de l'*Iris Susiana*.)

> *Sous-genre* CROSSIRIS Spach. (*Evansia* Salisb.)

Rhizome et feuilles comme chez les *Pogoniris*. Tige comprimée, paniculée, subdichotome, multiflore, garnie de
feuilles spathacées. *Spathes 5-à 7-flores. Fleurs diurnes.
Pédoncules courts, gros, recourbés après la floraison,
épaissis et articulés au sommet. Tube du périanthe court,
inadhérent. Limbe à segments courtement onguiculés, étalés dès la base, défléchis au sommet ; les 3 extérieurs munis en dessus d'une crête médiane charnue, garnie de poils
capillaires ; les 3 intérieurs plus petits, imberbes. Ovaire
trièdre, ésulqué. Stigmates à crêtes profondément fimbriées.*

IRIS FIMBRIÉ. — *Iris fimbriata* Vent. Hort. Cels. tab. 9. —
Redout. Lil. tab. 152. — *Iris chinensis* Curt. Bot. Mag. tab.
593. — *Morœa fimbriata* Lois. in Delaun. Herb. de l'Amat.
vol. 6. — *Evansia chinensis* Salisb. — Tige haute de 1 1/2 pied
à 2 pieds, très-grêle, flexueuse, lisse, multiflore ; rameaux divergents, ordinairement bifurqués, disposés en panicule lâche.
Feuilles-turionales presque aussi longues que la tige, larges de
6 à 15 lignes, d'un vert clair, un peu flasques, dressées, ou réclinées, en général subfalciformes. Spathes à peu près aussi longues que les pédoncules, herbacées ; valves ovales ou ovées,

acuminées. Pédoncules courts, plans antérieurement, convexes au dos. Périanthe d'un bleu pâle lavé de blanc ; tube de moitié plus court que le limbe, infondibuliforme ; segments-extérieurs longs de 12 à 15 lignes, larges de 5 lignes, oblongs-obovés, arrondis au sommet, tigrés de jaune en dessus : crête d'un jaune orange, garnie de poils bleus. Segments-intérieurs cunéiformes-oblongs, tronqués, immaculés, concaves à la base, près de 1 fois moins larges et un peu plus courts que les segments-extérieurs. Étamines à peu près aussi longues que la lame des stigmates. Filets linéaires, d'un bleu pâle. Stigmates oblongs-spathulés, d'un bleu clair, à peu près de $1/3$ plus courts que les segments-intérieurs du périanthe ; crêtes grandes, élégamment fimbriées. Capsule..... — Originaire de Chine. Fleurit au printemps.

Genre MORÉA.— *Morœa* Linn.

Périanthe régulier, rotacé, 6-parti, caduc ; tube très-court ; segments étalés : les 3 intérieurs plus petits et d'autre forme que les extérieurs, contournés après l'anthèse. Étamines 3, libres, insérées au tube du périanthe. Filets filiformes. Anthères oblongues, basifixes, dressées. Ovaire oblong, prismatique, triloculaire ; loges multi-ovulées ; ovules horizontaux, bisériés. Style filiforme, trièdre. Stigmates comme ceux des *Iris*. Capsule membranacée, trigone, 3-loculaire, polysperme. Graines plus ou moins anguleuses. — Herbes bulbeuses, ou à rhizome rampant. Feuilles ensiformes, distiques.

MORÉA FAUX-IRIS. — *Morœa iridioides* Linn.— Ker, in Bot. Mag. tab. 693. — Redout. Lil. tab. 45. — Delaun. Herb. de l'Amat. vol. 5. — *Iris morœoides* Ker.—*Iris compressa* Thunb. — *Dietes iridiflora* Salisb. — *Vieusseuxia iridioides* Link. — Racine fibreuse. Tige flexueuse, rameuse, comprimée, anguleuse, feuillée, multiflore, haute d'environ 1 pied. Feuilles glauques, subcoriaces, persistantes, acérées, lancéolées-ensiformes ; les caulinaires la plupart courtes, spathacées, brunâtres. Fleurs terminales, subsolitaires, grandes, blanches, inodores. Périanthe à seg-

ments-externes oblongs, barbus, maculés de jaune en dessus ;
segments-internes 1 fois plus étroits, immaculés. Stigmates petits, bifides, violets. Capsule oblongue, obtuse, 6-costée, réticulée, obscurément 6-gone. Graines d'un brun noirâtre, finement
rugueuses, plus ou moins comprimées et anguleuses, de forme
variée (souvent demi-rhomboïdales ou demi-orbiculaires) ; tégument crustacé, adhérent. — Indigène du Cap. Cultivé dans les
collections de serre.

MORÉA BRUNATRE. — *Morœa tristis* Ker. — *Iris tristis* Thunb.
— Bot. Mag. tab. 577. — *Morœa sordescens* Jacq. — Redout.
Lil. tab. 71. — *Morœa tricolor* Andr. Bot. Rep. tab. 85. —
Tige rameuse, pubescente, haute de $^1\!/_2$ pied ; rameaux ouverts,
flexueux, 1-à 5-flores. Feuilles glabres, linéaires-ensiformes, on-
dulées, plus longues que la tige, réclinées dans le haut. Fleurs
éphémères, d'un brun roussâtre, panachées de rouge et de jaune.
— Indigène du Cap. Cultivé dans les collections de serre.

MORÉA COMESTIBLE. — *Morœa edulis* Ker, in Bot. Mag.
tab. 615 et 1258. — *Iris edulis* Thunb. — *Iris longifolia*
Schneev. Ic. tab. 20. — Andr. Bot. Rep. tab. 45. — *Morœa*
fugax Jacq. Hort. Schœnbr. 5, tab. 20. — *Morœa vegeta* Jacq.
Ic. Rar. tab. 224. — *Vieusseuxia fugax* D. C. — Plante bulbeuse. Tige haute de 1 pied, cylindrique, flexueuse, glabre,
rameuse dans le haut, 1-phylle. Feuille longuement engaînante,
glabre, dressée, linéaire, 5 fois plus longue que la tige, recourbée
au sommet. Fleurs solitaires ou subfasciculées, subunilatérales,
bleues ou lilas. — Indigène du Cap. Cultivé comme plante d'ornement. Le bulbe est comestible.

Genre CIPURA. — *Cipura* Aubl.

Périanthe régulier, subrotacé, 6-parti ; tube très-court ;
les 3 segments-internes plus petits et d'autre forme que
les segments-externes. Étamines 3, libres, insérées au tube
du périanthe. Filets filiformes. Anthères oblongues, basifixes. Ovaire 3-gone, 3-loculaire ; loges multi-ovulées ;
ovules ascendants, bisériés. Style très-court. Stigmates

dressés ou étalés, dilatés, pétaloïdes, indivisés, alternes
avec les étamines. Capsule membranacée, obovée-clavi-
forme, 5-loculaire, 5-valve, polysperme. Graines anguleuses.—Herbes en général bulbeuses. Feuilles nerveuses,
ensiformes. Fleurs terminales, grandes, dressées, éphémères, très-éclatantes. Spathes allongées, imbriquées. —
Genre propre à l'Amérique équatoriale. Les espèces suivantes se cultivent comme plantes d'ornement de serre.

CIPURA ENGAÎNÉ — *Cipura (Morœa) vaginata* Redout. Lil.
tab. 56. — *Marica Northiana* Ker, in Bot. Mag. tab. 654. —
Morœa Northiana Andr. Bot. Rep. tab. 255. — *Ferraria elegans* Salisb. — Racine fibreuse. Tiges hautes de 4 à 5 pieds,
ancipitées (angles larges, aliformes), comprimées, glabres. Feuilles
distiques, larges : les caulinaires longuement engaînantes. Pédoncules courts, géminés dans chaque spathe. Périanthe à segments-
externes grands, étalés, ondulés, d'un blanc de lait, jaunes et
ponctués de pourpre à leur base ; segments-internes petits, réfléchis, panachés de bleu et de jaune, ponctués de pourpre à la base
et aux bords. — Brésil.

CIPURA DES MARAIS. — *Cipura paludosa* Aubl. Guian. tab.
15.—*Marica paludosa* Willd.— Bot. Mag. tab. 646.—Bulbe
subglobuleux, charnu. Feuilles plissées, minces, étroites, pointues, longues de plus de 1 pied. Tige grêle, haute de $^1/_2$ pied,
aphylle, cylindrique. Fleurs blanches ou bleues. — Guiane.

CIPURA DE LA MARTINIQUE. — *Cipura martinicensis* Kunth,
in Humb. et Bonpl. — *Iris martinicensis* Jacq. Amer. 7, tab.
7.— Bot. Mag. tab. 416.— Redout. Lil. tab. 172.—*Trimeriza
lurida* Salisb. — Tiges hautes de 1 à 2 pieds, cylindriques, 5-à
5-flores, 1-phylles. Feuilles linéaires-ensiformes, planes : les
radicales un peu plus courtes que la tige ; la caulinaire courte,
spathacée. Périanthe jaune ; segments-externes grands, obcordiformes, marqués à leur base de 2 taches roussâtres ; segments-
internes concaves, réfléchis au sommet.

Genre BÉLÉMCANDA. — *Belemcanda* Adans.

Périanthe régulier, 6-sépale, étalé, caduc ; sépales onguiculés (onglets connés par la base), similaires, tordus en spirale après la floraison : les 3 intérieurs un peu moins larges. Étamines 5, libres, épigynes, inclinées, conniventes. Filets subulés. Anthères oblongues, basifixes. Ovaire oblong, trigone, 5-loculaire ; loges multi-ovulées ; ovules horizontaux, bisériés. Style claviforme, trièdre, incliné. Stigmates dilatés, pétaloïdes. Capsule subcoriace, oblongue, obtuse, trigone, 5-sulquée, rugueuse, finement 6-costée, rétrécie à la base, ombiliquée au sommet, trivalve jusqu'à la base ; valves persistantes, étalées, recourbées, se détachant du placentaire ; placentaire assez gros, columnaire, trièdre, subulé au sommet, persistant avec les graines ; funicules ascendants ou horizontaux, dentiformes. Graines subglobuleuses, 2-sériées dans chaque loge ; tégument charnu, finalement lâche, mince, crustacé, tantôt lisse, tantôt plus ou moins rugueux. — Herbes à rhizome rampant, stolonifère. Tige feuillue, dichotome-paniculée au sommet. Feuilles ensiformes, distiques, nerveuses, plissées ; les florales courtes, spathacées. Fleurs terminales, fasciculées, pédicellées, grandes, dressées ; pédicelles inégaux, articulés au sommet. Spathes minces, courtes, marcescentes.

Bélemcanda de Chine. — *Belemcanda chinensis* De Cand. in Redout. Lil. tab. 121. — *Belemcantla punctata* Mœnch. — *Ixia chinensis* Linn. — Trew, Ic. Sel. tab. 52. — Bot. Mag. tab. 171. — Delaun. Herb. de l'Amat. vol. 8. — *Morœa chinensis* Willd. — *Pardanthus chinensis* Ker. — Tige haute de 1 1/2 pied à 2 pieds, flexueuse, articulée, un peu comprimée dans le bas, cylindrique dans le haut. Feuilles larges de 1 pouce, lancéolées-ensiformes : les inférieures presque aussi larges que la hampe. Périanthe d'un rouge orangé, maculé de pourpre. — Indigène de Chine et du Japon. Cultivé comme plante d'ornement. Fleurit en été.

Genre GLAYEUL. — *Gladiolus* Tourn.

Périanthe courtement ou plus ou moins longuement tubuleux, irrégulier, caduc ; tube cylindracé ou infondibuliforme ; limbe grand, 6-parti, ringént ; segments inégaux,
dissimilaires. Étamines 5, insérées au tube du périanthe,
libres, incluses, ou saillantes, en général ascendantes. Filets filiformes. Anthères supra-basifixes, versatiles, oblongues, ou linéaires ; connectif inapparent. Ovaire trigone,
3-loculaire ; loges multi - ovulées ; ovules horizontaux ou
suspendus, bisériés. Style filiforme. Stigmates petits, dilatés,
pétaloïdes, subspathulés, plans, recourbés, très-entiers.
Capsule submembranacée, 3-gone, 3-loculaire, 3-valve, polysperme. Graines bisériées, soit suspendues, imbriquées,
comprimées, et bordées d'une large aile membraneuse,
soit horizontales, subglobuleuses, aptères ; tégument
membraneux ou crustacé. — Herbes à bulbe charnu, tuniqué. Tige simple, feuillée. Feuilles distiques, ensiformes. Fleurs sessiles, unilatérales, souvent horizontales ou
penchées, disposées en épi, accompagnées chacune d'une
spathe 2-valve, foliacée, persistante. — La plupart des espèces habitent l'Afrique australe ; les suivantes se cultivent
comme plantes d'ornement.

GLAYEUL COMMUN. — *Gladiolus communis* Linn. —
Reichenb. Ic. Crit. tab. 598. — Redout. Lil. tab. 267. —
Fleurs unilatérales, nutantes, subringentes. Segments-intérieurs du périanthe oblongs-spathulés, presque égaux. Segments-supérieurs connivents. (*Koch, Deutschl. Flora.*) — Bulbe
globuleux ou subglobuleux et déprimé ; tuniques réticulées. Tige
haute de 1 pied à 2 pieds, cylindrique. Feuilles fermes, ensiformes-lancéolées, larges de 4 à 6 lignes, glabres. Épi lâche, 5-à-
8-flore. Périanthe d'un rose vif ou pâle, ou blanc ; tube court ;
les 3 sépales supérieurs plus grands que les inférieurs ; l'impair
cuculliforme, presque recouvert par les latéraux qui sont de
forme oblongue-obovée. Étamines plus courtes que le périanthe ;
filets de moitié plus longs que les anthères. Capsule obovée, ombi-

liquée au sommet, débordée par la spathe. Graines aplaties ou anguleuses, rousses, ailées. — Indigène. Fleurit en mai et juin.

GLAYEUL DES MOISSONS. — *Gladiolus segetum* Ker, in Bot. Mag. tab. 719. — Reichenb. Ic. Crit. tab. 57. — *Gladiolus communis* Sibth. et Smith, Flor. Græc. tab. 57. — *Gladiolus communis grandiflorus* Hortor. — *Gladiolus Ludovicæ* Jan. — *Sphærospora imbricata* Sweet. — Fleurs distiques, penchées, ringentes. Segments-inférieurs inégaux (l'impair plus grand), marqués d'une tache blanche linéaire-lancéolée. Segments-supérieurs latéraux connivents, recouvrant l'impair. Anthères plus longues que les filets. Graines suglobuleuses, aptères. Feuilles lancéolées-ensiformes. — France et Europe méridionale. On le confond souvent avec l'espèce précédente.

GLAYEUL DE CONSTANTINOPLE. — *Gladiolus byzantinus* Mill. — Bot. Mag. tab. 874. — Épi distique. Le segment-supérieur du périanthe couvert par les deux segments latéraux; les 5 segments-inférieurs marqués d'une tache blanche linéaire-lancéolée : l'impair très-grand. (*Hort. Kew.*) — Fleurs grandes, pourpres. Graines rousses, ailées. — Orient.

GLAYEUL CARDINAL. — *Gladiolus cardinalis* Curt. Bot. Mag. tab. 153. — Schneevogt, Ic. tab. 27. — Redout. Lil. tab. 112. — Delaun. Herb. de l'Amat. vol. 1. — Épis unilatéraux. Les 5 segments-inférieurs du périanthe marqués d'une tache blanche lancéolée. (*Hort. Kew.*) — Tige de 1 1/2 pied, souvent multiflore. Feuilles ensiformes-lancéolées. Fleurs grandes, d'un écarlate vif. Tube du périanthe infondibuliforme, presque aussi long que le limbe. — Cap.

GLAYEUL DE MILLER. — *Gladiolus Milleri* Ker, in Bot. Mag. tab. 632. — *Antholyza spicata* Mill. — Fleurs dressées. Périanthe (panaché de pourpre et de blanc) à limbe campanulé; segments de longueur égale : le supérieur plus étroit. (*Hort. Kew.*) — Cap.

GLAYEUL MULTIFLORE. — *Gladiolus floribundus* Ker, in Bot.

Mag. tab. 610.—*Gladiolus grandiflorus* Andr. Bot. Rep. tab. 118. — Fleurs dressées. Périanthe (pourpre et blanc) à limbe turbiné-campanulé; segments de longueur égale : le supérieur plus large. (*Hort. Kew.*) — Cap.

GLAYEUL ONDULÉ. — *Gladiolus undulatus* Ker, in Bot. Mag. tab. 558 et 647. — Schneevogt, Ic. tab. 19. — Redout. Lil. tab. 122. — *Gladiolus striatus* Andr. Bot. Rep. tab. 411. — Fleurs dressées. Périanthe (d'un pourpre terne) infondibuliforme; segments ondulés : les 5 inférieurs presque de moitié plus courts. (*Hort. Kew.*) — Cap.

GLAYEUL A FEUILLES ÉTROITES. — *Gladiolus angustus* Linn. —Bot. Mag. tab. 602. — Andr. Bot. Rep. tab. 589.—Redout. Lil. tab. 544.—Feuilles linéaires, bordées d'une côte de chaque côté. Périanthe d'un rouge terne; tube plus long que la spathe; les 5 segments-inférieurs marqués d'une tache triangulaire. (*Hort. Kew.*) — Cap.

GLAYEUL CHARMANT.—*Gladiolus blandus* Hort. Kew.—Bot. Mag. tab. 625, 645 et 648. — Andr. Bot. Rep. tab. 99. — *Gladiolus albidus* Willd. — *Gladiolus carneus* Redout. Lil. tab. 65. (Non Jacq.) — Périanthe rose ou blanchâtre ; tube plus court que la spathe; limbe campanulé, subringent : le segment supérieur concave; les 5 segments-inférieurs plus étroits, maculés. (*Hort. Kew.*) — Cap. — Variété? *Gladiolus campanulatus* Andr. Bot. Rep. tab. 188. — Périanthe lilas, lavé de blanc; les 2 segments-latéraux inférieurs marqués de deux taches pourpres arrondies. Anthères bleues.

GLAYEUL CUSPIDÉ. — *Gladiolus cuspidatus* Jacq. Ic. Rar. tab. 257. — Redout. Lil. tab. 156. — Bot. Mag. tab. 582. — *Gladiolus cuspidatus crispus* Andr. Bot. Rep. tab. 249. — Périanthe pourpre ; tube 4 fois plus long que le limbe; segments acuminés, ondulés, réfléchis. (*Hort. Kew.*) — Cap.

GLAYEUL INCARNAT. — *Gladiolus carneus* Jacq. Ic. Rar. tab. 255. (Non Redout.) — Bot. Mag. tab. 591.—*Gladiolus cuspi-*

datus Andr. Bot. Rep. tab. 147. — Redout. Lil. tab. 56. — Périanthe d'un rouge pâle, lavé de jaune ; tube plus long que la spathe ; segment-supérieur plus large, recourbé et convoluté au sommet ; segments-latéraux étalés, convolutés au sommet ; segments-inférieurs plus étroits, défléchis : l'impair très-étroit. (*Hort. Kew.*) — Cap.

GLAYEUL RINGENT. — *Gladiolus ringens* Andr. Bot. Rep. tab. 27 et 227. — Redout. Lil. tab. 125. — *Gladiolus alatus* Schneevogt, Ic. tab. 12. — *Gladiolus recurvus* Ker, in Bot. Mag. tab. 578. — Feuilles linéaires, bordées d'une côte de chaque côté ; gaînes-radicales maculées. Périanthe pourpre, odorant, lavé de jaune. (*Hort. Kew.*) — Cap.

GLAYEUL GRÊLE. — *Gladiolus gracilis* Ker, in Bot. Mag. tab. 562. — Feuilles linéaires, bordées d'une côte de chaque côté ; côte-médiane peu apparente. (*Hort. Kew.*) — Périanthe d'un bleu pâle. — Cap.

GLAYEUL TRISTE. — *Gladiolus tristis* Linn. — Bot. Mag. tab. 272 et 1098. — Redout. Lil. tab. 55. — *Gladiolus concolor* Salisb. Parad. tab. 8. — Feuilles tétragones, 4-sulquées. Segments du périanthe presque égaux. (*Hort. Kew.*) — Fleurs d'un jaune brunâtre, très-odorantes pendant la nuit, marquées de points pourpres disposés par lignes. — Cap.

GLAYEUL CHANGEANT. — *Gladiolus versicolor* Andr. Bot. Rep. tab. 19. — Bot. Mag. tab. 1042. — Feuilles linéaires-ensiformes, tricostées de chaque côé. Segments du périanthe plus longs que le tube. (*Hort. Kew.*) — Fleurs odorantes, remarquables par le changement de couleur qu'elles subissent suivant les heures du jour : brunâtres le matin, elles passent peu à peu au bleu clair.

GLAYEUL VELU. — *Gladiolus hirsutus* Jacq. Ic. Rar. tab. 250. — Redout. Lil. tab. 275 — Bot. Mag. tab. 574. — Delaun. Herb. de l'Amat. vol. 2. — Feuilles linéaires-ensiformes, pubescentes. Périanthe presque régulier. (*Hort. Kew.*) — Fleurs grandes, roses. — Cap.

Glayeul a courtes feuilles.— *Gladiolus brevifolius* Jacq. Fragm. 5, tab. 2, fig. 5. — *Gladiolus carneus* Andr. Bot. Rep. tab. 240. — *Gladiolus hirsutus :* α et β Ker, in Bot. Mag. tab. 727 et 992. — Jeune bulbe produisant une feuille solitaire, linéaire, pubescente. Plante-florifère aphylle. Périanthe (rose) subringent. (*Hort. Kew.*) — Cap.

Glayeul a casque. — *Gladiolus galeatus* Andr. Bot. Rep. tab. 122. — *Gladiolus namaquensis* Ker, in Bot. Mag. tab. 592. — Segment-supérieur du périanthe voûté. Segments-latéraux rhombiformes-ovés, étalés. Segments-inférieurs défléchis, spathulés, obtus, acuminulés. (*Hort. Kew.*) — Périanthe écarlate et jaune. — Cap.

Glayeul ailé. — *Gladiolus alatus* Linn. — Bot. Mag. tab. 586. — Andr. Bot. Rep. tab. 8. — Sweet, Brit. Flow. Gard. tab. 187. — *Hebea alata* Pers. — Segment-supérieur du périanthe obové, recourbé. Segments-latéraux rhombiformes-ovés, étalés. Segments-inférieurs spathulés, acuminés, défléchis. (*Hort. Kew.*) — Fleurs écarlates et jaunes. — Cap.

Glayeul a fleurs d'Orchis. — *Gladiolus viperatus* Ker, in Bot. Mag. tab. 688. — Sweet, Brit. Flow. Gard. tab. 156. — *Gladiolus orchidiflorus* Andr. Bot. Rep. tab. 241. — Segment-supérieur du périanthe spathulé, divariqué, infléchi. Segments-latéraux rhombiformes-ovés, étalés. Segments-inférieurs spathulés, pointus, défléchis. (*Hort. Kew.*) — Fleurs pourpres, maculées de vert. — Cap.

Glayeul a feuilles quadrangulaires. — *Gladiolus quadrangularis* Ker, in Bot. Mag. tab. 567. — *Gladiolus abbreviatus* Andr. Bot. Rep. tab. 166. — *Antholyza quadrangularis* Burm. — *Petamenes quadrangularis* Salisb. — Feuilles tétragones, 4-sulquées. Segment-supérieur du périanthe beaucoup plus grand. Segment-inférieur minime, subulé. (*Hort. Kew.*) — Tube du périanthe et segment-supérieur rayés de jaune et de rouge ; ssgments-inférieurs panachés de jaune et de noir. Étamines presque aussi longues que le périanthe, déclinées. — Cap.

GLAYEUL DE WATSON. — *Gladiolus Watsonius* Ker, in Bot. Mag. tab. 450. — Redout. Lil. tab. 569. — *Gladiolus præcox* Andr. Bot. Rep. tab. 58.— Feuilles linéaires-ensiformes, tricostées de chaque côté. Périanthe à gorge cylindracée, plus longue que les segments du limbe. (*Hort. Kew.*) — Périanthe écarlate. —Variété panachée de jaune : *Gladiolus Watsonius variegatus* Ker, in Bot. Mag. tab. 569. — Cap.

GLAYEUL A LABELLE. — *Gladiolus cochleatus* Sweet, Brit. Flow. Gard. ser. 2, tab. 140. — Feuilles ensiformes-linéaires, étroites, 2-nervées, droites, roides, allongées, acérées, d'un vert glauque ; bord' et côte médiane saillants. Tige grêle, simple, élancée. Segments du périanthe étalés, elliptiques-ovés, obtus : les supérieurs plus petits, panachés de pourpre en dessus ; les inférieurs ascendants, concaves, immaculés ; tube beaucoup plus court que la spathe. (*Sweet, l. c.*) — Fleurs grandes, blanches. — Cap.

Genre ANTHOLYZE. — *Antholyza* Linn.

Ce genre ou sous-genre diffère à peine essentiellement des Glayeuls, si ce n'est par le limbe du périanthe dont les segments sont plus inégaux (le supérieur notablement plus grand et en forme de casque) ; toutefois on a classé parmi les *Glayeuls* des espèces à fleurs conformées absolument comme celles des *Antholyzes*.

ANTHOLYZE CUNONIA. — *Antholyza Cunonia* Linn. — Redout. Lil. tab. 12. — Bot. Mag. tab. 543. — *Gladiolus Cunonia* Hort. Kew. — Feuilles linéaires-ensiformes. Segment-supérieur du périanthe très-long ; segment-inférieur minime. (*Hort. Kew.*) — Tige de 3 pieds. Fleurs écarlates, grandes, jaunâtres à la base. — Cap.

ANTHOLYZE D'ÉTHIOPIE.—*Antholyza æthiopica* Linn.—Mill. Ic. tab. 9. — Bot. Mag. tab. 561 et 1172. — Andr. Bot. Rep. tab. 210.—Redout. Lil. tab. 110.— *Antholyza ringens* Andr. Bot. Rep. tab. 52. — Feuilles ensiformes, nerveuses. Segment-supérieur du périanthe horizontal ; les autres segments réfléchis. (*Hort. Kew.*) — Tige feuillue, haute de 5 pieds. Fleurs grandes, réclinées, d'un rouge orange, striées de jaune. Tube du périanthe beaucoup plus long que les spathes ; segments sublancéolés, pointus. Étamines presque aussi longues que le périanthe. Anthères bleues. — Cap.

ANTHOLYZE BRILLANTE. — *Antholyza* (*Anisanthus*) *splendens* Sweet, Brit. Flow. Gard, ser. 2, tab. 84. — Tige haute de 2 à 5 pieds. Feuilles longues, linéaires-ensiformes, pointues, lisses, fortement 2-ou 5-nervées, obliques à la base. Épis distiques, penchés. Spathes à valves presque égales, de la longueur du tube du périanthe. Périanthe à tube plus court que le limbe, subfili-forme dans le bas, gibbeux dans le haut; verdâtre ; limbe d'un écarlate vif : segment-supérieur plus grand, onguiculé, cuculli-forme, incliné, canaliculé en dessus ; les 2 segments latéraux ascen-dants, connivents, ovés, onguiculés, plus larges mais moins longs que le segment-supérieur ; les 5 segments-inférieurs petits, d'un jaune verdâtre. Étamines presque aussi longues que le périanthe, déclinées, anisomètres. Anthères jaunes. (*Sweet, l. c.*) — Cap.

Genre MONTBRÉTIA. — *Montbretia* De Cand.

Périanthe ringent ou subringent, tubuleux, ou sub-campanulé, caduc ; limbe 6-parti ; segments calleux à la base. Étamines 5, insérées au tube du périanthe, libres, déclinées. Filets filiformes. Anthères linéaires ou oblon-gues, versatiles. Ovaire subcylindrique, 5-loculaire; loges multi-ovulées ; ovules bisériés. Style filiforme. Stigmates indivisés ou bifides, filiformes, condupliqués. Capsule subcoriace, subclaviforme, trigastre, 5-sulquée, 5-locu-laire, 5-valve, polysperme. Graines globuleuses. — Plan-tes semblables aux *Glayeuls* et aux *Ixia*. — Genre pro-pre à l'Afrique australe ; les espèces suivantes se culti-vent comme plantes d'ornement.

MONTBRÉTIA CRÉPU. — *Montbretia* (*Tritonia*) *crispa* Ker, in Bot. Mag. tab. 678. — *Gladiolus crispus* Jacq. Iç. Rar. tab.

267. — Andr. Bot. Rep. tab. 142. — Feuilles crépues, ondulées. Segments du périanthe plans. (*Hort. Kew.*) — Fleurs
roses.

MONTBRÉTIA A FLEURS VERTES. — *Montbretia* (*Tritonia*) *viri-
dis* Hort. Kew. — Bot. Mag. tab. 1275. — Hampe trièdre :
angles membraneux. Périanthe vert, strié epourpre à l'extérieur. (*Hort. Kew.*)

MONTBRÉTIA ROSE. — *Montbretia* (*Tritonia*) *rosea* Hort. Kew.
— *Tritonia capensis* Ker, in Bot. Mag. tab. 618. — Spathe à
valve externe cuspidée. Périanthe à tube très-long; limbe à segment-supérieur plus grand. (*Hort. Kew.*)

MONTBRÉTIA A LONGUES FLEURS. — *Montbretia* (*Tritonia*)
longiflora Hort. Kew. — *Ixia longiflora* Berg. — Bot. Mag.
tab. 256. — Redout. Lil. tab. 54. — *Gladiolus longiflorus*
Linn. Suppl. — Spathe à valve-externe obtuse, 5-dentée. Tube
du périanthe très-long; segments égaux. (*Hort. Kew.*) — Tube
du périanthe grêle, rougeâtre, long de 2 ½ pouces; segments
jaunâtres, cunéiformes-oblongs, échancrés, longs de près de
1 pouce.

MONTBRÉTIA RAYÉ. — *Montbretia* (*Tritonia*) *lineata* Hort.
Kew. — *Gladiolus lineatus* Salisb. — Bot. Mag. tab. 487. —
Redout. Lil. tab. 55. — Segment-supérieur du périanthe plus
grand. Segments-extérieurs rétus. (*Hort. Kew.*)

MONTBRÉTIA JAUNE. — *Montbretia* (*Tritonia*) *flava* Hort. Kew.
— Bot. Reg. tab. 747. — *Gladiolus flavus* Willd. — Spathe à
valvule-externe cuspidée. Les trois segments-inférieurs du périanthe munis à leur base d'une callosité onguiforme perpendiculaire. (*Hort. Kew.*)

MONTBRÉTIA TERNE. — *Montbretia* (*Tritonia*) *squalida* Ker,
in Bot. Mag. tab. 581. — *Ixia hyalina* Redout. Lil. tab. 87.
— Limbe du périanthe campanulé : segments rapprochés, transparents aux bords. (*Hort. Kew.*) — Fleurs d'un rose terne ou
blanchâtres, odorantes.

MONTBRÉTIA TRANSPARENT.—*Montbretia (Tritonia) fenestrata*
Ker, in Bot. Mag. tab. 704. — *Ixia fenestrata* Jacq. Ic. Rar.
2, tab. 289. — Limbe du périanthe infondibuliforme ; segments
distancés, transparents aux bords. (*Hort. Kew.*) — Fleurs d'un
jaune orange.

MONTBRÉTIA SAFRANÉ.—*Montbretia (Tritonia) crocata* Hort.
Kew. — *Ixia crocata* Linn. — Bot. Mag. tab. 184. — Jacq.
Ic. Rar. tab. 7. — *Gladiolus crocatus* Pers. —Limbe du périanthe campanulé, transparent à la base. (*Hort. Kew.*)—Fleurs
d'un jaune orange.

MONTBRÉTIA BRULÉ. — *Montbretia (Tritonia) deusta* Ker,
in Bot. Mag. tab. 622. — *Ixia deusta* Willd. — *Ixia miniata* B, Redout. Lil. tab. 89. — *Ixia crocata nigro-maculata*
Andr. Bot. Rep. tab. 154. — Les 5 segments-extérieurs du
périanthe gibbeux, maculés et carénés en dessus à leur base.
(*Hort. Kew.*) — Périanthe d'un rouge orange, maculé de noir à
la gorge.

MONTBRÉTIA CUIVRÉ. — *Montbretia (Tritonia) miniata* Ker,
in Bot. Mag. tab. 709. — *Ixia miniata* Jacq. Hort. Schœnbr.
1, tab. 24. — Limbe du périanthe infondibuliforme ; segments à
bords concolores. (*Hort. Kew.*)

Genre WATSONIA. — *Watsonia* Mill.

Périanthe ringent ou subringent, tubuleux, caduc ;
tube court, souvent plissé à la gorge ; limbe 6-parti. Étamines 3, libres, insérées au tube du périanthe, dressées,
ou déclinées. Filets subulés. Anthères linéaires ou oblongues, versatiles. Ovaire subcylindrique, 3-loculaire ; loges
multi-ovulées ; ovules bisériés, suspendus. Style filiforme.
Stigmates 3, filiformes, condupliqués, bifurqués. Capsule
cartilagineuse, allongée, subcylindrique, 3-loculaire, polysperme, 3-valve au sommet. Graines anguleuses, imbriquées, bordées d'une aile membraneuse ou chartacée. —
— Plantes ayant le port des *Glayeuls* et des *Ixia*.— Genre

propre à l'Afrique australe; on en cultive dans les collections de serre les espèces suivantes.

WATSONIA A FEUILLES FISTULEUSES, — *Watsonia spicata* Ker. — *Ixia spicata* Willd. — *Ixia cepacea* Redout. Lil. tab. 96. — *Ixia fistulosa* Bot. Mag. tab. 523. — *Gladiolus fistulosus* Jacq. Hort. Schœnbr. 1, tab. 16. — Feuilles cylindriques, fistuleuses. (*Hort. Kew.*)

WATSONIA PONCTUÉ. — *Watsonia punctata* Hort. Kew. — *Ixia punctata* Andr. Bot. Rep. tab. 177. — Feuilles linéaires, très-étroites. (*Hort. Kew.*)

WATSONIA MARGINÉ. — *Watsonia marginata* Kér, in Bot. Mag. tab. 608 et 1550. — *Gladiolus marginatus* Willd. — Feuilles ensiformes, épaissies aux bords. Épi composé d'un grand nombre d'épillets apprimés. Périanthe (rose) infondibuliforme, à gorge 6-dentée. (*Hort. Kew.*)

WATSONIA ROSE. — *Watsonia rosea* Ker, in Bot. Mag. tab. 1072. — *Gladiolus pyramidatus* Andr. Bot. Rep. tab. 555. — Feuilles ensiformes, épaissies aux bords. Épis nombreux, rapprochés. Périanthe (rose) à limbe subcampanulé; gorge nue. (*Hort. Kew.*)

WATSONIA A COURTES FEUILLES. — *Watsonia brevifolia* Ker, in Bot. Mag. tab. 601. — *Antholyza spicata* Andr. Bot. Rep. tab. 56. — *Gladiolus testaceus* Vahl, Enum. — Feuilles ensiformes, très-courtes. Limbe du périanthe étalé; segments-intérieurs plus larges. (*Hort. Kew.*)

WATSONIA A FEUILLES D'IRIS. — *Watsonia iridifolia* Hort. Kew. — *Gladiolus iridifolius* Jacq. Ic. Rar. 2, tab. 254. — *Watsonia iridifolia fulgens* Ker, in Bot. Mag. tab. 600. — *Antholyza fulgens* Andr. Bot. Rep. tab. 192. — Périanthe recourbé; tube plus long que la spathe; segments pointus. (*Hort. Kew.*) — Plante haute de 5 pieds. Feuilles larges de 1 pouce. Épi long de près de 1 pied, lâche, distique. Périanthe d'un écarlate vif, long de près de 5 pouces; tube claviforme, beaucoup plus long que la spathe, arqué ; segments presque égaux, oblongs-lancéolés, 5 fois plus courts que le tube. Étamines saillantes, presque aussi longues que le périanthe. Anthères bleues. Style débordant les étamines, écarlate de même que les filets. Stigmates réfléchis.

WATSONIA MÉRIANE.— *Watsonia Meriana* Ker, in Bot. Mag. tab. 1194. — *Antholyza Meriana* Linn. — Bot. Mag. tab. 418. — *Gladiolus Merianus* Jacq. Ic. Rar. tab. 250.— Redout. Lil. tab. 11.— Périanthe recourbé ; tube plus long que la spathe ; segments obtus. (*Hort. Kew.*) — Plante semblable à l'espèce précédente. Épi unilatéral, 4-à 8-flore. Fleurs d'un pourpre terne, inodores. Périanthe infondibuliforme ; tube long de 1 1/2 pouce, arqué ; segments mucronés, plus courts que le tube. Capsule prismatique, trigone, trisulquée, coriace, rétrécie aux 2 bouts. Graines noires, arrondies, comprimées, bordées d'une aile chartacée, rousse, étroite, prolongée au delà des deux bouts en un grand appendice obtus.

WATSONIA NAIN.— *Watsonia humilis* Ker, in Bot. Mag. tab. 651 et 1195. — *Gladiolus laccatus* Jacq. Ic. Rar. 2, tab. 252. — Redout Lil. tab. 343.— Périanthe recourbé. Tube de la longueur de la spathe ; segments pointus. (*Hort. Kew.*) — Feuilles étroites, longues de 1 pied. Tige plus longue que les feuilles. Épi lâche, subquadriflore. Périanthe d'un jaune de laque, infondibuliforme ; tube courbé, cylindrique ; segments oblongs.

WATSONIA FAUX-ALÉTRIS. — *Watsonia aletroides* Ker, in Bot. Mag. tab. 533. — *Gladiolus tubulosus* Jacq. Ic. Rar. 2, tab. 229. — *Antholyza Merianella* Curt. Bot. Mag. tab. 441. — *Antholyza tubulosa* Andr. Bot. Rep. tab. 174. — Tige haute de 2 pieds. Feuilles lancéolées-ensiformes, larges de 1 pouce ou plus. Épi d'environ 15 fleurs distiques, très-rapprochées, beaucoup plus longues que les spathes, réfléchies. Périanthe pourpre ou panaché de pourpre et de blanc, long de plus de 2 pouces ; tube subcylindrique, rétréci vers la base ; limbe subringent, court : segments ovés, acuminulés, presque égaux. Étamines à peine saillantes. Anthères bleues. Style rougeâtre, un peu plus long que le périanthe.

Genre IXIA. — *Ixia* Linn..

Périanthe hypocratériforme ou rotacé, régulier, caduc ; tube grêle ; limbe 6-parti : segments égaux ou presque égaux, similaires, étalés. Étamines 5, libres, insérées à la gorge du périanthe. Filets courts, filiformes. Anthères linéaires ou oblongues, versatiles. Ovaire ovoïde, trigone, 5-loculaire; loges multi-ovulées; ovules horizontaux, bisériés. Style filiforme. Stigmates filiformes, conduppliqués, indivisés, recourbés. Capsule subglobuleuse, trigastre, trisulquée, membranacée, triloculaire, 5-valve, polysperme.— Plantes à bulbe charnu, tuniqué. Feuilles ensiformes, distiques. Tige simple ou médiocrement rameuse, grêle, cylindrique. Fleurs sessiles, disposées en épis lâches, accompagnées chacune d'une spathe bivalve persistante. — Genre propre à l'Afrique australe ; les espèces suivantes se cultivent comme plantes d'agrément :

Ixia à feuilles linéaires. — *Ixia linearis* Linn. fil. — *Ixia capillaris gracillima* Bot. Mag. tab. 570.—*Morphixia linearis* Ker. — *Hyalis gracilis* Salisb.—Feuilles linéaires, très-étroites, convexes. Tige simple, dressée. (*Willd.*) — Fleurs bleuâtres.

Ixia rose. — *Ixia aulica* Hort. Kew. — *Ixia capillaris aulica* Bot. Mag. tab. 1015. — *Morphixia aulica* Ker. —Feuilles ensiformes. Tube du périanthe turbiné. (*Hort. Kew.*)

Ixia ouvert. —*Ixia patens* Hort. Kew. — Bot. Mag. tab. 522. — Redout. Lil. tab. 140. — Herb. de l'Amat. vol 7. — *Ixia filiformis* Vent. Hort. Cels. tab. 48. —Redout. Lil. tab. 50. — *Ixia aristata* Schneevogt, Ic. tab. 52. — Périanthe à tube filiforme ; limbe étalé en forme de cloche. Pistil à peu près aussi long que les étamines. (*Hort. Kew.*) — Épi assez dense, long de 4 à 5 pouces. Périanthe long de 1 $\frac{1}{2}$ pouce, d'un pourpre vif ; segments oblongs, obtus. Étamines peu saillantes.

Ixia flexueux.—*Ixia flexuosa* Linn.—Bot. Mag. tab. 624. — *Ixia capitata stellata* Andr. Bot. Rep. tab. 252. — *Ixia polystachya* Redout. Lil. tab. 126. — Périanthe à tube grêle, légèrement évasé ; limbe campaniforme dans le bas, étalé vers le sommet. (*Hort. Kew.*)

Ixia conique. — *Ixia conica* Salisb. — Bot. Mag. tab. 539. — Redout. Lil. tab. 158. — *Ixia fusco-citrina* Redout. Lil. tab. 86. — *Ixia capitata aurantia* Andr. Bot. Rep. tab. 50. — Limbe du périanthe étalé, maculé à la base. Stigmates de la longueur des anthères. (*Hort. Kew.*)

Ixia maculé. — *Ixia maculata* Linn. — Bot. Mag. tab. 549, 789 et 1285. — Andr. Bot. Rep. tab. 196 et 256. — Redout. Lil. tab. 157. — Jacq. Hort. Schœnbr. 1, tab. 19 ad 25. — *Ixia capitata ovata* Andr. Bot. Rep. tab. 25. — *Ixia capitata var.* Andr. l. c. tab. 159. — *Ixia spicata viridi-nigra* Andr. l. c. tab. 29. — Limbe du périanthe campanulé-étalé, maculé à la base. Stigmates allongés. (*Hort. Kew.*) — Épi court, dense. Fleurs grandes, très-élégantes, blanches, ou jaunes, ou lilas, ou roses, ou pourpres, à gorge bleue, ou noirâtre, ou jaune. Segments ovales ou oblongs, subobtus, ou très-obtus. Anthères débordant la gorge.

Ixia dressé. — *Ixia erecta* Berg. — Jacq. Hort. Schœnbr. 1, tab. 18. — Bot. Mag. tab. 625 et 1175. — *Ixia polystachya* Andr. Bot. Rep. tab. 155. — *Ixia dubia* Vent. Choix, tab. 10. — Redout. Lil. tab. 64. — Limbe du périanthe étalé, immaculé. Stigmates allongés. (*Hort. Kew.*) — Tige très-grêle, un peu rameuse vers le sommet. Épis assez denses. Fleurs de grandeur médiocre. Périanthe blanc, à gorge jaune ; tube filiforme, penché, plus long que le limbe ; segments oblongs, obtus.

Ixia cratériforme.—*Ixia crateroides* Ker, in Bot. Mag. tab. 594. — *Ixia speciosa* Andr. Bot. Rep. tab. 186. — Limbe du périanthe hémisphérique-campanulé. Stigmates débordant les anthères. (*Hort. Kew.*) — Tige pauciflore, simple, haute de $1/2$ pied.

Périanthe d'un pourpre vif ; tube très-court, évasé ; limbe large de 1 ¹/₂ pouce : segments ovales, subobtus.

IXIA RÉTUS. — *Ixia retusa* Salisb. Prodr. — *Ixia polystachya* Jacq. Ic. Rar. 2, tab. 275. — Bot. Mag. tab. 629. — *Ixia polystachya incarnata* Andr. Bot. Rep. tab. 128. — Tube du périanthe 1 fois plus long que la spathe ; segments oblongs. Stigmates fendus, béants. (*Hort. Kew.*)

IXIA A FLEURS DE SCILLE. — *Ixia scillaris* Linn. — Bot. Mag. tab. 542. — Redout. Lil. tab. 127. — *Ixia reflexa* Andr. Bot. Rep. tab. 14. — Tube du périanthe de la longueur de la spathe ; segments spathulés, concaves. Stigmates infondibuliformes. (*Hort. Kew.*)

IXIA CRÉPU. — *Ixia crispa* Willd. — Bot. Mag. tab. 599. — Feuilles ondulées, crépues. (*Hort. Kew.*) — Fleurs roses.

Genre DIASIA. — *Diasia* De Cand.

Périanthe régulier, rotacé, 6-parti, caduc ; segments cuspidés, similaires, égaux. Étamines 5, insérées à la base des segments du périanthe, libres, ascendantes. Filets filiformes. Anthères oblongues, basifixes, dressées, conniventes. Ovaire 3-loculaire. Style filiforme, ascendant. Stigmates 3, filiformes, condupliqués, recourbés. Capsule chartacée, turbinée subglobuleuse, trigastre, 3-valve, oligosperme. Graines petites, subglobuleuses. — Herbes à bulbe charnu, tuniqué. Feuilles ensiformes, distiques. Tige cylindrique, paniculée ; rameaux accompagnés d'une écaille tripartie. Fleurs sessiles, disposées en épis très-lâches, à rachis géniculé, filiforme. Spathes bivalves, herbacées, petites, scarieuses au bord. — Genre propre à l'Afrique australe ; on cultive les deux espèces suivantes comme plantes d'agrément.

DIASIA A FEUILLES DE GRAMINÉE. — *Diasia graminifolia* D. C. in Redout. Lil. tab. 165. — *Gladiolus gramineus* Jacq. Ic.

Rar. tab. 256. — *Melasphœrula graminea* Sweet. — Plante haute de 1 à 1 ½ pied. Feuilles étroites. Fleurs petites. Spathe plus courte que le périanthe : valves ovées, concaves, acuminées-cuspidées, vertes avec un rebord scarieux-blanchâtre. Périanthe jaunâtre, à gorge noire.

DIASIA A FEUILLES D'IRIS. — *Diasia iridifolia* D. C. in Redout. Lil. tab. 54.—*Melasphœrula iridifolia* Sweet.—Feuilles lancéolées-ensiformes, larges, plus courtes que la tige. Fleurs petites, jaunâtres, avec une bande-médiane pourpre.

Genre HESPÉRANTHE. — *Hesperantha* Ker.

Périanthe régulier, caduc, hypocratériforme ; limbe 6-parti : segments égaux, étalés, similaires, de la longueur du tube. Étamines 3, libres, insérées au tube du périanthe. Filets filiformes. Anthères versatiles. Ovaire 3-loculaire ; loges multi-ovulées ; ovules bisériés. Style filiforme. Stigmates filiformes, allongés, condupliqués, réclinés. Capsule trigone, oblongue, toruleuse, 3-valve, polysperme. Graines anguleuses.— Plantes semblables aux *Ixia* ; fleurs odorantes et épanouies le soir durant la nuit, inodores et closes le jour. — Genre propre à l'Afrique australe. Les espèces suivantes se cultivent comme plantes d'agrément.

HESPÉRANTHE RADIANTE. — *Hesperantha radiata* Hort. Kew. — *Ixia radiata* Jacq. Ic. Rar. tab. 280. — Bot. Mag. tab. 573. — *Ixia fistulosa* Andr. Bot. Rep. tab. 59. — Feuilles fistuleuses. (*Hort. Kew.*) — Tige simple, géniculée, haute de 1 ½ pied. Feuilles plus courtes que la tige. Épi lâche, sub-7-flore. Fleurs penchées. Périanthe à tube de la longueur de la spathe ; segments sublancéolés : les 3 extérieurs d'un brun rougeâtre ; les 3 intérieurs un peu plus courts, d'un blanc sale.

HESPÉRANTHE A FEUILLES FALCIFORMES.—*Hesperantha falcata* Hort. Kew. — *Ixia falcata* Thunb. Diss. tab. 1. — Bot. Mag. tab. 566. — *Ixia cinnamomea* Andr. Bot. Rep. tab. 44. — Feuilles radicales planes, falciformes. (*Hort. Kew.*) — Tige droite, plus ou moins rameuse, haute de ½ pied. Feuilles linéaires-ensiformes, 2 fois plus courtes que la tige. Épi lâche, flexueux, pauciflore. Périanthe à tube aussi long que la spathe, rouge de même que les 5 segments-externes ; segments-internes blancs.

HESPÉRANTHE ODORANTE. — *Hesperantha cinnamomea* Hort. Kew. — *Ixia cinnamomea* Willd. — Bot. Mag. tab. 1054. — Feuilles radicales falciformes, ondulées, crépues. (*Hort. Kew.*) — Feuilles étroites, plus courtes que la tige. Tige simple. Périanthe à tube un peu plus long que la spathe ; segments-externes rouges en dessous, blancs en dessus ; segments-internes entièrement blancs. Les fleurs exhalent une odeur de Cannelle.

Genre GÉISSORHIZE. — *Geissorhiza* Ker.

Périanthe régulier, caduc, infondibuliforme ; tube court ; limbe ample, 6-parti : segments similaires, presque égaux, plus ou moins étalés, munis à leur base d'une fovéole nectarifère. Étamines 5, libres, insérées au tube du périanthe, incluses, presque dressées. Filets filiformes. Anthères linéaires, dressées, basifixes. Ovaire trigone, 5-loculaire ; loges multi-ovulées ; ovules subhorizontaux, bisériés. Style filiforme, décliné. Stigmates linéaires-cunéiformes, condupliqués, subfimbriés au bord. Capsule membranacée, prismatique, trigone, 5-loculaire, 5-valve, polysperme. Graines minimes. — Plantes semblables aux *Ixia*. Bulbe charnu, recouvert de tuniques crustacées ou scarieuses, imbriquées de haut en bas. Fleurs en épis unilatéraux.— Genre propre à l'Afrique australe. Les espèces suivantes se cultivent comme plantes d'agrément.

GÉISSORHIZE DE LAROCHE. — *Geissorhiza Rochensis* Hort. Kew. — *Ixia Rochensis* Bot. Mag. tab. 598. — Feuilles radicales linéaires, pointues, glabres de même que la tige. (*Hort. Kew.*) — Tige 1-flore. Feuilles presque sétacées, binervées, plus courtes que la tige. Périanthe à limbe bleu, marqué dans son milieu d'un cercle blanc, pourpre à la base, avec une tache plus foncée.

Géissorhize unilatérale.—*Geissorhiza secunda* Hort. Kew. — *Ixia secunda* Jacq. Ic. Rar. tab. 277. — Bot. Mag. tab. 597 et 1105. — *Ixia pusilla* Andr. Bot. Rep. tab. 245. — Feuilles radicales linéaires, pointues. Tige velue. (*Hort. Kew.*) — Tige haute de 8 à 10 pouces. Feuilles glabres, plus courtes que la tige. Épi géniculé, 4-à 6-flore. Fleurs bleuâtres ou violettes, petites.

Géissorhize a feuilles obtuses. — *Geissorhiza obtusata* Ker, in Bot. Mag. tab. 672. — Feuilles radicales ensiformes-linéaires, obtuses. (*Hort. Kew.*) — Fleurs jaunes.

Géissorhize sétacée. — *Geissorhiza setacea* Bot. Mag. tab. 1105. — *Ixia setacea* Thunb. — Tiges filiformes, flexueuses, glabres, longues de 2 à 5 pouces. 2-ou 5-flores, presque nues, rougeâtres. Feuilles linéaires-sétacées, pointues, courtes. Tube du périanthe de la longueur de la spathe ; limbe blanc : segments-externes rayés de rouge en dessous.

Genre SPARAXIS. — *Sparaxis* Ker.

Périanthe régulier ; caduc, infondibuliforme ; tube court, grêle ; limbe ample, 6-parti : segments similaires, presque égaux, étalés. Étamines 5, insérées au tube du périanthe, libres, incluses, ascendantes. Filets subulés. Anthères linéaires, supra-basifixes. Ovaire trigone, 5-loculaire ; loges multi-ovulées ; ovules bisériés. Style filiforme. Stigmates filiformes, conduppliqués, carénés, recourbés. Capsule membranacée, obscurément trigone, subtoruleuse, 5-loculaire, 5-valve, polysperme. Graines subglobuleuses. — Plantes semblables aux *Ixia*. Bulbe charnu, couvert de tuniques réticulaires. Feuilles ensiformes, nerveuses. — Genre propre à l'Afrique australe. Les espèces suivantes se cultivent comme plantes d'agrément.

Sparaxis tricolore. — *Sparaxis tricolor* Hort. Kew. —

Ixia tricolor Bot. Mag. tab. 581. — Redout. Lil. tab. 129. — Tige haute de 1 à 1 ¹/₂ pied, flexueuse, en général simple. Épi subtriflore. Fleurs grandes. Périanthe d'un jaune orange, à fond jaune d'or, les deux couleurs séparées par une bande transversale d'un pourpre brun ; segments subcunéiformes.

SPARAXIS A GRANDES FLEURS. — *Sparaxis grandiflora* Hort. Kew. — Bot. Mag. tab. 779. — *Ixia grandiflora* Bot. Mag. tab. 544. — Redout. Lil. tab. 159. — Delaun. Herb. de l'Amat. vol. 2. — *Ixia holosericea* Jacq. Hort. Schœnbr. 1, tab. 17. — *Ixia aristata* Thunb. — Andr. Bot. Rep. tab. 87. — Tige haute de ¹/₂ pied à 1 pied, flexueuse, glabre, ordinairement simple. Feuilles linéaires-ensiformes, plus courtes que la tige. Épi 5-à 9-flore, géniculé, lâche. Fleurs grandes, unilatérales. Spathes scarieuses, striées, acuminées-cuspidées, plus ou moins fimbriées. Périanthe rougeâtre, à fond jaune ; segments oblongs, blancs au bord.

SPARAXIS BULBIFÈRE. — *Sparaxis bulbifera* Hort. Kew. — *Ixia bulbifera* Linn. — Andr. Bot. Rep. tab. 48. — Bot. Mag. tab. 545. — Redout. Lil. tab. 128. — Tige haute d'environ 1 pied, flexueuse, rameuse au sommet, bulbillifère aux aisselles des feuilles. Feuilles linéaires-ensiformes, finement striées, longues de 7 à 8 pouces. Fleurs grandes, d'un jaune plus ou moins vif. Spathes fimbriées, acuminées-cuspidées. Segments du périanthe elliptiques.

SPARAXIS A FLEURS DE LIS. — *Sparaxis Liliago* Sweet, Hort. Brit. — *Ixia Liliago* Redout. Lil. tab. 109. — *Sparaxis grandiflora Liliago* Bot. Reg. tab. 258. — Tige simple, droite, plus longue que les feuilles. Feuilles linéaires-ensiformes. Fleurs blanches, lavées de rouge en dehors et de jaune en dedans. Spathes fimbriées, scarieuses. Segments du périanthe ovales-oblongs, obtus, avec une tache violette à leur base.

SPARAXIS A FLEURS D'ANÉMONE. — *Sparaxis anemonæflora* Sweet, Hort. Brit. — *Ixia anemonæflora* Jacq. Ic. Rar. tab. 275. — Redout. Lil. tab. 284. — Tige grêle, 1-flore, haute d'environ 1. pied ; presque nue. Feuilles linéaires-ensiformes, glabres, à peu près de la longueur de la tige. Fleurs blanches, lavées de jaune. Spathe à valves l'une bidentée, l'autre tridentée.

Genre BABIANE. — *Babiana* Ker.

Périanthe régulier ou subringent, caduc, infondibuliforme ; tube court, évasé au sommet ; limbe 6-parti ; segments similaires ou subsimilaires, presque égaux. Étamines 5, insérées à la gorge du périanthe, libres, dressées, ou ascendantes. Filets subulés. Anthères versatiles. Ovaire oblong, 5-loculaire ; loges multi-ovulées ; ovules bisériés, suspendus. Style filiforme. Stigmates cunéiformes-linéaires, condupliqués, indivisés. Capsule coriace, subovée, 5-loculaire, loculicide-trivalve, oligosperme. Graines globuleuses ; tégument charnu. — Herbes semblables aux *Ixia*, en général velues. Feuilles nerveuses, plissées, fistuleuses à la base. — Genre propre à l'Afrique australe ; les espèces suivantes se cultivent comme plantes d'agrément.

BABIANE A LONG TUBE. — *Babiana tubiflora* Ker, in Bot. Mag. tab. 680 et 847. — *Gladiolus tubatus* Jacq. Ic. Rar. tab. 264. — *Gladiolus inclinatus* Redout. Lil. tab. 44. — *Gladiolus longiflorus* Andr. Bot. Rep. tab. 5. — Tube du périanthe filiforme, claviforme au sommet, 5 fois plus long que le limbe ; limbe irrégulier : le segment-supérieur divariqué. (*Hort. Kew.*)

BABIANE SPATHACÉE. — *Babiana spathacea* Ker, in Bot. Mag. tab. 638. — *Gladiolus spathaceus* Linn. Fil. — Tube du périanthe 4 fois plus long que le limbe, filiforme ; limbe régulier : segments alternativement obtus et acuminés. (*Hort. Kew.*)

BABIANE A ODEUR DE SUREAU. — *Babiana sambucina* Ker, in Bot. Mag. tab. 1019. — Segments du périanthe plus longs que la gorge, bleus, avec une bande longitudinale plus foncée. (*Hort. Kew.*)

BABIANE JAUNE DE SOUFRE. — *Babiana sulphurea* Ker, in

Bot. Mag. tab. 1055. — *Gladiolus sulphureus* Jacq. Ic. Rar. tab. 259. — *Gladiolus plicatus* Andr. Bot. Rep. tab. 268. — Segments du périanthe presque 5 fois plus longs que le tube.

BABIANE PLISSÉE. — *Babiana plicata* Ker, in Bot. Mag. tab. 576. — *Gladiolus plicatus* Willd. (exclus. syn.) — Segments du périanthe de la longueur du tube, presque 'égaux, alternativement plans et ondulés : le supérieur convoluté au sommet. (*Hort. Kew.*) — Fleurs d'un bleu pâle.

BABIANE DROITE. — *Babiana stricta* Ker, in Bot. Mag. tab. 621 et 637. — *Gladiolus strictus* Willd. — *Gladiolus plicatus* Linn. — Périanthe (d'un bleu blanchâtre) infondibuliforme, régulier; segments plans, à peine plus longs que le tube. (*Hort. Kew.*)

BABIANE VELUE. — *Babiana villosa* Ker, in Bot. Mag. tab. 585. — *Ixia punicea* Jacq. Ic. Rar. tab. 287. — *Ixia villosa* Hort. Kew. ed. 1. — *Gladiolus mucronatus* Redout. Lil. tab. 142. — Tube du périanthe filiforme, de la longueur du limbe; limbe régulier, campanulé; 5 des segments acuminés. (*Hort. Kew.*) — Fleurs pourpres.

BABIANE BLEUATRE. — *Babiana rubro-cyanea* Ker. — *Ixia rubro-cyanea* Willd. — Bot. Mag. tab. 410. — *Ixia villosa* Schneevogt, Ic. tab. 16. — Limbe du périanthe très-étalé; segments rhomboïdaux, maculés à la base. (*Hort. Kew.*)

Genre ANOMATHÉCA. — *Anomatheca* Ker.

Périanthe régulier, caduc, infondibuliforme; tube filiforme, trièdre, resserré à la gorge; limbe 6-parti; segments cunéiformes-oblongs, étalés; les 5 supérieurs rapprochés. Étamines 5, insérées à la gorge du périanthe, déclinées. Filets courts, filiformes. Anthères oblongues, basifixes, dressées. Ovaire subglobuleux, 5-loculaire; loges multi-ovulées; ovules bisériés, subhorizontaux. Style filiforme. Stigmates filiformes, condupliqués, bifides. Capsule subglobuleuse, papilleuse. 5-loculaire, polysperme, trivalve au sommet. Graines subglobuleuses. — Plante semblable aux *Ixia*. Tige paniculée, multiflore. Fleurs en épis unilatéraux.

Anomathéca jonciforme. — *Anomatheca juncea* Hort. Kew. — *Gladiolus junceus* Thunb. — Redout. Lil. tab. 141. — *Lapeyrousia juncea* Ker, in Bot. Mag. tab. 606. — Delaun. Herb. de l'Amat. vol. 5.—*Gladiolus polystachyus* Andr. Bot. Rep. tab. 66. — Tige haute de 1 à 1 $^1/_2$ pied, dressée, glabre, un peu flexueuse, très-grêle, feuillée dans le bas. Feuilles linéaires-ensiformes, subobtuses, striées. Spathes courtes, subscarieuses. Fleurs d'un rose vif. Tube du périanthe long de $^1/_2$ pouce, filiforme ; segments ovales, obtus, un peu plus courts que le tube. — Cap. Cultivé comme plante d'ornement.

Genre OVIÉDA. — *Ovieda* Spreng.

Périanthe régulier, caduc, infondibuliforme ; tube filiforme, trièdre, contracté à la gorge ; limbe 6-parti ; segments dressés ou étalés, similaires, égaux. Étamines 5, insérées à la gorge du périanthe, dressées, ou déclinées, libres. Filets subulés. Anthères oblongues, basifixes. Ovaire trièdre, 5-loculaire ; loges multi-ovulées ; ovules bisériés, ascendants. Style filiforme. Stigmates filiformes, condupliqués, 2-partis ; lanières révolutées. Capsule membranacée, trièdre, trilobée, triloculaire, 5-valve, polysperme. Graines anguleuses.— Plantes à bulbe charnu. Tige ancipitée, ou trièdre, simple, ou rameuse. Feuilles ensiformes ou canaliculées, distiques, nerveuses, en général roides, scabres au bord ; les caulinaires décurrentes. Fleur en épi ou en faisceau terminal ; spathes bivalves, herbacées. — Genre propre à l'Afrique australe ; l'espèce suivante se cultive comme plante d'agrément.

Oviéda a corymbes. — *Ovieda corymbosa* Spreng. Syst. — *Lapeyrousia corymbosa* Ker, in Bot. Mag. tab. 595.—*Ixia*

corymbosa Linn. — *Ixia crispifolia* Andr. Bot. Rep. tab. 55.
— *Merisostigma corymbosum* Dietr. — Limbe du périanthe
étalé (de même que les étamines), plus court que le tube. Fleurs
bleues, en corymbe.

Genre WITSÉNIA. — *Witsenia* Thunb.

Périanthe régulier, tubuleux; limbe 6-fide; segments
étalés ou connivents, égaux, similaires. Étamines 5, libres, insérées à la gorge du périanthe, incluses. Filets
filiformes, très-courts. Anthères sagittiformes, basifixes.
Ovaire infère ou semi-infère, obscurément 5-gone, 5-locu-
laire; loges multi-ovulées; ovules horizontaux, bisériés.
Style filiforme, saillant. Stigmate tridenté ou très-courtement 5-fide. Capsule cartilagineuse, ovée, trigone, 5-locu-
laire, trivalve, polysperme. Graines anguleuses. — Sous-
arbrisseaux à racine tubéreuse. Tige dressée, courte, frutescente, ancipitée, souvent stolonifère au-dessus de la
base. Feuilles distiques, touffues, couronnantes. Inflorescence en corymbe, ou en épi, ou en panicule, terminale.
Spathes 2-valves, 1-flores.— Genre propre à l'Afrique australe. Les espèces suivantes se cultivent comme plantes
d'ornement de serre.

WITSÉNIA A FLEURS COTONNEUSES. — *Witsenia maura* Thunb.
— Redout. Lil. tab. 245. — Lam. Ill. tab. 50. — Bot. Reg.
tab. 5. — *Antholyza maura* Linn. — Tige haute d'environ 2
pieds, rameuse, glabre, offrant dans sa partie inférieure les cicatrices des anciennes feuilles. Feuilles imbriquées, ensiformes,
étroites, finement striées, longues de 5 à 7 pouces. Fleurs en
épi. Périanthe longuement tubuleux; limbe court, dressé, d'un
bleu noirâtre dans le bas, jaunâtre vers le sommet; segments
oblongs, obtus; les 5 extérieurs cotonneux en dessous.

WITSÉNIA A CORYMBE. — *Witsenia corymbosa* Ker, in Bot.
Mag. tab. 895. — Smith, Exot. Bot. 2, tab 68. — Redout.
Lil. tab. 455.—Delaun. Herb. de l'Amat. vol. 4.—Tige attei-

gnant 1 ½, pied de haut, droite, simple, lisse. Feuilles linéaires-ensiformes, pointues, un peu glauques, aussi longues que la tige. Fleurs d'un bleu vif, en corymbe. Périanthe longuement tubuleux ; segments obovés, mucronés, aussi longs que le tube.

Genre ARISTÉA. — *Aristea* Soland.

Périanthe régulier, marcescent, rotacé, 6-parti ; segments presque égaux, ou inégaux, similaires, étalés, contournés en spirale après la floraison. Étamines 3, libres, insérées vers la base du périanthe, dressées, ou ascendantes. Filets filiformes. Anthères oblongues, basifixes, dressées. Ovaire 3-loculaire ; loges pauci-ou pluri-ovulées ; ovules 1-sériés, subhorizontaux. Style filiforme ou claviforme, dressé. Stigmate terminal, pelté, concave, indivisé. Capsule membranacée ou chartacée, trièdre, oblongue, très-obtuse, 3-loculaire, 6-valve ; loges oligospermes ou polyspermes, comprimées ; valves caduques ; placentaire-central persistant, tripartible. Graines comprimées, tronquées, scrobiculées, immarginées. — Herbes à rhizome lignescent, court, écailleux. Tiges (en général touffues) ancipitées, le plus souvent rameuses. Feuilles distiques, ensiformes, nerveuses : les radicales touffues ; les caulinaires très-distancées. Fleurs fasciculées ou solitaires, pédicellées. Spathes coriaces, ou scarieuses, ou herbacées, 2-valves. — Genre propre à l'Afrique australe. Les espèces suivantes se cultivent comme plantes d'ornement.

ARISTÉA BARBU. — *Aristea cyanea* Hort. Kew. — Bot. Mag. tab. 458. — Redout. Lil. tab. 462. — Andr. Bot. Rep. tab. 10. — Delaun. Herb. de l'Amat. vol. 3. — *Ixia africana* Linn. — Tiges hautes de 1 pied à 2 pieds, flexueuses, grêles, plus ou moins rameuses. Feuilles linéaires-ensiformes, étroites, pointues, roides, d'un vert foncé, glabres, plus courtes que les tiges. Fleurs en fascicules denses, solitaires, terminaux. Pédicelles très-courts, roides, dressés. Spathes brunâtres, subcoriaces, à rebord scarieux, roussâtre, longuement fimbrié. Limbe du périanthe d'un bleu vif, large d'environ 9 lignes ; segments obovés-oblongs , très-obtus, presque égaux.

ARISTÉA A CAPITULES. — *Aristea capitata* Ker, in Bot. Mag. tab. 605. — *Aristea major* Andr. Bot. Rep. tab. 160. — *Morœa cœrulea* Thunb. — *Gladiolus capitatus* Linn. — Tige dressée, presque simple, haute de 3 à 4 pieds. Feuilles longues de 2 à 5 pieds, ensiformes. Fleurs fasciculées ; fascicules disposés en grappe d'environ ½ pied de long. Spathes petites, scarieuses, très-entières. Limbe du périanthe large d'environ 9 lignes, d'un bleu vif en dessus, d'un bleu pâle en dessous ; segments obovés, très-obtus, inégaux. Anthères jaunes, saillantes.

Genre TRICHONÈME. — *Trichonema* Ker.

Périanthe régulier, caduc, infondibuliforme; tube court; limbe 6-parti ; segments égaux, similaires, étalés. Étamines 5, libres, conniventes, insérées au tube du périanthe. Filets filiformes, inclus. Anthères basifixes, dressées, oblongues. Ovaire trigone, 5-loculaire ; loges multi-ovulées ; ovules bisériés, ascendants. Style filiforme. Stigmates filiformes, bifides, recourbés. Capsule submembranacée, trigone, trisulquée, 5-loculaire, 3-valve, polysperme. Graines ascendantes, subglobuleuses, plus ou moins anguleuses. — Plantes petites, à bulbe charnu, tuniqué. Tige simple ou peu rameuse, presque nue. Feuilles canaliculées ou subtétraèdres, presque filiformes ; les radicales plus longues que la tige. Fleurs solitaires, terminales, sessiles dans une spathe bivalve. — Les espèces suivantes se cultivent comme plantes d'agrément.

TRICHONÈME BULBOCODE. — *Trichonema Bulbocodium* Ker. — *Ixia Bulbocodium* Linn. — Bot. Mag. tab. 265. — Sibth. et Smith, Flora Græca, 1, tab. 56. — Redout. Lil. tab. 88. — Jacq. Ic. Rar. tab. 271. — *Romulea Bulbocodium* Seb. et Maur. — Tige rameuse. Pédoncules allongés. Feuilles linéaires, comprimées, arquées. (*Reichenb. Flor. Germ. Excurs.*) — Bulbe petit, subglobuleux. Feuilles longues de 4 à 6 pouces, décombantes, linéaires-filiformes, canaliculées, sillonnées. Tige très-courte, enveloppée dans les gaînes des feuilles, 2-ou 5-flore. Pédoncules (rameaux) longs de 2 à 5 pouces, filiformes. Spathe herbacée. Périanthe à tube très-court; limbe campaniforme, violet, à fond jaune; segments lancéolés, longs d'environ 6 lignes. Rameaux-fructifères réclinés. Capsule oblongue, obtuse, longue de $1/2$ pouce. Graines petites, d'un brun de Châtaigne.— Indigène de l'Europe méridionale. Fleurit en février ou mars.

TRICHONÈME DE COLUMNA.—*Trichonema (Romulea) Columnæ* Seb. et Maur. — *Ixia Bulbocodium parviflorum* Redout. Lil. tab. 88, fig. A. — *Ixia minima* Ten. — Tige 1-flore, penchée au sommet. Feuilles filiformes, comprimées, sillonnées, flexueuses. Spathe plus longue que la fleur. Style plus court que les étamines. Fleur petite, d'un blanc jaunâtre. (*Reichenb. Flor. Germ. Excurs.*)— Europe méridionale. Fleurit au printemps.

TRICHONÈME POURPRE. — *Trichonema (Ixia) purpurascens* Tenor. Flor. Napol. 1, p. 15, tab. 5. — Tige 1-flore. Feuilles linéaires, canaliculées, anguleuses, dressées, roides, très-longues. Périanthe pourpre; les 5 segments-externes verts en dessous et rayés de brun. (*Ten. l. c.*)— Feuilles atteignant jusqu'à $1/2$ pied de long, roides. Tige longue de $1/2$ pied. Spathe plus courte que la fleur, herbacée. Segments du périanthe lancéolés, pointus, longs de 1 pouce, étalés. Anthères jaunes, à peine saillantes. — Calabre. Fleurit au printemps.

TRICHONÈME RAMIFLORE. — *Trichonema (Ixia) ramiflorum* Ten. Syll. p. 25. — Tige rameuse à la base; rameaux alternes. Feuilles linéaires, sillonnées, dressées, élargies dans leur milieu. Périanthe plus long que la spathe. Style plus court que les étamines. Stigmates inclus. (*Ten. l. c.*) — Italie méridionale.

Genre CROCUS. — *Crocus* Tourn.

Périanthe régulier, marcescent, infondibuliforme; tube long (en partie hypogé), évasé au sommet; limbe 6-parti;

segments similaires: les 3 intérieurs un peu plus petits.
Étamines 3, libres, insérées à la gorge du périanthe, plus
courtes que le limbe. Filets filiformes. Anthères sagittifor-
mes-oblongues, basifixes, dressées. Ovaire hypogé, trigone,
3-loculaire; loges multi-ovulées; ovules bisériés, ascendants. Style long (en général de la longueur du tube du
périanthe), filiforme. Stigmates charnus, cunéiformes-
spathulés (rarement filiformes-multifides), involutés, en
général dentelés au sommet. Capsule submembranacée,
3-gone, 3-loculaire, 3-valve, polysperme. Graines ovoïdes,
ou subglobuleuses, caronculées à la chalaze; tégument
crustacé, adhérent.—Plantes acaules, à bulbe charnu, tuniqué. Feuilles radicales, linéaires, étroites, non-distiques,
carénées en dessous, en général roselées. Hampe 1-ou
2-flore, très-courte et souterraine à l'époque de la floraison, plus tard plus ou moins saillante, filiforme, décombante. Spathe longue, scarieuse, 1-ou 2-phylle. Fleurs
grandes, très-élégantes, vernales, ou autumnales, dressées, diurnes, en général légèrement odorantes. — Genre
propre aux contrées extra-tropicales de l'ancien continent; la plupart des espèces habitent les contrées voisines
de la Méditerranée. Ces plantes se cultivent fréquemment
dans les parterres.

A. *Feuilles paraissant soit en même temps que les fleurs, soit
un peu plus tôt. Floraison vernale.*

a) *Fleurs de couleur jaune ou orange.*

CROCUS DE SUZE. — *Crocus Susianus* Ker, in Bot. Mag. tab.
652. —Redout. Lil. tab. 393. — Reichenb. Ic. Crit. 10, fig.
1249. — Bulbe à tuniques réticulaires. Feuilles à côte bicanali-
culée en dessous de chaque côté; lame 2-nervée de chaque côté.
Segments-externes du périanthe discolores, finalement révolutés.
(*Reichenb. l. c. p. 11.*) — Feuilles et fleurs paraissant simultanément. Feuilles larges de 1 ligne. Segments du périanthe
lancéolés-oblongs, d'un jaune vif : les externes d'un brun de

Châtaigne en dessous ; gorge imberbe. Stigmates très-longs, infondibuliformes au sommet, filiformes dans le bas. — Orient.

CROCUS JAUNE. — *Crocus luteus* Lam. — Redout. Lil. tab. 196. — Reichenb. Ic. Crit. 10, fig. 1247. — *Crocus vernus* Curt. Bot. Mag. tab. 45. — *Crocus mœsiacus* Ker, in Bot. Mag. tab. 1111. — *Crocus lagenœflorus var.* Salisb. — Bulbe à tuniques nerveuses. Hampes biflores. Segments du périanthe connivents en forme de cloche dans le bas, concaves, obtus, non-révolutés. Filets pubérules, débordant à peine les stigmates. (*Reichenb. l. c. p.* 10.) — Feuilles et fleurs paraissant simultanément. Gaînes amples. Feuilles linéaires. Périanthe d'un jaune vif ; gorge imberbe ; segments ovales-oblongs, obtus. Stigmates infondibuliformes, crénelés et pubérules au sommet. — Orient.

CROCUS DORÉ. — *Crocus aureus* Sibth. et Smith, Flor. Græc. 1, tab. 55. — Hook. in Bot. Mag. tab. 2986. — Engl. Bot. new ser. tab. 2646. — Reichenb. Ic. Crit. 10, fig. 1246. — Bulbe à tuniques nerveuses. Hampes biflores. Limbe du périanthe infondibuliforme à la base ; segments ovales-oblongs, un peu connivents. Filets pubérules. Stigmates longuement débordés par les anthères. (*Reichenb. l. c. p.* 9.) — Feuilles et fleurs paraissant simultanément. Feuilles linéaires, étroites. Gaînes larges. Fleurs plus petites que dans l'espèce précédente. Périanthe d'un jaune vif ; gorge imberbe ; tube grêle, longuement saillant. Stigmates linéaires-spathulés, crénelés au sommet, courts. — Grèce.

CROCUS JAUNE DE SOUFRE. — *Crocus sulfureus* Ker, in Bot. Mag. tab. 958. — Reichenb. Ic. Crit. 10, fig. 1248. — Bulbe à tuniques nerveuses. Stigmates anisomètres, débordant longuement les anthères. (*Reichenb. l. c. p.* 11.) — Feuilles et fleurs paraissant simultanément. Hampe 1-ou 2-flore. Gaînes à peu près aussi longues que le tube du périanthe. Feuilles linéaires, étroites. Limbe du périanthe d'un jaune pâle ; segments lancéolés-oblongs, subobtus : les externes rayés en dessous de pourpre noirâtre ; gorge imberbe. Filets courts, pubérules. Stigmates infondibuliformes, longs, fimbriolés au sommet.

b) *Fleurs blanches, ou violettes, ou lilas, ou panachées de ces couleurs.*

CROCUS BIFLORE. — *Crocus biflorus* Mill. Dict. — Andr. Bot. Rep. tab. 562. — Bot. Mag. tab. 845. — Redout. Lil. tab. 294. — Reichenb. Ic. Crit. 10, fig. 1256. — Bulbe à tuniques innervées, membranacées, se détachant par la rupture ciiculaire de leur base. Feuilles innervées. Spathe double. Limbe du périanthe subinfondibuliforme ; gorge glabre, jaune. Filets hispidules. Stigmates dressés, indivisés. Capsule sans stries. (*Gay, in Férussac, Bullet. juill. 1827.*) — Feuilles et fleurs paraissant simultanément. Feuilles étroites, linéaires, à côte blanche. Hampe en général biflore. Gaînes à peu près aussi longues que le tube du périanthe. Limbe du périanthe blanc, long d'environ 15 lignes ; segments ovales, obtus : les externes rayés de violet. Étamines à peine débordées par les stigmates. Stigmates subinfondibuliformes. Graines brunes, lisses, à caroncule charnue, obtuse. — Europe méridionale.

CROCUS NAIN. — *Crocus pusillus* Ten. Flor. Nap. 5, p. 53. — Bot. Reg. tab. 1987. — Sweet, Brit. Flow. Gard. tab. 106. — *Crocus biflorus Tenorii* et *Crocus biflorus Janii* Gay, l. c. p. 26. — *Crocus biflorus pusillus* Reichenb. Plant. Crit. 10, fig. 1157 et 1158. — *Crocus biflorus lineatus* Reichenb. l. c. fig. 1259. — Bulbe et feuilles comme dans l'espèce précédente. Spathe double, opaque. Limbe du périanthe subinfondibuliforme, blanc ou bleuâtre ; segments lancéolés-oblongs, finalement infléchis : les externes rayés de violet ; gorge glabre, jaunâtre. Stigmates filiformes-spathulés, ciliolés, crépus, débordant les étamines. Capsule oblongue, obtuse, sans stries, roussâtre, longue de $^1/_2$ pouce. Graines rousses, lisses, à caroncule conique, obtuse, charnue, concolore. — Italie.

CROCUS PANACHÉ. — *Crocus versicolor* Ker, in Bot. Mag. tab. 1110. — Trans. of the Horticult. Soc. Lond. vol. 7, tab. 12. (Varr. plurr.) — Bulbe à tuniques nerveuses, se séparant finalement en fibres. Feuilles et fleurs paraissant simultanément. Feuilles nerveuses, canaliculées. Spathe double, opaque. Limbe du périanthe campanulé; gorge glabre, en général jaune. Stigmates entiers ou incisés, dressés. Capsule rayée de 6 stries violettes. (*Gay, l. c.*)—Périanthe panaché de blanc et de violet.—France méridionale.

CROCUS MINIME. — *Crocus minimus* De Cand. in Red. Lil. tab. 81. — Bot. Mag. tab. 2991. — Reichenb. Plant. Crit. 10, fig. 1267. — *Crocus minimus corsicus* Gay, l. c. — Bulbe à tuniques réticulaires. Segments du périanthe lancéolés-oblongs : les extérieurs nerveux. Stigmates incisés, débordant les anthères. (*Reichenb. l. c.*)—Plante basse. Feuilles étroites, linéaires, innervées. Périanthe lilas, veiné de blanc; gorge glabre. Stigmates infondibuliformes. — Corse.

CROCUS RÉTICULÉ. — *Crocus reticulatus* Steven. — Bieberst. Plant. Ross. Ic. tab. 1. — Reichenb. Plant. Crit. 10, fig. 1262 ad 1266. — *Crocus variegatus* Hoppe.—Bulbe à tuniques réticulaires, très-roides. Feuilles plus précoces que les fleurs, canaliculées, nerveuses. Spathe double, mince. Périanthe à limbe campaniforme; gorge glabre, jaunâtre. Stigmates dressés, très-entiers. Capsule brunâtre, sans stries. (*Gay, l. c.*)—Feuilles très-étroites, linéaires, finalement longues d'environ 1 pied. Périanthe d'un bleu violet; segments lancéolés-oblongs, pointus, trinervés : les 5 extérieurs rayés de brun en dessous. Stigmates subinfondibuliformes, débordant les étamines. Capsule longue de 4 à 5 lignes, ovale, obtuse. Graines lisses, brunes; caroncule courte, épaisse, charnue, obtuse, concolore. — Europe méridionale. Caucase.

CROCUS D'IMPÉRATI.—*Crocus Imperati* Ten. Mem.—Bot. Reg. tab. 1995. — Sweet, Brit. Flow. Gard. ser. 2, tab. 98. — Reichenb. Plant. Crit. 10, fig. 1260. — *Crocus minimus italicus* Gay. —Bulbe à tuniques finement striées. Feuilles (plus précoces que les fleurs) d'un vert glauque, défléchies, élargies dans le bas. Spathe double, opaque. Limbe du périanthe campanulé; gorge nue, d'un jaune orange; segments ovales, obtus, échancrés. Stigmates cunéiformes, incisés-crénelés, débordant les étamines,

Capsule oblongue, acuminée, rayée de 6 stries violettes. Graines rousses, rugueuses. (*Tenore, Syll.* p. 28.) — Périanthe d'un pourpre violet en dessus, d'un violet pâle en dessous ; segments-externes rayés de violet-noirâtre en dessous ; variétés à périanthe entièrement blanc, ou blanc en dessus et d'un brun violet en dessous. — Italie.

Crocus odorant. — *Crocus suaveolens* Bertol. — M. Gay et M. Reichenbach considèrent ce *Crocus* comme une variété du précédent ; suivant M. Tenore (*Syll.* p. 29), il en diffère en ce que ses feuilles sont droites, d'un vert gai, et qu'elles naissent en même temps que les fleurs ; par le périanthe à limbe infondibuliforme et à segments ovés ; enfin, en ce que ses fleurs sont odorantes. — Italie.

Crocus printanier. — *Crocus vernus* Allion. — Redout. Lil. tab. 266. — Bot. Reg. tab. 1416 et 1440. — Engl. Bot. tab. 544. — Jacq. Flor. Austr. App. tab. 56. — Bot. Mag. tab. 860 et 2240. — Reichenb. Plant. Crit. 10, fig. 1250 ad 1254. — *Crocus neapolitanus* Delaun. Herb. de l'Amat. vol. 2. — Bulbe à tuniques réticulaires. Feuilles et fleurs paraissant simultanément. Feuilles canaliculées, innervées. Spathe simple, opaque. Limbe du périanthe campaniforme : gorge blanchâtre, plus ou moins poilue. Stigmates très-entiers ou crénelés, dressés. Capsule sans stries. (*Gay, l. c.*) — Limbe du périanthe long de 1 pouce à 2 pouces, lilas, ou violet, ou blanc, ou panaché de blanc et de violet, ou bleuâtre ; segments obovés, ou oblongs-obovés, plus ou moins striés. Stigmates infondibuliformes, débordant les étamines. Capsule oblongue, longue de $^1/_2$ pouce. Graines roses, lisses ; caroncule petite, mince, obtuse, de forme irrégulière. — Alpes. Apennins.

Crocus a fleurs blanches. — *Crocus albiflorus* Kit. — Reichenb. Plant. Crit. 10, fig. 1255. — Paraît ne différer essentiellement du précédent, qu'en ce que les étamines débordent les stigmates.

B. *Feuilles paraissant soit en même temps que les fleurs, soit un peu plus tôt. Floraison automnale.*

a) Stigmates indivisés, tronqués.

CROCUS DE THOMAS. — *Crocus Thomasii* Ten. Mem. (exclus. syn.) tab. 4. — Reichenb. Plant. Crit. 10, fig. 1281. — Bulbe à tuniques réticulaires. Feuilles plus précoces que les fleurs, dressées, ciliolées. Spathe double, transparente. Tube du périanthe plus long que le limbe ; segments ovés-lancéolés, obtus, concolores, rayés de veines foncées ; gorge velue, blanchâtre. Stigmates aromatiques, dressés, longuement débordés par le limbe. Capsule sans stries. Graines cuspidées (par la caroncule). (*Tenore*, *Syll*, p. 27.) — Calabre. Cultivé en Italie pour la production du *Safran*.

CROCUS OFFICINAL. — *Crocus officinalis* Pers. — *Crocus sativus* Redout. Lil. tab. 175. — *Crocus autumnalis* Smith, Engl. Bot. tab. 575. — Bulbe à tuniques nerveuses, se séparant en fibres. Feuilles innervées, ciliolées, paraissant en même temps que les fleurs. Spathe double, très-mince, presque transparente. Périanthe à limbe campanulé ; gorge lilas, barbue. Stigmates très-longs, pendants. Capsule sans stries. (*Gay*, *l. c.*) — Feuilles très-étroites, finalement longues de 1 pied. Limbe du périanthe violet, long de 1 ½ pouce ; segments obovés-oblongs. Stigmates d'un rouge orange, aromatiques, à peu près aussi longs que les segments du périanthe. — Europe méridionale. Cultivé dans le midi de la France, sous le nom de *Safran*. — Les stigmates de cette plante, ainsi que ceux de l'espèce précédente, desséchés à l'aide d'un feu très-doux, constituent le *Safran* du commerce.

b) Stigmates multifides.

CROCUS TARDIF. — *Crocus serotinus* Salisb. Parad. tab. 30. — Bot. Mag. tab. 1267. — Reichenb. Plant. Crit. 10, fig. 1271. — Bulbe à tuniques nerveuses, se séparant en fibres. Feuilles innervées, paraissant en même temps que les fleurs. Périanthe violet. Stigmates dressés, débordant les étamines. — Europe méridionale.

Crocus intermédiaire. — *Crocus medius* Balbis, ex Gay, in Féruss. Bull. juill. 1827.—Reichenb. Plant. Crit. 10, fig. 1270. — Bulbe à tuniques finement réticulaires. Feuilles canaliculées. Spathe simple. Limbe du périanthe campaniforme. Stigmates dressés, un peu plus courts que le périanthe. (*Gay, l. c.*) — Périanthe lilas; segments ovales-oblongs, égaux. Stigmates cunéiformes, débordant les étamines. — Piémont.

LES HÉMODORACÉES. — *HÆMODORACEÆ*.

Hæmodoraceæ R. Br. Prodr. p. 299. — Bartl. Ord. Nat. p. 43. — Lindl. Nat. Syst. ed. 2, p. 330. — Endl. Gen. p. 170. — *Narcisseæ-Hæmodoraceæ* (exclusis *Hypoxideis*) Reichenb. Consp. p. 60. — *Narcisseæ-Hæmodoreæ*, subdiv. *Velloxieæ* Reichenb. Syst. Nat. p. 131. — *Agavineæ-Hæmodoraceæ* Dumort. Anal. p. 58. — *Bromelioideæ-Hæmodoraceæ* Ad. Brongn. Enum. Gen. Hort. Par. p. xv et 23.

Famille entièrement exotique, à peine suffisamment distincte des Amaryllidées. Plusieurs espèces se cultivent comme plantes d'ornement ; quelques-unes ont des racines contenant des matières tinctoriales.

Caractères de la famille.

Herbes vivaces, à racine fasciculée. *Tige* simple ou rameuse, parfois très-courte ou nulle.

Feuilles alternes, en général distiques, équitantes, ensiformes, très-entières, engaînantes à la base.

Fleurs hermaphrodites, régulières, ou subrégulières, disposées en grappes ou en corymbes ou en panicules ; pédicelles inarticulés, bractéolés.

Périanthe coloré, en général scabre ou laineux à la surface externe, lisse à la surface interne, supère, ou infère, soit tubuleux et 6-fide, soit 6-parti ; segments bisériés.

Étamines soit au nombre de 6, insérées à la base des segments du périanthe, soit au nombre de 3, insérées à la base des segments internes. Filets libres. Anthères basifixes ou supra-basifixes, dressées, ou incombantes, introrses, 2-thèques ; bourses contiguës, déhiscentes chacune par une fente longitudinale. Connectif en général charnu, dorsal.

Pistil : Ovaire infère ou inadhérent, 3-loculaire, ou rarement 1-loculaire; loges 1-ou 2-ou pluri-ovulées; ovules en général peltés, amphitropes, axiles. Style indivisé, continu avec l'ovaire. Stigmate terminal, entier.

Péricarpe en général capsulaire, 3-loculaire, loculicide-trivalve, oligosperme, ou 1-sperme, ou polysperme.

Graines en général peltées; tégument chartacé, souvent poilu. Périsperme cartilagineux. Embryon rectiligne, intraire, beaucoup plus court que le périsperme, en général antitrope.

La famille des Hémodoracées comprend les genres suivants :

Hagenbachia Nees et Martius. — *Xiphidium* Lœffl. — *Schiekia* Meisn. — *Wachendorfia* Burm. (Pedilonia Presl.) — *Lophiola* Ker. — *Lachnanthes* Elliot. (Heritiera Gmel. Gyrotheca Salisb.) — *Dilatris* Berg. — *Hœmodorum* Smith. — *Phlebocarya* R. Br. — *Anigosanthus* Labill. (Schwægrichenia Spreng. Anægosanthus Reichenb. Anigozanthus Herbert.) — *Lanaria* Thunb. (Argolasia Juss. Augea Retz.) — *Androstemma* Lindl. — *Aletris* Linn. (Genre douteux). — *Blancoa* Lindl. — *Conostylis* R. Br. — *Tribonanthes* Endl.

Genre WACHENDORFIA. — *Wachendorfia* Burm.

Périanthe inadhérent, non-persistant, irrégulier, 6-parti, scabre à la surface externe; segments étalés : les 5 supérieurs rapprochés; les extérieurs sacciformes à la base : l'impair souvent prolongé en éperon adné au pédicelle. Étamines 6, insérées au fond du périanthe : les 3 extérieures stériles ou abortives. Filets filiformes, ascendants, divariqués. Anthères incombantes. Ovaire 5-gone, 5-loculaire ; loges 1-ovulées. Style filiforme, ascendant. Stigmate simple. Capsule chartacée, turbinée, trièdre, 5-loculaire, trivalve ; loges 1-spermes. Graines un peu comprimées, peltées, rétrécies vers leur base, squamelleuses, bordées d'une aile membraneuse.—Herbes à racine tubéreuse, fasciculée. Tige cylindrique, pubescente, souvent fistuleuse, paniculée au sommet, multiflore. Feuilles-radicales nerveuses, plissées, engaînantes à la base. Feuilles-caulinaires squamiformes, sphacélées. Fleurs en grappes terminales. Pédicelles accompagnés chacun d'une bractée spathacée. Segments du périanthe contournés en spirale après l'anthèse.—Genre propre à l'Afrique australe. Les espèces suivantes se cultivent comme plantes d'ornement.

WACHENDORFIA A THYRSE.— *Wachendorfia thyrsiflora* Linn. — Redout. Lil. tab. 93. — Bot. Mag. tab. 1060. — Delaun. Herb. de l'Amat. vol. 2. — Feuilles persistantes, glabres. Panicule dense. (*Willd.*) — Tige de 5 à 4 pieds. Feuilles-radicales larges, canaliculées, ensiformes, 5-nervées. Grappes rameuses, multiflores. Fleurs légèrement odorantes, d'un beau jaune. Sépales sublancéolés, plus longs que les étamines.

WACHENDORFIA PANICULÉ.—*Wachendorfia paniculata* Linn. — Bot. Mag. tab. 616. — Smith, Ic. pict. tab. 5. — Feuilles annuelles, glabres. Panicule étalée. — Fleurs petites, jaunes à la surface interne, rougeâtres et pubescentes à la surface externe. Sépales obovés.

WACHENDORFIA VÉLU. — *Wachendorfia hirsuta* Thunb. — Bot. Mag. tab. 614. — *Wachendorfia villosa* Andr. Bot. Rep. tab. 598. — Feuilles linéaires-ensiformes, velues. (*Willd.*) — Tige droite, velue, haute d'environ 1 ½ pied, trigone dans le haut. Feuilles-radicales fortement 5-nervées. Grappes paniculées. Fleurs d'un pourpre violet.

WACHENDORFIA A COURTES FEUILLES. — *Wachendorfia brevi-*

folia Ker, in Bot. Mag. tab. 1166. — Feuilles elliptiques-ensi-
formes, velues. (*Hort. Kew.*)

Genre LOPHIOLE. — *Lophiola* Ker.

Périanthe régulier, persistant, courtement tubuleux,
6-fide, laineux à la surface externe ; segments réfléchis :
les 5 intérieurs barbus au milieu. Étamines 6, insérées au
fond du périanthe. Filets filiformes. Anthères basifixes,
dressées. Ovaire semi-infère, ové-pyramidal, 3-loculaire ;
loges multi-ovulées ; ovules bisériés. Style subulé. Stigmate
simple. Capsule trièdre, 3-loculaire, polysperme, loculicide-trivalve au sommet. Graines oblongues, subcylindriques, basifixes, striées. — Herbe à racine rampante. Tige
cylindrique, dressée, cotonneuse, aphylle, paniculée au
sommet. Feuilles radicales, distiques, linéaires-ensiformes, glabres. Fleurs en cyme dense.

LOPHIOLE A FLEURS JAUNES. — *Lophiola aurea* Ker, in Bot.
Mag. tab. 1596. — *Conostylis americana* Pursh, Flor. Bor.
Amer. tab. 7. — Tige haute de 1 1/2 pied à 2 pieds. Feuilles
glauques, étroites, touffues, pointues, plus courtes que la tige.
Panicule dense, cymeuse. Fleurs petites, d'un beau jaune à la
surface interne, garnies d'un duvet blanc à la surface externe.
Segments du périanthe oblongs, pointus. Étamines glabres, pres-
que aussi longues que le périanthe. — Indigène des États-Unis.
Cultivé comme plante d'ornement.

Genre LACHNANTHE. — *Lachnanthes* Elliot.

Périanthe adhérent dans sa partie inférieure, courtement tubuleux, 6-fide, irrégulier, persistant, cotonneux
à la surface externe. Segments dressés, dissimilaires. Étamines 3, presque égales, insérées au tube du périanthe
(devant les segments internes). Filets filiformes, saillants.
Anthères linéaires, versatiles. Ovaire subglobuleux, adhérent, 3-loculaire ; loges 6-ou 7-ovulées ; ovules peltés.

Style filiforme, décliné. Stigmate courtement trifide. Capsule couronnée, subglobuleuse, trigone, 5-loculaire, 5-valve ; loges 6-ou 7-spermes. Graines arrondies, comprimées, attachées à un placentaire axile.—Herbe à racine fibreuse. Tige dressée, simple, presque nue. Feuilles ensiformes, engaînantes à la base. Fleurs en cyme terminale.

LACHNANTHE TINCTORIALE.— *Lachnanthes tinctoria* Ell. Bot. — *Heritiera Gmelini* Mich. Flor. 1, tab. 4. — Redout. Lil. tab. 247. — *Dilatris Heritiera* Pers. — *Dilatris tinctoria* Pursh. — *Gyrotheca tinctoria* Sweet, Hort. Brit. — Racine rougeâtre. Tige haute d'environ 2 pieds. Feuilles ensiformes-linéaires, pointues, plus courtes que la tige, larges d'environ 4 lignes ; les florales petites. Cyme dense, multiflore. Périanthe long de 6 lignes, oblong-campaniforme, rouge à la surface interne ; segments pointus : les externes linéaires ; les internes lancéolés. Filets plus longs que le périanthe. — Provinces méridionales des États-Unis. La racine sert à teindre en rouge.

Genre DILATRIS. — *Dilatris* Berg.

Périanthe supère, régulier, persistant, 6-parti, velu à la surface externe ; segments dressés. Étamines 6, insérées à la base des segments du périanthe : les 5 internes minimes, stériles ; une des trois fertiles à filet plus court, et à anthère très-grande, difforme. Ovaire 5-loculaire ; loges 1-ovulées ; ovules axiles, peltés, amphitropes. Style filiforme. Stigmate simple. Capsule couronnée, subglobuleuse, trigone, 5-loculaire, loculicide-trivalve, 5-sperme ; placentaire central columnaire, libre après la déhiscence. Graines aplaties ; tégument membraneux. —Herbes à racine fibreuse, rouge. Feuilles-radicales ensiformes, engaînantes à la base. Fleurs en corymbe. —Genre propre à l'Afrique australe. Les espèces suivantes se cultivent comme plantes d'ornement.

DILATRIS A CORYMBE.—*Dilatris corymbosa* Thunb.— Smith, Exot. Bot. 1, tab. 16. — *Wachendorfia umbellata* Linn. —

Panicule velue. Sépales ovés. (*Willd.*) — Feuilles-radicales linéaires, droites, lisses. Feuilles-caulinaires amplexicaules, courtes,
lancéolées, peu nombreuses. Panicule fastigiée. Fleurs pourpres à
la surface interne.

DILATRIS VISQUEUX. — *Dilatris viscosa* Linn. — Lamk. Ill.
tab. 54. — Sépales linéaires. Panicule velue, visqueuse. — Tige
velue, haute d'environ 1 pied. Feuilles-radicales glabres. Feuilles-
caulinaires courtes : les supérieures velues. Panicule fastigiée,
garnie de poils roussâtres et visqueux. Périanthe pourpre à la surface interne.

Genre ANIGOSANTHE. — *Anigosanthus* Labill.

Périanthe tubuleux, persistant, subirrégulier, 6-fide,
laineux à la surface externe ; segments inégaux, ascendants. Étamines 6, insérées à la gorge du périanthe, ascendantes. Filets filiformes. Anthères basifixes, dressées.
Ovaire 5-loculaire ; loges multi-ovulées. Style filiforme.
Stigmate simple. Capsule subglobuleuse, 5-loculaire, polysperme, loculicide-trivalve au sommet. — Herbes vivaces, à racine fibreuse. Tige simple, ou rameuse au sommet, plus ou moins laineuse. Feuilles ensiformes, demi-
engaînantes à la base. Fleurs grandes, en cyme terminale. Périanthe garni extérieurement d'un duvet laineux
coloré. — Genre propre à la Nouvelle-Hollande ; les espèces suivantes se cultivent comme plantes d'agrément.

ANIGOSANTHE JAUNATRE. — *Anigosanthus flavida* R. Br. —
Bot. Mag. tab. 1151. — Redout. Lil. tab. 176. — *Anigozanthus
grandiflora* Salisb. Parad. tab. 97. — Tige glabre (de même que
les feuilles), haute d'environ 2 pieds, rameuse au sommet : rameaux cotonneux ; duvet caduc. Fleurs d'un jaune pâle lavé
de vert.

ANIGOSANTHE ROUX. — *Anigosanthus rufa* Labill. Voyage, 1,
tab. 22. — Tige simple, haute de 1 à 2 pieds, garnie dans le
haut de poils roux. Fleurs roussâtres.

LES HYPOXIDÉES. — *HYPOXIDEÆ.*

Narcissorum genn. Juss. Gen. — *Hypoxideæ* R. Br. Gen. Rem. in
Flind. 2, p. 577. — Bartl. Ord. Nat. p. 42. — Endl. Gen. p. 173. —
Dumort. Fam. p. 58. — *Amaryllidaceæ-Hypoxideæ* Lindl. Nat.
Syst. ed. 2, p. 329. — *Narcisseæ Hæmodoraceæ*, subdiv. *Hypoxi-
deæ* Reichenb. Consp. p. 60; et Syst. Nat. p. 151. — *Lirioideæ-
Hypoxideæ* Ad. Brongn. Enum. Gen. Hort. Par. p. xv, et 22.

Ce petit groupe, de même que les Hémodoracées,
diffère à peine des Amaryllidées; toutes les espèces
sont exotiques; la plupart croissent dans la zone équatoriale.

CARACTÈRES DE LA FAMILLE.

Herbes vivaces, acaules. *Racine* tubéreuse ou fibreuse. *Hampe* simple, ou rameuse au sommet, 1-flore, ou
pluri-flore, cylindrique, parfois très-courte.

Feuilles radicales, linéaires, étroites, très-entières,
nerveuses, plissées.

Fleurs hermaphrodites (par exception polygames),
régulières, terminales, ou radicales, pédonculées.

Périanthe supère, coloré (du moins en dessus), 6-
parti : segments bisériés, étalés.

Étamines libres, insérées à la base des segments du
périanthe, en général au nombre de 6, rarement 3 (insérées devant les segments internes). Filets filiformes
ou subulés. Anthères basifixes, dressées, introrses, dithèques; bourses contiguës, déhiscentes chacune par
une fente longitudinale.

Pistil: Ovaire infère, 3-loculaire; loges multi-ovulées ; ovules 2-ou pluri-sériés, amphitropes. Style simple, terminal. Stigmate indivisé ou 3-fide.

Péricarpe baccien, ou capsulaire, ou carcérulaire, 3-loculaire, ou par avortement 1-loculaire, polysperme.

Graines subglobuleuses ; tégument noir, crustacé ; hile latéral, rostelliforme. Périsperme charnu. Embryon rectiligne, axile, presque aussi long que le périsperme ; extrémité radiculaire supère, éloignée du hile.

Les *Hypoxidées* ne comprennent que les genres suivants :

Curculigo Gærtn. (Molineria Colla. Fabricia Thunb.) — *Forbesia* Eckl. — *Hypoxis* Linn. — *Niobæa* Willd. — *Cœlanthus* Willd. — *Pauridia* Harvey.

Genre HYPOXIS. — *Hypoxis* Linn.

Périanthe rotacé, 6-parti, persistant ; tube très-court ; limbe étalé en étoile pendant l'épanouissement ; segments égaux ou presque égaux, similaires, verdâtres et en général velus en dessous, colorés en dessus. Étamines 6. Filets filiformes ou subulés. Anthères profondément cordiformes à la base. Ovaire 3-loculaire ; ovules bisériés dans chaque loge. Style conique, trigone, obtus, garni dans le haut de trois bourrelets stigmatiques, confluents au sommet. Péricarpe indéhiscent ou loculicide-trivalve, chartacé, 3-loculaire, polysperme, couronné du périanthe desséché ; placentaire central, trièdre, libre après la déhiscence. Graines globuleuses, chagrinées, mamelonnées au sommet ; hile latéral, rostelliforme. — Plantes acaules, en général velues. Hampe 1-flore ou pluriflore. Fleurs diurnes, en général élégantes. Pédoncules accompagnés d'une ou de deux bractées spathacées. — La plupart des espèces habitent l'Afrique australe ; les suivantes se cultivent comme plantes d'ornement.

Hypoxis dressé. — *Hypoxis erecta* Linn. — Bot. Mag. tab.

710. — Redout. Lil. tab. 555. — Poilu. Hampe subquadriflore, plus courte que les feuilles. Pédoncules 1 fois plus longs que les fleurs. Feuilles linéaires-lancéolées. (*Willd.*) — Feuilles longues de 4 à 6 pouces, larges de 2 à 5 lignes, acérées, canaliculées. Fleurs en corymbe lâche. Bractées linéaires-subulées, courtes. Limbe du périanthe large d'environ 8 lignes ; segments ovales-oblongs, pointus, infléchis au sommet, d'un jaune vif en dessus. Étamines 2 fois plus courtes que le périanthe. — États-Unis.

HYPOXIS SOBOLIFÈRE. — *Hypoxis sobolifera* Jacq. — Bot. Mag. tab. 711. — Redout. Lil. tab. 170. — Poilu. Hampe subquadriflore. Feuilles linéaires-lancéolées, étalées, aussi longues que la hampe. Pédoncules 1 fois plus longs que les fleurs. (*Willd.*) — Cap.

HYPOXIS VELU. — *Hypoxis villosa* Linn. — Jacq. Ic. Rar. 2, tab. 507. — Velu. Hampe subquadriflore, plus courte que les feuilles. Feuilles linéaires-lancéolées. Pédoncules plus courts que les fleurs. Fruit cylindracé. (*Willd.*) — Feuilles longues de près de 1 pied, larges de ¹/₂ pouce. Fleurs en corymbe lâche. Périanthe jaune en dessus. — Cap.

HYPOXIS OBLIQUE. — *Hypoxis obliqua* Jacq. Ic. Rar. 2, tab. 271. — Andr. Bot. Rep. tab. 195. — Hampe subtriflore, poilue, aussi longue que les feuilles. Pédoncules 5 fois plus longs que les fleurs. Feuilles lancéolées, obliques, glabres, laineuses au bord et sur la côte médiane. (*Willd.*) — Fleurs jaunes en dessus, en ombelle lâche. — Cap.

HYPOXIS A FEUILLES OVÉES. — *Hypoxis ovata* Willd. — Bot. Mag. tab. 1010. — Hampe 1-flore. Feuilles ovées-lancéolées, glabres. (*Willd.*) — Fleur grande, blanche en dessus. — Cap.

HYPOXIS ÉTOILÉ. — *Hypoxis stellata* Linn. — Bot. Mag. tab. 662. — Redout. Lil. tab. 169. — Andr. Bot. Rep. tab. 101. — Delaun. Herb. de l'Amat. vol. 2. — Hampe 1-flore, plus courte que les feuilles. Feuilles lancéolées, lâches, carénées, glabres. Sépales maculés à la base. (*Willd.*) — Fleur grande, d'un jaune vif, à fond d'un brun verdâtre. — Cap.

Hypoxis élégant. — *Hypoxis elegans* Andr. Bot. Rep. tab.
256. — *Hypoxis stellata :* β Bot. Mag. tab. 1225. — Plante
semblable à l'espèce précédente. Fleur grande, blanche en dessus,
à fond noirâtre. — Cap.

Hypoxis a feuilles linéaires. — *Hypoxis linearis* Andr.
Bot. Rep. tab. 171. — Feuilles lancéolées-linéaires, glabres, canaliculées, plus longues que la hampe. Hampe 1-flore. Fleur grande,
d'un rouge orange. — Cap.

Hypoxis denticulé. — *Hypoxis serrata* Willd. — Bot. Mag.
tab. 709. — Hampe 1-flore, plus courte que les feuilles. Feuilles
linéaires, carénées, ciliolées-denticulées. Segments du périanthe
réfléchis après la floraison. (*Willd.*) — Fleur jaune en dessus.
— Cap.

Hypoxis a fleurs blanches. — *Hypoxis alba* Linn. — Jacq.
Coll. 4, tab. 2, fig. 1. — Lodd. Bot. Cab. tab. 1074. — Feuilles
cylindriques, glabres. Hampe subbifide. Fleurs blanches, imma-
culées. — Cap.

LES BURMANNIACÉES. — *BURMANNIACEÆ.*

Burmanniaceæ Blume, Enum. Jav. 1, p. 27. — Bartl. Ord. Nat.
p. 41. — Lindl. Nat. Syst. ed. 2, p. 330. — Endl. Gen. p. 163. —
Miers, in Ann. of Nat. Hist. 1840, p. 133. — *Narcisseæ-Burman-
nieæ* Reichenb. Consp. p. 60. — *Narcisseæ-Hæmodoreæ*, subdiv.
Burmannieæ, Reichenb. Syst. Nat. p. 151. — *Tripterelleæ* Nuttall, in Act. Philadelph. 7, p. 23. — Dumort. Anal. p. 55. — *Lirioi-
deæ-Burmanniaceæ* Ad. Brongn. Enum Gen. Hort. Par. p. xv,
et 23.

Petit groupe entièrement exotique, et d'un intérêt
purement scientifique.

CARACTÈRES DE LA FAMILLE.

Herbes annuelles ou vivaces. *Racine* fasciculée ou
rampante. *Tige* simple ou rameuse, parfois aphylle.

Feuilles sessiles, très-entières : les radicales touffues,
étroites; les caulinaires alternes, petites, distancées,
demi-amplexatiles.

Fleurs hermaphrodites, régulières, terminales, bractéolées.

Périanthe supère, plus ou moins longuement tubuleux; limbe 6-parti; segments bisériés; les 3 externes
plus grands, herbacés ou subherbacés; les 3 internes
pétaloïdes; quelques espèces ont le limbe réduit à 3
segments 1-sériés.

Étamines 3, insérées au tube du périanthe (sous les
segments internes). Filets elliptiques ou subtriangu-
laires, très-courts, bilobés ou bifurqués au sommet, libres. Anthères basifixes, dressées, introrses, 2-thèques;
bourses marginales, disjointes, déhiscentes transversalement; pollen cohérent (*suivant Miers*).

Pistil : Ovaire soit 1-loculaire à 3 placentaires pariétaux, soit 3-loculaire à placentaires axiles, infère, 1-style, multi-ovulé. Style trièdre ou 3-sulqué, filiforme, indivisé. Stigmates 3, globuleux, ou dilatés et pétaloïdes, parfois bilobés et adhérant aux étamines.

Péricarpe capsulaire, complétement ou incomplétement 3-valve, ou irrégulièrement ruptile, polysperme.

Graines minimes, ordinairement scobiformes ; tégument membraneux, lâche, réticulé, ou strié. Périsperme charnu.

La famille des *Burmanniacées* comprend les genres suivants :

Gymnosiphon Blum. — *Gonyanthes* Blum. — *Burmannia* Linn. — *Maburnia* Petit-Thou. — *Tripterella* Mich. (Vogelia Gmel.) — *Apteria* Nutt. — *Dictyostega* Miers. — *Cymbocarpa* Miers. — *Stemoptera* Miers.

CINQUANTE ET UNIÈME CLASSE.

LES JONCINÉES.

JUNCINEÆ Bartl.

CARACTÈRES.

Plantes herbacées ou suffrutescentes. *Tiges* feuillées ou aphylles, en général articulées et noueuses.

Feuilles alternes, engaînantes, amplexatiles, simples, très-entières, planes, ou canaliculées, ou cylindriques, striées de nervures longitudinales parallèles.

Fleurs hermaphrodites ou unisexuelles, en général périanthées, souvent accompagnées de bractées scarieuses ou glumacées.

Périanthe 6-sépale, persistant, en général régulier ; sépales 2-sériés, en général tous glumacés, rarement soit tous subpétaloïdes, soit les 3 externes herbacés ou glumacés, et les 3 internes pétaloïdes.

Étamines en même nombre que les sépales (quelquefois moins) et insérées à la base de ceux-ci. Filets libres (par exception monadelphes). Anthères à 2 bourses, ou à une seule bourse.

Pistil : Ovaire 1-2-ou 3-loculaire, inadhérent ; loges 1-ou pluri-ovulées.

Péricarpe en général capsulaire, loculicide-trivalve, polysperme.

Graines périspermées. Embryon extraire ou intraire, petit.

Cette classe comprend les *Commélinacées*, les *Xyridées*, les *Joncacées* et les *Restiacées*. La plupart de ces végétaux n'offrent qu'un intérêt purement scientifique, et ils ne paraissent doués d'aucune propriété notable,

LES COMMÉLINACÉES. — *COMMELINACEÆ.*

Juncorum genn. Juss. Gen. — *Commelineæ* R. Br. Prodr. p. 268. —
Juss. in Dict. des Sciences Nat. 10, p. 121. — *Commelinaceæ* Bartl.
Ord. Nat. p. 39. — Lindl. Nat. Syst. ed. 2, p. 354. — Dumort.
Fam. p. 55. — *Commelyneæ* Endl. Gen. p. 125. — *Commelinaceæ-
Commelineæ* (exclus. genn.) Reichb. Consp. p. 58; Id. Syst. Nat.
p. 148. — *Commelyneæ* et *Mayaceæ* Kunth, Enum. 4. — *Junci-
neæ-Commelyneæ* Ad. Brongn. Enum Gen. Hort. Par. p. xiv et 12.

Famille entièrement exotique ; la plupart des espèces habitent les régions équatoriales de l'Amérique.

CARACTÈRES DE LA FAMILLE.

Herbes annuelles ou vivaces, en général succulentes.
Racine fibreuse ou tubéreuse. *Tiges* noueuses, cylindriques, en général rameuses.

Feuilles alternes, simples, très-entières, planes, ou
canaliculées, nerveuses (rarement 1-nervées), engaînantes ; gaîne close.

Fleurs hermaphrodites ou polygames, régulières, ou
irrégulières, solitaires, ou fasciculées, ou en grappe,
souvent accompagnées d'un involucre spathacé.

Périanthe inadhérent, double, chacun de 3 sépales.
Sépales-externes herbacés, persistants, disjoints, ou
connés à la base. Sépales-internes marcescents ou caducs, pétaloïdes, éphémères, disjoints ou connés à la
base ; l'impair quelquefois abortif.

Étamines en même nombre que les sépales (rarement moins) et insérées devant ceux-ci, hypogynes, en
général caduques ; les 3 supérieures stériles dans beaucoup d'espèces. Filets libres, ordinairement barbus
vers leur base. Anthères introrses, à 2 bourses en géné-

ral adnées au bord d'un connectif plus ou moins large, longitudinalement déhiscentes.

Pistil : Ovaire inadhérent, 3-loculaire, 1-style; loges 1-à 5-ovulées (rarement pluri-ovulées). Ovules atropes, en général peltés, bisériés, axiles. Style terminé en stigmate indivisé ou 3-lobé.

Péricarpe en général capsulaire, 3-loculaire, 3-valve (ou par avortement 2-loculaire, 2-valve), loculicide; loges 1-spermes ou oligospermes.

Graines en général peltées; tégument réticulé ou rugueux, adné à l'amande; exostome operculé. Périsperme charnu, dense. Embryon petit, intraire, axile, antitrope, éloigné du hile.

La famille des Commélinacées se compose des genres suivants :

Commelyna Linn. (Hedwigia Medicus. Lechea Loureir. Ananthopus Rafin.) — *Aneilema* R. Br. (*Aphilax* Salisb. Anilema Kunth.) — *Palisota* Reichb. — *Pollia* Thunb. — *Aclisia* E. Mey. — *Lamprocarpus* Blum. — *Callisia* Lœffl. (Hapalanthus Jacq.) — *Dithyrocarpus* Kunth. — *Murdannia* Royle. — *Tradescantia* Linn. (Ephemerum Tourn.) — *Tinantia* Scheidw. — *Spironema* Lindl. — *Cyanotis* Don. — *Campelia* L. C. Rich. — *Dichorisondra* Mikan. — *Cartonema* R. Br.— *Forrestia* A. Rich. — *Floscopa* Lour.

Genre voisin des Commélinacées et des Xyridées. *Mayaca* Aubl. (Syena Schreb. Biaslia Vandelli. Colletia Velloz.) (1).

Genre COMMÉLINE. — *Commelyna* Linn.

Fleurs irrégulières. Périanthe-externe de 5 sépales distincts, inégaux, subcolorés, persistants, inaccrescents :

---

(1) C'est sur ce genre que M. Kunth a établi sa famille des *Mayacées*.

l'impair naviculaire ; les latéraux plus grands, concaves,
à bords externes contigus et en général plus ou moins
connés. Périanthe-interne de 5 sépales pétaloïdes, marcescents : les latéraux onguiculés, subréniformes, similaires ; l'impair dissimilaire, plus petit, inonguiculé, ou
très-courtement onguiculé, ové ou lancéolé, embrassant
les latéraux en préfloraison. Étamines 6, libres, insérées à
la base des sépales : les 3 supérieures stériles ; les 3 inférieures fertiles, plus longues, ascendantes. Filets filiformes, imberbes. Anthères des étamines stériles similaires,
profondément quadrilobées, subcruciformes, indéhiscen-
tes. Anthères des étamines fertiles arrondies ou oblón-
gues, à bourses contiguës antérieurement, longitudinalement déhiscentes ; l'anthère de l'étamine intermédiaire
plus grande, souvent arquée. Ovaire 3-loculaire : une des
loges plus petite, 1-ovulée ; les 2 autres chacune à 2 ovules
superposés. Style filiforme, allongé. Stigmate obtus, sub-
trilobé. Capsule oblique, 3 - loculaire, incomplétement
3-valve ; une des loges monosperme ; les 2 autres 2-sper-
mes. Graines anguleuses ; hile linéaire. — Herbes annuelles ou vivaces, la plupart rameuses. Feuilles très-entières.
Pédoncules axillaires ou oppositifoliés, 2-ou pluri-flores,
souvent bifurqués au sommet, garnis à l'origine de la bi-
furcation ou des pédicelles d'une spathe cuculliforme ou
naviculaire, foliacée, recouvrante en préfloraison. Fleurs
bleues ou jaunes, pédicellées, souvent polygames. Pédicelles fasciculés, recourbés avant et après la floraison. —
Ce genre comprend environ 80 espèces, toutes exotiques.
Les suivantes se cultivent comme plantes d'ornement.

A. *Spathes condupliquées.*

a) *Pédoncules bifurqués à l'insertion de la spathe.*

COMMÉLINE D'AFRIQUE. — *Commelyna africana* Linn. — Bot.
Mag. tab. 1451. — Redout. Lil. tab. 207. — Racine vivace. Tige
rameuse, procombante, glabre. Feuilles ovées-ou oblongues-lancéolées, pointues, condupliquées, sessiles, glabres, un peu scabres

au bord, longues de 1 pouce à 2 pouces; gaîne ciliée à l'orifice.
Pédoncules oppositifoliés : l'une des bifurcations plus forte, débordée par la spathe, à 2 fleurs courtement pédicellées, hermaphrodites ; l'autre plus grêle, plus longue que la spathe, 1-flore :
fleur longuement pédicellée, mâle. Sépales-externes glabres,
blanchâtres. Sépales-internes jaunes : l'impair spathulé-lancéolé,
obtus. (*Kunth, Enum.* 4, p. 40.) —Indigène du Cap de Bonne-
Espérance.

b) *Pédoncules non-bifurqués.*

COMMÉLINE TUBÉREUSE.—*Commelyna tuberosa* Linn.—Dill.
Hort. Elth. tab. 79, fig. 90. —Andr. Bot. Rep. tab. 599. —
Racine vivace, tubéreuse, fasciculée. Tige dressée, rameuse, pubérule d'un côté. Feuilles sessiles, oblongues-lancéolées, pointues,
glabres en dessus, pubérules en dessous, ciliées ; gaîne lâche,
pubérule antérieurement, ciliée à l'orifice. Pédoncules longs, suboppositifoliés, pluriflores. Spathes subcordiformes-ovées, acuminées, un peu ventrues, poilues, ciliées. Sépales-externes poilus,
d'un bleu pâle. Sépales-internes d'un bleu de ciel ; l'impair suborbiculaire. Filets bleus. Anthères fertiles jaunes. (*Kunth, l. c.*
p. 44.) — Indigène du Mexique.

COMMÉLINE CÉLESTE. — *Commelyna cœlestis* Willd. Enum.
— *Commelyna tuberosa* Red. Lil. tab. 108. (Exclus. syn.)
—Racine vivace, tubéreuse, fasciculée. Tige dressée, rameuse,
pubescente d'un côté. Feuilles sessiles, oblongues-ou ovées-lancéolées, acuminées, glabres aux 2 faces, un peu scabres au
bord ; gaîne pubescente antérieurement, ciliée à l'orifice. Pédoncules longs, suboppositifoliés, pluri-flores. Spathe subcordiforme-
ovée, acuminée, un peu ventrue, pubescente, un peu scabre à
l'orifice. Sépales-externes glabres, d'un bleu pâle. Sépales-internes
d'un bleu de ciel; l'impair suborbiculaire. Anthères fertiles
bleuâtres. Anthères stériles jaunes. (*Kunth, l. c.* p. 45.)— Présumé indigène du Mexique.

COMMÉLINE ROIDE. — *Commelyna stricta* Desfont. Cat. ed. 5,
p. 588. — Reichenb. Hort. Bot. 2, tab. 144. — Racine vivace,
tubéreuse, fasciculée. Tige dressée, rameuse, scabre d'un côté;

rameaux pubescents. Feuilles sessiles, linéaires-lancéolées, acuminées, un peu scabres en dessus et au bord, glabres en dessous (les
jeunes scabres aux 2 faces) ; gaîne ciliée à l'orifice, du reste
glabre. Pédoncules sub-8-flores, assez longs. Spathes subcordiformes-ovées, pointues, un peu ventrues, pubescentes. Fleurs
plus petites que celles des deux espèces précédentes. Sépales-
externes pubérules. Sépales-internes d'un bleu de ciel : l'impair
arrondi, subonguiculé. Anthères jaunes. (*Kunth, l. c. p.* 45.)
— Indigène du Mexique.

COMMÉLINE A FEUILLES D'OEILLET. — *Commelyna dianthifo-
lia* De Cand. in Redout. Lil. tab. 590. — Tige dressée, rameuse,
glabre. Feuilles étroites, linéaires-lancéolées, glabres, scabres en
dessus et au bord, condupliquées ; gaîne imberbe. Pédoncules
très-longs, sub-5-flores. Spathe ovée, acuminée-cuspidée, glabre,
un peu scabre au bord. Sépales-externes glabres. Sépales-internes
d'un bleu de ciel : l'impair arrondi, subonguiculé. Filets
bleuâtres. Anthères fertiles d'un jaune vif. Anthères stériles d'un
jaune pâle. (*Kunth, l. c. p.* 47.) — Indigène du Mexique.

B. *Spathes cuculliformes, turbinées.*

COMMÉLINE DE VIRGINIE. — *Commelyna virginica* Linn. —
Racine vivace. Tige dressée, glabre ; rameaux scabres vers le
sommet. Feuilles courtement pétiolées, lancéolées-oblongues, acuminées, scabres en dessus et au bord, glabres en dessous ; gaîne
pubescente antérieurement, garnie à l'orifice de longs poils roux.
Pédoncules courts, 5-flores. Spathes pointues, pubescentes. Sépales-externes ponctués, glabres. Sépales-internes bleus ; l'impair
arrondi, courtement onguiculé. Anthères fertiles jaunâtres. Anthères stériles d'un jaune orange. (*Kunth, l. c. p.* 53.) — Indigène des États-Unis.

COMMÉLINE A FEUILLES ÉTROITES. — *Commelyna angustifolia*
Mich. Flor. Bor. Amer. 1, p. 24. — Reichb. Hort. Bot. 2,
tab. 145. — Racine vivace. Tige ascendante, rameuse, presque
glabre. Feuilles subpétiolées, lancéolées, acuminées, pubescentes
aux 2 faces ; gaîne pubescente, à orifice cilié. Pédoncules courts,

subquadriflores. Spathes subcordiformes-ovées, acuminées, subfalciformes, pubescentes. Sépales-externes glanduleux, glabres.
Sépales-internes latéraux longuement onguiculés, bleus ; sépale-
interne impair inonguiculé, lancéolé, rougeâtre. (*Kunth, l. c.*
p. 54.) — Indigène des États-Unis.

Genre TRADÉSCANTIA. — *Tradescantia* Linn.

Fleurs régulières. Périanthe externe de 5 sépales distincts, herbacés, étalés , persistants. Périanthe-interne de
5 sépales distincts, pétaloïdes, éphémères, marcescents ,
étalés, courtement onguiculés, plus grands que les sépales-
externes. Étamines 6, subhypogynes, toutes fertiles. Filets
libres, en général barbus. Anthères similaires ou dissimilaires (celles des 5 étamines externes plus grandes dans
certaines espèces), arrondies ; bourses subréniformes, longitudinalement déhiscentes, séparées par un connectif plus
ou moins large. Ovaire 5-loculaire ; loges 1-à 5-ovulées
(2-ovulées dans la plupart des espèces) ; ovules superposés. Style filiforme. Stigmate infondibuliforme ou pelté,
indivisé. Capsule 5-loculaire , 5-valve ; loges en général
2-spermes. Graines anguleuses, superposées. —Herbes vivaces. Feuilles très-entières. Pédoncules solitaires, ou géminés, ou fasciculés, axillaires et terminaux, pauciflores
ou multiflores ; pédicelles fasciculés au sommet du pédoncule, accompagnés d'un involucre 2-phylle.—Genre propre
à l'Amérique. Les espèces suivantes se cultivent comme
plantes d'ornement.

Section I.

Anthères isomètres, similaires. Filets tous barbus (par exception imberbes). Style allongé. Stigmate infondibuliforme ou pelté. Pédoncules axillaires et terminaux, en
général géminés, multiflores. (*Kunth, Enum. 4*, p. 80.)

a) *Ombelles terminales et axillaires, subsessiles.*

TRADÉSCANTIA POILU. — *Tradescantia pilosa* Lehm. in Nov.

Act. Acad. Nat. Cur. 14, p. 822, tab. 48. — Bot. Mag. tab.
5291. — Tige dressée. Ramules poilus. Feuilles lancéolées, acuminées, condupliquées, pubescentes aux 2 faces, ciliolées ; les
florales conformes. Sépales-externes et pédicelles garnis de poils
glanduleux. Sépales-internes violets. Anthères jaunes. (*Kunth,
l. c. p. 81.*) — Indigène des États-Unis.

TRADÉSCANTIA SCABRE. — *Tradescantia subaspera* Gawl. in
Bot. Mag. tab. 1597. — Tige dressée. Feuilles ovées-lancéolées,
recourbées, subcondupliquées, longuement acuminées, un peu
velues, ondulées, ciliées. Pédicelles rugueux, plus courts que la
fleur, velus de même que les sépales-externes. Sépales-internes
violets. (*Kunth, l. c.*) — Indigène des États-Unis.

TRADÉSCANTIA DE VIRGINIE. — *Tradescantia virginica* Linn.
— Red. Lil. tab. 95. — Bot. Mag. tab. 105 et 5501. — Bot.
Reg. tab. 1035. — Tige dressée, presque simple, glabre. Feuilles
lancéolées-linéaires, acuminées, planes, ciliolées, glabres aux 2
faces ; les florales conformes. Pédicelles et sépales-externes glabres ou poilus. (*Kunth, l. c. p. 81.*) — Sépales-internes violets,
ou blancs, ou rougeâtres. Tiges touffues, hautes de 2 à 5 pieds.
— Indigène des États-Unis. On en cultive une variété à fleurs
doubles.

TRADÉSCANTIA A FEUILLES CHARNUES. — *Tradescantia crassi-
folia* Cavan. Ic. 1, p. 54, tab. 75. — Salisb. Parad. tab 59. —
Bot. Mag. tab. 1598. — Tige procombante inférieurement,
soyeuse de même que les rameaux ; rameaux dressés, courts.
Feuilles sessiles, oblongues, pointues, un peu charnues, planes,
ondulées, glabres en dessus, poilues et laineuses en dessous de
même qu'au bord ; les florales plus petites. Pédicelles et sépales-
externes soyeux en dessous. — Racine tubéreuse. Fleurs d'un
pourpre violet, exhalant une odeur d'Héliotrope. Anthères d'un
jaune orange. (*Kunth, l. c. p. 82.*) — Indigène du Mexique.

TRADÉSCANTIA NOUEUX. — *Tradescantia tumida* Lindl. in
Bot. Reg. 1840, tab. 42. — Tige dressée, poilue, à entre-nœuds
renflés. Feuilles oblongues, révolutées, convexes, poilues au bord

et en dessous : les jeunes pourpres en dessous ; gaîne très-courte. Sépales-externes poilus. Sépales-internes ovés, concaves. — Indigène du Mexique.

TRADÉSCANTIA IRISÉ. — *Tradescantia iridescens* Lindl. in Bot. Reg. ser. nov. 1858, misc. n° 160.—Bot. Reg. 1840, tab. 54. — Acaule. Feuilles oblongues, pointues, concaves, glabres, ciliées, pubescentes en dessous. Sépales-externes ovés-oblongs, poilus. Sépales-internes obovés-arrondis, courtement onguiculés, pourpres, 5 fois plus courts que les étamines. Anthères jaunes. — Indigène du Mexique.

TRADÉSCANTIA DISCOLORE. — *Tradescantia discolor* Smith, Ic. tab. 10.—L'hérit. Sert. Angl. tab. 12.—Bot. Mag. tab. 1192. — Redout. Lil. tab. 168. — Tige courte ou presque nulle, dressée, feuillue au sommet, garnie à sa partie inférieure de gaînes aphylles. Feuilles lancéolées, acuminées, un peu charnues, très-glabres, violettes en dessous. Pédoncules courts, axillaires, glabres, courtement bifurqués au sommet, multiflores, garnis de quelques gaînes à leur base. Involucre de 2 spathes condupliquées, de couleur pourpre. Sépales-externes glabres de même que les pédicelles, d'un rouge pâle. Sépales-internes blancs, inonguiculés : les latéraux ovés-arrondis ; l'impair ové-oblong. Filets blancs. Anthères roses. Ovaire à loges 1-ovulées. (*Kunth, l. c.* p. 85.) — Indigène de l'Amérique méridionale.

b) *Ombelles pédonculées, pauciflores.*

TRADÉSCANTIA ROSE. — *Tradescantia rosea* Vent. Hort. Cels. tab. 24. — Redout. Lil. tab. 94. — Lodd. Bot. Cab. tab. 570. —Tige dressée, presque simple. Feuilles étroites, linéaires, planes, ou canaliculées, glabres, ciliées à la base et à l'orifice de la gaîne. Ombelles terminales simples, longuement pédonculées, multiflores, solitaires, ou géminées (l'une moins longuement pédonculée que l'autre). Pédoncules, pédicelles et sépales-externes glabres. Sépales-internes roses. Stigmate infondibuliforme. (*Kunth, l. c.* p. 87.) — Indigène des États-Unis.

SECTION II.

Anthères anisomètres, dissimilaires : celles des 5 étamines
intérieures plus petites. Filets tous barbus. Ovaire à loges 5-à 5-ovulées. Stigmate capitellé. Capsule à loges
5-ou 4-spermes. Pédoncules terminaux, solitaires, bifides, multiflores ; pédicelles en grappes.   .

TRADÉSCANTIA DRESSÉ. — *Tradescantia erecta* Jacq. Ic. Rar.
2, tab. 554. — Cavan. Ic. 1, tab. 74. — *Tradescantia bifida*
Roth, Catal.— *Ephemerum racemosum* Mœnch, Meth.— Tige
dressée, garnie d'une ligne de poils. Feuilles ovées-elliptiques,
subacuminées, planes, ou ondulées, rétrécies à la base en forme
de pétiole, glabres aux 2 faces, ciliées ; gaîne poilue antérieurement et à l'orifice. Pédicelles et sépales-externes velus ; poils des
sépales glanduleux. Capsule oblongue. (*Kunth, l. c. p.* 98.) —
Plante annuelle. Sépales-internes obovés, pointus, d'un bleu violet. Filets brunâtres, barbus vers la base de poils blancs. Anthères jaunes : les 5 grandes oblongues, médifixes ; les 5 autres
elliptiques, de moitié plus petites, basifixes. — Indigène du
Mexique.

TRADÉSCANTIA ONDULÉ.—*Tradescantia undata* Willd. Enum.
— Bot. Reg. tab. 1405. — Tige dressée, garnie d'une ligne de
poils. Feuilles ovées-elliptiques, subacuminées, ondulées, rétrécies en forme de pétiole, ciliées, pubescentes en dessus, glabres
en dessous ; gaîne velue antérieurement et à l'orifice. Sépales-
externes et pédicelles velus ; poils glanduleux. Capsule oblongue.
(*Kunth, l. c. p.* 99.) — Plante annuelle. Sépales-internes d'un
rose vif. — Indigène du Mexique.   . .

DEUX CENT DIX-NEUVIÈME FAMILLE.

LES XYRIDÉES. — *XYRIDEÆ.*

Restiacearum genn. Juss. — R. Br. — *Restiaceæ-Xyrideæ* Kunth, in Humb. et Bonpl. Nov. Gen. et Spec. 1, p. 255. — *Xyrideæ* Agardh, Aphor. p. 158. — Desvaux, in Ann. des Sciences Nat. 13, p. 49. — Bartl. Ord. Nat. p. 58. — Endl. Gen. p. 123. — Dumort. Fam. p. 55. — Kunth, Enum. 4, p. 1. — *Xyridaceæ* Lindl. Nat. Syst. ed. 2, p. 288. — *Commelinaceæ-Xyrideæ* (ex parte) Reichb. Consp. p. 58; Id. Syst. Nat. p. 148. — *Juncineæ-Xyrideæ* Ad. Brongn. Enum. Gen. Hort. Par. p. xiv et 13.

CARACTÈRES DE LA FAMILLE.

Herbes vivaces, acaules. *Racine* fibreuse. *Hampes* radicales, très-simples, écailleuses à la base, 2-bractéolées vers le milieu, ou nues.

Feuilles radicales, ensiformes, ou filiformes, équitantes, scarieuses et dilatées à la base.

Fleurs hermaphrodites, régulières, bractéolées, agrégées en capitule terminal. Bractées scarieuses, imbriquées, serrées, 1-flores : les inférieures parfois sans fleur et dissimilaires.

Périanthe double, inadhérent. *Périanthe-externe* de 3 sépales distincts, glumacés : les 2 latéraux persistants, naviculaires ; l'impair cuculliforme, antérieur, plus grand, non-persistant, recouvert par les latéraux, recouvrant le périanthe-interne. *Périanthe-interne* pétaloïde, tubuleux, à limbe trilobé.

Étamines 3, insérées au tube du périanthe-interne (devant les lobes). Filets libres, filiformes. Anthères terminales, extrorses, à 2 bourses contiguës, longitudinalement déhiscentes.

Pistil : Ovaire inadhérent, soit 1-loculaire, à 3 placentaires pariétaux, soit 3-loculaire, à placentaires axiles. Ovules atropes, en nombre indéfini sur chaque placentaire. Styles connés dans leur partie inférieure. Stigmates 2-ou 3-ou multi-fides.

Péricarpe capsulaire, 3-valve, polysperme.

Graines à tégument coriace, strié, adné à l'amande. Périsperme charnu. Embryon minime, lenticulaire, extraire, antitrope, apicilaire.

Cette famille, entièrement exotique et en grande partie propre aux régions équatoriales, ne comprend que les deux genres suivants :

Xyris Linn. — *Abolboda* Humb. et Bonpl.

Genre XYRIS. — *Xyris* Linn.

Périanthe-externe de 5 sépales inégaux : les 2 latéraux carénés, glumacés, persistants ; l'impair plus mince et beaucoup plus grand, coloré, caduc. Périanthe-interne pétaloïde, à 5 sépales longuement onguiculés : onglets cohérents au sommet, libres inférieurement. Étamines 5, courtes. Trois staminodes hypogynes, alternes avec les étamines, filiformes, bifides au sommet : lanières plumeuses, adnées à la base aux onglets des sépales-internes. Ovaire 1-loculaire, ou incomplétement 5-loculaire à la base, multi-ovulé. Ovules dressés, à funicule allongé. Style terminal, trifurqué au sommet. Stigmates obtus ou multifides. Capsule 1-loculaire ou incomplétement triloculaire, 5-valve, membranacée ; valves septifères ou placentifères. Graines globuleuses ou elliptiques, en général striées. — Herbes annuelles ou vivaces, acaules. Feuilles-radicales linéaires ou filiformes, aplaties bilatéralement, équitantes à la base. Hampes simples, nues, terminées par un capitule pauci-flore ou multi-flore. garnies à la base d'une écaille engaînante. Bractées glumacées, subcoriaces, imbriquées en tout sens : les inférieures parfois dissimilaires et sans fleur. Fleurs jaunes. — On connaît environ 60 espèces de ce genre.

Xyris de l'Inde. — *Xyris indica* Linn. Flor. Zeyl. — Hort. Malab. 9, tab. 71. — Pluck. Alm. tab. 416, fig. 1. — Racine fibreuse, annuelle. Feuilles longues de 6 à 12 pouces, distiques, droites, ensiformes, pointues, lisses. Hampe cylindrique, striée, dressée, aussi longue que les feuilles. Capitule globuleux. Brac-tées orbiculaires, concaves, dures, glabres. Fleurs d'un beau jaune. Sépales-internes ovales, crénelés, à onglets aussi longs que les bractées. Staminodes à lanières barbues de poils jaunes. Filets des étamines courts, larges, dressés. Style de la longueur des onglets des sépales-internes. Stigmates laciniés. Capsule 1-loculaire. (*Roxburgh, Flora Indica*, ed. 2, vol. 1, p. 179.) — Cette espèce croît dans l'Inde ; les naturels du pays lui attribuent des vertus très-efficaces contre la lèpre et autres maladies de la peau.

LES JONCACÉES. — *JUNCACEÆ.*

Juncorum genn. Juss. Gen. — *Junceæ* D. C. Flore Franç. ed. 3. — R. Br. Prodr. p. 257 ; Id. Gen. Rem. in Flind. 2, p. 577. — Juss. in Dict. des Sciences Nat. 24, p. 237. — Lindl. Nat. Syst. ed. 2, p. 356. — *Juncaceæ* Bartl. Ord. Nat. p. 57. — Endl. Gen. p. 130. — Kunth, Enum. 3, p. 295. — *Juncaceæ-Junceæ et Sarmentaceæ-Xeroteæ* Reichenb. Consp. — *Juncaceæ-Junceæ* et ex parte *Juncaceæ-Melantheæ* Reichenb. Syst. Nat. — *Juncineæ, Dasypogoneæ, Asteliaceæ,* et *Rapateaceæ* Dumort. Fam. — *Juncineæ-Juncaceæ* Ad. Brongn. Enum. Gen. Hort. Par. p. xiv et 13.

Caractères de la famille.

Herbes annuelles ou vivaces ; quelques espèces sont frutescentes. *Tiges* simples ou rameuses, aphylles, ou feuillées, noueuses.

Feuilles alternes, simples, très-entières, planes, ou canaliculées, ou cylindriques, ou ensiformes, étroites, striées, engaînantes à la base, quelquefois réduites à la gaîne ; gaîne close.

Fleurs hermaphrodites ou diclines, en général petites, 2–à 4-bractéolées à la base, solitaires, ou fasciculées, ou glomérulées, ou éparses. Inflorescence terminale ou latérale. Bractées glumacées ou scarieuses.

Périanthe inadhérent, persistant, régulier, glumacé (par exception pétaloïde), 6-sépale (par exception 3 sépale) ; sépales 2-sériés, en général connés par la base ; estivation imbricative.

Étamines 6, libres, persistantes, insérées à la base des sépales ; moins souvent 3, insérées devant les sépales externes. Anthères basifixes ou supra-basifixes, à 2 bourses contiguës, parallèles, déhiscentes chacune par une fente marginale.

Pistil : Ovaire inadhérent, 3-loculaire (souvent incomplétement), ou 1-loculaire ; loges en général multiovulées. Style indivisé, terminé en 3 stigmates filiformes, ou moins souvent à stigmate solitaire et obtus. Ovules anatropes.

Péricarpe 1-ou 3-loculaire, capsulaire, 3-valve, en général polysperme.

Graines périspermées, en général réticulées. Périsperme charnu ou corné. Embryon petit, intraire, rectiligne, contigu au hile.

La famille des Joncacées comprend les genres suivants :

I**re** TRIBU. **JŎNCÉES.** — *JUNCEÆ* Bartl.

Sépales tous glumacés.

Céphaloxyes Desv. — *Juncus* Linn. — *Rostkovia* Desv. — *Marsippospermum* Desv.— *Prionium* E. Mey. — *Luzula* D. C. — *Xerotes* R. Br. (Lomandra Labill.) — *Kingia* R. Br.

II**e** TRIBU. **APHYLLANTHÉES.**—*APHYLLANTHEÆ* Bartl.

Sépales-internes pétaloïdes, ou tous les sépales subpétaloïdes.

Aphyllanthes Linn. — *Dasypogon* R. Br. — *Calectasia* R. Br.

GENRES VOISINS DES JONCACÉES.

Astelia Banks et Soland. — *Hanguana* Blum. — *Spathanthus* Desv. — *Flagellaria* Linn.

Genre JONC. — *Juncus* Linn.

Périanthe 6-sépale, glumacé, régulier, persistant ; sépales bisériés, étalés lors de l'anthèse : les 5 externes na-

viculaires ou subcarénés ; les 5 internes presque plans, en
général ou plus longs ou plus courts que les externes.
Étamines 6, insérées à la base des sépales ; dans quelques
espèces les étamines sont réduites aux 5 externes. Filets
libres, dressés, courts. Anthères basifixes, introrses, à
2 bourses longitudinalement déhiscentes. Ovaire 5-locu-
laire (quelquefois incomplétement) ; loges multi-ovulées.
Style court, terminé en 5 stigmates filiformes, pubérules.
Capsule 5-loculaire (souvent incomplétement), loculicide-
trivalve, polysperme. Graines petites, subglobuleuses,
anatropes ; tégument lâche, ou adhérent à l'amande. —
Herbes annuelles ou vivaces. Tiges aphylles ou feuillées,
simples. Feuilles cylindriques, ou planes, ou canaliculées,
engaînantes ; gaîne close ; les caulinaires éparses. Inflorescence terminale ou latérale, en panicule, ou en cyme,
ou en capitule. Fleurs petites, 2-bractéolées, hermaphrodites.

Jonc a glomérules. — *Juncus conglomeratus* Linn. — Engl.
Bot. tab. 855. — Flor. Dan. tab. 1094. — *Juncus communis* : α,
E. Mey. — Tiges nues, finement striées ; remplies d'un tissu
fongueux continu. Feuilles-radicales réduites à la gaîne. Panicule latérale, surdécomposée. Sépales lancéolés, acérés. Style
presque nul. Capsule obovée, obtuse, à angles tronqués au sommet. (*Mertens* et *Koch, Deutschl. Flor.* 2, p. 572.) — Rhizome
vivace, rampant, rameux, multicaule. Tiges touffues, dressées,
roides, grêles, flexibles, d'un vert gai, cylindriques, subulées au
sommet, inarticulées, hautes de 1 pied à 5 pieds, écailleuses à la
base ; les unes stériles, semblables à des feuilles ; les autres florifères. Gaînes-radicales squamiformes, rousses, ou jaunâtres,
courtes, pointues. Panicule située à 5 à 6 pouces de distance au-
dessous du sommet de la tige, en général dense, subglobuleuse.
Fleurs petites, triandres. Bractées blanchâtres. Sépales panachés
de brun et de vert.

Jonc commun. — *Juncus effusus* Linn. — Flor. Dan. tab.
109. — *Juncus communis* : β, E. Mey. — Tiges nues, très-lisses,
finement striées, remplies d'un tissu fongueux lâche. Feuilles-

radicales réduites à la gaîne. Panicule latérale, décomposée. Sépales lancéolés , acérés. Style presque nul. Capsule obovée, ombiliquée au sommet, mucronulée. (*Mertens* et *Koch*, *l. c.* p. 575.)
— Plante très-semblable à l'espèce précédente par le port. Panicule tantôt dense et subglobuleuse, tantôt plus ou moins lâche
et étalée.

Jonc glauque. — *Juncus glaucus* Ehrh. — Flor. Dan. tab.
1159.—Engl. Bot. tab. 665.—*Juncus inflexus* Leers.—*Juncus
effusus* Pollich. — *Juncus tenax* Poir. Enc. — Tiges nues,
fortement striées, remplies d'un tissu fongueux non-continu.
Gaînes-radicales aphylles. Panicule latérale, décomposée. Sépales
lancéolés , acérés. Style apparent. Capsule elliptique-oblongue,
obtuse, mucronée. (*Mertens* et *Koch*, *l. c.* p. 575.) — Plante
semblable par le port aux deux espèces précédentes. Tiges plus
grêles , plus tenaces, glauques, souvent arquées au sommet.
Gaînes-radicales luisantes, d'un pourpre noirâtre. Panicule
plus ou moins lâche, dressée, d'un brun roux. Fleurs hexandres. Capsule d'un brun noirâtre.

Les trois espèces dont nous venons de faire mention sont communes dans les lieux humides ou marécageux, et connues sous le
nom vulgaire de *Joncs à liens*. Leurs tiges s'emploient fréquemment, en horticulture, comme liens ; on les utilise aussi pour
toutes sortes d'ouvrages de vannerie ; le tissu fongueux qui les
remplit peut tenir lieu de mèches à lampes.

Genre LUZULA. — *Luzula* Desv.

Périanthe 6-sépale , glumacé, régulier, persistant ; sépales bisériés , étalés lors de l'anthèse : les internes à peu
près de même grandeur que les externes. Étamines 6, insérées à la base des sépales. Filets libres, dressés, courts.
Anthères basifixes, introrses, ou à 2 bourses longitudinalement déhiscentes. Ovaire 5-loculaire ; loges 1-ovulées ;
ovules anatropes, attachés au fond des loges. Style court,
terminé en 5 stigmates filiformes, pubérules. Capsule 5-lo-
culaire, loculicide-trivalve, 5-sperme. Graines ellipsoïdes,

strophiolées; tégument lisse, adhérent à l'amande.—Herbes
vivaces, touffues, en général poilues. Tiges simples, feuillées. Feuilles semblables à celles des Graminées, étroites,
linéaires, planes, carénées en dessous, engaînantes; gaîne
close. Fleurs petites, hermaphrodites, 2-bractéolées, éparses, ou glomérulées. Inflorescence terminale, paniculée.

LUZULA COMMUN. — *Luzula campestris* Desv. — D..C. Flore
Franç. — *Juncus campestris* Hoffm. Flor. Germ.— Flor: Dan.
tab. 1555.— *Juncus multiflorus* Ehrh.— *Juncus intermedius*
et *Juncus congestus* Thuil. — Racine un peu rampante. Tiges
hautes de $\frac{1}{3}$ de pied à 1 $\frac{1}{2}$ pied, plus ou moins touffues, grêles,
dressées, cylindriques, plus ou moins poilues. Feuilles larges de
1 ligne à 2 lignes, d'un vert gai, plus ou moins poilues au bord,
mucronées. Fleurs d'un brun de châtaigne, ou d'un brun noirâtre, ou roussâtres, agrégées en épis ovoïdes. Épis au nombre
de 5 à 10, petits, disposés en ombelle simple : les centraux sessiles
ou subsessiles, les autres plus ou moins longuement pédonculés ;
pédoncules filiformes, en général déclinés ou pendants après la
floraison. Sépales lancéolés, acuminés, mucronés. Capsule subglobuleuse, mucronée, d'un brun noirâtre, plus courte que les
sépales. — Plante commune dans les prés secs et les pâturages ;
fleurit en avril et mai.

DEUX CENT VINGT ET UNIÈME FAMILLE.

LES RESTIACÉES. —*RESTIACEÆ.*

Juncorum genn. Juss. Gen. — *Restiaceæ* R. Br. Prodr. p. 243. —
Juss. in Dict. des Sciences Nat. 45, p. 270.—Bartl. Ord. Nat. p. 55.
—*Centrolepideæ* (Desv.), *Restiaceæ* et *Eriocauloneæ* Endl. Gen.—
Restiaceæ, Centrolepideæ, et *Eriocauleæ* Kunth, Enum. vol. 5.—
Restiaceæ, Desvauxiæ et *Eriocauloneæ* Lindl. Nat. Syst. ed. 2.
— *Commelinaceæ-Restioneæ* et *Commelinaceæ-Xyrideæ* (exclus.
genn.) Reich. Consp.; Id. Syst. Nat. — *Desvauxiaceæ, Eriocau-
loneæ* et *Restioneæ* Dumort. Fam. — *Juncineæ-Restiaceæ* et *Jun-
cineæ-Eriocauloneæ* Ad. Brongn. Enum. Gen. Hort. Par. p. xiv et
12.—Confer *Eriocauloneæ* Desv. in Ann. des Sciences Nat. 13, p. 35.
— Martius, in Nov. Act. Acad. Nat. Cur. vol. 17, pars 1, p. 23. —
Restiaceæ Nees, in Linnæa, 5, p. 627.—Martius, in Nov. Act. Acad.
Nat. Cur. vol. 15.

CARACTÈRES DE LA FAMILLE.

Herbes, ou sous-arbrisseaux. *Tiges* (nulles chez beaucoup d'espèces) noueuses, rameuses.

Feuilles alternes, simples, très-entières, étroites, engaînantes à la base, souvent équitantes, dans beaucoup
d'épèces réduites à la gaîne; gaîne fendue d'un côté.

Fleurs hermaphrodites ou dioïques, petites, glomérulées, ou en épi, ou en capitule, bractéolées, en général périanthées. Bractées scarieuses ou glumacées.

Périanthe 6-ou 4-sépale, glumacé, inadhérent, persistant, régulier, ou irrégulier; sépales bisériés, en général connés à la base.

Étamines en général en même nombre que les sépales-internes et insérées à la base de ceux-ci, rarement
au nombre de 4 ou de 6, ou une seule. Filets libres
(ou, par exception, monadelphes). Anthères basifixes ou
médifixes, en général peltées et à une seule bourse, ra-

rement didymes; bourses déhiscentes antérieurement par une fente longitudinale.

Pistil : Ovaire 2-ou 3-loculaire (par exception 1-loculaire); loges 1-ovulées; ovules atropes, renversés, attachés au sommet des loges. Styles en même nombre que les loges de l'ovaire, libres, ou connés dans leur partie inférieure. Stigmates indivisés ou bifides, terminaux, souvent plumeux.

Péricarpe 1-à 3-loculaire, capsulaire, ou folliculaire, ou carcérulaire, 1-2-ou 3-sperme.

Graines renversées, solitaires dans chaque loge; tégument coriace. Périsperme charnu ou farineux. Embryon antitrope, petit, extraire à l'extrémité inférieure du périsperme, en général lenticulaire.

Cette famille (exotique à l'exception d'une seule espèce du nord de l'Europe) comprend les genres suivants :

Ire TRIBU. **RESTIONÉES.** — *RESTIONEÆ* Bartl.
(*Restiaceæ* Endl. — Lindl. — Kunth.)

Fleurs périanthées. Anthères à une seule bourse. Péricarpe en général 2-ou 3-loculaire et 2-ou 3-valve.

Restio Linn. (Calorophus Labill.) — *Cannomois* Beauv. — *Calopsis* Beauv. — *Elegia* Thunb. (Chondropetalum Rottb.) — *Thamnochorthus* Berg. — *Lepyrodia* R. Br. — *Staberoha* Kunth. — *Schœnodum* Labill. — *Bœckhia* Kunth. — *Hypolæna* R. Br. — *Willdenowia* Thunb. (Nematanthus Nees.) — *Dovea* Kunth. — *Anarthria* R. Br. — *Lyginia* R. Br. — *Loxocarya* R. Br. — *Leptocarpus* R. Br. — *Chœtanthus* R. Br. — *Rhodocoma* Nees. — *Hypodiscus* Nees. — *Leucoplœus* Nees. — *Ceratocaryum* Nees. — *Cucullifera* Nees. — *Mesanthus* Nees. — *Anthochortus* Nees.

II° TRIBU. ÉRIOCAULÉES. — *ERIOCAULEÆ* L. C. Rich. — Bartl. (*Eriocauloneæ* Desv. — Lindl. — Endl.)

Fleurs périanthées. Anthères à 2 bourses. Péricarpe 2-ou 3-loculaire, 2-ou 3-valve.

Tonina Aubl. (Hyphydra Schreb.)— *Philodice* Martius. — *Lachnocaulon* Kunth.— *Pœpalanthus* Martius. — *Eriocaulon* Linn. (Leucocephala Roxb.) — *Nasmythia* Huds. (Randalia Petiv. Sphærochloa Beauv.) — *Symphachne* Beauv.

III° TRIBU. DESVAUXIÉES. — *DESVAUXIEÆ* Bartl. (*Centrolepideæ* Desv. — Endl. — Kunth. — *Desvauxiaceæ* Dumort.)

Fleurs apérianthées, monandres, hermaphrodites, 2-bractéolées. Anthères à une seule bourse. Ovaire 1-loculaire, 1-ovulé. Péricarpe folliculaire, 1-sperme.

Aphelia R. Br. — *Alepyrum* R. Br. — *Centrolepis* Labill. (Desvauxia R. Br.)— *Gaimardia* Gaudich.

LES GLUMACÉES.

GLUMACEÆ Bartl.

CARACTÈRES.

Plantes la plupart herbacées. *Tiges* (vulgairement *chaumes*) simples ou rameuses, cylindriques, ou trièdres, moins souvent comprimées ou pluri-angulées.

Feuilles alternes, simples, très-entières, striées (de nervures longitudinales parallèles), engaînantes.

Fleurs disposées en épis ou en épillets, apérianthées, accompagnées de bractées glumacées.

Étamines en général au nombre de 3. Filets libres. Anthères à 2 bourses.

Pistil : Ovaire inadhérent, 1-loculaire, 1-ovulé, 2-ou 3-style (par exception 1-style).

Péricarpe indéhiscent, 1-sperme, en général sec.

Graine adnée au péricarpe, ou attachée au fond de la loge. Périsperme farineux. Embryon intraire (dans les Cypéracées), ou extraire (dans les Graminées), situé à l'extrémité inférieure du périsperme; radicule infère.

Cette classe comprend les *Cypéracées* et les *Graminées*.

DEUX CENT VINGT-DEUXIÈME FAMILLE.

LES CYPÉRACÉES. — *CYPERACEÆ.*

Cyperoideæ Juss. Gen. — Link, Enum. Hort. Berol. ed. 2, p. 275.
— Reichenb. Consp. p. 55; Syst. Nat. p. 147. — *Cyperaceæ* D.
C. Flore Franç. ed. 3. — R. Br. Prodr. p. 212. — Juss. in Dict.
des Sciences Nat. 12, p. 391. — Kunth, in Mém. du Mus. 2,
p. 147. Id. Enum. Plant. vol. 2. — Bartl. Ord. Nat. p. 32. — Lindl.
Nat. Syst. ed. 2, p. 384. — Endl. Gen. p. 109. — *Calamariæ* Linn.
— *Cyperideæ* Dumort. Fam. p. 64. — *Glumaceæ-Cyperaceæ* Ad.
Brongn. Enum. Gen. Hort. Par. p. xiv, et 11. — Confer, Nees,
Conspectus Cyperacearum, in Linnæa, vol. 9, p. 273, et vol. 10,
p. 129.

Les Cypéracées abondent dans tous les climats; là
plupart se plaisent dans les localités humides ou marécageuses. Bien que cette famille soit à peu près aussi
riche en espèces que les Graminées, elle n'offre qu'un
petit nombre de végétaux intéressant par leur utilité.

CARACTÈRES DE LA FAMILLE.

Herbes annuelles ou vivaces.

Tige ancipitée, ou triangulaire (rarement à plus de
3 angles), ou cylindrique, pleine, ou fistuleuse, en général très-simple, nue et inarticulée (noueuse seulement à sa base).

Feuilles alternes, distiques, engaînantes (quelquefois
réduites toutes à la gaîne seule), simples, très-entières,
planes, ou pliées en carène, ou subcylindracées, le
plus souvent linéaires, nerveuses, scabres aux bords;
gaîne close (rarement fendue dans toute sa longueur),
en général sans ligule.

Fleurs hermaphrodites ou unisexuelles, apérianthées,
sessiles, agrégées en épis (par exception solitaires ou
subsolitaires); chacune accompagnée d'une bractée

glumacée (par exception de 2 bractées opposées : l'une antérieure, l'autre postérieure). Épis solitaires, ou fasciculés, ou glomérulés, ou disposés en panicule, terminaux, ou axillaires et terminaux. Inflorescence souvent accompagnée d'une ou de plusieurs spathes, ou bien d'une collerette de feuilles immédiatement sessiles. Bractées imbriquées sur 2 à 4 rangs, ou sur plus de 4 rangs : les inférieures quelquefois sans fleur.

Étamines en nombre défini (en général 3, dont 1 antérieure et 2 postérieures ; rarement 1, ou 2, ou 4 à 12), hypogynes, en général insérées sur un disque annulaire, souvent accompagnées soit d'un verticille de soies ou de squamules, soit d'une houppe de poils. Filets filiformes ou lamelliformes, libres, marcescents. Anthères basifixes, dressées, introrses, linéaires, à 2 bourses opposées, contiguës, longitudinalement déhiscentes ; connectif nul, ou inapparent à la surface.

Pistil : Ovaire inadhérent, 1-loculaire, 1-ovulé, 1-à 3-style ; dans les Caricées l'ovaire est recouvert d'un involucelle urcéolaire. Ovule anatrope, basifixe, renversé. Styles terminaux (par exception sublatéraux), connés dans leur partie inférieure, souvent épaissis à la base et articulés à l'ovaire. Stigmates 2 ou 3, simples, ou bifurqués, subulés, terminaux.

Péricarpe : Achène chartacé, ou crustacé, ou osseux, ou subdrupacé, 1-loculaire, 1-sperme.

Graine inadhérente, conforme au péricarpe ; tégument mince ; hile basilaire ; chalaze apicilaire. Périsperme farineux. Embryon petit (de forme variée, suivant les genres et espèces), indivisé, intraire, situé au voisinage du hile. Plumule imperceptible. Extrémité radiculaire obtuse, infère.

La famille des Cypéracées comprend les genres suivants :

Iᵉ TRIBU. **CYPÉRÉES.** — *CYPEREÆ* Nees.

Épis multiflores (rarèment 1-à 5-flores). Bractées similaires, imbriquées sur 2 rangs, toutes florifères, ou les basilaires seulement sans fleur. Fleurs hermaphrodites (par exception polygames), sans squamules ni soies hypogynes. Style caduc, point renflé à la base. Achène non-rostré.

Leptoschœnus Nees.—*Cyperus* Linn.(Papyrus Willd. Pycreus Beauv. Torulinium Desv. Torreya Rafin. Anosporum Nees. Sickmannia Nees.) — *Mariscus* Vahl. (Opetiola Gærtn.) — *Remirea* Aubl. (Miegia Schreb. non Pers.) — *Kyllingia* Rottb. (Tryocephalon Forst. Hedychloa Rafin.) — *Courtoisia* Nees.(non Reichenb.)

IIᵉ TRIBU. **SCIRPÉES.** — *SCIRPEÆ* Nees.

Épis le plus souvent multiflores. Bractées similaires, imbriquées sur plus de 2 rangs (rarement imbriquées sur 2 rangs), les basilaires en général sans fleur. Fleurs hermaphrodites, souvent munies d'un verticille de soies ou de squamules hypogynes. Achène en général mucroné ou rostré par la base du style.

Androtrichum Ad. Brongn. — *Abildgaardia* Vahl. (Gussonea Presl.) — *Androcoma* Nees. — *Fimbristylis* Vahl. (Trichelostylis Lestib.) — *Nemum* Beauv. — *Isolepis* R. Br. (Echinolytrum Desv. Dichostylis Beauv. Dichelostylis Endl. Holoschœnus Link. Eleogiton Link. Heleophila Beauv. Heleogiton Reichb.) — *Ficinia* Schrad. (Pleurachne Schrad. Schœnidium Nees.) — *Melancranis* Vahl. (Hypolepis Beauv.) — *Vauthiera* A. Rich.— *Fuirena* Rottb. (Vaginaria Rich.) — *Eriophorum* Linn. (Linagrostis Scop.)—*Trichophorum* Pers. — *Scirpus* Linn. (Pterolepis Schrad. Hy-

menochæte Beauv. Haplostemum Rafin. Diplarrhenus
Rafin. Distichmus Rafin. Malacochæte Nees. Bæothryon
Nees. jun. Elytrospermum C. A. Mey. Limnochloa
Reichb.) — *Eleocharis* R. Br. (Heleocharis Reichb.
Scirpidium, Chætocyperus et Eleogenus Nees.).

IIIᵉ TRIBU. **HYPOLYTRÉES**. — *HYPOLYTREÆ*
Nees.

*Épis multiflores. Bractées imbriquées sur plus de deux
rangs, la plupart florifères. Fleurs hermaphrodites,
accompagnées chacune d'une ou de plusieurs squamules. Style 2-ou 3-fide, point épaissi à la base.*

Lipocarpha R. Br. (Hypoelyptum R. Br. Hypelytrum
Link. Tunga Roxb. Hypælyptum Vahl.) — *Hemicarpha*
Nees. — *Platylepis* Kunth. — *Hypolytrum* Rich. (Beera
Beauv. Albikia Presl.) — *Diplasia* Rich. — *Mapania*
Aubl.

IVᵉ TRIBU. **RHYNCHOSPORÉES**. — *RHYNCHO-*
SPOREÆ Kunth. (*Rhynchosporeæ* et *Cladieæ* Nees.)

*Épis en général pauciflores. Bractées imbriquées sur
2 rangs ou sur plus de 2 rangs; les inférieures sans
fleurs. Fleurs le plus souvent polygames, accompagnées chacune d'un verticille de soies hypogynes. Étamines 3 ou 6. Achène souvent rostré par la base du
style.*

Cyathocoma Nees. — *Asterochæte* Nees. — *Ideleria*
Kunth.— *Buekia* Nees.— *Trianoptiles* Fenzl. — *Car-*
pha Banks et Soland. — *Chætospora* R. Br. (Streblidia
Link.) — *Dulichium* Rich. — *Machærina* Vahl. —
Pleurostachys Ad. Brongn. (Nomochloa Nees. Nemochloa
Kunth.) —*Sclerochætium* Nees. (Lepidosperma Schrad.
Lepidotosperma Rœm. et Schult.) — *Lepidosperma*

Labill. — *Rhynchospora* Vahl. (Morisia, Haplostylis, Mitrospora, Calyptrostylis, Cephaloschœnus, Diplochæte, Ceratoschœnus, Echinoschœnus et Exphaloschœnus, Nees. Pterotheca Presl. Lonchostylis Torr.) — *Blysmus* Panzer. — *Anogyna* Nees. — *Caustis* R. Br. (Melachne Schrad. Didymonema Presl.) — *Vincentia* Gaudich. — *Dichromena* Vahl. (Dichroma Rich. Spermodon Beauv. Triodon Rich. Haloschœnus Nees.) — *Psilocarya* Torr. — *Cladium* P. Browne. — *Zosterospermum* Beauv. — *Gahnia* Forst. — *Lampocarya* R. Br. (Lamprocarya Endl. Morelottia Gaudich.) — *Arthrostylis* R. Br. — *Lepisia* Presl. — *Elynanthus* Beauv. — *Baumea* Gaudich. — *Chapelliera* Nees. — *Schœnus* R. Br. (non Linn.) — *Hemichlœna* Schrad. — *Acrolepis* Schrad. (Hypophialium Nees.)

Ve TRIBU. SCLÉRIÉES. — *SCLERIEÆ* Nees.

Épis monoïques ou androgynes. Fleurs sans soies ni squamules hypogynes. Étamines 3 (moins souvent 2 ou 1). Style 3-fide, point épaissi à la base. Achène osseux ou crustacé, souvent porté sur un disque trilobé.

Calyptrocarya Nees. — *Scleria* Berg. (Hypoporum Nees.) — *Cylindropus* Nees. — *Diplacrum* R. Br. — *Fintelmannia* Kunth. — *Becquerelia* Ad. Brongn. — *Chrysithrix* Linn. fil. (Chrysothrix Vahl.) — *Chorizandra* R. Br. — *Lepironia* Rich. — *Evandra* R. Br. — *Oreobolus* R. Br.

VIe TRIBU. ÉLYNÉES. — *ELYNEÆ* Nees. (*Kobresiæ* Lestib.)

Épis composés d'épillets soit 1-flores unisexuels, soit bi- ou pluri-flores androgynes; épillets enveloppés chacun d'une bractée glumacée antérieure. Fleurs accompagnées chacune soit de 2 squamules (dont l'une posté-

rieure, l'autre antérieure), soit seulement d'une squamule postérieure ; en général point de soies hypogynes. Étamines 3. Achène trigone, le plus souvent rostré par lá base du style.

Aulacorhynchus Nees. — *Trilepis* Nees. — *Elyna* Schrad. (Frœlichiä Wulf.) — *Kobresia* Willd.

VIIe TRIBU. CARICÉES. — *CARICEÆ* Reichenb. — Nees.

Épis unisexuels ou androgynes, multiflores. Bractées imbriquées sur plus de 2 rangs. — Fleurs-mâles : Étamines 3, sans urcéole. — Fleurs-femelles : Invqlucelle urcéolé, utriculaire, herbacé, bicaréné, persistant, 2-denté à son orifice, recouvrant l'ovaire. Point de soies ni squamules hypogynes. Achène recouvert par l'involucelle.

Carex Micheli. (Carex et Vignea Beauv. Schelhammeria Mœnch. Carex, Scuria, Triplima et Triodea Rafin. Trasus Gray.) — *Uncinia* Pers. — *Schœnoxyphium* Nees.

Genre SOUCHET. — *Cyperus* Linn.

Épis multiflores ; bractées imbriquées sur 2 rangs, toutes florifères (ou seulement quelques-unes des inférieures sans fleur), similaires. Point de soies ou squamules hypogynes. Étamines 5 (moins souvent 2 ni une seule). Style 2-ou 5-fide, caduc. Achène trièdre ou comprimé, souvent mucroné (par la base du style). — Herbes annuelles ou vivaces. Tiges nues ou feuillées. Feuilles linéaires, allongées, en général planes. Inflorescence terminale ; épis fasciculés, ou en capitule, ou en ombelle soit simple, soit composée, soit décomposée ou surdécomposée. — Genre très-riche en espèces (M. Kunth en énumère près de 500), la plupart exotiques.

Sous-genre CYPERUS Beauv.

Style trifide. Achène trièdre ou trigone.

a) *Épis allongés, linéaires, un peu comprimés ; bractées rappro-*
chées, naviculaires (carénées ou arrondies au dos), 5-à 9-ner-
vées (rarement 3-nervées), décurrentes sur le rachis de l'épi, en
général roussâtres ou pourpres aux bords. Étamines 3. Style
très-long. Achène 2 à 4 fois plus court que la bractée.—Ombelle
composée ou décomposée ; épis en général fasciculés sur les
rayons de l'ombelle.

SOUCHET ROND. — *Cyperus rotundus* Linn. Syst. — Rumph.
Amb. 6, tab. 1, fig. 1 et 2. — *Cyperus hexastachyos* Rottb.
Gram. tab. 14, fig. 2. — *Cyperus Hydra* Mich. Flor. Bor.
Amer. — *Cyperus tetrastachyos* Desfont. Atl. 1, tab. 8. —
Cyperus comosus Sibth. Flor. Græc. 1, tab. 44. — Racine à
fibres tubérifères. Tige triangulaire, glabre, feuillée dans sa partie inférieure, épaissie en forme de bulbe à la base. Feuilles
planes, scabres au bord, en général plus courtes que la tige. Ombelle de 5 à 8 rayons tantôt simples et terminés par 5 à 8 épis,
tantôt trifides au sommet et à un plus grand nombre d'épis. Involucre 2-ou 5-phylle, plus long que l'ombelle. Épis fasciculés,
linéaires, comprimés, 10-à 50-flores ; bractées mutiques ou courtement mucronées, naviculaires, carénées, ovées, 7-nervées et
vertes au dos, à bords d'un pourpre brunâtre. Style profondément
trifide. Achène obové, trièdre, ponctué. Rachis de l'épi garni
d'ailes transparentes. (*Kunth, Enum.* 2, p. 59.)— Racines à
fibres très-longues, grêles, traçantes, renflées de distance en distance en tubercules du volume d'un gland et de forme irrégulière.
Tiges dressées, hautes de 1 pied à 2 pieds, lisses ; angles arrondis.
Feuilles étroites. — Cette espèce est commune dans toute la zone
équatoriale, ainsi qu'aux États-Unis, et dans les contrées voisines
de la Méditerranée. C'est une plante très-pernicieuse aux cultures, à cause de la facilité avec laquelle elle se multiplie tant
de graines que par ses racines ; les tubercules ont une saveur âcre
et amère.

SOUCHET LONG. — *Cyperus longus* Linn. — Jacq. Ic. 2, tab.
297. — Engl. Bot. tab. 1509. — Host. Gram. Austr. 5, tab.
76. — Racine rampante, rameuse. Tige trièdre, feuillée à la base.

Feuilles plus longues que la tige, planes en dessus, carénées en dessous, 5-ou 7-nervées, roides, scabres en dessus de même qu'au bord et sur la carène. Ombelle composée ou décomposée, multiradiée : rayons très-inégaux, allongés, dressés ; involucre 3-ou 5-phylle, très-long. Épis fasciculés au nombre de 4 à 11, linéaires, comprimés, 12-à 40-flores, accompagnés chacun d'une écaille acuminée. Bractées mutiques, ou courtement mucronées au-dessous du sommet, naviculaires, carénées, elliptiques, 7-nervées, roussâtres, à carène verte, d'un pourpre foncé au bord. Style profondément trifide. Achène oblong, trièdre, obtus. Épis à rachis ailé. (*Kunth, Enum.* 2, p. 60.) — Racine vivace, presque ligneuse, assez grosse, brunâtre, garnie de fortes radicelles. Tige haute de 1 pied à 3 pieds, dressée, scabre au sommet. Feuilles assez larges, acérées. Ombelle de 8 à 16 rayons paniculés, atteignant jusqu'à 1 pied de long. Épis luisants, longs de 4 à 5 lignes. — Cette espèce, connue sous le nom vulgaire de *Souchet odorant*, croît dans les contrées voisines de la Méditerranée et dans l'Asie équatoriale. Sa racine est aromatique, d'une saveur et d'une odeur analogues à celle du Gingembre ; on l'employait jadis à titre de stomachique et d'emménagogue.

Souchet comestible. — *Cyperus esculentus* Linn. — Host. Gram. Austr. 5, tab. 75. — Racine rampante, rameuse, tubérifère ; tubercules ovés. Tige trièdre, glabre, feuillée à la base. Feuilles aussi longues que la tige, canaliculées, scabres en dessus ainsi qu'au bord et sur la carène. Ombelle simple, ou composée de 7 à 10 rayons inégaux : les plus longs brachiés au sommet. Involucre 4-à 6-phylle, plus long que l'ombelle. Épis agrégés en grappe au nombre de 11 à 14, lancéolés ou linéaires, comprimés, 10-à 18-flores. Bractées elliptiques-obovées, naviculaires, carénées, mutiques, ou très-courtement mucronées au-dessous du sommet, 7-ou 9-nervées, d'un jaune rougeâtre, vertes au dos. Achène elliptique, trigone, apiculé, d'un brun cendré, de moitié plus court que la bractée. Rachis des épis ailé. (*Kunth. Enum* 2, p. 64). — Racine à fibres longues, touffues, la plupart se terminant en tubercule du volume d'une Noisette. Tiges hautes de 1/2 pied à 1 pied, plus ou moins touffues. Feuilles larges de 2 à 5 lignes.

Épillets longs de 2 à 3 lignes. — Cette espèce croît dans les contrées voisines de la Méditerranée. Ses tubercules ont une saveur
douceâtre, assez semblable à celle de la Noisette.

b) *Épis linéaires, comprimés, multiflores. Bractées rapprochées,
naviculaires, carénées, décurrentes, en général vertes, à bord
transparent. Étamines 3. Style très-long. Achène 2 à 3 fois plus
court que la bractée. — Tiges élancées. Ombelle composée ou
décomposée, grande ; rayons-partiels en général garnis d'épis
dans toute leur longueur.*

SOUCHET PAPYRUS. — *Cyperus Papyrus* Linn. — *Papyrus
antiquorum* Willd. in Act. Acad. Berol. 1816, p. 70. — Tige
triangulaire, glabre, engaînée à la base. Ombelle composée, multiradiée : rayons longs, filiformes, glabres, trigones ; ombellules
1-à 5-radiées ; involucre court, subpentaphylle ; involucelles 3-
phylles, très-longs, filiformes-linéaires. Épis étalés, oblongs-li-
néaires, 6-à 15-flores, disposés en grappe ; bractées ovées, obtuses,
mutiques, obscurément nervées et roussâtres au dos, jaunâtres et
transparentes au bord, à carène verte. (*Kunth, Enum.* 2, p. 65.)
— Racine vivace, grosse, longue, rampante. Tiges hautes de 8 à
10 pieds, atteignant la grosseur du bras, droites, nues. Feuilles
réduites à de courtes gaînes. Ombelle ample. Feuilles-involu-
crales-ensiformes.—Cette espèce se trouve en Calabre, en Sicile,
en Égypte, en Abyssinie et en Syrie, au bord des eaux et dans les
marais ; on la cultive comme plante d'ornement de serre. C'est
avec ses tiges que les anciens confectionnaient leur papier.

Genre ÉLÉOCHARIS. — *Eleocharis* R. Br.

Épis multiflores (rarement pauciflores) ; bractées imbriquées en tout sens, similaires : un petit nombre des inférieures sans fleurs. Fleurs munies chacune de 6 soies
hypogynes, barbellées (de haut en bas) ; quelques espèces
ont plus ou moins de 6 soies hypogynes. Étamines 3 (moins
souvent 2 ou 1). Style 2-ou 3-fide, épaissi à la base.
Achène triangulaire ou lenticulaire, surmonté de la base
du style. — Tiges nues excepté vers la base où elles por-
tent quelques gaînes. Feuilles nulles. Épis solitaires, terminaux.

ÉLÉOCHARIS DES MARAIS. — *Eleocharis palustris* R. Br. Prodr. — *Scirpus palustris* Linn. — Flor. Dan. tab. 275. — Poit. et Turp. Flor. Par. tab. 50. — Rhizome vivace, rampant, subcylindrique, d'un brun noirâtre, écailleux, rameux, garni çà et là de racines fibreuses. Tiges touffues ou subsolitaires (les unes stériles, les autres terminées par un épi), hautes de 1 pied à 3 pieds, cylindriques, ou un peu comprimées, dressées, lisses, striées, grêles, d'un vert gai, un peu étranglées au-dessous de l'épi, garnies de 2 gaînes à la base. Gaînes lâches, courtes, obliquement tronquées, brunâtres. Épi oblong, ou oblong-lancéolé, dressé, multiflore. Bractées oblongues-lancéolées, pointues, luisantes, d'un brun de Châtaigne, ou d'un brun jaunâtre, à bord blanchâtre, et à carène verte. Fleurs munies de 3 ou 4 soies. Style bifile. Achène lenticulaire, d'un brun de Cannelle, plus court que les soies. — Cette plante, appelée vulgairement *Jonc des marais, Jonc à masse*, est commune dans les localités marécageuses ou humides ; le bétail la broute assez volontiers ; les porcs sont très-friands de ses racines.

ÉLÉOCHARIS TUBÉREUX. — *Eleocharis tuberosa* Schult. Mant. 2, p. 86. — *Scirpus tuberosus* Roxb. Corom. 3, tab. 231. — Racine fibreuse, stolonifère, produisant de gros tubercules napiformes. Tiges columnaires, subarticulées, dressées, garnies à leur base d'une ou de 2 courtes gaînes. Épi cylindrique. Bractées oblongues, à rebord membraneux. Étamines 3. Style 2-ou 3-fide, cordiforme-ové à la base. Achène obcordiforme, entouré de soies. (*Roxburgh, Flor. Ind.* ed. 2, vol. 1, p. 210.) — Cette plante est fréquemment cultivée en Chine (où on la désigne par les noms de *Pi-tsi, Maa-tai, Pu tsai* et *Pé-tsi*, lesquels, à ce qu'il paraît, signifient Châtaigne d'eau), dans des étangs spécialement consacrés à cet usage. Ses tubercules soit crus, soit bouillis, sont fort estimés, comme comestible, par les Chinois de tout rang ; on les considère comme un aliment très-sain, et on leur attribue en outre quantité de vertus médicales.

Genre SCIRPE. — *Scirpus* Linn.

Épis multiflores (rarement pauciflores) ; bractées imbriquées en tout sens, similaires. Fleurs munies chacune de 6 soies hypogynes (dans quelques espèces moins de 6), en général barbellées de haut en bas (dans quelques espèces lisses et très-longues, dans d'autres plumeuses, ou barbellées de bas en haut). Étamines 5 (rarement 2 ou 1). Style 2-ou 3-fide, non-épaissi à la base. Achène comprimé ou triangulaire, obtus, ou mucroné par la base du style. — Herbes annuelles ou vivaces. Tiges nues, ou feuillées à la base. Feuilles semi-cylindriques ou carénées. Épis solitaires, ou géminés, ou capitellés, ou fasciculés, ou en ombelle, ou en panicule.

Scirpe des étangs. — *Scirpus lacustris* Linn. — Engl. Bot. tab. 666. — Flor. Dan. tab. 1142. — Rhizome vivace, presque ligneux, rampant, brun, articulé, écailleux, garni de radicelles fibreuses, éparses, fortes, blanchâtres. Tiges hautes de 4 à 12 pieds, de la grosseur du doigt vers la base, graduellement effilées vers le haut, cylindriques, dressées, très-finement striées, lisses, d'un vert foncé, un peu inclinées au sommet, garnies à la base de quelques gaînes lisses, brunâtres, aphylles à l'exception de la supérieure qui se termine en feuille longue de 2 à 3 pouces, linéaire-subulée, canaliculée, scabre au bord. Feuilles-radicales nulles. Épis ovés ou oblongs, multiflores, longs de 3 à 5 lignes, disposés en panicule ; celle-ci 2-phylle, terminale, mais paraissant comme latérale, parce que la feuille-involucrale inférieure se continue en droite ligne avec la tige, rameuse : rameaux très-inégaux, comprimés, ou semi-cylindriques, scabres au bord, terminés chacun par 2 ou un plus grand nombre d'épis fasciculés. Feuilles-involucrales très-inégales : l'inférieure semi-cylindrique , subulée au sommet, à peu près aussi longue que la panicule ; la supérieure beaucoup plus petite, souvent réduite à une écaille membraneuse. Bractées ovées, striées, glabres, fimbriées au bord, d'un brun ferrugineux, échancrées, mucronées dans l'échancrure, à nervure médiane très-saillante. Fleurs 3-andres et à 6 soies hypogynes. Anthères légèrement barbues au sommet. Style 3-fide. Achène brunâtre, lisse, trigone, mucroné. — Cette plante, connue sous les noms vulgaires de *Jonc des chaisiers, Jonc des tonneliers, Jonc d'étang*, est commune dans les lacs, les étangs, les fossés aquatiques, les ruisseaux et les rivières. Ses tiges servent à couvrir les chaumières, et comme litière ; on les emploie aussi à faire des siéges de chaises, des nattes, des corbeilles, des paniers ; le bétail ne mange que les jeunes pousses de la plante.

Genre LINAIGRETTE. — *Eriophorum* Linn.

Épis multiflores ; bractées imbriquées en tout sens, 1 ou 2 des inférieures sans fleur. Fleurs accompagnées chacune d'une houppe de poils hypogynes, lisses, soyeux, accrescents après la floraison, finalement beaucoup plus longs que la bractée. Étamines 5. Style trifide, allongé, caduc. Achène mutique ou mucroné, subtrigone, recouvert par les poils-hypogynes. — Herbes vivaces. Tiges feuillées à la base. Épis solitaires, ou fasciculés, ou en ombelle, terminaux.

LINAIGRETTE A FEUILLES LARGES. —*Eriophorum latifolium* Hoppe. — *Eriophorum polystachyum* Roth. —Engl. Bot. tab. 563.—Flor Dan. tab. 1381.—*Eriophorum vulgare* Pers. Syn. — *Linagrostis paniculata* Lamk. Flor. Franç.—Rhizome gros, oblique, non-stolonifère, garni de fortes fibres-radicellaires. Tiges dressées, hautes de 1 ¹/₂ pied à 2 pieds, lisses, trigones. Feuilles linéaires-lancéolées, planes, carénées en dessous, trièdres au sommet, d'un vert jaunâtre, scabres au bord, larges de 2 à 5 lignes, plus courtes que la tige. Épis ovoïdes, fasciculés au nombre de 5 à 7, dressés et courtement pédonculés lors de la floraison, plus tard pendants et longuement pédonculés (excepté le central) ; pédoncules comprimés, scabres ; le fascicule accompagné d'une collerette d'écailles ovées-oblongues, d'un brun noirâtre. Bractées lancéolées, obtuses, d'un vert noirâtre, blanchâtres au bord.

LINAIGRETTE A FEUILLES ÉTROITES. —*Eriophorum angustifolium* Roth. — Vaill. Bot. Par. tab. 16, fig. 1. — Flor. Dan. tab. 1442. — Engl. Bot. tab. 564. — Rhizome rampant, stolonifère. Tiges hautes de 1 pied à 2 pieds, subcylindriques, dressées. Feuilles roides, linéaires, canaliculées, presque lisses au bord, d'un vert foncé, carénées en dessous, terminées en longue pointe trièdre; les radicales en général plus longues que la tige. Épis fasciculés, pédonculés, plus grands que ceux de l'espèce précédente; pédoncules lisses. Poils de l'épi-fructifère très-longs.

Cette espèce et la précédente sont communes dans les prairies tourbeuses ou très-humides; on les nomme vulgairement *Jonc de marais, Jonc à coton, Lin de marais*. Le long poil soyeux de leurs épis peut être utilisé à faire des coussins et des matelas.

Genre LAICHE. — *Carex* Linn.

Fleurs monoïques ou dioïques, disposées soit en épis unisexuels, soit en épillets androgynes. Bractées imbriquées en tout sens. — *Fleurs-mâles*. Étamines 3 (par exception 2). — *Fleurs-femelles*. Ovaire recouvert d'un urcéole utriculaire, persistant, accrescent, bicaréné, perforé (et en général bidenté) au sommet. Style 2-ou 3-fide. Achène lenticulaire ou triangulaire, recouvert par l'urcéole. — Herbes vivaces. Tiges triangulaires, en général simples, le plus souvent touffues. Feuilles étroites, linéaires, carénées en dessous, presque toujours scabres au bord et sur la carène. Épis axillaires et terminaux (dans quelques espèces : épi solitaire terminal), solitaires, ou géminés, ou ternés, disposés en grappe, ou en fascicule, ou en capitule, ou en panicule. — Ce genre comprend près de 500 espèces : la plupart habitent les régions extra-tropicales de l'hémisphère septentrional. Les Laiches abondent surtout dans les prairies marécageuses ou tourbeuses du Nord. Le bétail ne touche guère à ces plantes, à cause des aspérités qui en garnissent les feuilles et les tiges. Les racines de la *Laiche des sables* (*Carex arenaria* Linn.) ont une odeur légèrement aromatique et une saveur douceâtre ; en Allemagne, leur décoction est usitée comme tisane diurétique et sudorifique.

LES GRAMINÉES. — *GRAMINEÆ*.

Gramina Linn. Phil. Bot. — *Gramineæ* Juss. Gen. ; Id. in Dict. des Sciences Nat. 19, p. 281.—R. Br. Prodr. 1, p. 168; Gen. Rem. p. 580. — Agardh, Aphor. p. 143. — Bartl. Ord. Nat. p. 26. — Dumort. Fam. p. 63. — Endl. Gen. p. 77. — Lindl. Nat. Syst. ed. 2, p. 369. — Reichenb. Consp. p. 47; Id. Syst. Nat. p. 145. — Kunth, Enum. 1, p. 3.—*Glumaceæ-Gramina* Ad. Brongn. Enum. Gen. Hort. Par. p. xiv et 7. — Confer, Palisot de Beauvois, *Agrostographie.* — Trinius, *Fundamenta Agrostographiæ; Icones Graminum; Dissertatio de Graminibus unifloris et sesquifloris.* — C. G. Nees ab Esenbeck, *Agrostographia brasiliensis.* — Kunth, *Révision des Graminées.*

Les Graminées forment une des familles les plus naturelles et les plus nombreuses du règne végétal; aucune contrée du globe n'en est privée : on en trouve en toute localité et en tout sol, jusqu'aux dernières limites de la végétation soit dans les chaînes alpines, soit dans les régions polaires. Parmi les espèces les plus utiles au genre humain, il suffit de citer ici les céréales, les bambous et la canne à sucre ; l'agriculture en recherche beaucoup à titre de fourrages ; ce sont des Graminées qui, dans les climats tempérés, constituent presque à elles seules le gazon des pâturages et des prairies naturelles. La substance nutritive que contiennent les graines des céréales se retrouve sans exception chez toutes les Graminées, mais leurs graines sont en général trop petites ou trop rares pour servir d'aliment. Le sucre existe en quantité plus ou moins notable dans beaucoup d'espèces. La plupart des Graminées ne renferment aucun principe odorant ; néanmoins certaines espèces contiennent des huiles essentielles très-aromatiques (1). Parmi les principes élémentaires des Graminées on remarque surtout la silice, substance dont se compose leur épiderme, et qu'on rencontre, sous forme de masses vitrifiées, dans les cendres résultant de la combustion d'un grand amas de paille ou de foin. Aucune Graminée n'est reconnue comme vénéneuse, à l'exception de l'Ivraie.

Caractères de la famille.

Plantes la plupart herbacées. *Tige* cylindrique (rarement comprimée), fistuleuse (rarement pleine), noueuse avec articulation, feuillée, simple, ou moins habituellement rameuse, arborescente et ligneuse dans un petit nombre d'espèces.

Feuilles alternes, distiques, simples, très-entières, finement nerveuses, liguliformes (en général étroites), minces, sessiles (par exception pétiolées) chacune sur une gaîne fendue antérieurement (rarement close), amplexatile, involutive, prolongée en général sur tout l'entre-nœud, et garnie le plus souvent d'un appendice membraneux (dit *ligule*) terminal.

Fleurs hermaphrodites, ou polygames, ou diclines, groupées au nombre de 2 ou plus (jusqu'à 20, alternes distiques sur un rachis flexueux) en *épillets* accompagnés chacun d'un petit involucre (*Calice* Linn. — *Glume* Juss. — *Lépicène* A. Rich. — *Spathe* Turp.) de 2 écailles (*glumes*) similaires, concaves, subopposées, ordinairement coriaces : l'une externe; l'autre interne, insérée un peu plus haut que l'externe. Dans certains genres les épillets sont réduits à une seule fleur soit accompagnée des rudiments d'une ou de deux fleurs abortives, soit sans aucune trace de fleurs rudimentaires.

---

(1) Voyez plus bas, aux genres *Anthoxanthum* et *Andropogon.*

Quelquefois l'involucre est réduit à une seule glume ; rarement l'épillet est absolument dépourvu de glumes. Chaque fleur est accompagnée d'un involucelle spécial (*Corolle* Linn. — *Calice* Juss. — *Glume* A. Rich.), formé de 2 écailles (*glumelles, balles, paillettes, spathelles*) subopposées, dissimilaires, plus ou moins concaves, imbriquées en préfloraison : l'une externe, 1-ou 3-ou pluri-nervée (à nervure médiane souvent prolongée en arête terminale ou dorsale) ; l'autre interne, insérée un peu plus haut que l'externe, en général binervée. Inflorescence le plus souvent terminale ; épillets disposés en épis, ou en grappes, ou en panicules.

Étamines hypogynes, au nombre de 3 (équidistancées autour de l'ovaire), rarement 2, ou 4, ou 6, ou en nombre indéfini, ou une seule. Filets libres, capillaires, flasques. Anthères terminales, versatiles, à 2 bourses contiguës, parallèles (excepté à la base ou aux 2 bouts où elles sont en général disjointes et divergentes), déhiscentes chacune par une fente longitudinale soit complète, soit apicilaire ; connectif nul. — Dans les fleurs triandres, 2 des étamines s'insèrent devant la glumelle interne, et la 3ᵉ étamine est placée devant la glumelle externe.

Pistil : Ovaire excentrique, 1-loculaire, 1-ovulé, 1-à 3-style, ou immédiatement surmonté des stigmates. Ovule pariétal, soit adné dans toute sa longueur, soit basifixe, soit appendant. Styles filiformes, en général terminaux. Stigmates poilus, ou plumeux, ou en forme de goupillon, terminaux.

Péricarpe : Achène adhérent aux glumelles ou inadhérent, 1-loculaire, 1-sperme, chartacé, ou crustacé, ou cartilagineux, en général recouvert par les glumelles.

Graine adnée au péricarpe. Périsperme copieux, farineux. Embryon superficiel, unilatéral (placé du côté externe de la graine), en général court et basilaire, rarement à peu près aussi long que la graine. Cotylédon (*vitellus* de Gærtner ; *hypoblaste* de C. L. Richard) charnu, large, en général non enroulé mais creusé extérieurement d'une fossette ou d'un sillon où est nichée la plumule ; radicule infère, ordinairement conique ; plumule très-perceptible, polyphylle, non incluse (excepté dans quelques espèces). A la base du côté externe de la plumule se trouve dans beaucoup d'espèces un petit appendice charnu (l'*épiblaste* de C. L. Richard).

La famille des Graminées comprend les genres suivants :

Iʳᵉ TRIBU. **ORYZÉES**. — *ORYZEÆ* Kunth.

Épillets uniflores. Glumes souvent nulles ou réduites à la paillette inférieure. Glumelles souvent cartilagineuses. Fleurs souvent diclines, ordinairement hexandres

Leersia Soland. (Asprella Schreb. Homalocenchrus Mieg.) — *Blepharochloa* Endl.— *Potamochloa* Griffith. — *Hygroryza* Nees. — *Oryza* Linn. — *Maltebrunia* Kunth — *Potamophila* R. Br — *Hydropyrum* Link. (Melinum Link. Forsan, Hydrochloa Beauv.)—*Luziola* Juss. — *Arrozia* Schrad. — *Ehrharta* Thunb. (Trochera Rich.)— *Tetrarrhena* R. Br.— *Microlœna* R. Br. — *Diplax* Soland. — *Pharus* P. Browne. — *Leptaspis* R. Br.

IIᵉ TRIBU. **PHALARIDÉES**.—*PHALARIDEÆ* Kunth.

Fleurs monoïques, ou polygames, ou hermaphrodites. Épillets 1-2- ou 3-flores (une ou deux fleurs stériles ou abortives dans certains genres), biglumes. Glumes le plus souvent égales. Glumelles en général dures et luisantes à la maturité. Styles ou stigmates ordinairement allongés.

Lygeum Linn. — *Hilaria* Kunth. — *Hexarrhena* Presl. — *Despretzia* Kunth. — *Zea* Linn. — *Polytoca* R. Br. — *Sclerachne* R. Br. — *Chionachne* R. Br. — *Coix* Linn. (Lithagrostis Gærtn.) — *Cornucopiæ* Linn. — *Crypsis* Ait. (Pallasia Scop. Antitragus Gærtn. Heleochloa Host.) — *Alopecurus* Linn. (Colobachne Beauv. Tozzettia Savi.) — *Mibora* Adans. (Chamagrostis Borkh. Knappia Smith. Sturmia Hopp.) — *Beckera* Fresen. — *Limnas* Trin. — *Phleum* Linn. (Stelephorus Adans. — Chilochloa et Achnodonton Beauv. Achnodon Link.) — *Beckmannia* Host. (Joachimia Ten. Bruchmannia Nutt.) — *Chondrolæna* Nees. (Prionachne Nees.) — *Fingerhuthia* Nees. (Lasiotrichos Lehm.) — *Phalaris* Linn. (Typhoides Mœnch. Baldingera Gærtn. Flor. Wetter. Digraphis Trin.) — *Holcus* Linn. — *Hierochloa* Gmel. (Disarrhenum Labill. Dimeria Rafin.) — *Ataxia* R. Br. — *Anthoxanthum* Linn. — *Reynaudia* Kunth.

IIIᵉ TRIBU. **PANICÉES.** — *PANICEÆ* Kunth.

Épillets biflores (la fleur inférieure incomplète), 1-ou 2-glumes, ou sans glumes. Glumes plus minces que les glumelles; l'extérieure souvent nulle. Glumelles chartacées, ou plus ou moins coriaces, en général mutiques; l'extérieure concave. Achène comprimé parallèlement à l'embryon.

Hypudœurus Hochst. — *Cenchrus* Linn. (Panicastrella Michel. Roram Adans.) — *Pterium* Desv. — *Penicillaria* Swartz. — *Pennisetum* Rich. — *Lepideilema* Trin. (Streptochæta Schrad.) — *Setaria* Beauv. — *Gymnothrix* Beauv. (Cataterophora Steud.) — *Spi-*

nifex Linn. — *Chamærhaphis* R. Br. — *Amphicarpum* Rafin. — *Olyra* Linn. (Lithachne Beauv. Raddia Bertol.) — *Euchlæna* Schrad. — *Strephium* Schrad. — *Reimaria* Flügg. — *Thouarea* Pers. (Microthouarea Petit-Thou.) — *Eriochloa* Kunth. (Ædipachne Link. Helopus Trin.) — *Milium* Linn. (Miliarium Mœnch. Leptocoryphium Nees.) — *Paspalum* Linn. (Ceresia Pers. Cabrera Lag. Axinopus Rœm. et Schult Paspalus Flügg.) — *Garnotia* Ad. Brongn. — *Trachys* Pers. (Trachyozus Reichenb.)— *Berchtoldia* Presl. — *Oplismenus* Beauv. (Hippagrostis Rumph. Orthopogon R. Br. Echinochloa Beauv. Chætium Nees.) — *Melinis* Beauv. (Suardia Schrank. Tristegia Nees.) — *Urochloa* Beauv. (Coridochloa Nees.) — *Acratherum* Link. — *Jchnanthus* Beauv. — *Panicum* Linn. (Digitaria Scop. Dactylon Vill. Syntherisma Schrad. Hymenachne, Monachne, Streptostachys et Paractænum Beauv. Aulaxanthus Elliot. Aulaxia Nutt. Thalasium Spreng. Trichachne et Otachyrium Nees.) — *Stenotaphrum* Trin. — *Rhynchelytrum* Nees. — *Thrasya* Kunth.— *Bluffia* Nees. — *Echinolæna* Desv. (Navicularia Bertol.) — *Isachne* R. Br. (Meneritana Herm.) — *Thysanolæna* Nees. — *Neurachne* R. Br. — *Anthephora* Schreb. (Colladoa Pers.) — *Hollbællia* Wallich. (Lopholepis Decaisne.) — *Lappago* Schreb. (Tragus Hall. Nazia Adans.) — *Latipes* Kunth.

IVe TRIBU. **STIPACÉES.** — *STIPACEÆ* Kunth.

Épillets uniflores. Glumelle extérieure involutée, aristée au sommet, en général endurcie à la maturité ; arête simple ou trifide, en général articulée à la base et tordue. Ovaire stipité. Squamules hypogynes le plus souvent au nombre de 3.

Greenia Nutt. — *Oryzopsis* Mich. (Dilepyrum Rafin.)

— *Piptatherum* Beauv. (Urachne Trin.) — *Eriocoma*
Nutt. — *Stipa* Linn. — *Jarava* Ruiz et Pav. — *Ma-
crochloa* Kunth. — *Streptachne* R. Br. — *Lasiagrostis*
Link. — *Dichelachne* Endl. — *Aristida* Linn. (Kiel-
bull Adans. Arthratherum, Chætaria et Cyrtopogon
Beauv. Streptachne Kunth.) — *Stipagrostis* Nees.

V° TRIBU. **AGROSTIDÉES.** — *AGROSTIDEÆ* Nees.

*Épillets uniflores (rarement avec le rudiment d'une se-
conde fleur). Glumes et glumelles herbacées, membraneuses. Glumelle interne le plus souvent aristée. Stigmates en général sessiles.*

Coleanthus Seidel. (Schmidtia Tratt. Wilibalda
Sternb.) — *Phippsia* Trin. — *Gastridium* Beauv. —
Agrostis Linn. (Trichodium Mich. Agraulus, Apera et
Vilfa Beauv. Anemagrostis Trin.)— *Trichochloa* Trin.
— *Cinna* Linn. (Abola Adans. Echinopogon Beauv.)—
Epicampes Presl. — *Colpodium* Trin. — *Sporobolus*
R. Br. (Heleochloa Beauv. Agrosticula Raddi. Calo-
theca Steudel.) — *Triachyrum* Hochst. — *Lycurus*
Kunth. — *Ægopogon* Willd. (Hymenothecium Lag.)
— *Chæturus* Link. (non Mœnch.) — *Polypogon* Des-
font. (Santia Savi.) — *Mühlenbergia* Schreb. (Dilepy-
rum Mich. Cleomena et Brachyelytrum Beauv. Podo-
sæmum Kunth.) — *Nowodworskya* Presl. (Raspailia
Presl.) — *Chætotropis* Kunth. — *Pereilema* Presl. —
Orthoraphium Nees.

VI° TRIBU. **ARUNDINACÉES.** — *ARUNDINACEÆ*
Kunth.

*Épillets soit uniflores (avec ou sans rudiment d'une se-
conde fleur), soit multiflores. Fleurs en général poilues. Glumes et glumelles herbacées, membraneuses.*

Glumes souvent aussi longues ou plus longues que les glumelles.

Calamagrostis Adans. — *Pentapogon* R. Br. — *Deyeuxia* Clar. (Lachnagrostis Trin.) — *Ammophila* Host. (Psamma Beauv. Amagris Rafin.) — *Arundo* Linn. (Donax Beauv. Scolochloa Link. Trichoon Roth.) — *Ampelodesmos* Link. — *Graphephorum* Desv. — *Phragmites* Trin. (Czernia Presl.) — *Amphidonax* Nees. — *Gynerium* Humb. et Bonpl.

VIIe TRIBU. **PAPPOPHORÉES.** — *PAPPOPHOREÆ* Kunth.

Épillets bi-ou pluri-flores. Glumes et glumelles membraneuses, herbacées. Glumelle externe trifide ou multifide : lanières aristées, subulées, Inflorescence capitellée ou paniculée.

Diplopogon R. Br. (Dipogonia Beauv.) — *Amphipogon* R. Br. — *Pappophorum* Schreb. (Enneapogon Desv. Polyrhaphis Trin. Eurhaphis Trin.) — *Triraphis* R. Br. — *Cottœa* Kunth. — *Echinaria* Desf. (Panicastrella Mœnch., non Mich.) — *Cothesthecum* Presl.

VIIIe TRIBU. **CHLORIDÉES.** — *CHLORIDEÆ* Kunth.

Épillets uniflores ou pluri-flores (les fleurs supérieures stériles), disposés en épis unilatéraux. Glumes et glumelles membraneuses, herbacées. Glume externe insérée plus haut que la glume interne. Épis fasciculés ou en panicule; rachis inarticulé.

Pleuraphis Torr. — *Spartina* Schreb. (Trachynotia Mich. Limnetis Rich. Ponceletia Petit-Thou.) — *Eleusine* Gærtn. — *Schœnefeldia* Kunth. — *Microchloa* R. Br. — *Ctenium* Panz. (Campuloa Desv. Campulosus Beauv. Monocera Elliot. Monothera Rafin.) — *Melano-*

cenchris Nees. — *Triplasis* Beauv. — *Diplachne* Beauv.
(Tridens Nees. Diplocea Rafin.) — *Leptochloa* Beauv.
(Leptostachys G. F. W. Mey. Oydenia Nutt.) — *Po-
lyodon* Kunth. — *Eutriana* Trin. (*Atheropogon* Müh-
lenb. Heterostega Desv. Dineba Beauv. Actinochloa
Rœm. et Schult. —Bouteloua Lag. Dinebra Kunth.) —
Enteropogon Nees. —*Cynodon* Rich. (Digitaria Juss. Ca-
priola Adans. Fibigia Kœl.) — *Harpechloa* Kunth. —
Chloris Swartz. — *Tetrapogon* Desfont. — *Eustachys*
Desv. (Schultzia Spreng.) — *Dactyloctenium* Willd.
— *Gymnopogon* Beauv. (Anthopogon Nutt. Alœatheros
Elliot.) — *Triœna* Kunth. — *Triathera* Desv. — *Chon-
drosium* Desv. — *Opizia* Presl. — *Polyschistis* Presl.—
Pentarrhaphis Kunth.

IXᶜ TRIBU. AVÉNACÉES. — *AVENACEÆ* Kunth.

*Épillets biflores ou pluri-flores; la fleur terminale en
général stérile. Glumes et glumelles membraneuses,
herbacées. Glumelle inférieure le plus souvent aristée;
arête souvent dorsale, tordue.*

Lagurus Linn. — *Trisetaria* Forsk. — *Arrhenathe-
rum* Beauv. — *Avena* Linn. — *Gaudinia* Beauv. (Ar-
throstachya Link.) — *Leptopyrum* Rafin. — *Coryne-
phorus* Beauv. (Weingærtneria Bernh.) — *Trisetum*
Pers. (Ventenatia Kœl. Collinaria Ehrh. Trichæta
Beauv.) — *Rostraria* Trin. — *Colobanthus* Trin. —
Acropselion Bess. — *Aira* Linn. — *Periballia* Trin.—
Deschampsia Beauv. (Campella Link.) — *Dupontia* R.
Br. — *Airopsis* Desv. — *Tristachya* Nees. (Monopogon
Presl. Loudetia Hochst.) — *Brandtia* Kunth. — *Tri-
chopteryx* Nees. — *Chætobromus* Nees. — *Pomereulla*
Linn. fil. — *Eriachne* R. Br. (Achneria Beauv.) —
Triodia R. Br. — *Danthonia* D. C. (Sieglingia Bernh.)

— *Pentaschistis* Nees. — *Pentameris* Beauv. — *Uralepis* Nutt. (Windsoria Nutt. Tricuspis Beauv. Tridens R. et S. Diplocea Rafin.) — *Anisopogon* R. Br.

X° TRIBU. **FÉSTUCACÉES.** — *FESTUCACEÆ* Kunth.

Épillets multiflores ou moins souvent pauciflores. Glumes et glumelles en général herbacées. Glumelles le plus souvent aristées; arête non tordue. Inflorescence ordinairement paniculée.

SECTION I. **BROMÉES.** — *Bromeœ* Endl.

Tiges herbacées. Fleurs triandres.

Harpachne Hochst. — *Lamarckia* Mœnch. — *Cynosurus* Linn. — *Elytrophorus* Beauv. (Echinalysium Trin.) — *Plagiolytrum* Nees. — *Tripogon* R. et S. (Triathera Roth.) — *Bromus* Linn. — *Ceratochloa* Beauv. (Libertia Lejeune. Michelaria Dumort.) — *Festuca* Linn. (Vulpia Gmel. Catapodium et Mygalurus Link. Sclerochloa Beauv. Schœnodorus Beauv. Sphenopus Trin.) — *Catabrosa* Beauv. — *Lophochlœna* Nees. — *Glyceria* R. Br. (Hydrochloa Hartm. Exydra Endl. Devauxia Beauv.) — *Sesleria* Ard. (Oreochloa et Psilathera Link.) — *Pleuropogon* R. Br. — *Chascolytrum* Desv. — *Schismus* Desv. (Electra Panz. Hemisacris Steud.) — *Kœleria* Pers. (Ægialitis Trin. Ægialina Schult. Lophochloa Reichb.)— *Wangenheimia* Mœnch. — *Poa* Linn. (Eragrostis et Megastachya Beauv. Æluropus Trin. Brizopyrum Link. Distichlis Rafin. Chamædactylis Link. Dissanthelium Trin.) — *Briza* Linn. (Neuroloma Rafin.)— *Lasiochloa* Kunth. — *Urochlœna* Nees. — *Cœlachne* R. Br. — *Calotheca* Kunth. — *Ectrosia* R. Br. — *Lophatherum* Ad. Brogn.— *Molinia*

Mœnch. (Enodium Link.) — *Melica* Linn. (Dalukon
Adans. Beckeria Bernh. Bulbilis Rafin.) — *Anthochloa*
Nees. — *Eatonia* Rafin. (Reboulea Kunth.) — *Cento-*
theca Desv. — *Orthoclada* Beauv.— *Diarrhena* Beauv.
(Corycarpus Zea. Rœmeria Zea. Diarina Rafin.) — *Te-*
trachne Nees. — *Uniola* Linn. (Chasmanthium Link.
Trisiola Rafin.)

SECTION II. **BAMBUSÉES**. — *Bambuseæ* Nees.

Fleurs 3-à 6-andres. Tiges ligneuses, souvent arborescentes.

Arundinaria Mich. (Miegia Pers. Ludolfia Willd.
Triglossum Fisch. Macronax Rafin.) — *Arthrostyli-*
dium Rupprecht. — *Streptogyna* Beauv. — *Chusquea*
Kunth. (Rettbergia Raddi. Dendragrostis Nees.) —
Neurolepis Meisn. (Platonia Kunth, non Martius.) —
Merostachys Spreng. — *Nastus* Juss. (Stemmatosper-
mum Beauv.) — *Bambusa* Schreb. (Bambos Retz. Den-
drocalamus Nees.)— *Guadua* Kunth.—*Beesha* Kunth.
— *Schizostachyum* Nees.

XIᵉ TRIBU. **HORDÉACÉES**. — *HORDEACEÆ* Kunth.

Épillets triflores ou pluriflores (rarement 1-flores), bi-
glumes, souvent aristés; la fleur terminale stérile.
Glumes et glumelles herbacées. Stigmates sessiles.
Ovaire en général poilu. — Épillets agrégés en épi
simple solitaire; rachis ordinairement inarticulé.

Lolium Linn. (Cræpalia Schrank.)— *Triticum* Linn.
(Agropyrum et Brachypodium Beauv. Trachynia Link.
Elytrigia Desv.)— *Secale* Linn.— *Elymus* Linn. (Cu-
viera Kœl. Sitanion Rafin.)— *Hordeum* Linn. (Zeocri-
ton Beauv. Critesium Rafin.) — *Pariana* Aubl. —
Ægilops Linn. — *Polyantherix* Nees. — *Crithodium*

Link. — *Gymnostichum* Schreb. (Asprella Humb. Hystrix Mœnch.)

XIIe TRIBU. ROTTBOELLIACÉES. — *ROTTBOEL-LIACEÆ* Kunth.

Inflorescence spiciforme, à rachis articulé. Épillets 1-ou 2-flores (rarement 3-flores), nichés dans un creux du rachis, solitaires, ou géminés (l'un pédicellé, souvent stérile), 1-ou 2-glumes, ou sans glumes. Une des fleurs de chaque épillet en général stérile. Glumes le plus souvent coriaces. Glumelles membranacées, en général mutiques. Ovaire en général 1-ou 2-style.

Nardus Linn.— *Psilurus* Trin. (Asprella Host. Monerma Beauv.)— *Rhytachne* Desv.—*Mnesithea* Kunth. (Thyridostachyum Nees.) — *Lepturus* R. Br. (Ophiurus Beauv. Pholiurus Trin. Leptocereus Rafin.)— *Hemarthria* R. Br. (Lodicularia Beauv.) — *Vossia* Wallich et Griffith. — *Rottbœllia* Linn. fil. (Cymbachne Retz. Cœlorhachis Ad. Brongn. Stegosia Lour.) — *Ratzeburgia* Kunth. (Aikinia Wallich.) — *Ophiurus* Gærtn. fil. — *Oropetium* Trin. — *Tripsacum* Linn.— *Manisuris* Linn. (Peltophorus Desv.)— *Xerochloa* R. Br.

XIIIe TRIBU. ANDROPOGONÉES. — *ANDROPOGONEÆ* Kunth.

Épillets 1-flores, ou à 2 fleurs dont l'inférieure neutre. Glumelles plus minces que les glumes, en général transparentes.

Psilopogon Hochst. — *Zoysia* Willd. (Osterdamya Neck. Matrella Pers.) — *Leptothrium* Kunth. — *Perotis* Ait. (Xystidium Trin.) — *Haplachne* Presl.— *Eriochrysis* Beauv. — *Pogonopsis* Presl. — *Pogonatherum*

Beauv. (Homoplitis Trin.) — *Eulalia* Kunth. — *Im-perata* Cyrillo. — *Pleuroplitis* Trin. (An Arthrotaxon Beauv.) — *Saccharum* Linn. (Phragmites Adans. Saccharophorum Neck. Tricholæna Schrad.)— *Androsce-pia* Ad. Brongn. (Calamina R. et S.)— *Dimeria* R. Br. — *Lucæa* Kunth. — *Erianthus* Mich. (Ripidium Trin.) — *Microstegium* Nees. — *Anthistiria* Linn. (Themeda Forsk.) — *Andropogon* Linn. (Blumenbachia Kœl. Heteropogon Pers. Anatherum Beauv. Cymbopogon Spreng. Pollinia Spreng. Agenium, Schizachyrium, Trachypogon et Hypogynium Nees. Chrysopogon et Centrophorum Trin.) — *Batratherum* Nees. — *Holo-gamium* Nees. — *Perobachne* Presl. — *Elionurus* Willd. — *Leptatherum* Nees. — *Lepeocercis* Trin. — *Arthropogon* Nees. — *Apocopsis* Nees. — *Ischæmum* Linn. (Colladoa Cavan. Meoschium et Arthraxon Beauv. Spodiopogon et Goldbachia Trin. Arundinella Raddi. Thysanachne Presl.)—*Apluda* Linn. (Diectomis Beauv.) — *Alloteropsis* Presl. — *Thelepogon* Roth. — *Zeugites* P. Browne.

Iʳᵉ TRIBU. ORYZÉES — ORYZEÆ Kunth.

Épillets uniflores ; glumes souvent nulles ou réduites à la paillette inférieure ; glumelles souvent cartilagi-neuses. Fleurs souvent diclines, en général hexandres.

Genre RIZ. — *Oryza* (1) Linn.

Épillets uniflores, biglumes. Glumes petites, membranacées, concaves, mutiques. Glumelles cartilagineuses, naviculaires, comprimées, carénées, à peu près de même

---

(1) Ce mot dérive soit de *vrihi*, un des noms sanscrits du riz cultivé, soit de son nom arabe *arrux*.

longueur : l'extérieure plus large, en général aristée au
sommet (à arête rectiligne, subarticulée à la base); l'intérieure pointue, mutique. Fleurs hexandres. Squamules-
hypogynes 2, glabres, minces. Ovaire glabre, à 2 styles
terminaux. Stigmates plumeux, allongés. Achène membranacé, glabre, oblong, comprimé, obscurément tétragone, lisse, inadhérent, recouvert par les glumelles (nu
dans certaines variétés de culture). Embryon à plumule
petite; épiblaste presque aussi grand que la plumule. —
Tiges simples, herbacées, fistuleuses. Feuilles planes. Épillets pédicellés, articulés à la base, comprimés, hispidules,
disposés en panicule rameuse. — Genre propre à la zone
équatoriale; on en connaît 4 ou 5 espèces, parmi lesquel-
les la suivante (dans laquelle on confond peut-être plusieurs espèces distinctes) est la seule qui se cultive comme
plante alimentaire.

Riz cultivé. — *Oryza sativa* Linn.—Lamk. Ill. tab. 264.—
Catesb. Carol. 1, tab. 14.—Herbe annuelle, pluri-caule, aquatique
à l'état spontané. Tiges grêles, atteignant (dans leur climat natal)
jusqu'à 10 pieds de long, radicantes dans la vase, ou flottantes,
redressées dans leur partie supérieure, lisses. Racine fibreuse.
Feuilles d'un vert gai, étroites, linéaires, pointues, allongées, fermes, scabres; ligule conique, en général lacérée. Panicule tantôt
serrée, tantôt plus ou moins lâche, terminale, pendante après la
floraison; rachis et ramules scabres; pédicelles courts, distiques,
disposés en grappes. Glumes linéaires-lancéolées, subulées au sommet, 1-nervées, beaucoup plus courtes que les glumelles. Glumelles naviculaires-oblongues : l'extérieure 5-costée, longuement
aristée dans la plante sauvage, tantôt mutique, tantôt plus ou
moins longuement aristée dans les variétés de culture; l'intérieure
acuminulée, 2-nervée (à nervures presque marginales); suivant
les variétés, les glumelles sont ou jaunâtres, ou roussâtres, ou
noirâtres. Anthères linéaires, sagittiformes à la base, légèrement
échancrées au sommet. Ovaire non-stipité. Achène de grandeur
variable. Périsperme suivant les variétés blanc, ou rougeâtre, ou
brunâtre, ou noirâtre. — Les variétés de Riz cultivé paraissent

être très-nombreuses ; au témoignage de Roxburgh, on en trouve environ 50 dans l'Inde seule.

Cette plante est indigène de l'Inde ; sa culture, sans doute aussi ancienne que l'origine de toute civilisation, s'étend non-seulement sur toute l'Asie équatoriale, mais aussi sur une immense partie de l'Empire Chinois, ainsi que sur le Japon ; et, chez les nations qui peuplent ces contrées, le riz remplace en tout ou du moins en grande partie le blé et les autres céréales propres aux climats tempérés ; cette denrée joue donc un des rôles les plus importants dans l'alimentation du genre humain, même sans compter l'énorme consommation qui s'en fait en Perse, dans l'Empire Ottoman, en Europe et en Amérique.

Bien que le Riz soit à proprement dire une plante aquatique, ce serait pourtant une erreur de croire qu'il ne prospère que dans les localités constamment submergées. La plupart des rizières de l'Inde ne reçoivent jamais d'autres eaux que celles des pluies périodiques si abondantes dans la plupart des régions intertropicales ; toutefois les rizières les plus productives de ce pays se trouvent dans de vastes plaines découvertes, inondées passagèrement par le débordement des rivières, et retenant l'eau très-longtemps à la surface, même au plus fort de l'été : mais durant le temps compris entre la moisson et de nouvelles semailles, ces terrains, exposés à toute l'ardeur du soleil tropical, deviennent secs et durs comme des briques ; le sol de ces rizières privilégiées, qui rendent de 80 à 100 pour 1, est un terreau pur et très-profond. Dans toutes les contrées privées du secours de ces circonstances climatériques, il faut y suppléer par des irrigations copieuses et répétées fréquemment jusqu'à l'approche de la maturité du grain (1). En Europe, la latitude la plus septentrionale

---

(1) Certaines variétés connues sous le nom de *riz de montagne* ou *riz sec*, ont été préconisées par erreur comme prospérant dans des localités sèches ; elles proviennent en effet des contrés montueuses de l'Inde et des archipels malais : mais dans les montagnes de même que dans les plaines de ces climats, l'abondance des pluies périodiques supplée souvent, ainsi que nous venons de le dire, à l'irrigation artificielle.

pour la culture du Riz est celle du Piémont. Les rizières jadis établies dans le midi de la France ont été supprimées depuis, par ordre du gouvernement, à cause des miasmes délétères qu'elles exhalaient; inconvénient qu'offrent d'ailleurs aussi les rizières piémontaises, mais auquel il serait peut-être possible de remédier en disposant les localités de manière à y empêcher le croupissement des eaux d'irrigation.

Contrairement à ce qu'exige la culture des autres céréales, le Riz se passe de tout engrais, bien qu'on le ressème chaque année, sans aucune alternance, dans les mêmes terrains.

Le Riz sauvage, que Roxburgh regarde à tort ou à raison comme le type de toutes les races du Riz cultivé, croît assez communément dans l'Inde, aux bords des lacs et au milieu des flaques d'eaux tranquilles. On ne le cultive pas, parce que son produit est trop faible; mais on a soin d'en récolter le grain, qui se vend très-cher : car il est de qualité supérieure à toute autre sorte de riz; on le sert, comme friandise, sur la table des riches du pays.

La composition chimique du riz diffère d'une manière notable de celle des graines des autres céréales, par le manque presque absolu du principe azoté qu'on appelle *gluten;* c'est ce qui le rend impropre à faire du pain : aliment à peu près inconnu chez les nations de l'Asie orientale. Dans l'Inde et en Chine, on extrait du riz, par la distillation, la liqueur alcoolique connue sous le nom de *rak* ou *arrak.*

Genre HYDROPYRUM. — *Hydropyrum* Link.

Épillets 1-flores, unisexuels (mâles et femelles dans la même panicule). *Épillets mâles :* Glumes nulles. Glumelles membranacées, presque isomètres; l'extérieure concave, 5-nervée, mucronée, enveloppant l'intérieure; celle-ci trinervée. Fleur 6-andre. Pistil rudimentaire. Squamules-hypogynes 2, légèrement charnues, glabres. — *Épillets femelles :* Glume rudimentaire, membranacée, cupuliforme, orbiculaire. Glumelles membranacées, linéaires; l'extérieure 5-nervée, terminée en arête très-longue, rectiligne, inarticulée; l'intérieure plus étroite, 4-nervée, enveloppée par l'extérieure. Filets rudimentaires. Ovaire non-stipité, oblong, glabre, surmonté de 2 styles courts divariqués. Stigmates pénicilliformes; poils simples, subulés. Squamules-hypogynes 2, glabres, aussi longs que l'ovaire. Achène grêle, allongé, cylindracé, 1-sulqué longitudinalement, glabre, lisse, inadhérent, rostré par le style, recouvert par les glumelles. — Plante aquatique. Panicule rameuse; épillets pédicellés (les supérieurs femelles, les inférieurs mâles), disposés en grappes. (*Kunth, Enum.* 1, p. 9.) — L'espèce dont nous allons faire mention est la seule qu'on puisse rapporter avec certitude à ce genre.

Hydropyrum comestible. — *Hydropyrum esculentum* Link, Enum. Hort. Berol. 1, p. 252. — *Zizania aquatica* Linn. Spec. (exclus. Syn. Sloan.) — Lamb. in Trans. Linn. Soc. 7, p. 264, tab. 15. — *Zizania palustris* Linn. Mant. — Schreb. Gram. 2, tab. 29.—*Zizania clavulosa* Mich. Flor. Bor. Amer. — *Melinum palustre* Link. Handb. — Rhizome vivace. Tige haute de 6 à 12 pieds, glabre (excepté aux articulations, qui sont soyeuses), lisse. Feuilles longues de 2 à 4 pieds, larges de 1 pouce à 1 1/2 pouce, d'un vert gai, glabres aux 2 faces, oblongues-lancéolées, striées, ciliolées-denticulées; gaîne apprimée, plus courte que l'entre-nœud. Panicule ample, terminale, pyramidale : branches verticillées, étalées, ne produisant que des fleurs-mâles caduques; la branche terminale dressée, à épillets tous femelles, portés sur de courts pédicelles claviformes. Glumelles des fleurs-mâles ciliolées aux bords et sur la côte-médiane. Étamines à filets courts. Épillets femelles longs et très-grêles; glumelle externe ciliée, à arête longue de près de 2 pouces, hispide; glumelle interne beaucoup plus petite, trifide au sommet. Achène long de 1/2 pouce, d'un brun roux. — Cette plante croît dans les rivières et dans les marais des États-Unis; en Géorgie et dans les Carolines, on la connaît sous le nom vulgaire d'*Avoine sauvage* (*wild-oats*); ailleurs on l'appelle *Riz sauvage*. Les bestiaux et les chevaux en sont très-friands. Ses grains ont une saveur sucrée, et ils peuvent servir d'aliment.

IIᵉ TRIBU. **PHALARIDÉES** — *PHALARIDEÆ*
Kunth.

*Fleurs monoïques. ou polygames, ou hermaphrodites.
Épillets 1-2-ou 3-flores (1 ou 2 fleurs stériles ou
abortives dans certains genres), biglumes. Glumes le
plus souvent égales. Glumelles en général dures et
luisantes à la maturité. Styles ou stigmates ordinairement allongés.*

Genre MAYS. — *Zea* Linn.

Fleurs monoïques ; les mâles en panicule terminale,
composée de grappes flexueuses ; les femelles en épis très-
denses, solitaires aux aisselles des feuilles supérieures, enveloppés chacun d'un involucre formé d'un grand nombre de gaînes membraneuses. — *Fleurs-mâles :* Épillets
biflores, biglumes, géminés sur les articulations du rachis.
Fleurs sessiles, 5-andres. Glumes presque égales, herbacées, subacuminées, concaves, mutiques. Glumelles
membraneuses, transparentes, mutiques, un peu plus
courtes que les glumes ; l'extérieure 5-nervée ; la supérieure 2-nervée. Filets subulés. Anthères linéaires, tétragones, 4-sulquées, bilobées aux 2 bouts, dressées, glabres, déhiscentes par 2 fentes longitudinales. Deux squamules charnues, glabres, disjointes, collatérales, cunéiformes, obliquement tronquées. — *Fleurs-femelles :* Épillets
biflores, biglumes, sessiles, multisériés ; rachis de l'épi
charnu, alvéolé. Fleurs sessiles ; l'inférieure stérile ; quelquefois il y a une seconde fleur rudimentaire, immédiatement au-dessus de la fleur fertile. Glumes larges, ciliées,
un peu charnues ; l'inférieure subbilobée. Glumelles submembranacées, concaves, mutiques, glabres. larges.
Point d'étamines rudimentaires ni de squamules hypogynes. Ovaire ovoïde ou arrondi, non-stipité, oblique, gla-

bre, plan antérieurement, convexe au dos, 1-style. Style terminal, comprimé, à 2 stigmates très-longs, saillants, filiformes, pubérules. Achène subréniforme ou subglobuleux, inadhérent, plus ou moins recouvert par les glumes et les glumelles ; péricarpe mince, subdiaphane. Embryon gros, presque aussi long que le périsperme ; plumule et radicule presque complétement nichés dans le cotylédon ; épiblaste nul. — Herbe annuelle. Tiges simples, dressées, pleines, élancées, feuillues. Feuilles larges, planes ; ligule courte, ciliée. Panicule mâle, dressée, pédonculée, subpyramidale, plus ou moins ample, à grappes grêles, denses, flexueuses ; les latérales étalées. Épis femelles gros, sessiles, complétement recouverts par les gaînes-involucrales. — L'espèce suivante constitue à elle seule le genre.

Mays cultivé. — *Zea Mays* Linn. — Lamk. Ill. tab. 749. — Blackw. Herb. tab. 547. — *Zea vulgaris* Mill. Dict. — *Mays Zea* Gærtn. Fruct. 1, p. 6, tab. 1, fig. 9. — *Zea Curagua* (Molin), *Zea hirta* et *Zea Mays*, Bonafous, Hist. Nat. du Maïs (cum Ic.)—Racine fibreuse. Tiges hautes de 4 à 8 pieds, fermes, droites, légèrement comprimées, lisses. Feuilles longues de 1 pied à 1 1/2 pied, d'un vert clair, linéaires-lancéolées, ciliées, souvent pubescentes en dessus. Panicule-mâle longue de 1/2 pied à 1 pied ; grappes plus ou moins distantes. Épillets rougeâtres ou d'un blanc verdâtre, petits. Gaînes des épis femelles blanchâtres ou rougeâtres, larges, oblongues-lancéolées. Stigmates rougeâtres ou blanchâtres, longuement saillants, marcescents. Épi fructifère conique, polycarpe, gros, long de 1/2 pied à 1 pied, composé de 8 à 12 rangs de fruits. Achène de forme et de grosseur variables (en général subréniforme et plus ou moins comprimé), jaune, ou blanchâtre, ou rougeâtre, ou d'un bleu verdâtre, ou d'un pourpre foncé, ou panaché, lisse, luisant.

Le Mays ou Maïs est originaire d'Amérique, quoique ses noms vulgaires de *blé d'Inde*, *blé de Turquie*, *blé de Guinée*, et *blé d'Espagne* sembleraient indiquer le contraire. Les aborigènes du Nouveau Continent le cultivaient de temps immémorial, et ils ne possédaient aucune autre céréale à l'époque de l'arrivée des Européens. Il paraît que le Mays a été introduit en Europe peu de temps après la découverte de l'Amérique, et que vers la fin du seizième siècle sa culture commençait déjà à se répandre dans plusieurs provinces de France.

Le Mays prospère surtout dans les climats dont la chaleur, trop intense ou trop continue, ne convient plus au blé et autres céréales du Nord; aussi ne réussit-il guère en Europe au delà du 50ᵉ degré de latitude. Dans toutes les contrées soumises à un hiver plus ou moins prolongé, il importe de ne semer le Mays qu'en une saison assez avancée pour que les gelées printanières ne soient plus à craindre. Certaines variétés sont assez hâtives pour accomplir en 2 mois, ou même en 40 à 50 jours, toutes les phases de leur végétation. Le Mays vient en toute espèce de sol profond, bien labouré et suffisamment amendé; toutefois il préfère les terres légères et un peu humides; de même que toutes les autres céréales, il épuise promptement le sol.

Bien que le Mays ne soit pas d'une utilité aussi universelle que le Blé ou le Riz, il n'en est pas moins une denrée alimentaire de première importance pour beaucoup de nations. Il s'en fait une immense consommation au Mexique, aux États-Unis et dans l'Amérique méridionale. Dans plusieurs départements du sud-ouest de la France, dans le Piémont, et dans d'autres contrées de l'Europe méridionale, les paysans vivent principalement de cette céréale. La farine de Mays ne se conserve pas plus d'une année; elle n'est pas propre à la panification, à moins qu'on n'y ajoute un tiers de farine de blé : ainsi mélangée, elle fournit un pain sain et d'une saveur agréable. L'emploi alimentaire le plus habituel de cette farine est d'en faire des bouillies; la *polenta*, mets favori des Piémontais, est une sorte de galette de farine de Mays. Ce grain est une nourriture excellente pour le bétail et pour la volaille; en Amérique, on le donne aux chevaux en place d'avoine, et on en prépare de la bière. Les feuilles de la plante, soit en vert, soit séchées, fournissent un bon fourrage; ces feuilles, ainsi que les gaînes florales (appelées vulgairement *paille de Mays*), se préfèrent à la paille de blé ou de seigle, tant pour le remplissage des paillasses, que comme litière. On confit au vinaigre les jeunes épis. Les tiges sèches, fendues en éclats, servent en Amérique à la confection de divers ouvrages de vannerie. Le Mays contient, surtout dans ses jeunes tiges, du sucre cristallisable ; mais il ne paraît pas que ce principe y abonde à beaucoup près assez pour fournir à une exploitation avantageuse.

Genre COÏX. — *Coix* Linn.

Fleurs monoïques dans la même inflorescence. Épillets biflores, biglumes, disposés en épi simple ou rameux, allongé ; les femelles solitaires ou en petit nombre, occupant la base de l'inflorescence ; les autres tous mâles. — *Fleurs-mâles* triandres, non-stipitées. Épillets imbriqués sur 6 rangs. Glumes mutiques ; l'extérieure presque plane, subcoriace, bordée d'une carène en forme d'aile ; l'intérieure presque aussi longue que l'extérieure, naviculaire, trigone, écarénée. Squamules-hypogynes 2, charnues, tronquées, subcunéiformes, glabres. Filets courts. Anthères linéaîres, bilobées aux 2 bouts, déhiscentes seulement au sommet. — *Fleurs-femelles :* Épillets solitaires dans un involucre subglobuleux ou ovoïde, charnu, recouvrant, ouvert au sommet, accrescent, durcissant après la floraison ; la fleur inférieure est neutre et a une seule glumelle. Glumes charnues, concaves, mutiques ; l'intérieure carénée au dos. Glumelles presque égales, minces, concaves, mutiques, glabres, acuminées, plus courtes que les glumes ; l'extérieure 5-nervée, embrassant l'intérieure ; celle-ci 2-nervée. Trois étamines rudimentaires. Point de squamules hypogynes. Ovaire subglobuleux, non-stipité, glabre, monostyle. Style court, terminal, à 2 stigmates très-longs, poilus, saillants. Achène subglobuleux, convexe au dos, 1-sulqué antérieurement, glabre, inadhérent, recouvert par l'involucre devenu luisant et osseux ; péricarpe membranacé. — Herbes rameuses. Tiges pleines. Feuilles planes, assez larges. Inflorescences axillaires et terminales, pédonculées, fasciculées ; les épillets femelles placés à quelque distance des épillets mâles ; ceux-ci comprimés, très-nombreux, sessiles. — Genre propre à la zone équatoriale de l'ancien continent.

Coïx Larme-de-Job. — *Coix Lachryma* Linn. — Lamk. Ill. tab. 750. — Rumph. Amb. 5, tab. 75, fig. 2. — Hort. Malab. 12, tab. 70. — *Lithagrostis Lacryma Jobi* Gærtn. Fruct. 1, tab. 1, fig. 10. — Plante annuelle, haute de 2 à 5 pieds. Tiges fermes, fasciculées, feuillues, semi-cylindriques vers le haut. Feuilles larges d'environ 1 pouce, linéaires-lancéolées, glabres, à côte blanchâtre ; gaîne très-courte. Épis inclinés, à rachis inarticulés, ordinairement rameux. Épillets femelles ordinairement accompagnés de 2 épillets rudimentaires stipitiformes. Involucre fructifère ellipsoïde, d'un blanc bleuâtre, long de 5 à 6 lignes. — Cette plante est indigène de l'Inde ; on la cultive dans l'Europe méridionale, en raison de ses fruits (connus vulgairement sous le nom de *Larmes de Job*), dont on fait des colliers et des chapelets ; dans l'Inde, ils servent aussi à faire divers objets de parure.

Coïx agreste. — *Coix agrestis* Lour. Coch. — *Lithospermum amboinicum* Rumph. Amb. 6, tab. 9, fig. 1. — Tiges cylindriques, hautes de 5 à 4 pieds. Feuilles longues de 1 1/2 pied, roides, acérées, d'un vert foncé. Fruit subglobuleux, du volume d'un gros Pois, brun ou grisâtre. — Cette espèce croît aux Moluques et en Cochinchine ; ses fruits servent aux habitants de ces contrées à faire des colliers et des bracelets.

Coïx aquatique. — *Coix aquatica* Roxb. Flor. Ind. ed. 2, vol. 5, p. 572. — Espèce remarquable par ses tiges vivaces, longues de 50 à 100 pieds, flottantes, ou rampant dans la vase, radicantes aux articulations. Feuilles longues de 1 pied à 5 pieds, larges de 1 pouce à 1 1/2 pouce, acuminées-cuspidées, hispides aux bords : les inférieures linéaires-lancéolées ; les supérieures ensiformes. Fruit turbiné, lisse, blanchâtre, du volume d'un Pois. — Cette plante croît dans les lacs du Bengale.

Genre VULPIN. — *Alopecurus* Linn.

Fleurs hermaphrodites. Épillets uniflores, biglumes.

Glumes naviculaires, carénées, mutiques, presque égales, connées à la base. Glumelle solitaire, formant un utricule membraneux, comprimé, caréné, fendu d'un côté vers le haut, aristé au-dessous du sommet. Étamines 5. Ovaire glabre, 2-style. Styles terminaux, quelquefois connés inférieurement. Stigmates très-longs, filiformes, plumeux. Point de squamules hypogynes. Achène ellipsoïde, inadhérent, lenticùlaire, lisse, glabre, recouvert par la glumelle. — Herbes annuelles ou vivaces. Feuilles planes. Épillets agrégés en panicule serrée ayant la forme d'un épi ovoïde ou cylindracé.

Vulpin des prés. — *Alopecurus pratensis* Linn. — Engl. Bot. tab. 759. — Lamk. Ill. tab. 42. — Rhizome vivace, court, oblique, garni d'un grand nombre de fibres radicellaires. Tiges dressées ou ascendantes, plus ou moins touffues, lisses, glabres, hautes de 1 ½ pied à 2 pieds. Feuilles linéaires-lancéolées, acuminées-cuspidées, scabres en dessus et aux bords; gaîne de la dernière feuille-caulinaire ventrue; ligule des feuilles supérieures oblongue. Épi long de 2 à 5 pouces, terminal, cylindracé, obtus, pédonculé. Épillets longs d'environ 2 lignes, ovés-lancéolés, pédicellés; pédicelle renflé au sommet. Glumes pointues, panachées de vert et de blanc, ciliées sur la carène, entregreffées par les bords depuis la base jusqu'au tiers de leur longueur. Glumelle à peu près aussi longue que les glumes, ovée-lancéolée, pointue, blanchâtre avec 5 stries vertes, fendue jusqu'au delà du milieu, pubérule au sommet; arête géniculée au milieu, presque 2 fois plus longue que la glumelle. Style long, bifurqué au sommet. — Commun dans les prairies un peu humides; fleurit en mai et en juin. Parmi les graminées qui forment les prairies naturelles en France et dans d'autres contrées de l'Europe, ce Vulpin est une des plus précieuses par la précocité et par l'abondance du fourrage qu'il fournit.

Genre PHLÉOLE. — *Phleum* Linn.

Fleurs hermaphrodites. Épillets uniflores (quelquefois avec le rudiment d'une seconde fleur), biglumes. Glumes

presque égales, naviculaires, carénées, comprimées, plus
longues que les glumelles, obliquement tronquées au sommet, mucronées, ou aristées. Glumelles membraneuses;
l'extérieure aristée au-dessous du sommet, ou mucronée,
ou mutique, tronquée au sommet; l'intérieure bicarénée.
Étamines 5. Deux squamules hypogynes, glabres. Ovaire
glabre, 2-style. Styles terminaux. Stigmates longs, filiformes, plumeux. Achène obliquement ovoïde ou ellipsoïde,
subcylindrique, inadhérent, recouvert par les glumelles.
— Herbes annuelles ou vivaces. Feuilles planes. Épillets
agrégés en panicule simple ayant la forme d'un épi cylindrique.

PHLÉOLE DES PRÉS.—*Phleum pratense* Linn.—Engl. Bot. tab.
1076.— Plante ayant le port du *Vulpin des prés.* Rhizome non-
rampant. Racine fibreuse. Tiges hautes de 2 à 5 pieds, touffues,
dressées ou ascendantes, glabres, renflées en forme de bulbe à la
base. Feuilles longues, linéaires, pointues, lisses ou scabres;
ligule oblongue, tronquée; gaîne de la dernière feuille-caulinaire un peu ventrue. Épi long de 2 à 6 pouces, cylindracé,
obtus. Épillets courtement pédicellés, très-serrés. Glumes linéaires, aristées, 5-nervées, panachées de vert et de blanc, ciliées sur
la carène; arête flexueuse, plus courte que les glumes. Glumelles 1
fois plus courtes que les glumes : l'extérieure ovoïde, mucronée;
l'intérieure échancrée, obtuse. Point de fleur rudimentaire. Anthères d'abord violettes, puis jaunes. — Graminée commune
dans les prairies; fleurit de mai en août. Son produit est très-
considérable, surtout dans les localités humides; aussi la cultive-t-on fréquemment en prairies artificielles.

Genre PHALARIS. — *Phalaris* Linn.

Fleurs hermaphrodites. Épillets uniflores (avec les rudiments d'une ou de deux autres fleurs, insérées au-dessous
de la fleur parfaite), biglumes. Glumes naviculaires, comprimées, carénées, membranacées, pointues, mutiques,
presque égales, plus longues que les glumelles; carène

en général ailée. Glumelles mutiques, naviculaires; l'extérieure plus grande, enveloppant l'intérieure ; l'une et l'autre à une seule carène. Étamines 5. Deux squamules hypogynes, petites, glabres, pointues. Ovaire glabre, 2-style. Styles terminaux, très-longs. Stigmates en forme de goupillon. Achène oblong, lenticulaire, luisant, inadhérent, recouvert par les glumelles devenues cartilagineuses. — Herbes annuelles ou vivaces. Feuilles planes, Épillets soit agrégés en panicule serrée en forme d'épi, soit disposés en panicule lâche.

PHALARIS ALPISTE. — *Phalaris canariensis* Linn. — Engl. Bot. tab. 1510. —Racine fibreuse, annuelle. Tiges ascendantes ou dressées, touffues, simples, ou rameuses à la base, scabres, hautes de 2 à 5 pieds. Feuilles linéaires-lancéolées, longuement acuminées, scabres de même que les gaînes; ligule grande; gaînes des dernières feuilles-caulinaires ventrues. Panicule ovoïde, spiciforme, serrée. Épillets obovés, composés d'une fleur fertile et de deux fleurs rudimentaires. Glumes 1 fois plus longues que les glumelles, tronquées, acuminulées, panachées de blanc et de vert; carène à aile très-entière. Glumelle externe ovée-oblongue, acuminée, pubescente. Glumelle interne oblongue-lancéolée, pubescente au sommet et sur la carène. Fleurs-rudimentaires de moitié seulement plus courtes que la fleur fertile.— Cette espèce, connue sous les noms vulgaires d'*Alpiste, Graine d'oiseau, Graine de Canarie,* et *Millet long,* est originaire des Canaries; on la cultive dans l'Europe méridionale, tant comme fourrage que pour ses graines : celles-ci servent à nourrir la volaille.

PHALARIS ROSEAU. —*Phalaris arundinacea* Linn.—Flor. Dan. tab. 259.—Engl. Bot. tab. 2160.—*Baldingera colorata* Flor. Wetter. — *Typhoides arundinacea* Mœnch. — *Calamagrostis colorata* Sibth. Oxon.— D. C. Flore Franç.— Rhizome vivace, rampant, articulé, assez gros, finalement ligneux. Tiges hautes de 2 à 6 pieds, touffues, droites, fermes, glabres, grêles. Feuilles grandes, assez semblables à celles du Roseau commun, linéaires-lancéolées, acuminées, scabres en dessous et aux bords, d'un vert glauque; ligule grande; gaîne lisse, glabre. Panicule longue d'environ $\frac{1}{2}$ pied, dressée, ou inclinée au sommet, étalée pendant la floraison, puis resserrée; .ramules inférieurs géminés ou ternés. Épillets pédicellés, ovés-lancéolés, fasciculés, un peu comprimés, composés d'une fleur parfaite et de deux fleurs-rudimentaires. Glumes blanchâtres ou rougeâtres, glabres, pointues, 5-nervées (nervures vertes): l'externe un peu plus courte que l'interne. Glumelles du tiers plus courtes que les glumes : l'extérieure ovée-lancéolée, luisante, pubescente; l'intérieure lancéolée, pubescente seulement au sommet. Fleurs-rudimentaires poilues, de moitié plus courtes que la fleur parfaite. — Cette Graminée est commune aux bords des eaux et dans les prairies humides; elle fleurit en juin et juillet; c'est un assez bon fourrage en vert. — On en cultive, comme plante d'agrément, sous le nom de *Roseau panaché*, une variété à feuilles rubanées de jaune ou de blanc; cette variété fait de jolies bordures de parterre.

Genre HOUQUE. — *Holcus* Linn.

Fleurs polygames dans le même épillet, Épillets biflores, biglumes; fleurs stipitées, distancées; l'inférieure hermaphrodite; la supérieure mâle. Glumes herbacées, submembranacées, naviculaires, comprimées, carénées, lancéolées, mucronulées, plus longues que les glumelles; l'extérieure plus courte que l'intérieure. Glumelle extérieure subcoriace, 1-carénée, indivisée au sommet, inaristée dans la fleur hermaphrodite, aristée au-dessous du sommet dans la fleur mâle. Glumelle intérieure bicarénée; carènes ciliolées. Deux squamules hypogynes, allongées, glabres, unilobées d'un côté. Étamines 5. Pistil abortif dans la fleur-mâle. Ovaire glabre, 2-style. Styles courts, terminaux. Stigmates plumeux. Achène glabre, inadhérent, recouvert par les glumelles. — Herbes vivaces. Feuilles planes. Épillets pédicellés, disposés en panicule rameuse. Fleurs calleuses à la base. — Accidentellement les épillets sont composés de 3 fleurs dont les deux supérieures mâles.

Houque laineuse. — *Holcus lanatus* Linn. — Flor. Dan,
tab. 1181. — Engl. Bot. tab. 1169. — Racine vivace, fibreuse.
Tiges hautes de 2 à 5 pieds, touffues, simples, dressées ou ascendantes. Feuilles linéaires-lancéolées, acuminées, poilues de
même que les gaînes, scabres aux bords; ligule oblongue; poils
courts, mous, rétrorses, très-abondants sur les gaînes. Panicule
longue de 5 à 6 pouces, dressée, étalée pendant la floraison, puis
resserrée, ovoïde-oblongue; ramules inférieurs géminés ou ternés, tous pubescents de même que les pédicelles. Glumes blanchâtres ou rougeâtres, à nervures vertes : l'externe 1-nervée,
l'interne 5-nervée. Arête de la fleur-mâle recourbée au sommet,
plus courte que les glumes. Fleur-hermaphrodite poilue à la
base. Fleur-mâle glabre. — Commune dans les prairies et les
pâturages; fleurit de juin en septembre. « Il est peu de plantes
parmi les Graminées vivaces, dit M. Vilmorin, qui conviennent
mieux pour entrer dans la composition d'un fond de pré, pour
terrain frais. L'époque de sa floraison, qui tient le milieu entre
les espèces hâtives et les tardives, et la faculté qu'elle a de se
conserver sur pied quelque temps après sa maturité, sans trop
perdre de sa qualité, permettent de l'associer avec la plupart des
autres Graminées; enfin elle est très-bonne en pâturage. »

Genre FLOUVE. — *Anthoxanthum* Linn.

Épillets triflores, biglumes; les deux fleurs inférieures
neutres; la fleur terminale hermaphrodite. Glumes naviculaires, carénées, comprimées, herbacées, submembranacées; l'extérieure 1-nervée, de moitié plus courte que
l'intérieure; l'intérieure 5-nervée, plus longue que les
glumelles. — *Fleurs-neutres* à glumelle solitaire, canaliculée, échancrée, soyeuse, aristée au dos; arête tordue :
celle de la fleur supérieure insérée peu au-dessus de la
base de la glumelle; celle de la fleur inférieure insérée
vers le milieu. — *Fleur-hermaphrodite* : Glumelles mutiques, glabres, naviculaires; l'extérieure arrondie, enveloppant l'intérieure. Étamines 2. Point de squamules hypogynes. Ovaire glabre, non-stipité, 2-style. Styles longs,

terminaux. Stigmates filiformes, plumeux. Achène ové-
oblong, subcylindrique, lisse, glabre, inadhérent, recouvert par les glumelles. — Herbes annuelles ou vivaces.
Feuilles planes. Épillets agrégés en panicule simple, très-
dense.

FLOUVE ODORANTE. — *Anthoxanthum odoratum* Linn. —
Flor. Dan. tab. 666. — Racine fibreuse, vivace, odorante.
Tiges hautes de 1 pied à 2 pieds, dressées ou ascendantes, touffues, lisses, glabres. Feuilles d'un vert jaunâtre, linéaires-lancéolées, acuminées, scabres en dessus et aux bords, poilues ; gaînes
sillonnées : celles des feuilles inférieures pubescentes ; les autres
glabres. Panicule longue de 1 pouce à 2 pouces, spiciforme, oblongue, parfois rameuse à la base ; ramules géminés ou ternés,
courts, inégaux, pubescents ; pédicelles des épillets très-courts.
Glumes glabres, presque membraneuses, panachées de blanc
et de vert. Glumelles membraneuses : l'extérieure ovée, 5-
nervée ; l'intérieure lancéolée, binervée. — Commune dans les
prairies et les pâturages ; fleurit en mai et en juin. — Toute la
plante, étant sèche, répand une odeur agréable et analogue à
celle du Mélilot ; on attribue ce principe aromatique à la présence
de l'acide benzoïque. La *Flouve* est d'un faible produit comme
fourrage ; mais elle se recommande par sa précocité et parce
qu'elle prospère dans les terrains maigres.

IIIᵉ TRIBU. **PANICÉES.** — *PANICEÆ* Kunth.

Épillets biflores (la fleur inférieure stérile, incomplète),
2-glumes, ou 1-glumes, ou sans glumes. Glumelles
chartacées ou coriaces, en général mutiques ; l'exté-
rieure concave. Achène comprimé parallèlement à l'em-
bryon.

Genre PASPALUM. — *Paspalum* Linn.

Épillets biflores, articulés au pédicelle, uniglumes (par
manque de la glume interne) ; fleur inférieure neutre, à

glumelle solitaire, membranacée, mutique; fleur supérieure hermaphrodite. Glume plus courte que la fleur hermaphrodite. Glumelles coriaces, mutiques; l'externe concave, embrassant l'interne; celle-ci 2-nervée. Étamines 5. Ovaire glabre, 2-style. Styles terminaux, disjoints. Stigmates en forme de goupillon. Squamules-hypogynes 2, entières, glabres, charnues, tronquées, plus courtes que l'ovaire. Achène glabre, inadhérent, recouvert par les glumelles endurcies. — Herbes annuelles ou vivaces. Épillets disposés en épis unilatéraux ; épis fasciculés ou en panicule ; rachis inarticulé. — Genre comprenant près de 200 espèces, la plupart tropicales.

Paspalum scrobiculé. — *Paspalum scrobiculatum* Linn.— Racine fibreuse. Tiges dressées, rameuses, lisses, hautes d'environ 2 pieds. Feuilles lisses, plus longues que les tiges. Épis axillaires et terminaux, au nombre de 2 à 4, alternes, sessiles, dressés; rachis large, membraneux. Épillets distiques, lisses, ellipsoïdes. Glume 5-nervée. Graines arrondies, lisses, brunes, du volume d'un grain de Chènevis. — Cette plante est fréquemment cultivée par les Hindous, comme céréale, dans les terrains trop maigres pour d'autres espèces. C'est aussi un bon fourrage.

Paspalum Kora. — *Paspalum Kora* Linn. — Roxb. Flor. Ind. ed. 2, vol. 1, p. 279. — Racine fibreuse, annuelle. Tiges décombantes, inférieurement rameuses, lisses, longues de 1 pied à 5 pieds. Feuilles semblables à celles de l'espèce précédente, mais plus courtes. Épis terminaux (au nombre de 2 à 8), alternes, sessiles, les uns horizontaux, les autres dressés. Fleurs et fruits comme dans l'espèce précédente. — Indigène de l'Inde ; au témoignage de Roxburgh, c'est un excellent fourrage.

Genre PANIC. — *Panicum* Linn.

Épillets biflores, nus, biglumes; fleur supérieure hermaphrodite ; fleur inférieure mâle ou neutre. Glumes très-inégales, membranacées, concaves, mutiques. Glumelles de la fleur inférieure membranacées, mutiques, solitaires dans beaucoup d'espèces. Glumelles de la fleur hermaphrodite coriaces, presque égales, concaves, mutiques : l'extérieure embrassant l'intérieure ; celle-ci pari-nervée. Étamines 3. Ovaire glabre, 2-style. Styles terminaux, allongés. Stigmates pénicilliformes. Squamules-hypogynes 2, charnues, glabres, collatérales, soit tronquées et 2-ou 3-lobées, soit dolabriformes. Achène glabre, inadhérent, recouvert par les glumelles. — Herbes annuelles ou vivaces. Feuilles planes. Épillets en épi ou en panicule ; rachis inarticulé. — M. Kunth énumère 421 espèces de ce genre ; la plupart sont tropicales.

PANIC ÉLANCÉ. — *Panicum maximum* Jacq. Coll. 1, p. 76 ; Ic. Rar. 1, tab. 15. — *Panicum altissimum* Desfont. Hort. Par. — D. C. in Horn. Hort. Hafn. 1, p. 84. — *Panicum polygamum* Swartz, Prodr. Flor. Ind. Occid. — *Panicum jumentorum* Pers. Syn. — *Panicum læve* Lamk. Ill. 1, tab. 172. — Racine fibreuse, vivace. Tiges hautes de 5 à 6 pieds, glabres, dressées, soyeuses aux articulations. Feuilles linéaires, vertes, scabres au bord. Fleurs en panicule terminale, très-rameuse, lâche, diffuse, longue d'environ 1 pied ; ramules verticillés, scabres ; épillets petits, pédicellés, verdâtres, ovoïdes, acuminés, subgéminés. Glumes inégales, glabres. Fleur inférieure neutre, à 2 glumelles. — Cette espèce, appelée vulgairement *Herbe de Guinée*, est cultivée fréquemment comme fourrage aux Antilles et dans les établissements coloniaux de l'Amérique méridionale ; on présume qu'elle a été introduite de la côte occidentale d'Afrique. On assure qu'aucune autre Graminée ne fournit un fourrage aussi abondant dans le même espace de temps, ni d'aussi bonne qualité. Il ne paraît pas que les essais tentés pour naturaliser cette culture en France aient été couronnés de succès.

PANIC EFFILÉ. — *Panicum virgatum* Linn. — Spreng. in Act. Petrop. 2, p. 292 ; tab. 5. — Trin. Ic. tab. 228. — Racine vivace. Tiges hautes de 5 à 6 pieds, dressées, très-glabres de même que les feuilles. Feuilles longues de 1 pied à 2 pieds, larges de $^1/_2$ pouce, scabres aux bords ; gaîne plus courte que les entre-nœuds ; ligule fimbriolée. Panicule terminale, ample, diffuse, pyramidale ; ramules souvent verticillés. Glumes ovées, acuminées. Fleur inférieure mâle. Glumeilles de la fleur hermaphrodite lancéolées, aussi longues que les glumes. Anthères pourpres. — Cette espèce croît dans les provinces méridionales des États-Unis ; elle prospère surtout dans les terrains saumâtres et marécageux. Il paraît qu'on la cultive aussi comme fourrage, et qu'on lui applique, de même qu'à l'espèce précédente, le nom d'*Herbe de Guinée.*

Panic Millet. — *Panicum miliaceum* Linn. — Trin. Ic. tab. 224. — Racine fibreuse, annuelle. Tiges droites, velues, simples ou rameuses, hautes de 2 à 4 pieds. Feuilles très-poilues surtout sur la gaîne, larges de 6 à 9 lignes, d'un vert gai. Panicule terminale, lâche, oblongue, inclinée d'un côté. Épillets violets ou d'un vert jaunâtre, glabres, ovoïdes, pointus, solitaires. Glumes nerveuses, cuspidées : l'extérieure 2 fois plus courte que l'épillet. Fleur inférieure neutre, à glumelle-externe semblable à la glume-interne. Achène blanc, ou jaunâtre, ou noirâtre, glabre, ellipsoïde, à 5 stries. — Cette plante, connue sous le nom vulgaire de *Millet,* passe pour être indigène de l'Inde ; elle se cultive fréquemment, à titre de céréale, dans toute l'Asie équatoriale, ainsi qu'en Orient, dans le nord de l'Afrique et en Europe ; elle se plaît dans les sols légers.

Panic Faux-Millet. — *Panicum miliare* Lamk. Ill. 4, tab. 175. — Racine fibreuse, annuelle. Tiges touffues, hautes de 2 à 5 pieds, dressées, rameuses, glabres de même que les feuilles. Panicule terminale, lâche, grêle, inclinée ; branches alternes, rameuses, capillaires, hispides. Épillets glabres, ellipsoïdes ; pédicelles inégaux, géminés sur un pédoncule commun. Achène ovoïde, lisse, luisant, brun, à 5 stries. (*Roxburgh, Flora Indica,* ed. 2, vol. 4, p. 509.) — Fréquemment cultivé dans l'Inde ; le grain sert aux mêmes usages que le *Millet ;* toute la plante est un bon fourrage.

Genre OPLISMÈNE. — *Oplismenus* Beauv.

Épillets biflores, biglumes, nus; fleur supérieure hermaphrodite; fleur inférieure mâle ou neutre. Glumes concaves ou pliées en carène, membranacées, inégales, en général carénées. Glumelles de la fleur inférieure membranacées : l'externe conforme à la glume interne; l'interne dissimilaire ou nulle. Glumelles de la fleur hermaphrodite coriaces : l'externe acuminée, mucronée, concave, embrassant l'interne ; celle-ci pari-nervée. Étamines 5. Ovaire glabre, 2-style. Styles terminaux, allongés. Stigmates plumeux. Squamules-hypogynes 2, charnues, entières, collatérales, tronquées, glabres. Achène glabre, inadhérent, recouvert par les glumelles. — Herbes annuelles ou vivaces. Feuilles planes. Épillets disposés en épis : ceuxci en grappe ou en panicule; rachis inarticulé. — On connaît environ 60 espèces de ce genre; la plupart appartiennent à la zone équatoriale.

Sous-genre ECHINOCHLOA Beauv.

Glumes très-inégales. Fleurs-stériles aristées. Épis disposés en panicule ou en grappe.

OPLISMÈNE PIED DE COQ. — *Oplismenus Crus-galli* Kunth, Gram. 1, p. 44. — *Panicum Crus-galli* Linn. — Engl. Bot. tab. 876. — Trin. Ic. tab. 161. — *Panicum Crus-corvi* Linn. — *Echinochloa Crus-galli* et *Echinochloa Crus-corvi* Beauv. — Racine fibreuse, annuelle. Tiges hautes de 1 pied à 2 pieds, dressées ou ascendantes, glabres, comprimées. Feuilles linéaireslancéolées, acuminées, scabres aux bords, glabres, souvent ondulées; gaîne lâche, comprimée, glabre; ligule nulle. Épis alternes ou opposés, denses, disposés en panicule dressée; rachis flexueux, glabre, pentagone à la base, trigone vers le haut : rameaux alternes ou opposés, distancés; les inférieurs plus longs que les supérieurs. Pédicelles solitaires ou géminés, hispides à la base. Épillets verts ou panachés de vert et de violet, ovoïdes. Glumes ovées, acuminées, nerveuses, hispides aux nervures :

l'externe de moitié plus courte que l'interne ; l'une et l'autre plus ou moins longuement aristées, ou courtement aristées. Glumelle-externe de la fleur-neutre aussi longue que la glume-interne, un peu plus longue que la fleur hermaphrodite, terminée en arête plus ou moins longue. Glumelle-interne de la fleur-neutre petite, ovée, ciliée au sommet. Glumelles de la fleur hermaphrodite luisantes, finement striées. Achène oblong, obtus, luisant, blanc, lisse. — Plante excessivement commune dans les lieux cultivés ; c'est une mauvaise herbe difficile à extirper.

OPLISMÈNE CULTIVÉ. — *Oplismenus frumentaceus* Kunth, Gram. 1, p. 45. — *Panicum frumentaceum* Roxb. Flor. Ind. ed. 1, p. 507. — Trin. Ic. tab. 164. — *Echinochloa frumentacea* Link, Enum. — Racine fibreuse, annuelle. Tiges hautes de 2 à 4 pieds, dressées, glabres, rameuses. Feuilles grandes, hispides aux bords. Panicule terminale, dressée, oblongue, roide, composée d'un grand nombre d'épis denses, courbés en dedans, unilatéraux, quelquefois subverticillés ; rachis-commun 5-ou 6-gone, un peu poilu ; rachis secondaire trigone, flexueux. Épillets en général ternés : un sessile, les deux autres inégalement pédicellés. Glumes cuspidées ou aristées, trinervées. Achène ovoïde, pointu, lisse.—Fréquemment cultivé dans l'Inde, comme céréale. Cette plante aime les terrains légers et un peu secs ; dans les sols fertiles elle produit, en général, 50 pour 1, et donne deux récoltes à partir de juin ou de juillet (commencement de la saison pluvieuse) jusqu'à la fin de janvier ; son grain est salubre et nutritif. Le bétail est très-friand de toute la plante. (*Roxburgh, l. c.*)

Genre SÉTAIRE. — *Setaria* Beauv.

Épillets biflores, accompagnés chacun d'une collerette de soies unilatérales ; la fleur inférieure inaristée de même que les glumes. (Tous les autres caractères comme chez les *Panicum*.)

SÉTAIRE CULTIVÉE. — *Setaria italica* Kunth, Gram. 1, p. 46. — *Panicum italicum* Linn. — Host, Gram. 4, tab. 14. — *Pennisetum italicum* R. Br. — *Setaria italica* et *Setaria ger-*

manica Beauv. — *Panicum germanicum* Roth. — Racine fibreuse, annuelle. Tiges hautes de 3 à 5 pieds (quelquefois hautes de 8 à 10 pieds, dans les localités favorables d'un climat chaud), dressées, cylindriques, glabres. Feuilles larges, ciliées de poils rétrorses ; gaîne barbue au sommet. Épi terminal plus ou moins incliné, cylindrique-oblong, serré, plus ou moins lobé à la base, composé d'un grand nombre de grappes rameuses. Épillets géminés, ou ternés, ou quaternés sur chaque pédicelle, verdâtres, ou roussâtres, ovoïdes, petits ; rachis poilu ; collerettes à soies scabres de bas en haut, tantôt plus longues, tantôt à peine aussi longues que les épillets, jaunâtres ou violettes. Glumelles de la fleur hermaphrodite lisses. Achène ovoïde, trinervé. — Cette plante, connue sous les noms vulgaires de *Millet en épi*, *Millet des oiseaux*, ou *Panic des oiseaux*, passe pour être originaire de l'Asie équatoriale ; on la cultive aux mêmes usages que le Millet ; en Europe, ses graines servent principalement à la nourriture de la volaille ; dans l'Inde elles contribuent à alimenter les habitants des contrées trop arides pour la culture du Riz. Au témoignage de Roxburgh, le *Setaria italica* n'est pas moins productif que l'*Oplismenus frumenta-ceus* ; il produit, en général, 50 pour 1 ; on le sème à l'entrée de la saison pluvieuse, en juin ou en juillet, et la récolte est mûre en septembre ; on obtient ordinairement une seconde récolte, sur le même champ, dans l'espace des trois mois suivants.

Genre PÉNICILLAIRE. — *Penicillaria* Swartz.

Épillets biflores, biglumes, accompagnés chacun d'un involucelle unilatéral composé d'un grand nombre de soies persistantes ; fleur inférieure en général plus petite, mâle, du reste conforme à la fleur supérieure ; celle-ci hermaphrodite ; l'une et l'autre à 2 glumelles. Glumes très-courtes, inégales, membraneuses, transparentes. Glu-melle-externe herbacée, concave. Glumelle-interne plus mince, 4-nervée. Point de squamules-hypogynes. Éta-mines 5 ; anthères barbées au sommet. Ovaire glabre, 1-style. Style terminal, allongé, plumeux au-dessous des stigmates, 1-denté du côté interne peu au-dessus de la base. Stigmates plumeux. Achène lisse, inadhérent, recouvert par les glumelles. — Herbe annuelle, élancée. Tiges pleines, rameuses. Feuilles planes, larges. Panicule terminale, dense, oblongue, cylindracée, simple : ramules épars ou subverticillés, très-simples, horizontaux, poilus, portant chacun 1 ou 2 épillets terminaux. — L'espèce suivante constitue à elle seule le genre.

PÉNICILLAIRE A ÉPIS. — *Penicillaria spicata* Willd. — Jacq. fil. Eclog. tab. 17. — *Holcus spicatus* Linn. — *Pennisetum typhoideum* Pers. Syn. — Delile, Ægypt. tab. 8, fig. 5. —*Cenchrus spicatus* Cavan.—*Panicum spicatum* Roxb. Flor. Ind. — Racine fibreuse. Tiges hautes de 5 à 6 pieds, cylindriques, glabres, de la grosseur du petit doigt. Feuilles grandes, barbues au sommet de la gaîne ; côte blanche, très-saillante en dessous. Épi long de 6 à 9 pouces, d'environ 1 pouce de diamètre, roide, dressé. Pédicelles 1-4-flores, roides. Soies des collerettes à peu près aussi longues que les épillets, verdâtres ou pourpres, hispidules. Glumes et glumelles mutiques. Achène obové, d'un blanc de perle. — Cette plante, nommée vulgairement *Millet à chandelle*, et (dans les colonies d'Amérique) *Couscou*, est fréquemment cultivée, comme céréale, dans l'Inde et dans d'autres contrées de l'Asie équatoriale, ainsi qu'en Égypte et aux Antilles. Dans les sols meubles et fertiles, elle produit plus de 100 pour 1, et l'on en obtient deux récoltes sur le même champ, dans l'espace de 6 à 7 mois ; ses usages sont les mêmes que ceux du Millet et autres Panicées cultivées.

IVᵉ TRIBU. **STIPACÉES.** — *STIPACEÆ* Kunth.

Épillets uniflores. Glumelle-externe involutée, aristée au sommet, en général endurcie à la maturité ; arête simple ou trifide, le plus souvent tordue, articulée à la base. Ovaire stipité, le plus souvent accompagné de 5 squamules.

Genre MACROCHLOA. — *Macrochloa* Kunth.

Épillets 1-flores, biglumes ; fleur stipitée. Glumes lancéolées, concaves, égales, 5-nervées, membranacées, subulées au sommet, plus longues que les glumelles. Glumelles membraneuses, soyeuses à l'extérieur : l'externe 5-nervée, involutée, bifide au sommet, aristée entre les lobes ; l'interne binervée, 2-cuspidée au sommet. Arête très-longue, tordue, articulée à la base. Étamines 5. Anthères barbées au sommet. Filets adnés inférieurement au stipe de l'ovaire. Ovaire stipité, glabre, bifide au sommet, 2-style. Styles très-courts, terminaux. Stigmates plumeux à la surface interne. Squamules-hypogynes 5, glabres, entières, adnées inférieurement au stipe de l'ovaire : les 2 antérieures un peu charnues ; la postérieure membraneuse. — Herbes vivaces. Feuilles convolutées. Épillets en panicule rameuse.

MACROCHLOA TENACE. — *Macrochloa tenacissima* Kunth, Gram. 1, p. 59. — *Stipa tenacissima* Linn. — Desfont. Flor. Atlant. 1, tab. 50. — Tiges touffues, hautes de 2 à 5 pieds, grêles, dressées. Feuilles longues d'environ 2 pieds, coriaces, très-tenaces, filiformes, cylindriques. Panicule allongée, resserrée. Épillets nombreux, jaunâtres. Arête de la glumelle externe longue d'environ 2 pouces, velue à sa partie inférieure, glabre et filiforme dans le haut. — Cette plante, connue sous le nom vulgaire de *Sparte*, croît abondamment dans les lieux incultes en Espagne et dans l'Afrique septentrionale. C'est avec ses feuilles, macérées dans l'eau de mer, que se font les ouvrages connus dans le commerce sous le nom de *sparterie;* dans plusieurs provinces d'Espagne, les paysans ont coutume de porter une chaussure assez solide, laquelle se confectionne en entier de feuilles de Sparte,

Genre STIPA. — *Stipa* Linn.

Épillets uniflores, biglumes ; fleur stipitée. Glumes membranacées, mutiques, canaliculées, presque égales, plus longues que les glumelles. Glumelles coriaces, involutées, subcylindracées : l'externe aristée au sommet, l'interne binervée, en général beaucoup plus courte ; arête tordue, articulée à la base. Étamines 3 ; anthères souvent barbées au sommet ; filets adnés par la base au stipe de l'ovaire. Ovaire stipité, glabre, 2-style. Styles courts, terminaux. Stigmates plumeux. Squamules-hypogynes 3, charnues, ou membranacées, entières, glabres, adnées inférieurement au stipe de l'ovaire. Achène subcylindracé, glabre, inadhérent, enveloppé des glumelles. — Herbes vivaces. Feuilles en général involutées. Épillets pédicellés, disposés en panicule. — M. Kunth énumère 60 espèces de ce genre.

STIPA PLUMEUX. — *Stipa pennata* Linn. — Engl. Bot. tab. 1556. — Racine fibreuse. Tiges hautes de 1 $\frac{1}{2}$ pied à 5 pieds, dressées, touffues, grêles, pubescentes aux articulations. Feuilles roides, filiformes, pointues, involutées, d'un vert glauque, scabres en dessous : les radicales aussi longues que les tiges, très-touffues ; gaînes scabres ; celles des feuilles supérieures très-longues. Panicule grêle, resserrée, dressée, recouverte à sa partie inférieure par la dernière gaîne ; rameaux simples ou presque simples, les inférieurs géminés. Épillets lancéolés-linéaires, longs de 6 à 9 lignes. Glumes lancéolées, terminées en arête membraneuse, glabre, plus longue que l'écaille. Stipe de la fleur soyeux. Arête de la glumelle longue d'environ 1 pied, géniculée à environ 18 lignes de distance de sa base, glabre et tordue au-dessous de la géniculation, plumeuse, droite et filiforme dans le reste de sa longueur, finalement recourbée. — Cette plante croît sur les collines arides et sablonneuses ; elle mérite d'être cultivée en raison de l'élégance de ses arêtes.

Vᵉ TRIBU. AGROSTIDÉES. — *AGROSTIDEÆ* Kunth.

Épillets 1-flores (très-rarement avec le rudiment d'une seconde fleur), biglumes. Glumes et glumelles herba-

*cées. Glumelle-externe souvent aristée. Stigmates le
plus souvent sessiles.*

Genre AGROSTIS. — *Agrostis* Linn.

Épillets uniflores. Glumes presque égales, carénées, mutiques, en général beaucoup plus longues que les glumelles. Glumelle-externe aristée au dos ou mutique. Glumelle-interne bicarénée ou nulle. Étamines 1 à 5. Ovaire
glabre. Stigmates 2, terminaux, subsessiles, plumeux.
Squamules-hypogynes 2, glabres, indivisées. Achène inadhérent, recouvert par les glumelles. — Herbes annuelles
ou vivaces. Feuilles planes ou involutées. Épillets pédicellés, petits, très-nombreux, disposés en panicule à rameaux subverticillés. Fleurs glabres, ou légèrement pubescentes à la base des glumelles.

Sous-genre VILFA Beauv.

Épillets sans rudiment d'une seconde fleur. Glume externe
plus longue que la glume interne. Feuilles planes.

AGROSTIS COMMUN. — *Agrostis vulgaris* Wither. — Engl.
Bot. tab. 1671.—Hoffm. Deutschl. Flor. 1, tab. 7.—*Agrostis
rubra, Agrostis stolonifera* et *Agrostis pumila* Linn. — *Agrostis varians, Agrostis violacea* et *Agrostis verticillata* Thuil. —
Feuilles linéaires, à ligule courte, tronquée. Panicule ovée-oblongue, diffuse pendant et après la floraison : ramules divariqués, scabres, dirigés en tout sens. (*Mertens* et *Koch, Flor.
Germ.*) — Racine rampante, vivace, stolonifère. Tiges hautes
de ½ pied à 2 pieds, dressées ou ascendantes, glabres, souvent
radicantes et rameuses aux articulations inférieures. Feuilles
longuement acuminées, scabres, souvent pubérules en dessus;
gaîne lisse ou scabre. Panicule à rameaux trichotomes vers leur
milieu, indivisés inférieurement, capillaires; pédicelles en général plus longs que les épillets. Épillets luisants, glabres, tantôt
panachés de vert et de violet, tantôt violets en entier, tantôt d'un
jaune verdâtre. Glumes lancéolées, acuminées. Glumelles mem-

braneuses, blanchâtres : l'externe ovée-lancéolée, tantôt mutique, tantôt munie vers le milieu de la nervure médiane d'une arête plus ou moins saillante; l'interne en général à peu près de moitié plus petite que l'externe, quelquefois très-petite. Achène minime. — Cette espèce, connue sous les noms vulgaires de *Terrenue*, *Éternue* et *Traînasse*, est une des Graminées les plus communes dans les prairies et les pâturages; elle prospère en tout sol, tant dans les localités sèches que dans les terrains humides ou même marécageux; c'est un fort bon fourrage au moyen duquel on peut utiliser les sols qui se refusent à des cultures plus avantageuses.

AGROSTIS BLANC. — *Agrostis alba* Schrad. Flor. Germ. — *Agrostis alba*, *Agrostis stolonifera* et *Agrostis sylvatica* Linn. — *Agrostis stolonifera* Flor. Dan. tab. 564. — *Vilfa alba* Beauv. Agrost. — Feuilles linéaires, à ligule oblongue, plus ou moins allongée. Panicule oblongue-conique et divariquée pendant la floraison, plus tard resserrée; ramules déclinés, scabres, dirigés vers un seul côté. (*Mertens* et *Koch, l. c.*) — Cette espèce est très-semblable à la précédente avec laquelle elle est vulgairement confondue sous les mêmes noms; d'ailleurs elle n'est pas moins commune et elle fournit également un excellent fourrage.

Sous-genre ANEMAGROSTIS Trin. (*Apera* Beauv.)

Glume-externe plus courte que la glume-interne. Épillet offrant un rudiment stipitiforme d'une seconde fleur, inséré un peu plus haut que la fleur parfaite. Glumelle-externe longuement aristée au-dessous du milieu. — Feuilles planes, linéaires.

AGROSTIS DES CHAMPS. — *Agrostis Spica-Venti* Linn. — Flor. Dan. tab. 855. — Engl. Bot. tab. 951. — Racine annuelle, fibreuse. Tiges touffues, hautes de ½ pied à 5 pieds, dressées, très-grêles, finement striées. Feuilles étroites, scabres, très-pointues, souvent pubérules en dessus; gaîne lisse ou un peu scabre; ligule allongée. Panicule longue de ½ pied à 1 pied, dressée ou

un peu inclinée; rameaux subverticillés, capillaires, flexueux,
divariqués et horizontaux pendant la floraison. Épillets verts ou
violets, petits, très-nombreux. Glumes lancéolées, acuminées. Glumelle-externe à arête droite, 5 à 4 fois plus longue que l'écaille.
— Plante excessivement commune parmi les moissons et dans
les champs incultes; on la cultive parfois comme fourrage.

VIe TRIBU. ARUNDINACÉES. — *ARUNDINACEÆ*
Kunth.

Épillets soit uniflores (avec ou sans rudiment d'une se-
conde fleur), soit pluri-flores, biglumes. Fleurs en
général longuement poilues. Glumes et glumelles
membraneuses, herbacées. Glumes ordinairement auss i
longues ou plus longues que les glumelles.

Genre AMMOPHILA. — *Ammophila* Host.

Épillets biflores; fleur-inférieure parfaite, barbue à la base,
courtement stipitée; fleur-supérieure rudimentaire, réduite
à un stipe plumeux. Glumes subcoriacés, lancéolées, carénées, plus longues que les glumelles : l'externe un peu plus
courte, 1-nervée; l'interne 5-nervée. Glumelles subcoriaces : l'externe ovée-lancéolée, carénée, 5-nervée, bifide au
sommet, munie au-dessous du sommet d'une courte arête;
l'interne un peu plus courte, bicarénée. Étamines 5.
Ovaire pyriforme, glabre. Stigmates 2, terminaux, sessiles, plumeux, distants. Squamules-hypogynes 2, lancéolées, acuminées, glabres, beaucoup plus longues que l'o-
vaire. Achène inadhérent, recouvert par les glumelles. —
Herbes vivaces. Feuilles involutées. Épillets pédicellés,
agrégés en panicule ayant la forme d'un épi.

AMMOPHILA DES SABLES. — *Ammophila arenaria* Host. Gram.
4, tab. 41. — *Arundo arenaria* Linn. — Engl. Bot. tab. 520.
—Flor. Dan. tab. 917.—Hook. Flor. Lond. tab. 181.—*Cala-*

magrostis arenaria Roth. — *Psamma littoralis* Beauv. —
Psamma arenaria R. et S.— Racines très-longues, rampantes,
vivaces. Tiges hautes de 2 à 5 pieds, dressées, roides, glabres,
quelquefois rameuses à la base. Feuilles roides, linéaires, cuspidées, piquantes, d'un vert glauque, canaliculées et scabres en
dessus, lisses et finement striées en dessous. Gaîne lisse ou un peu
scabre ; ligule allongée. Panicule longue de $1/2$ pied ou plus, dressée, roide, cylindracée, rétrécie vers le sommet. Pédicelles scabres, épaissis au sommet. Épillets longs d'environ 6 lignes. Glumes
pointues. Glumelles plus longues que la houppe de poils. — Cette
plante vient dans presque toute l'Europe, sur les plages de l'O-
céan et de la Méditerranée. Au moyen de ses longues racines
traçantes, elle contribue puissamment à fixer les sables mouvants
des dunes; dans beaucoup de localités, on a soin de la multiplier
à cet effet.

Genre DONAX. — *Donax* Beauv.

Épillets 5-à 5-flores ; fleurs toutes parfaites, hermaphrodites, point accompagnées d'une houppe de poils ; la fleur
inférieure courtement stipitée. Glumes presque aussi longues que l'épillet, comprimées, lancéolées, pointues. Glumelles soyeuses à la surface externe : l'externe lancéolée,
courtement tricuspidée au sommet : la pointe du milieu
prolongée en petite arête ; glumelle interne bicarénée,
plus courte. Étamines 5. Ovaire glabre, 2-style. Styles
longs, terminaux. Stigmates en forme de goupillon. Squamules-hypogynes 2, charnues, glabres. Achène inadhérent,
recouvert par les glumelles. — Herbes vivaces. Feuilles
planes. Épillets pédicellés, très-nombreux, disposés en
panicule très-rameuse, diffuse.

DONAX COMMUN. — *Donax arundinaceus* Beauv. — *Arundo
Donax* Linn. — *Arundo sativa* Lamk. Flore Franç. — *Scolochloa arundinacea* Mert. et Koch, Deutschl. Flor.—Racine
vivace, rampante. Tiges simples, hautes de 6 à 15 pieds, droites,
fermes, assez grosses, finalement presque ligneuses ; articulations

nombreuses, rapprochées. Feuilles longues de 1 pied à 2 pieds, larges de 2 à 5 pouces, linéaires-lancéolées, pointues, glabres, lisses excepté aux bords ; gaîne lisse ; ligule remplacée par une collerette de poils. Panicule longue de 1 à 2 pieds, oblongue, assez dense ; rameaux et ramules étalés, scabres de même que les pédicelles. Épillets 2-à 4-flores, luisants, panachés de jaune et de violet. — Cette plante, appelée vulgairement *Canne de Provence* ou *Roseau à quenouille*, croît au bord des eaux et dans les localités marécageuses de l'Europe méridionale. C'est celle des Graminées indigènes qui atteint les dimensions les plus considérables. Vers la fin de l'année, ses tiges, bien que creuses et légères, ont acquis une dureté remarquable ; dans cet état de lignification elles servent à faire des quenouilles, des cannes, de longs manches pour pêcher à la ligne (usage pour lequel elles sont très-recherchées en vertu de leur légèreté), des treillages, de la vannerie et toutes sortes d'ustensiles ; elles résistent longtemps à l'action de l'air et de l'humidité. Les racines ont une saveur douceâtre ; on leur attribue des propriétés diurétiques et emménagogues. Les jeunes pousses, encore tendres, sont commestibles. Dans le nord de la France, on cultive cette Graminée dans les jardins paysagers, à cause de l'elégance de son port ; on en possède une variété à feuilles panachées.

Genre PHRAGMITE. — *Phragmites* Trin.

Épillets 5-à 7-flores ; fleurs distiques, nues, distancées, toutes hermaphrodites à l'exception de l'inférieure qui est neutre ou mâle ; rachis de l'épillet garni de longs poils soyeux, distiques. Glumes membraneuses, lancéolées, carénées, pointues, plus courtes que l'épillet : l'externe plus petite. Glumelles membraneuses : l'externe lancéolée-subulée ; l'interne beaucoup plus courte, bicarénée. Étamines 5. Ovaire glabre, 2-style. Styles terminaux, allongés. Stigmates presque en forme de goupillon. Squamules-hypogynes 2, glabres. Achène inadhérent, recouvert par les glumelles. — Herbes vivaces. Feuilles larges, planes. Épillets très-nombreux, pédicellés, étroits, lancéolés, disposés en panicule très-rameuse, diffuse.

PHRAGMITE COMMUN. — *Phragmites communis* Trin. — *Arundo Phragmites* Linn. — Engl. Bot. tab. 401. — *Arundo vulgaris* Lamk. Flore Franç. — Racines rampantes. Tiges hautes de 4 à 8 pieds, dressées, roides, striées, lisses (excepté vers le sommet), simples, de la grosseur du doigt. Feuilles linéaires-lancéolées, cuspidées, larges, glabres, d'un vert glauque, très-scabres aux bords, lisses en dessus et en dessous; gaîne lisse; ligule remplacée par une collerette de poils. Panicule longue de $^1/_2$ pied à 1 pied, terminale, dense, inclinée au sommet; rameaux et ramules étalés; pédicelles longs, filiformes, épaissis au sommet. Épillets 5-à 6-flores (en général 5-flores; rarement 2-flores), violets, ou d'un brun roux; poils du rachis blanchâtres, luisants, aussi longs que les glumelles. Glumes glabres, 5-nervées : l'interne presque 2 fois plus longue que l'externe. Glumelles glabres : l'externe 1-nervée, entière au sommet, 5 fois plus longue que l'interne. — Cette espèce, appelée vulgairement *Roseau*, abonde dans presque toute l'Europe dans les étangs, les marécages et autres localités aquatiques; sa stature élancée et la largeur de ses feuilles la font distinguer sans peine de toutes les autres Graminées indigènes du nord de la France. Les longues racines du Roseau contribuent à consolider la vase des marais et des rivages; on les emploie aussi comme diurétique. Les tiges sont recherchées pour la confection de nattes et de divers ouvrages de vannerie, ainsi que pour la couverture des chaumières. Les jeunes feuilles fournissent un bon fourrage; celles de la plante adulte s'emploient comme litière. Enfin, l'on fait de petits balais d'appartement avec les panicules de la plante.

VIIIe TRIBU. CHLORIDÉES. —*CHLORIDEÆ* Kunth.

Épillets biglumes, 1-flores, ou pluri-flores (à fleurs supérieures abortives), disposés en épis unilatéraux. Glumes et glumelles membranacées, herbacées. Glumes

*persistant plus longtemps que le fruit. Épis en général
fasciculés ou en panicule; rachis inarticulé.*

Genre CYNODON. — *Cynodon* Rich.

Épillets biglumes, uniflores (avec ou sans rudiment
d'une seconde fleur), distiques, sessiles, aplatis bilatéralement, agrégés en épis. Glumes subcoriaces, mutiques,
comprimées, carénées, divergentes, plus courtes que les
glumelles : l'externe un peu plus courte que l'interne.
Fleur-hermaphrodite non-stipitée. Glumelles subcoriaces :
l'externe fortement comprimée, indivisée au sommet,
courtement mucronulée; l'interne enveloppée par l'externe, beaucoup plus étroite mais presque aussi longue
que celle-ci, légèrement bicarénée. Squamules-hypogynes
2, charnues, glabres, parfois connées. Étamines 3. Ovaire
glabre, 2-style. Styles longs, terminaux. Stigmates plumeux. Achène inadhérent, glabre, recouvert par les glumelles endurcies. — Herbes vivaces, rampantes. Feuilles
planes. Épis grêles, fasciculés ou géminés sur un pédoncule commun, ou bien disposés en grappe.

CYNODON DACTYLE. — *Cynodon Dactylon* Rich. in Pers. Syn.
—*Panicum Dactylon* Linn. —Engl. Bot. tab. 850. —Plenck,
Ic. tab. 45. — *Digitaria Dactylon* Scop. — *Digitaria stolonifera* Schrad. Flor. Germ. —*Dactylon officinale* Villars. —
Rhizome rampant, très-long, rameux, articulé, radicant aux
articulations. Tiges longues de 2 à 4 pieds, rampantes, subcylindriques, grêles, glabres, jaunâtres, ou brunâtres, radicantes et
rameuses aux articulations, couvertes de gaînes subscarieuses et
en général aphylles ; rameaux dressés, feuillés, longs de $^{1}/_{2}$ pied
à 1 $^{1}/_{2}$ pied, simples, ou presque simples, solitaires, les uns florifères, les autres stériles ; entre-nœuds courts, recouverts par les
gaînes. Feuilles d'un vert glauque, courtes, linéaires, acérées,
scabres au bord, pubescentes en dessous (quelquefois aussi en
dessus); gaînes glabres ou pubescentes, les inférieures lâches ;
ligule remplacée par une collerette de poils. Épis fasciculés au

nombre de 4 à 7 sur un pédoncule terminal, longs de 1 pouce à
1 ½ pouce, violets, ou panachés de vert et de violet, grêles,
denses, dressés, souvent arqués ; rachis poilu à la base, trigone.
Glumes étroites, lancéolées. Glumelles glabres, luisantes, ciliolées
au bord et sur la carène. Anthères et stigmates pourpres. — Cette
plante, connue sous les noms vulgaires de *Chiendent* (1), ou
Pied de poule, abonde dans les terrains sablonneux ; elle s'éta-
blit de préférence dans les localités les plus arides. Ses racines
sont mucilagineuses et sucrées : leur décoction est d'un emploi
fréquent à titre de tisane adoucissante et diurétique. Dans les
champs, cette Graminée devient une mauvaise herbe dont l'extir-
pation est fort pénible.

Genre ÉLEUSINE. — *Eleusine* Gærtn.

Épillets biglumes, bi-ou pluri-flores, sessiles, unilatéraux, disposés en épis ; fleurs distiques, toutes hermaphrodites. Glumes comprimées, carénées, membraneuses,
mutiques, plus courtes que l'épillet. Glumelles membraneuses, mutiques ; l'externe 1-carénée ; l'interne bicarénée. Étamines 5. Ovaire glabre, 2 style. Styles terminaux.
Stigmates plumeux. Squamules-hypogynes 2, glabres, bilobées. Achène inadhérent, glabre, recouvert par les glumelles. Graine à peine adhérente, transversalement rugueuse. — Plantes annuelles. Feuilles planes. Épis terminaux, fasciculés (rarement solitaires ou géminés), sessiles, denses.

ÉLEUSINE CULTIVÉE. — *Eleusine coracana* Gærtn. Fruct. 1,
tab. 1. — *Cynosurus coracanus* Linn. — *Tsjetti-pullu* Hort.
Malab. 12, tab. 78. — *Panicum gramineum* Rumph. Amb. 5,
p. 205 ; tab. 76, fig. 5. — Racine fibreuse. Tiges plus ou moins
nombreuses, dressées, comprimées, glabres, hautes de 2 à 5
pieds. Feuilles larges, glabres ; gaîne barbue au sommet. Épis

---

(1) Ce nom s'applique en outre au *Triticum repens*, dont la racine
sert d'ailleurs aux mêmes usages.

fasciculés au nombre de 4 à 6, courbés en dedans, dressés, longs de 1 pouce à 5 pouces, assez larges ; rachis comprimé, un peu flexueux. Épillets 3-à 6-flores, distiques. Glumes obtuses : l'externe 2 fois plus longue que l'interne. Péricarpe membraneux, transparent. Graine globuleuse, d'un brun foncé.

ÉLEUSINE A ÉPIS ROIDES. — *Eleusine stricta* Roxb. Flor. Ind. ed. 2. vol. 1, p. 545. — Cette espèce (ou variété) ne diffère de la précédente qu'en ce que ses épis sont droits et, en général, plus grands. L'une et l'autre se cultivent beaucoup dans l'Inde comme céréales ; pour être productives, elles demandent un sol riche et léger ; dans les conditions les plus favorables, elles peuvent rendre jusqu'à 500 pour 1 ; mais leur rapport ordinaire n'est que d'environ 60 pour 1. De même que le Millet et autres Céréales à petit grain, on les sème au commencement de la saison pluvieuse, et l'on en obtient deux récoltes en 7 mois.

IXe TRIBU. AVÉNACÉES. — *AVENACEÆ* Kunth.

Épillets biflores ou pluri-flores, biglumes ; la fleur terminale en général abortive. Glumes et glumelles membraneuses, herbacées. Glumelle externe en général aristée ; arête souvent dorsale et tordue.

Genre AVOINE. — *Avena* Linn.

Épillets triflores ou pluriflores, biglumes ; fleurs distancées : la terminale abortive ; les autres hermaphrodites. Glumes convexes ou plus ou moins comprimées, mutiques, nerveuses, herbacées, membranacées, inégales : l'externe plus courte. Glumelles herbacées, en général poilues sur toute la surface externe, ou barbues à la base : l'externe bifide au sommet, aristée vers le milieu ou plus bas (arête géniculée ou divariquée) ; lobes-terminaux mutiques ou aristés. Glumelle-interne mutique, bicarénée ; carènes ciliolées. Squamules-hypogynes 2, grandes, glabres, en général bi-

fides. Étamines 3. Ovaire subpyriforme , le plus souvent
barbu au sommet. Stigmates 2, terminaux, allongés, sessiles, plumeux. Achène adhérant aux glumelles ou inadhérent, subcylindracé, 1-sulqué antérieurement, glabre,
ou barbu au sommet. — Herbes annuelles ou vivaces.
Feuilles planes ou involutées. Épillets pédicellés, disposés
en panicule diffuse ou en forme d'épi.

A. *Épillets pendants (du moins après la floraison). Glumes 5-
à 9-nervées. Ovaire barbu au sommet.*

Avoine cultivée. — *Avena sativa* Linn. — Blackw. Herb.
tab. 422. — Panicule étalée en tous sens. Épillets à 2 fleurs fertiles. Glumes plus longues que les fleurs. Fleur supérieure mutique,
plus petite que l'inférieure. Glumelles glabres, lancéolées, amincies vers le haut ; l'externe à 2 lobes échancrés, mutiques. Rachis
de l'épillet barbu sous la fleur inférieure, du reste glabre. (*Mertens* et *Koch, Flor. Germ.*) — Racine fibreuse, annuelle. Tiges
hautes de 2 à 5 pieds, dressées, glabres, simples, en général
touffues. Feuilles planes, pointues, linéaires-lancéolées, scabres
(surtout aux bords) ; gaînes glabres : la dernière ventrue ; ligule
courte. Panicule dressée, rameuse, diffuse ; rameaux subverticillés, étalés, inégaux. Épillets longs de 8 à 12 lignes. Glumes
luisantes, d'un vert blanchâtre, lancéolées, acérées : l'externe 7-
nervée, l'interne 9-nervée. Glumelles finement nervées, blanchâtres ou noirâtres, lisses ; arête forte, géniculée, longuement
saillante, tordue au-dessous de la géniculation. (Certaines variétés sont dépourvues d'arêtes.) Achène oblong, pointu, adhérent,
blanchâtre, ou d'un jaune pâle, ou brunâtre. — Cette céréale,
qu'on désigne vulgairement par le seul nom d'Avoine, se cultive
fréquemment en Europe ainsi que dans les régions tempérées de
l'Asie ; elle prospère surtout dans les sols frais et substantiels ; sa
patrie n'est pas connue.

Le pain d'avoine est de qualité médiocre et d'une saveur un
peu amère. Toutefois il est beaucoup de contrées (notamment
l'Écosse et quelques départements du nord-ouest de la France)
où l'Avoine sert à l'alimentation journalière de la plupart des habi-

tants ; mais on la mange de préférence en bouillies soit de farine, soit de gruau. En Pologne on en fait de la bière et de l'eau-de-vie. Tout le monde sait que ce grain convient mieux que toute autre nourriture aux chevaux ; la volaille en est aussi très-friande. La décoction de gruau d'avoine donne une des tisanes adoucissantes les plus recherchées. La paille d'avoine constitue un fourrage tendre et assez nutritif.

AVOINE NUE. — *Avena nuda* Linn. — Panicule étalée en tous sens. Épillets à 5 fleurs fertiles. Glumes plus courtes que les fleurs. Fleur terminale mutique. Glumelles lancéolées, glabres, amincies vers le haut : l'externe à 2 lobes subulés au sommet. Arête ni tordue ni géniculée, recourbée. Rachis de l'épillet entièrement glabre. Achène inadhérent. (*Mertens* et *Koch, l. c.*)— Céréale cultivée aux mêmes fins que l'Avoine ordinaire ; beaucoup d'auteurs la considèrent comme une variété de celle-ci.

AVOINE D'ORIENT. — *Avena orientalis* Schreb.—Host, Gram. 5, tab. 44. — *Avena heteromalla* Mœnch. — *Avena racemosa* Thuil. — Panicule unilatérale, contractée. Épillets à 2 fleurs fertiles ; fleur supérieure mutique ; rachis légèrement poilu sous la fleur inférieure, du reste glabre. Glumes débordant les fleurs. Glumelles glabres, lancéolées, amincies vers le haut : l'externe à 2 lobes échancrés. Arête géniculée, tordue au-dessous de la géniculation. Achène adhérent. (*Mertens* et *Koch, l. c.*) — Plante très-semblable à l'*Avena sativa* par le port, mais en général plus élancée ; panicule plus grande. Achène blanc ou noir. Dans une variété, toutes les fleurs sont dépourvues d'arête. — Céréale connue sous les noms vulgaires d'*Avoine de Hongrie, Avoine de Russie, Avoine à grappes, Avoine unilatérale ;* cultivée aux mêmes fins que l'Avoine ordinaire ; dans les sols riches, elle est extrêmement productive tant en grain qu'en paille ; mais dans les sols maigres, elle rend moins que l'Avoine ordinaire.

AVOINE FOLLE-AVOINE. — *Avena fatua* Linn. — Engl. Bot. tab. 2224. — Flor. Dan. tab. 1629. — Panicule lâche, étalée en tous sens. Épillets à 2 fleurs fertiles, l'une et l'autre aristées. Glumes plus longues que les fleurs. Rachis poilu. Glumelles lancéolées, barbues à la base, hispides au dos ; l'externe bidentée au sommet. Achène adhérant aux glumelles.(*Mertens* et *Koch, l. c.*) — Plante annuelle, très-semblable à l'*Avena sativa.* Glumelles brunes, hérissées de poils roux ou jaunâtres. — Cette espèce, nommée vulgairement *Avron,* ou *Folle-Avoine,* est commune dans les moissons ; c'est une mauvaise-herbe très-nuisible aux céréales, et notamment aux Avoines cultivées.

AVOINE STÉRILE. — *Avena sterilis* Linn. — Jacq. Ic. 1, tab. 25. — Panicule unilatérale. Épillets à 4 ou 5 fleurs fertiles ; rachis glabre. Glumes plus longues que les fleurs. Glumelles lancéolées, hispides au dos dans les 2 fleurs inférieures, glabres dans les fleurs supérieures. Achène adhérant aux glumelles.(*Mertens* et *Koch, l. c.*) — Plante annuelle, semblable à l'*Avena fatua.* Panicule plus lâche, moins rameuse. Épillets plus grands, à poils jaunes ou roux. — Cette espèce, à laquelle s'appliquent les mêmes noms vulgaires qu'à la précédente, infeste, de même que celle-ci, les champs de céréales.

Genre ARRHÉNATHÈRE.— *Arrhenatherum* Beauv.

Épillets biglumes, 3-flores ; fleur inférieure mâle ; fleur suivante hermaphrodite ; fleur terminale neutre, abortive; rachis barbu sous chaque fleur. Glumes presque aussi longues que l'épillet, comprimées, convexes, membraneuses, ovées-lancéolées, inégales ; l'externe plus petite.— *Fleur-mâle* : Glumelle-externe herbacée, 5-nervée ; la nervure médiane prolongée peu au-dessous de la base en arête géniculée ; les 4 autres nervures prolongées au delà du sommet en forme de petites pointes. Glumelle-interne à 2 carènes ciliolées. Deux squamules allongées, glabres, lancéolées-linéaires, entières. Étamines 3. Ovaire rudimentaire, sans stigmates. — *Fleur-hermaphrodite :* Glumelle-externe tridentée au sommet, inaristée, ou courtement aristée peu au-dessous du sommet. Glumelle-interne comme dans la fleur-mâle. Étamines 3. Squamules-hypogynes comme dans la fleur-mâle. Ovaire pyriforme, barbu au sommet. Stigmates 2, terminaux, sessiles, plumeux. Achène adné aux glumelles. — Herbes vivaces. Feuilles planes. Épillets pédicellés, disposés en panicule rameuse, étalée ; rameaux semi-verticillés, épaissis à la base.

ARRHÉNATHÈRE ÉLANCÉ.—*Arrhenatherum avenaceum* Beauv. — *Avena elatior* Linn.—Flor. Dan. tab. 165. — *Holcus avenaceus* Scop. — Engl. Bot. tab. 813. — *Avena elatior* et *Avena bulbosa* Willd. — *Avena precatoria* Thuil. — Racine vivace, un peu rampante. Tiges hautes de 2 à 4 pieds, dressées, ou ascendantes, striées, lisses, glabres, parfois pubescentes aux articulations, tantôt peu ou point renflées à la base, tantôt offrant à la partie souterraine 2 à 5 renflements bulbiformes, superposés en forme de chapelet, de grosseur variable (parfois du volume d'une Noisette). Feuilles larges de 1 ligne à 3 lignes, linéaires-lancéolées, pointues, lisses, en général glabres, parfois pubescentes en dessus. Gaîne lisse ou un peu scabre ; ligule courte. Panicule longue de ½ pied à 1 pied, oblongue, dressée, ou inclinée au sommet, plus ou moins interrompue. Épillets longs d'environ 4 lignes. Glumes blanchâtres, ou rougeâtres, ou panachées, luisantes, transparentes, un peu scabres : l'externe 1-nervée, l'interne 3-ou 5-nervée. Fleur-mâle à arête longuement saillante, géniculée. Fleur-hermaphrodite ordinairement mutique. — Cette espèce, connue sous les noms de *Fromental, Avoine-Fromental* et *Ray-Grass de France,* est commune dans les prairies et les pâturages ; on la cultive fréquemment comme fourrage. Au témoignage de M. Vilmorin, c'est une des Graminées les plus productives parmi les espèces indigènes ; mais elle ne se plaît pas dans les terrains trop humides.

Xᵉ TRIBU. FESTUCACÉES. — *FESTUCACEÆ* Kunth.

Épillets multiflores, ou moins souvent pauciflores, biglumes. Glumes et glumelles en général membraneuses, herbacées. Glumelle-externe en général aristée ;

arête non-tordue. — Inflorescence le plus souvent paniculée.

Genre PATURIN. — *Poa* Linn.

Épillets 2-ou pluri-flores, distiques, biglumes ; fleurs toutes hermaphrodites. Glumes plus courtes que l'épillet, membranacées, mutiques, comprimées ; l'externe plus petite. Glumelles membranacées, mutiques ; l'externe ovée ou lancéolée, comprimée, 1-carénée ; l'interne bicarénée, ciliolée aux carènes. Étamines 5. Squamules-hypogynes 2, bifides, ou entières, glabres. Ovaire glabre, 2-style. Styles courts, terminaux. Stigmates plumeux. Achène glabre, inadhérent (par exception adné à la glumelle-interne). — Herbes annuelles ou vivaces. Feuilles planes. Epillets pédicellés, disposés en panicule simple ou rameuse. — Genre comprenant près de 500 espèces.

A. *Glumes et glumelles fortement comprimées. Glumelles presque transparentes, ventrues du côté intérieur. Rachis de l'épillet glabre, fortement flexueux.*

PATURIN AMOURETTE. — *Poa Eragrostis* Linn. — *Eragrostis poœoides* Beauv. —Racine fibreuse, annuelle. Tiges hautes de $^1/_2$ pied à 1 $^1/_2$ pied, dressées, ou ascendantes, grêles, glabres, en général rameuses à la base. Feuilles étroites, linéaires, pointues, poilues aux bords ; gaîne poilue, glanduleuse sur la nervure médiane ; ligule courte, ciliolée. Panicule étalée. Épillets linéaires-lancéolés, 8-20-flores. Glumelles obtuses. —Cette espèce, remarquable par l'élégance de son inflorescence, croît dans les localités sablonneuses.

PATURIN D'ABYSSINIE. — *Poa abyssinica* Jacq. Ic. Rar. 1, tab. 17. — Bruce, Trav. 5, tab. 24. — *Eragrostis abyssinica* Link, Enum.—Plante annuelle, glabre, touffue. Racine fibreuse. Tiges très grêles, dressées, subcylindriques, hautes de 2 à 5 pieds. Feuilles longues, très étroites, subinvolutées. Panicule plus ou moins inclinée, lâche, diffuse, à rameaux capillaires, subverticillés. Épillets 4-ou 5-flores, lisses, oblongs-lancéolés, verdâtres, ou rougeâtres. Achène petit, blanchâtre. — Cette espèce est cultivée comme céréale, en Abyssinie, où on l'appelle *Teff;* on assure que, nonobstant la petitesse de son grain, le produit en est assez considérable ; la plante croît d'ailleurs très-rapidement : on la récolte environ quarante jours après les semailles.

B. *Glumes et glumelles comprimées. Glumes pointues. Glumelles non-ventrues; l'externe herbacée, à bord transparent. Rachis de l'épillet à peine flexueux, souvent laineux.*

PATURIN COMMUN. — *Poa trivialis* Linn. — Engl. Bot. tab. 1072. — Flor. Dan. tab. 1444. — *Poa pratensis* Pollich. (Non Linn.) — *Poa scabra* Ehrh.—Racine fibreuse. Tiges et gaînes scabres. Ligule allongée, pointue. Panicule diffuse, à rameaux scabres, fasciculés, ordinairement au nombre de 5. Épillets ovoïdes, en général biflores ; rachis laineux. Glumelles nerveuses. (*Mertens* et *Koch, Deutschl. Flora.*) — Plante vivace, touffue. Tiges hautes de 1 pied à 5 pieds, dressées, ou ascendantes, grêles, striées, cylindriques, ordinairement radicantes à la base. Feuilles linéaires, larges de 1 ligne à 5 lignes, pointues, scabres : les radicales plus étroites et plus longues que les caulinaires; gaîne un peu comprimée. Panicule dressée ou inclinée ; rameaux capillaires, flexueux. Épillets verts ou d'un violet brunâtre, 2-4-flores, longs d'environ 1 ¹/₂ ligne. Glumes lancéolées, pointues, un peu scabres : l'externe 1-nervée, l'interne 5-nervée. — Commun dans les prairies humides ; fleurit de juin jusqu'en août ; fréquemment cultivé en prairies artificielles ; c'est un fourrage d'excellente qualité, qui se recommande, en outre, tant par sa précocité que par l'abondance de son produit.

PATURIN DES PRÉS. — *Poa pratensis* Linn. — Engl. Bot. tab. 1073.—*Poa glabra* Ehrh.— *Poa angustifolia* Pollich.— *Poa trivialis* Leyss. (non Linn.) — Racine rampante. Tiges et gaînes glabres. Ligule courte, tronquée. Panicule diffuse, à rameaux scabres, fasciculés ordinairement au nombre de 5. Épillets ovoïdes, 5-à 5-flores, à rachis laineux. Glumes nerveuses. (*Mertens* et *Koch, l. c.*) — Plante vivace, touffue, haute de 1 ½ pied à 3 pieds. Feuilles d'un vert gai ou tirant sur le glauque : les radicales très-longues, plus étroites que les caulinaires. — Variétés : *Poa pratensis latifolia* Weihe. (Feuilles glauques, les radicales plus courtes, souvent aussi larges que les caulinaires.) — *Poa humilis* Ehrh. *Poa subcœrulea* Engl. Bot. tab. 1004. (Tiges basses, de couleur glauque ou violette. Feuilles glauques.) — *Poa angustifolia* Linn. *Poa setacea* Hoffm. (Feuilles très-étroites, sétacées, surtout les radicales.) — Espèce excessivement commune dans les prairies et les pâturages, en toute sorte de sol, soit humide, soit sec ; on la sème aussi en prairies artificielles, soit seule, soit mélangée avec d'autres Graminées ; c'est un fourrage d'aussi bonne qualité que le *Poa trivialis.*

PATURIN FERTILE. — *Poa fertilis* Host, Gram. Austr. 3, tab. 14. — *Poa palustris* Roth. (Non Linn.) — *Poa serotina* Gaudin. — Racine fibreuse. Tiges et gaînes lisses. Ligule (des feuilles supérieures) allongée, pointue. Panicule diffuse, à rameaux scabres, fasciculés ordinairement au nombre de 5. Épillets ovés-lancéolés, 2-à 5-flores ; rachis légèrement laineux. Glumelles à nervures presque imperceptibles. (*Mertens* et *Koch, l. c.*) — Plante vivace, très-semblable aux deux espèces précédentes. Tiges souvent radicantes à la base. Feuilles étroites, plissées à la base. Glumelles obtuses, souvent tronquées. — Commune dans les prairies humides ; fleurit de juin jusqu'en août ; cultivée aux mêmes titres que les deux espèces précédentes.

PATURIN DES BOIS. — *Poa nemoralis* Linn. — Flor. Dan. tab. 749. — Engl. Bot. tab. 1265. — Racine un peu rampante. Tiges et gaînes lisses. Ligule très-courte ou nulle. Panicule diffuse ou subunilatérale, à rameaux scabres, fasciculés au nombre de 2 à 5. Épillets elliptiques-lancéolés, 2-à 5-flores ; rachis glabre ou laineux. Glumelles à nervures presque imperceptibles. (*Mertens* et *Koch, l. c.*) — Plante vivace, très-touffue. Tiges hautes de 1 ½ pied à 3 pieds, très-grêles, dressées, cylindriques, ou plus ou moins comprimées ; nœud d'un violet foncé. Feuilles étroites, d'un vert gai, plissées à la base ; la dernière feuille en général plus longue que sa gaîne. Panicule grêle, nutante, lâche. Épillets 2-ou 5-flores, petits, verdâtres. Glumes presque aussi longues que l'épillet. — Variétés : *Poa nemoralis firmula* Gaudin. (Tiges moins grêles. Panicule pyramidale. Epillets 4-ou 5-flores. Glumes plus courtes que l'épillet.) — *Poa nemoralis uniflora* Mert. et Koch. (Épillets à 2 fleurs ; la supérieure abortive.) — *Poa nemoralis rigidula* Mert. et Koch. *Poa serotina* Schrad. *Poa pratensis* Leers. (Gaînes ordinairement scabres. Panicule roide, dressée. Épillets 5-à 5-flores.)— *Poa nemoralis coarctata* Gaudin. *Poa cæspitosa* Poir. *Poa coarctata* D. C. (Glauque ou d'un vert gai. Tiges assez fermes. Panicule dressée ou nutante, contractée. Épillets 5-à 5-flores.)— *Poa nemoralis glauca* Gaudin. *Poa glauca* Smith, Engl. Bot. tab. 1720. (Tiges et feuilles glauques. Panicule roide, dressée, petite, à rameaux courts, portant un petit nombre d'épillets. Épillets 2-ou 5-flores.)—*Poa nemoralis cæsia* Gaudin. *Poa glauca* Poiret. (Tiges et feuilles très-glauques. Panicule roide, dressée, oblongue, multiflore ; rameaux courts. Épillets 5-à 5-flores.)—Cette plante est commune dans les bois ; fleurit en juillet et en août ; cultivée comme fourrage. M. Vilmorin recommande cette espèce comme étant la plus hâtive des Graminées indigènes ; le foin en est très-abondant et d'excellente qualité.

Genre GLYCÉRIA. — *Glyceria* R. Br.

Épillets multiflores, biglumes ; fleurs distiques, imbriquées ; rachis articulé. Glumes chartacées ou membraneuses, convexes, mutiques, plus courtes que l'épillet ; l'externe plus petite. Glumelles membraneuses, presque égales ; l'externe convexe, non-carénée, oblongue, ou ovoïde, arrondie ou tronquée au sommet, mutique ; l'interne bicarénée, ciliolée aux carènes. Squamules-hypogynes 2, courtes, charnues, glabres, souvent connées presque jusqu'au sommet. Étamines 5 (accidentellement 2). Ovaire glabre, 2-style. Styles terminaux, divariqués, en général courts. Stigmates plumeux, à poils rameux. Achène oblong, glabre, inadhérent. — Herbes vivaces. Feuilles planes ; ligule membraneuse. Épillets linéaires, étroits, allongés, disposés en panicule simple ou rameuse ; rameaux subverticillés. — Ce genre ne diffère essentiellement des *Poa* que par des épillets peu ou point comprimés.

GLYCÉRIA FLOTTANT. — *Glyceria fluitans* R. Br. — *Festuca fluitans* Linn. — Flor. Dan. tab. 257. — *Poa fluitans* Scop. — Engl. Bot. tab. 1520. — *Devauxia fluitans* Beauv. — Racine rampante. Panicule unilatérale, divariquée. Épillets linéaires, apprimés, 7-11-flores. Glume-externe 7-nervée : nervures saillantes. (*Mertens* et *Koch, Deutschl. Flora.*) — Racines très-longues. Tiges hautes de 1 $\frac{1}{2}$ pied à 5 pieds, radicantes ou flottantes dans leur partie inférieure, redressées vers le haut, subcylindriques, fortement striées, glabres de même que toutes les autres parties de la plante, souvent rameuses inférieurement. Feuilles larges de 5 lignes, molles, d'un vert gai, linéaires, pointues, scabres aux bords ; lorsque la plante croît dans l'eau, les feuilles inférieures sont très-longues et flottantes ; gaîne lisse ou un peu scabre ; ligule oblongue. Panicule longue de 1 pied ou plus, dressée, très-lâche ; rameaux en demi-verticilles distancés, d'abord appliqués au rachis, puis horizontaux : les inférieurs ternés, très-inégaux. Épillets longs de 6 à 9 lignes, subcylindriques, horizontaux pendant la floraison. Glumes elliptiques, obtuses, membraneuses, blanchâtres, 1-nervées : l'externe de moitié plus courte que l'interne. Glumelle-externe verte ou violette, blanche au sommet, arrondie, ou tronquée. Glumelle interne courtement bidentée. Squamules-hypogynes connées en une seule presque carrée ou cunéiforme. Achène oblong, 1-sulqué du côté intérieur, convexe au dos. — Cette plante, connue sous les noms vulgaires de *Fétuque flottante, Paturin flottant, Herbe à la manne, Manne de Prusse, Manne de Pologne*, est commune dans les lieux aquatiques, ainsi que dans les prairies humides ou marécageuses ; elle fleurit de mai en septembre. Tous les animaux herbivores la recherchent. En Prusse et en Pologne, les paysans en ramassent le grain, qu'ils mangent en guise de riz. Dans le Nord, cette plante est en outre très-importante en ce qu'elle contribue puissamment à combler des marais, qu'elle transforme peu à peu en tourbières.

GLYCÉRIA ÉLANCÉ. — *Glyceria spectabilis* Mert. et Koch, Deutschl. Flora, 1, p. 586. — *Poa aquatica* Linn. — Engl. Bot. tab. 1515. — Flor. Dan. tab. 920. — *Poa altissima* Mœnch. — *Glyceria aquatica* Smith, Engl. Flor. (Non Presl.) — *Hydrochloa aquatica* Hartm. — Racine rampante. Panicule très-rameuse, étalée en tout sens. Épillets linéaires, 5-à 9-flores. Glumelle-externe obtuse, 7-nervée : nervures saillantes. (*Mertens et Koch, l. c.*) — Tiges hautes de 5 à 8 pieds, dressées, glabres (de même que toutes les autres parties de la plante), striées, subcylindriques, simples, de la grosseur du doigt. Feuilles larges de 4 à 5 lignes, linéaires, courtement acuminées, d'un vert gai, scabres aux bords et sur la côte-médiane; gaîne un peu comprimée, marquée de deux taches brunes à son sommet; ligule courte. Panicule longue de 1 pied à 2 pieds, assez dense, dressée, étalée pendant la floraison; rameaux flexueux, scabres. Épillets longs de 4 à 6 lignes, très-nombreux, cylindriques avant la floraison, puis un peu comprimés. Glumes elliptiques, obtuses, membraneuses, blanchâtres, 1-nervées aux bords. Glumelle-externe oblongue, obtuse, verdâtre, ou panachée de jaune et de roux, blanche au sommet, un peu réfléchie aux bords. Glumelle-interne aussi longue ou un peu plus longue que l'externe, courtement bidentée au sommet. Squamules-hypogynes carrées, tronquées.—Cette espèce, remarquable parmi les Graminées indigènes par sa stature élevée, croît dans les prairies marécageuses, les eaux stagnantes, ainsi qu'au bord des ruisseaux et des rivières ; elle fleurit en juillet et en août. Le bétail en est très friand tant qu'elle est jeune ; mais après la floraison, les feuilles et les tiges deviennent trop dures pour servir de pâture. Dans les localités où la plante est abondante, elle devient très-utile comme litière.

Genre BRIZA. — *Briza* Linn.

Épillets 5-ou pluri-flores, biglumes ; fleurs toutes hermaphrodites, distiques, imbriquées ; rachis articulé. Glu-

mes arrondies ou ovées, mutiques, membraneuses, con=
vexes, ventrues, presque égales, plus courtes que l'épillet. Glumelles mutiques ; l'externe membranacée, herbacée, ovoïde, obtuse, ventrue, un peu comprimée, cordiforme à la base ; l'interne beaucoup plus courte, bicarénée, ciliolée aux carènes. Squamules-hypogynes 2, entières ou lobées, glabres. Étamines 5. Ovaire glabre, 2-style.
Styles courts, terminaux. Stigmates longs, plumeux. Achène
glabre, comprimé parallèlement à l'embryon, en général
inadhérent, recouvert par les glumelles. — Herbes annuelles ou vivaces. Feuilles planes. Épillets arrondis ou elliptiques, longuement pédicellés, en général pendants ou
nutants, disposés en panicule lâche ; pédicelles capillaires.
— Les espèces de ce genre sont remarquables par l'élégance de leur inflorescence.

Briza Amourette. — *Briza media* Linn. — Flor. Dan. tab.
258. — Engl. Bot. tab. 540. — Panicule dressée, à rameaux
divariqués. Épillets arrondis, 5-à 9-flores. Glumes plus courtes
que la fleur inférieure. — Plante vivace, glabre. Racine fibreuse.
Tige haute de ½ pied à 1 ½ pied, dressée, striée, grêle, en général solitaire. Feuilles courtes, linéaires, pointues, larges de 2
lignes, scabres ; gaînes lisses : celle de la dernière feuille longue,
ventrue ; ligule courte, obtuse. Panicule subpyramidale, très-
rameuse ; rameaux filiformes, trichotomes, géminés, horizontaux
pendant la floraison. Pédicelles flexueux, souvent violets, flasques,
défléchis au sommet. Épillets larges de 5 lignes, longs seulement
de 2 ½ lignes, pendants, cordiformes-ovés, très-obtus, tremblo-
tant à la moindre agitation. Glumes horizontalement divergentes, violettes ou vertes, à large bord blanc. Glumelle-externe
cordiforme-ovée, verdâtre, avec un large bord blanc, 7-nervée.
Glumelle-interne échancrée au sommet. — Cette espèce, nommée
vulgairement *Amourette*, est commune dans les prairies sèches ;
elle fleurit en mai et en juin ; c'est un bon fourrage.

Briza a gros épillets. — *Briza maxima* Linn. — Jacq. Obs.
tab. 60. — Flor. Græc. tab. 76. — Panicule inclinée au som-

met. Épillets cordiformes-oblongs, ordinairement 13-à 17-flores.
— Plante annuelle, glabre. Tige dressée, haute de $\frac{1}{2}$ pied à 1 $\frac{1}{2}$
pied. Ligule allongée. Panicule très-lâche ; rameaux solitaires
ou géminés, portant un ou deux épillets. Épillets longs de 6 à 9
lignes, larges de 4 à 6 lignes, panachés de blanc, de jaune et de
brun. — Commun dans les champs du midi de l'Europe.

Genre DACTYLE. — *Dactylis* Linn.

Épillets biglumes, 2-à 7-flores ; fleurs toutes hermaphrodites. Glumes plus courtes que l'épillet, comprimées,
carénées, inéquilatérales (le côté large convexe, le côté
étroit presque plan ou un peu convexe), courtement aristées au sommet ; l'externe plus petite ; l'une et l'autre
défléchies vers le même côté vers leur sommet. Glumelles
herbacées ; l'externe 5-nervée, comprimée, carénée, courtement aristée au sommet ; l'interne bicarénée ; carènes
ciliolées. Squamules-hypogynes 2, glabres, bifides. Étamines 3. Ovaire subpyriforme, glabre, 2-style. Styles courts,
terminaux. Stigmates plumeux. Achène glabre, inadhérent,
recouvert par les glumelles. Herbes vivaces. Feuilles carénées. Épillets disposés en panicule unilatérale très-ser-
rée.

DACTYLE PELOTONNÉ. — *Dactylis glomerata* Linn. — Flor.
Dan. tab. 745.—Engl. Bot. tab. 555.—Plante touffue. Racine
fibreuse. Tiges hautes de 1 $\frac{1}{2}$ pied à 5 pieds, dressées ou ascendantes, striées, lisses (ou scabres seulement aux entre-nœuds supérieurs), glabres. Feuilles longues, linéaires, scabres, pointues ;
les radicales plus étroites que les caulinaires ; gaîne comprimée,
scabre ; ligule allongée. Panicule dressée, roide, subovoïde,
comme lobée, composée de glomérules ; ramules très-courts, solitaires, horizontaux pendant la floraison, puis connivents, scabres de même que les pédicelles. Épillets verts ou panachés de
vert et de violet, oblongs, triflores, longs d'environ 5 lignes. —
Plante commune dans les prés, les pâturages et les bois ; elle fleurit de juin jusqu'en août. Le foin de cette Graminée est peu es-

timé, parce que ses tiges deviennent trop dures et trop grosses ;
mais comme elle est précoce et très-productive, même dans les
terrains les plus médiocres, on trouve de l'avantage à la cultiver
comme fourrage à pâture.

Genre FÉTUQUE. — *Festuca* Linn.

Épillets bi-ou pluri-flores, biglumes ; fleurs distiques,
toutes hermaphrodites ; rachis-fructifère articulé. Glumes
convexes ou comprimées, acuminées, plus courtes que la
fleur inférieure ; l'externe plus petite. Glumelles lancéolées ou lancéolées-subulées, herbacées ; l'externe subcylindrique, non-carénée, acuminée, indivisée ou bifide au
sommet, ou mutique ou aristée ; arête terminale ou subterminale ; glumelle-interne bicarénée : carènes ciliolées.
Squamules-hypogynes 2, glabres, en général bifides. Étamines 3 (moins souvent 2 ou une seule). Ovaire 2-style,
en général glabre. Styles courts, terminaux, peu diver-,
gents. Stigmates plumeux. Achène adhérent à la glumelle
interne, ou inadhérent, linéaire-oblong, convexe au dos,
concave du côté intérieur, en général glabre. — Herbes
annuelles ou vivaces. Feuilles soit sétacées et involutées,
soit planes. Épillets pédicellés, disposés en grappe simple,
ou en panicule.

A. *Racine vivace, forte, touffue. Feuilles (du moins les radicales) filiformes ou sétacées, involutées; les radicales
nombreuses, touffues. Ligule très-courte, auriculée à la
base. Glumelle-externe aristée ou mutique, lancéolée, acuminée, à bord membraneux.*

FÉTUQUE OVINE. — *Festuca ovina* Linn. — Host, Gram. 2,
tab. 84. — Feuilles plus ou moins scabres, très-fines. Panicule
grêle, dressée, contractée. Épillets mutiques ou courtement aristés, oblongs, ordinairement biflores .(*Mertens* et *Koch, Deutschl.
Flora.*) — Plante g'abre, formant des touffes très-denses. Tiges
hautes de ¹/₂ pied à 1 ¹/₂ pied, presque filiformes, striées, sub-

cylindriques, tétragones vers le sommet, lisses ou un peu scabres sous la panicule, nombreuses : les centrales dressées ; les autres ascendantes. Feuilles radicales d'un vert gai ou glauques, plus ou moins allongées, rectilignes, ou arquées. Feuilles-caulinaires plus courtes que les radicales (souvent très-courtes), d'ailleurs similaires ; gaîne lisse ou un peu scabre. Panicule oblongue, sub-unilatérale, longue de 1 pouce à 2 pouces ; rameaux solitaires ou géminés, en général scabres, dressés, ou peu divergents même lors de la floraison : les inférieurs portant 5 à 7 épillets ; les supérieurs à 1 seul épillet. Épillets longs de 1 ¹/₂ ligne à 2 lignes, d'un vert glauque, ou panachés de vert et de violet. Glumes lancéolées : l'externe 1-nervée, l'interne 5-nervée. Ovaire glabre. — Variétés : *Festuca ovina tenuifolia* Mert. et Koch. *Festuca tenuifolia* Sibth. *Festuca capillata :* α, Lam. *Poa capillata* Mérat. (Feuilles plus fines, plus allongées et plus flasques.) — *Festuca ovina villosa* Mert. et Koch. (Feuilles plus ou moins velues.) — Cette plante, nommée vulgairement *Coquiole*, est commune dans les landes sablonneuses, les prairies et les pâturages secs.

FÉTUQUE DURE. — *Festuca duriuscula* Pollich. (et forsan Linn.). — *Festuca ovina* Schrad. Flor. Germ. — *Festuca stricta* Host, Gram. Austr. 2, tab. 86. — Feuilles sétacées, plus ou moins scabres. Panicule étalée. Épillets oblongs, aristés, en général 5-flores. (*Mertens* et *Koch, l. c.*) — Plante plus élancée et plus forte que le *Festuca ovina*. Feuilles moins fines, moins flexueuses, souvent glauques, ordinairement pubescentes au bord, scabres en dessous. Panicule roide ou inclinée au sommet. Épillets ordinairement plus grands que ceux du *Festuca ovina*, à arêtes plus longues, 5-à 8-flores. Glumes et glumelles ordinairement glabres. — Variétés : *Festuca hirsuta* Host, Gram. Austr. 2, tab. 85. (Épillets fortement pubescents.) — *Festuca duriuscula nemoralis* Mert. et Koch. (Feuilles-radicales très-flexibles, longues de 1 pied et plus, d'un vert gai.) — Commune dans les landes sablonneuses et les pâturages secs.

FÉTUQUE GLAUQUE. — *Festuca glauca* Schrad. Flor. Germ. — *Festuca pallens* Host, Gram. Austr. 2, tab. 88. — Feuilles

sétacées, roides, lisses. Panicule étalée. Épillets oblongs, aristés,
ordinairement 5-flores. (*Mertens* et *Koch*, *l. c.*) — Plante très-
semblable à l'espèce précédente par le port. Feuilles plus roides,
moins fines, d'un glauque blanchâtre, plus ou moins allongées :
les radicales parfois aussi longues que les tiges. Épillets tantôt
glabres, tantôt pubescents. — Cette espèce vient dans les mêmes
localités que les deux précédentes.

Fétuque rouge. — *Festuca rubra* Linn. — Host, Gram. Austr.
2, tab. 82. — Racine rampante. Tiges et feuilles en touffes lâches. Feuilles radicales sétacées. Feuilles-caulinaires planes ou
involutées. Panicule étalée. Épillets oblongs, aristés, en général
5-flores. Glumelle-externe lancéolée, acuminée. (*Mertens* et
Koch, *l. c.*) — Variétés : *Festuca dumetorum* Linn. (Épillets
pubescents. Feuilles-caulinaires planes ou canaliculées.) — *Festuca rubra lanuginosa* Mert. et Koch. — *Festuca cinerea* D.
C. Flor. Franç. (Épillets presque laineux, grands, 4 à 7-flores.
Feuilles toutes sétacées, involutées. Panicule souvent nutante.)
— Commune dans les bois, les landes sablonneuses, les prairies
et les pâturages.

Fétuque hétérophylle. — *Festuca heterophylla* Hænke, in
Jacq. Coll. — Host, Gram. Austr. 5, tab. 18. — Vaill. Par. tab.
18, fig. B. — *Festuca nemorum* Leyss. — *Festuca duriuscula*
Schrad. — Racine fibreuse. Tiges et feuilles en touffes serrées.
Feuilles-radicales sétacées. Feuilles-caulinaires planes. Panicule
étalée. Épillets oblongs, aristés, ordinairement 5-flores. Glumelles lancéolées-subulées. (*Mertens* et *Koch*, *l. c.*) — Feuilles
radicales minces, filiformes, longues de 1 pied ou plus, très-flas-
ques. Feuilles-caulinaires linéaires, souvent longues de 1 pied.
Panicule grande, ordinairement inclinée. Arête en général aussi
longue que la glumelle. — Cette espèce croît dans les bois; elle
est moins commune que la précédente.

Les cinq espèces de Fétuques que nous venons de décrire (et plusieurs autres congénères dont nous ne faisons pas mention, parce
qu'on ne les rencontre que dans les régions alpines), sont impor-
tantes en ce qu'elles fournissent un excellent pâturage pour les

moutons, qui préfèrent cette nourriture à tout autre fourrage
vert. Ces plantes restent trop basses pour être fauchées avec avantage ; toutefois, grâce à la faculté qu'elles ont de prospérer dans
les sables les plus arides, les agronomes peuvent en tirer parti
pour utiliser des terrains perdus pour toute autre culture. Le
Festuca glauca forme des touffes d'un aspect élégant ; aussi em-
ploie-t-on cette espèce pour garnir les rocailles des jardins paysagers, et pour former des bordures de parterre dans les terrains
arides.

B. *Racine forte, vivace. Feuilles linéaires, ou linéaires-lan-*
céolées, planes ; ligule inauriculée. Glumelle-externe lancéo-
lée, acuminée, subobtuse, mutique, ou à arête infra-api-
cilaire.

FÉTUQUE DES PRÉS. — *Festuca pratensis* Hudson.—Engl. Bot.
tab. 1592. — Flor. Dan. tab. 1525. — *Festuca elatior* Linn.
Flor. Suec. (Non Linn. Spec.) — *Bromus elatior* Kœl. Gram.
— *Schedonorus pratensis* Beauv. — *Schœnodorus pratensis*
R. et Sch. —Feuilles linéaires-lancéolées, à ligule très-courte.
Panicule dressée, unilatérale : rameaux étalés, simples, ordinairement géminés. Épillets linéaires, 5 à 10-flores ; glumelle-externe mutique, ou mucronulée au-dessous du sommet. (*Mertens*
et *Koch, l. c.*) — Plante glabre, formant des touffes lâches. Racine fibreuse ou un peu rampante. Tiges hautes de 2 à 5 pieds,
dressées, ou ascendantes, subcylindriques, lisses, parfois un peu
scabres sous la panicule. Feuilles d'un vert gai, larges de 2 à 5
lignes, pointues ; les inférieures lisses, les supérieures scabres,
plissées et auriculées à la base ; gaîne lisse. Panicule lâche, quelquefois nutante, contractée avant la floraison ; rameaux scabres
aux angles, inégaux. Épillets verts ou panachés de vert et de violet, en général longs d'environ 5 lignes (quelquefois plus longs
et 10-à 15-flores), d'abord cylindriques, plus tard comprimés.
Glumes pointues ou subobtuses, lancéolées, l'externe 1-nervée,
l'interne 5-nervée. —Commune dans les prairies un peu humides ; fleurit de juin jusqu'en août. Cette Graminée, dit M. Vilmorin, est une des meilleures que l'on puisse employer dans les

ensemencements de bas prés, en raison de l'abondance et de la qualité de son produit.

FÉTUQUE ÉLEVÉE. — *Festuca elatior* Smith, Flor. Brit. — Host, Gram. Austr. 1, tab. 8. — *Festuca arundinacea* Schreb. Spicil. — *Festuca spadicea* Mœnch. — *Bromus littoreus* Weigel. — *Bromus arundinaceus* Roth, Flor. Germ. — *Schedonorus elatior* Beauv. — *Schœnodorus elatior* Rœm. et Sch. — *Poa Phœnix* Scopol. — Feuilles linéaires-lancéolées, à ligule très courte. Panicule nutante, ample, étalée en tous sens; rameaux-inférieurs géminés, paniculés. Épillets ovés-lancéolés, 4-ou 5-flores; glumelle-externe mutique, ou mucronée au-dessous du sommet. (*Mertens* et *Koch*, *l. c.*) — Plante semblable à l'espèce précédente, mais beaucoup plus forte. Tige haute de 5 à 6 pieds, roide, dressée, assez grosse dans sa partie inférieure. Feuilles larges de 3 à 4 lignes, d'un vert gai, pointues, sillonnées, auriculées à la base. Panicule à rameaux inégaux : les plus longs portant jusqu'à 20 épillets. Épillets violets, ou verdâtres, ou panachés soit de blanc et de violet, soit de vert et de violet, toujours comprimés. — Cette espèce croît au bord des eaux, et dans les prairies humides ou marécageuses; elle fleurit depuis juin jusqu'en août; c'est un fourrage très-productif et de bonne qualité, quoique le foin en soit gros.

Genre BROME. — *Bromus* Linn.

Épillets 5-ou pluri-flores, biglumes; fleurs distiques, imbriquées; rachis-fructifère articulé. Glumes convexes ou comprimées, plus courtes que l'épillet, inégales ; l'externe plus petite. Glumelles herbacées; l'externe elliptique, ou lancéolée, ou subulée, échancrée ou bifide au sommet, non-carénée, aristée au-dessous du sommet (par exception mutique); arête droite ou recourbée, forte; glumelle-interne linéaire ou oblongue, bicarénée; carènes ciliées de petites soies roides. Squamules-hypogynes 2, entières, glabres. Étamines 5. Ovaire subpyriforme, astyle, barbu au sommet. Stigmates 2, plumeux, allongés, dor-

saux, infra-apicilaires. Achène oblong, ou linéaire, convexe
au dos, plan du côté intérieur, velu au sommet, adhérent
à la glumelle interne. — Herbes vivaces ou annuelles.
Feuilles planes. Épillets pédicellés, disposés en panicules
le plus souvent rameuses, diffuses, ou contractées. — Ce
genre renferme une centaine d'espèces, dont beaucoup
sont indigènes.

A. *Glumes convexes, non-carénées : l'externe 5-ou pluri-nervée. Épillets oblongs ou lancéolés, point élargis vers le
haut. — Plantes annuelles.*

  a) *Fleurs un peu distancées à la maturité; glumelle-externe
involutée en forme de tube subcylindrique.*

BROME SEGLIN. — *Bromus secalinus* Linn. —Engl. Bot. tab.
1171. — Panicule diffuse, nutante après la floraison. Épillets
oblongs. Glumelle-externe elliptique ; arête flexueuse, plus courte
que l'écaille. Gaîne des feuilles glabre. (*Mertens* et *Koch,
Deutschl. Flora.*) — Tiges hautes de 1 1/2 pied à 5 pieds, roides, dressées, velues aux articulations. Feuilles linéaires, larges
de 2 à 5 lignes, scabres en dessus et aux bords, les inférieures
glabres, les supérieures garnies de poils épars; ligule courte;
gaîne sillonnée, comprimée. Panicule longue de 5 à 6 pouces;
rameaux-inférieurs fasciculés au nombre de 4 ou 5, inégaux,
flexueux, en général à un seul épillet. Épillets longs de 9 à 12
lignes, 6-à 12-flores, glabres, d'un vert gai, d'abord cylindriques, après la floraison comprimés. — Vulgairement *Seglin.*
Commun dans les moissons; fleurit en juin et en juillet.

BROME A GROS ÉPILLETS. — *Bromus grossus* Desfont. in D. C.
Flore Franç. — *Bromus velutinus* Schrad. Flor. Germ. —
Bromus multiflorus Smith, Engl. Bot. tab. 1884. — Panicule
diffuse, nutante après la floraison. Épillets oblongs ; glumelle-
externe elliptique; arête rectiligne, aussi longue que l'écaille.
Gaîne des feuilles glabre. (*Mertens* et *Koch, l. c.*) — Espèce
très-semblable au *Bromus secalinus.* Épillets plus larges,

souvent 15-flores, tantôt glabres, tantôt velus. — Assez commun
dans les moissons ; fleurit en juin et en juillet.

b) *Fleurs imbriquées par les bords des glumelles-externes (même
lors de la maturité); glumelle-externe non-involutée.*

BROME A GRAPPE. — *Bromus racemosus* Linn. — Engl. Bot.
tab. 1079. — *Bromus pratensis* Ehrh. (Non Spreng.) — Panicule dressée ou nutante, contractée en forme de grappe après la
floraison. Épillets ovés-oblongs, glabres. Glumelle-externe elliptique : arête rectiligne, à peu près aussi longue que l'écaille.
Feuilles poilues ; gaînes inférieures très-velues. (*Mertens* et *Koch*,
l. c.) — Espèce semblable aux deux précédentes. Épillets plus
courts, verts, ou violets, ou panachés. — Commun dans les prés
secs, les pelouses et les champs ; fleurit en mai et en juin.

BROME VELU. — *Bromus mollis* Linn. — Host, Gram. 1,
tab. 19. — Panicule dressée, contractée après la floraison. Épillets scabres ou velus, ovés-oblongs. Glumelle-externe elliptique :
arête rectiligne, presque aussi longue que l'écaille. Feuilles velues
de même que les gaînes inférieures. (*Mertens* et *Koch*, *l. c.*)—
Espèce peu distincte de la précédente ; commune dans les prés
secs, les pelouses, au bord des chemins ; fleurit en mai et juin.

BROME A BARBES DIVERGENTES. — *Bromus squarrosus* Linn.
— Engl. Bot. tab. 1885. — Host, Gram. 1, tab. 15. — Panicule lâche, diffuse, nutante après la floraison. Épillets oblongs-
lancéolés. Glumelle-externe elliptique : arête d'abord dressée,
puis divariquée. Feuilles et gaînes velues. (*Mertens* et *Koch*, *l. c.*)
— Tiges grêles, glabres, longues de 1 pied à 1 ½ pied. Panicule
simple ou presque simple ; rameaux capillaires : les inférieurs
fasciculés au nombre de 2 à 4. Épillets verts, ou violets, ou panachés, 12-à 20-flores, longs de 8 à 12 lignes, luisants, en général glabres. — Prairies sèches, pelouses, champs sablonneux.

BROME ÉTALÉ. — *Bromus patulus* Mert. et Koch, Deutschl.
Flor. 1, p. 685. — *Bromus multiflorus* D. C. Flore Franç.—
Host. Gram. 1, tab. 11. — Panicule diffuse, nutante après la flo-
raison. Épillets lancéolés. Glumelle-externe elliptique-lancéolée :

arête plus longue que l'écaille, finalement divariquée. Feuilles et gaînes velues. (*Mert.* et *Koch, l. c.*) — Plante très-semblable au *Bromus squarrosus.* Panicule plus rameuse. Épillets plus étroits, plus nombreux, panachés de vert et de blanc, ou violets, tantôt glabres, tantôt velus. — Assez commun dans les moissons ; fleurit en mai et en juin.

Brome des champs. — *Bromus arvensis* Linn. — Panicule diffuse, un peu inclinée après la floraison. Épillets linéaires lancéolés. Glumelle-externe elliptique-lancéolée : arête droite, aussi longue que l'écaille. Feuilles et gaînes velues. (*Mertens* et *Koch, l. c.*) — Tiges hautes de 1 $\frac{1}{2}$ pied à 3 pieds. Panicule longue de $\frac{1}{2}$ pied à $\frac{3}{4}$ de pied, très-lâche ; rameaux inférieurs allongés, fasciculés au nombre de 5 ou plus, inégaux : les plus longs portant environ 12 épillets. Épillets 6-ou 7-flores, panachés de blanc et de vert, ou de blanc et de violet, inclinés après la floraison, non-uni latéraux.—Très-commun dans les moissons, les champs incultes, les pelouses sèches ; fleurit en juillet et en août.

Toutes les espèces de Bromes que nous venons de citer sont d'assez bons fourrages, du moins en vert ; leur grain peut être utilisé à la nourriture de la volaille.

Genre ARUNDINAIRE. — *Arundinaria* Michx.

Épillets biglumes, légèrement comprimés, 5-à 12-flores; fleurs distiques, imbriquées, un peu distancées, polygames; rachis articulé. Glumes petites, membranacées, mutiques : l'interne 2 à 5 fois plus longue que l'externe. Glumelles herbacées ; l'externe ovée, mucronée, multi-nervée ; l'interne bicarénée. Squamules-hypogynes 5, entières, pointues, membraneuses, subciliées, plus longues que l'ovaire. Étamines 5. Ovaire conique, glabre, 5-style. Styles très-courts, terminaux. Stigmates plumeux. Achène subovoïde, un peu arqué, subcylindrique, obtus, 1-sulqué au dos, inadhérent, caduc. — Tiges touffues, arborescentes, ligneuses ; rameaux fasciculés. Épillets (les uns mâles, les autres hermaphrodites) disposés en grappe ou en panicule.

Arundinaire a gros fruit. — *Arundinaria macrosperma*
Mich. Flor. Bor. Amer. — *Miegia macrosperma* Pers. — *Ludolfia macrosperma* Willd. — *Arundo gigantea* Walt. —
Tiges atteignant 50 à 55 pieds de haut, cylindriques, glabres,
rameuses vers le sommet. Feuilles grandes, planes, lancéolées,
légèrement acuminées, pubescentes en dessous ; gaînes beaucoup
plus longues que les entre-nœuds ; ligule remplacée par une collerette de soies. Épillets disposés en panicule simple, droite, ayant
la forme d'un épi. — Cette espèce, remarquable parmi les Graminées extra-tropicales par ses tiges gigantesques et ligneuses, croît
dans les provinces méridionales des États-Unis, au bord des eaux,
et dans les bas-fonds sujets aux inondations. On dit qu'elle ne
fleurit qu'à l'âge d'environ 20 ans.

Genre CHUSQUÉA. — *Chusquea* Humb. et Kunth.

Épillets triflores, biglumes ; fleurs distiques, imbriquées ;
les 2 inférieures neutres, à glumelle solitaire ; la terminale
hermaphrodite, à 2 glumelles. Glumes petites, membranacées, carénées, mutiques. Glumelles membranacées,
presque égales ; l'externe subcarénée, mucronée ; l'interne parinervée, bicarénée vers le haut, échancrée au
sommet. Squamules-hypogynes 5, entières, glabres, ou
ciliées au sommet ; la 5e plus petite. Étamines 5. Ovaire
glabre, 2-styles. Styles courts, terminaux. Stigmate plumeux à la surface interne. Achène linéaire-oblong, comprimé en sens contraire de l'embryon, glabre, inadhérent. —
Tiges très-longues, ligneuses, grimpantes, très-rameuses ;
rameaux pendants, fasciculés. Feuilles courtement pétiolées, planes. Épillets pédicellés, disposés en panicules rameuses, diffuses, terminales. — Genre propre à l'Amérique équatoriale ; on n'en connaît que 4 espèces ; ces Graminées sont remarquables en ce qu'elles forment des lia-
nes très-élevées.

Chusquéa grimpant. — *Chusquea scandens* Kunth, Syn. —
Nastus Chusque Kunth, in Humb. et Bonpl. Nov. Gen. et Spec.

1, p. 201.—*Bambusa Chusque* Poir. Enc. Suppl. — Tiges noueuses, adossées aux troncs des arbres ; rameaux cylindriques, glabres, luisants. Feuilles lancéolées, subulées au sommet, multinervées, striées, minces, glabres, longues de 3 à 4 pouces, larges de 4 lignes ; gaîne sillonnée, glabre, bilobée au sommet ; ligule nulle. Panicules longues d'environ 5 pouces, solitaires ; rameaux alternes, subunilatéraux, courts, étalés, anguleux et scabres de même que le rachis. Épillets solitaires, lancéolés-cylindracés, subulés au sommet, longs de 3 lignes. (*Kunth, Enum.* 1, Suppl. p. 550.) — Cette espèce croît dans les forêts du Pérou et de la Nouvelle-Grenade.

Genre PLATONIA. — *Platonia* Kunth.

Épillets biglumes, ovés, un peu comprimés, triflores ; fleurs distiques, imbriquées : les 2 inférieures neutres, plus petites, réduites à une seule glumelle ; la terminale hermaphrodite, à 2 glumelles. Glumes petites, coriaces, arrondies, acuminées. Glumelles coriaces, ovées-elliptiques ; l'externe pointue, enveloppant l'interne ; celle-ci 2-nervée. Squamules-hypogynes 3, arrondies, ciliées, membraneuses, transparentes. Étamines 5. Ovaire oblong-cylindracé, un peu arqué, glabre, 2-style. Styles courts, terminaux, recourbés. Stigmates courtement plumeux. (Fruit inconnu.) — Tige dressée, simple, feuillue à la base, élancée. Feuilles planes, coriaces, glabres, très-longues, rétrécies à la base. Épillets pédicellés, disposés en panicule allongée, très-rameuse, resserrée, terminale. — L'espèce suivante constitue à elle seule le genre.

PLATONIA ÉLANCÉ. — *Platonia elata* Kunth, Gram. 1, p. 159 et 527; tab. 76. — Racine fibreuse. Tige haute de 4 à 10 pieds, dressée, cylindrique, sillonnée, striée, glabre, de la grosseur d'une plume d'oie. Feuilles presque aussi longues que la tige, lancéolées-linéaires, larges de 9 à 10 lignes, courtement acuminées, scabres aux bords, continues avec la gaîne ; les inférieures plus étroites, canaliculées. Gaînes longues de 5 à 6 pouces, sillon-

nées, pubescentes étant jeunes, plus tard glabres : les supérieures
plus courtes, aphylles. Ligule ovée, obtuse. Panicule longue
d'environ 1 pied : rameaux fasciculés, rapprochés, courts, apprimés, scabres et anguleux de même que le rachis et les pédicelles.
(*Kunth, Enum.* 1, Suppl. p. 555.) — Cette plante croît dans
les régions froides du Pérou.

Genre MÉROSTACHYS. — *Merostachys* Spreng.

Épillets biflores, biglumes : fleur inférieure courtement
stipitée, hermaphrodite ; fleur supérieure longuement
stipitée, abortive, très-petite, nichée dans un sillon du
dos de la glumelle-externe de la fleur fertile. Glumes inégales : l'externe petite, subulée ; l'interne lancéolée-oblongue, subulée au sommet. Glumelles égales : l'externe ovée-
elliptique, pointue, involutée en forme de tube cylindrique ; l'interne bicarénée. Squamules-hypogynes 5, membraneuses, entières, ciliolées. Étamines 5. Ovaire non-
stipité, glabre, 2-style. Styles terminaux. Stigmates plumeux à la surface interne. (Fruit inconnu.) — Arbustes
semblables aux Bambous. Tiges rameuses ; rameaux fasciculés. Feuilles lancéolées, courtement pétiolées, minces,
planes. Épillets unilatéraux, sessiles, imbriqués, subbisériés, lancéolés-oblongs, disposés en épi terminal, solitaire, accompagné d'une gaîne (spathe) aphylle. — Genre
propre à l'Amérique équatoriale ; on n'en connaît que 2
espèces.

Mérostachys élégant. — *Merostachys speciosa* Spreng.
Syst. — Kunth, Gram. 1, tab. 79. — Tiges hautes de 20 à 50
pieds. Ramules très-longs, cylindriques, lisses, glabres, durs,
feuillus vers le haut, garnis dans leur partie inférieure de gaînes
aphylles très-distancées. Feuilles longues de 6 à 7 pouces, larges
de 1 pouce, lancéolées, acuminées, arrondies à la base, subinéqui-
latérales, striées, 13-ou 14-nervées, glabres, glauques en dessous;
pétiole canaliculé, tordu, long de 2 à 5 lignes, articulé, inséré
au-dessous du sommet de la gaîne. Gaînes imbriquées, striées,

sillonnées, glabres, vertes, obliques et arrondies au sommet, sub-échancrées ; ligule nulle. Épis longs d'environ 5 pouces ; rachis semi-cylindrique, velu, incane. Épillets longs de 5 à 6 lignes, d'un violet verdâtre. Glume-externe carénée, scabre. Glume-interne 5 fois plus longue que l'externe, nerveuse, membranacée, poilue à la surface externe, enveloppant la fleur hermaphrodite et la débordant de peu. Glumelles poilues au dos. (*Kunth, Enum.* 1, Suppl. p. 554.) — Cette espèce croît au Brésil.

Genre NASTUS. — *Nastus* Juss.

Épillets oblongs, comprimés, distiques, multiflores, biglumes ; fleurs inférieures neutres, réduites à une écaille semblable aux glumes ; la fleur terminale seule fertile, hermaphrodite, munie de 2 glumelles, et accompagnée d'une fleur rudimentaire stipitée. Glumes petites, coriaces, mutiques. Glumelles subcoriaces, naviculaires, carénées, mutiques, presque égales : l'interne bicarénée. Squamu-les-hypogynes 5, ciliées, entières. Étamines 6. Ovaire presque glabre, 3-style. Styles très-courts, terminaux, ac-crescents. Stigmates 5, sessiles, plumeux à la surface in-terne. Achène glabre, surmonté des styles endurcis. — Graminées arborescentes, semblables aux Bambous. Troncs rameux aux articulations. Rameaux grêles, sub-verticillés, florifères au sommet. Épillets disposés en pa-nicule. — Genre très-voisin des Bambous ; on n'y peut classer avec certitude que les deux espèces suivantes.

NASTUS DE L'ILE BOURBON. — *Nastus borbonicus* Gmel. Syst. — *Bambusa alpina* Bory, Voyage aux îles de l'Afr. austr. 1, p. 510 ; tab. 12. — *Nastus paniculatus* Smith, in Rees. Cycl. —*Stemmatospermum verticillatum* Beauv.—Feuilles linéaires-lancéolées. Gaînes ciliées vers le haut, hispides à l'orifice. Épillets oblongs, disposés en panicule. — Cette espèce croît dans les régions élevées des montagnes de Bourbon.

NASTUS A ÉPILLETS CAPITELLÉS. — *Nastus capitata* Kunth, Gram. 1, p. 525 ; tab. 75. — Tronc atteignant 50 pieds de

haut, sur 4 à 5 pouces de diamètre, inerme. Ramules cylindriques, feuillus, lisses, glabres, durs, ligneux, luisants, recouverts par les gaînes ; nœuds rapprochés, glabres. Feuilles longues
de 3 à 4 ½ pouces, larges de 8 à 10 lignes, linéaires-oblongues,
arrondies et un peu obliques à la base, acuminées-subulées au
sommet, courtement pétiolées, striées, minces, roides, glabres,
scabres aux bords, d'un vert gai ; nervure-médiane saillante en
dessous ; pétiole articulé à la gaîne. Gaînes imbriquées, subcylindriques, glabres, lisses, coriaces, un peu luisantes, finement
striées et subcarénées au dos, plus longues que les entre-nœuds,
hispides à l'orifice. Épillets lancéolés, sessiles, verdâtres, multiflores, agrégés en capitules solitaires au sommet des ramules.
Glumes ovées, pointues, striées, légèrement pubescentes. Glumelle
externe ovée-oblongue, couverte à sa partie supérieure de petites
soies noirâtres, bifide au sommet, avec une petite arête subulée et piquante partant de l'échancrure. Ovaire stipité, subclaviforme,
glabre, 1-style. Style très-long, pubescent, trifide au sommet.
Achène oblong, cylindrique, courtement stipité, inadhérent, recouvert par les glumelles. (*Kunth*, *Enum.* 1, Suppl. p. 555.)—
Cette espèce (qui est peut-être un vrai Bambou) croît à Madagascar.

Genre BAMBOU. — *Bambusa* Schreb.

Épillets 5-ou pluri-flores (en général multiflores), biglumes ; fleurs distiques, imbriquées ; une ou plusieurs
des inférieures neutres, réduites à une écaille semblable
aux glumes, les autres tantôt toutes hermaphrodites, tantôt une seule hermaphrodite et les autres (supérieures)
mâles. Glumes plus courtes que l'épillet, presque égales,
coriaces, mutiques, non-carénées. Glumelles coriaces ou
subcoriaces ; l'externe convexe au dos, non-carénée, mucronée ou aristée au sommet; l'interne plus étroite, bicarénée. Squamules-hypogynes 3, entières, ciliées. Achène
inadhérent, recouvert par les glumelles. — Graminées arborescentes, ordinairement multicaules et touffues, ayant
le port de roseaux gigantesques. Tiges noueuses, fistuleuses, subcolumnaires, ou épaissies à la base, épineuses dans

plusieurs espèces, en général très-élancées, très-grosses dans certaines espèces ; les jeunes très-simples, garnies de gaînes aphylles ; les adultes nues, ligneuses, sans branches, mais émettant aux articulations (du moins aux supérieures) des rameaux subverticillés, plus ou moins divisés, feuillus, finalement florifères (1). Feuilles planes, courtement pétiolées, en général assez larges. Épillets sessiles, fasciculés aux articulations des ramules, lesquels sont dépouillés de leurs feuilles à l'époque de la floraison : d'où résulte une panicule aphylle interrompue. La plupart des Bambous ne fleurissent que rarement ou à un âge plus ou moins avancé.

Ce genre, qui paraît être assez nombreux (mais dont la plupart des espèces ne sont encore que bien incomplétement connues), est sans contredit un des plus intéressants dans la famille des Graminées. Les Bambous peuvent souvent rivaliser avec les Palmiers tant par les dimensions gigantesques de leur tronc, que par l'élégance de leur port. Ces végétaux, aussi utiles que majestueux, forment d'immenses forêts dans les régions tropicales de l'ancien continent. Leur bois, en général assez mince et très-léger, est néanmoins doué de beaucoup de force et d'élasticité ; il s'emploie à la confection de toutes sortes de meubles et d'ustensiles, ainsi qu'aux constructions ; divisé et fendu en lanières, on le tresse en nattes, en corbeilles et autres ouvrages de vannerie. Les entre-nœuds entiers, offrant une cavité centrale plus ou moins spacieuse, tiennent

---

(1) « Chaque année, dit Roxburgh (*Flora Indica*, ed. 2), au com-
« mencement de la saison pluvieuse, il naît de nouvelles tiges parmi
« les anciennes ; elles commencent à se montrer sous forme de gros
« bourgeons coniques, semblables à des défenses d'éléphant, et enve-
« loppés de gaînes coriaces ; ces bourgeons croissent sans se ramifier
« jusqu'à ce que les nouvelles tiges aient atteint leur développement
« complet, ce qui s'opère d'ordinaire dans l'espace d'un mois ; durant
« ce temps les gaînes tombent peu à peu, et il leur succède bientôt
« quantité de rameaux ou de ramules : avant la formation de ceux-ci,
« les jeunes tiges ont l'aspect de perches d'une longueur démesurée. »

lieu de barriques, de seaux, ou autres vases destinés à contenir des liquides ; le tronc de certains Bambous acquiert même une grosseur telle, que deux de ses entrenœuds, ouverts d'un côté, suffisent pour former un canot assez grand pour porter deux hommes. Les espèces à tiges grêles fournissent des perches ou des palissades, servant surtout à faire les cloisons de l'intérieur des habitations. Les jeunes pousses radicales constituent un aliment analogue au Chou-palmiste. Le creux des jeunes tiges est en général rempli d'une séve limpide et potable. Dans les nœuds des vieux Bambous, il se forme fréquemment une concrétion siliceuse, appelée *tabachir* (*tabasheer* suivant l'orthographe anglaise) ou *tabaxir*, à laquelle les Hindous attribuent beaucoup de vertus médicales peut-être peu réelles ; du reste, il est certain que cette substance n'a rien de commun avec le sucre, quoi qu'en aient dit beaucoup d'auteurs.

Bambou arundinacé. — *Bambusa arundinacea* Willd. Spec. (exclus. syn. Bauh. Rheed. et Juss.) — Roxb. Corom. 1, p. 56 ; tab. 79. — *Arundo Bambos* Linn. (exclus. syn. Bauh. et Rheed.) — *Bambos arundinacea* Retz. Obs. — *Nastus arundinaceus* Smith, in Rees. Cycl. — Épineux. Panicule rameuse, divariquée. Épillets 2-à 6-flores : une seule des fleurs hermaphrodite ; les autres mâles. Glumelle-externe oblongue, pointue, glabre. Stigmate bifide. (*Kunth, Enum.* 1, p. 451.) — Troncs nombreux (10 à 100 de la même racine), hauts d'environ 60 pieds, gros, dressés, très-droits depuis la base jusqu'à la hauteur de 10 à 20 pieds, légèrement inclinés dans leur partie supérieure. Rameaux petits, très-nombreux, flexueux, étalés, très-divisés. Épines géminées ou ternées aux articulations des rameaux ou des ramules (lorsqu'elles sont géminées elles accompagnent un ramule central ; lorsqu'elles sont ternées la centrale est plus longue que les latérales), fortes, acérées, un peu recourbées ; les épines manquent, en général, sur les individus venus dans un sol riche et humide. Feuilles oblongues-lancéolées, arrondies à la base, très pointues, hispidules en dessus et aux bords, longues de

2 à 6 pouces, larges de 6 à 9 lignes ; chez les individus croissant en terre humide et riche, les feuilles ont 1 pied de long, sur 2 à 4 pouces de large. Gaînes légèrement pubescentes, sétifères à l'orifice. Épillets oblongs, pointus, roides, petits, serrés, dis·posés en glomérules très-distancés ; chaque épillet accompagné d'une pérule de plusieurs écailles arrondies, plus courtes que les glumes. Glumes oblongues, lisses, pointues. Glumelles oblongues, lisses, cartilagineuses, presque égales, pointues : l'externe glabre; l'interne ciliée, infléchie aux bords. Squamules-hypogynes ob·ovées. Anthères linéaires, jaunes, échancrées aux 2 bouts. Style long, filiforme. Stigmates 2, courts, plumeux. (*Roxburgh, l. c.*)

Cette espèce (avec laquelle beaucoup d'auteurs ont confondu les *Nastus* et plusieurs des espèces dont nous allons faire mention plus bas) est commune dans l'Inde ; elle se plaît dans les sols riches et humides, surtout aux bords des lacs, des étangs et des ruisseaux ; ses troncs servent à de nombreux usages. Les médecins hindous affirment que les feuilles ont de puissantes propriétés emménagogues, et que l'écorce est dépurative. Au témoignage de Roxburgh, les habitants des localités où ce Bambou est abondant en recueillent le grain, et le mangent en guise de riz.

Bambou droit. — *Bambusa stricta* Roxb. Corom. 1, p. 58; tab. 80. — *Nastus stricta* Smith, in Rees. Cycl.— Subinerme. Épillets subtriflores, disposés en verticilles serrés Fleurs toutes hermaphrodites. Glumelle externe velue, mucronée. Stigmate bifide. (*Kunth, Enum.* 1, p. 431.)— Tiges semblables à celles du *Bambou arundinacé*, mais moins nombreuses, moins hautes, presque pleines, plus fermes et plus droites. Épines souvent nulles. Feuilles semblables à celles de l'espèce précitée. Épillets 2-ou 5-flores, disposés en verticilles subglobuleux. Glumelle-externe pubescente, terminée en longue pointe roide et piquante. Pistil laineux. Stigmate à 2 lanières filiformes. (*Roxburgh, l. c.*) — Cette espèce croît au Bengale, dans les localités médiocrement humides. Ses tiges, très-droites et douées d'une grande force, sont préférées, pour beaucoup d'usages, à celles du *Bambusa arundinacea;* les habitants du pays s'en servent habituellement pour le bois des lances.

Bambou Tulda. — *Bambusa Tulda* Roxb. Flor. Ind. ed. 2, vol. 2, p. 195. — Arborescent, inerme. Épillets subquinqué-flores. Fleurs toutes hermaphrodites. Squamules-hypogynes cunéiformes, ciliées. Style trifide. — Tiges lisses, nombreuses, hautes de 20 à 70 pieds, sur 6 à 12 pouces de circonférence. Feuilles longues de 6 à 12 pouces, larges d'environ 1 pouce, linéaires-lancéolées, pointues, souvent arrondies ou cordiformes à la base. Gaînes plus longues que les entre-nœuds, munies de 2 ligules latérales barbues. Épillets 4-à 8-flores, fasciculés, lancéolés. Glumelle-externe oblongue, pointue, glabre. Glumelle-interne à carènes ciliées. Anthères linéaires, de couleur pourpre. Ovaire obové, trigone. Style très-court. Stigmates longs, plumeux. (*Roxburgh, l. c.*)—Cette espèce est commune au Bengale, où les naturels l'appellent *Tulda*. Elle y est employée communément à la couverture et à la charpente des habitations, ainsi qu'à une quantité d'autres usages. Sa croissance rapide jointe à sa taille gigantesque en font un des végétaux les plus utiles de l'Inde. On a soin de faire macérer dans de l'eau, pendant plusieurs semaines, les troncs destinés aux constructions : cette opération augmente de beaucoup leur solidité et les rend moins sujets à être attaqués par les insectes. Les jeunes tiges, lorsqu'elles n'ont encore que deux pieds de haut, constituent un aliment très-tendre et d'une saveur excellente.

Bambou Balcoua.—*Bambusa Balcooa* Roxb. Flor. Ind. ed. 2, vol. 2, p. 196. — Arborescent ; inerme. Feuilles sublancéolées, cordiformes à la base. Inflorescence subradicale. Épillets 4-à 6-flores. Fleurs toutes hermaphrodites. — Tiges semblables à celles du *Bambusa arundinacea*, mais plus grosses et souvent plus élevées. Feuilles longues de 4 à 12 pouces, larges de 1 à 2 pouces, d'un vert foncé, glabres, hispides aux bords. Gaînes velues ; ligule barbue, saillante. Inflorescence en panicules radicales, spiciformes, composées de verticilles subglobuleux ; verticilles gros, composés chacun d'un grand nombre d'épillets sessiles. Glumelle-externe glabre, elliptique. Glumelle-interne ciliée. Squamules-hypogynes ovales. Stigmates 3, laineux de même que le style. (*Roxburgh, l. c.*)—Cette espèce est indigène du Bengale ; on la préfère à toutes ses congénères, comme bois de construction, en raison de sa force et de ses dimensions ; mais il est nécessaire de faire macérer ce bois pendant longtemps dans de l'eau, afin de le rendre durable et de le mettre à l'abri du ravage des insectes.

BAMBOU ÉPINEUX. — *Bambusa spinosa* Roxb. Hort. Bengal. — Hamilt. in Linn. Trans. 15, p. 480.— *Ily* Hort. Malab. 1, p. 25, tab. 16.— *Arundo arbor* Linn. Flor. Zeyl. —Subarborescent, très-épineux. Épines simples ou composées. Épillets 3-à 5-flores; Squamules-hypogynes pétaloïdes, ovales, ciliées. Stigmates 3, sessiles. — Tiges nombreuses, très-touffues, presque pleines, hautes de 30 à 50 pieds, entrelacées moyennant les rameaux et les épines, de manière à simuler un seul tronc très-rameux. Entre-nœuds longs de ¹/₂ pied à 1 pied. Rameaux en général solides à l'intérieur. Épines en général ternées : la centrale plus grande, souvent rameuse ; toutes plus ou moins recourbées, très-fortes, acérées. Feuilles linéaires-lancéolées, cuspidées, longues de 6 pouces, ou rarement plus. Gaînes barbues à l'orifice. Épillets fasciculés aux articulations des ramules, lancéolés, très-semblables à ceux d'un *Poa*, polygames. Glumelle externe glabre, pointue. Glumelle interne ciliée aux carènes. Stigmates couverts d'un duvet laineux, de couleur pourpre.— Cette espèce croît dans l'Inde et aux Moluques ; elle ne fleurit que rarement et à un âge avancé. Ses tiges, n'offrant qu'une cavité centrale peu spacieuse, sont très-fortes et appropriées à quantité d'usages. Ce Bambou, par sa manière de croître en buissons serrés et très-épineux, forme les bois les plus impénétrables de l'Inde. (*Roxburgh, l. c.*)

BAMBOU AGRESTE. —*Bambusa agrestis* Poir. Enc.—*Arundo agrestis* Loureir. Coch. — *Arundarbor spinosa* Rumph. Amb. 4, tab. 5. — Tronc de 1 pied de diamètre, à peine fistuleux, flexueux, quelquefois décombant dans sa partie inférieure, très-épineux de même que les rameaux. Épines recourbées, de longueur inégale. Entre-nœuds du tronc longs de 1 pied à 1 ¹/₂ pied ; écorce verte. Feuilles longues de 6 à 7 pouces, larges de 1 pouce, glabres, linéaires-lancéolées ; pétiole assez long. Épillets uniflores, agrégés

en épis paniculés. Fleurs 6-andres, 1-styles. Achène oblong. —
Cette espèce (qui appartient peut-être à un autre genre) croît aux
Moluques et dans la Cochinchine. Ses troncs s'emploient princi-
palement comme poteaux : le bois en est très-durable.

Bambou verticillé. — *Bambusa verticillata* Willd. — *Arundarbor tenuis*, v. *Leleba alba* Rumph Amb. 4, tab. 1. — *Nastus
verticillatus* Smith, in Rees. Cycl. — Rhizome rampant, ligneux,
articulé, de la grosseur du doigt. Tiges fasciculées sur des renfle-
mens bulbiformes du rhizome, hautes d'environ 15 pieds, de la
grosseur de deux doigts, ramulifères aux entre-nœuds supérieurs;
entre-nœuds inférieurs longs de 2 pieds; entre-nœuds supérieurs
longs de 3 à 4 pieds. Feuilles rétrécies à la base, fermes, scabres :
les inférieures longues d'environ 1/2 pied, larges de 4 pouces;
les supérieures longues de 1 pied à 1 1/2 pied, larges de 3 pouces.
Gaînes hispides. Épillets ovés-oblongs, obtus, 5-ou pluri-flores,
verticillés, disposés en épis interrompus. Fleurs inférieures de
l'épillet neutres. Glumelle ciliée. Stigmates 5, courts. — Cette
espèce habite les Moluques; ses tiges sont très-flexibles; on a
coutume de les couper en lanières étroites qui servent en guise
d'osier.

Bambou a pipes. — *Bambusa Tabacaria* Poir. Enc. — *Arundarbor spiculorum* Rumph. Amb. 4, p. 7. — *Arundo Tabacaria* Lour. Flor. Cochinch. — Buisson serré et gros. Tiges de
la grosseur de 2 doigts, très-droites, scabres ; entre-nœuds longs
de 3 1/2 pieds à 4 pieds, d'un vert pâle; ramules nombreux,
grêles, en partie spinescents. Bois très-dur. Feuilles scabres.
Épillets verticillés. — Ce Bambou croît aux Moluques et aux îles
de la Sonde; ses tiges servent à faire des tuyaux de pipes et des
javelots.

Bambou farineux. — *Bambusa aspera* Rœm. et Schult. Syst.
— *Arundarbor aspera* Rumph. Amb. 4, p. 11. — Troncs hauts
de 60 à 70 pieds, et acquérant jusqu'à 1 pied de diamètre,
couverts d'une pubescence scabre et pulvérulente; bois très-
dur, de l'épaisseur de 2 doigts. — Cette espèce (d'ailleurs très-

incomplétement connue) croît aux Moluques ; elle est recherchée des Malais pour la mâture des barques, et pour en faire des
pieux.

BAMBOU GIGANTESQUE. — *Bambusa maxima* Poir. Enc. —
rundarbor maxima Rumph. Amb. 4, p. 42. — Troncs très-
'pineux, hauts de 80 à 400 pieds, de la grosseur du corps d'un
homme, fistuleux, très-simples presque jusqu'au sommet, très-
droits ; bois de l'épaisseur d'un doigt ; entre-nœuds longs d'environ 5 pouces. — Cette espèce croît aux Moluques.

BAMBOU DE THOUARS.— *Bambusa Thouarsii* Kunth, Gram.
4, p. 525, p. 75 et 74. — Subinerme. Épillets fasciculés, sub-8-
flores : les 5 fleurs supérieures hermaphrodites. Glumelle- externe mucronée, glabre, ciliée vers le haut. Stigmate trifide.
Feuilles scabres aux bords, un peu scabres à la surface, glauques
en dessous. (*Kunth, Enum.* 4, p. 451.) — Troncs arborescents.
Rameaux cylindriques, fistuleux, très-durs, lisses, glabres ;
nœuds imberbes ; ramules fasciculés, écailleux à la base. Feuilles
linéaires-lancéolées, subulées au sommet, subcunéiformes à la
base, très-courtement pétiolées, articulées sur la gaîne, 44-ou 45-
nervées, minces, longues de 4 pouces à 4 $^1/_2$ pouces, larges de 7
à 8 lignes ; les inférieures graduellement plus petites. Gaînes
striées, presque glabres, imbriquées ; ligule courte, arrondie,
glabre, subcoriace, entière. Panicules simples, droites, longues
d'environ 2 pieds : rameaux longs de 2 à 4 pouces, alternes,
distancés. Épillets longs de 8 à 9 lignes, subsessiles, fasciculés,
oblongs-lancéolés, pointus, comprimés. (*Kunth, Enum.* 4, Suppl.
p. 556.) — Cette espèce croît à Madagascar, où elle porte les
noms de *Boulou* (4) ou *Voulou*. — « Ces singuliers végétaux,
« dit Aubert Dupetit-Thouars (*Dict. des Sciences Nat.* 5, p.
« 265), couvrent presque exclusivement une surface considérable
« de terrain occupé par les montagnes secondaires qui se trouvent
« entre le bord de la mer et les grandes élévations du centre. Cette

---

(4) Les Malais désignent aussi plusieurs espèces de Bambous par le
nom de *boulou.*

« bande de pays est la plus propre à la culture ; c'est là aussi que
« les habitants font des défrichements pour semer du Riz dans la
« saison des pluies. — Les Madécasses, comme les peuples de
« l'Inde, tirent grand parti des Bambous, dont ils ont plusieurs
« espèces distinctes. La plus utile est la plus commune : elle ac-
« quiert un diamètre considérable, de la grosseur de la cuisse à
« peu près, et a les parois très-minces ; en sorte qu'en faisant
« sauter les cloisons, on a, à peu de frais, des vases très-légers. »

Genre GUADUA. — *Guadua* Humb. et Kunth.

Épillets biglumes, cylindracés, multiflores ; fleurs distiques : les inférieures soit mâles, soit neutres et réduites
à une seule écaille. Glumelles coriaces : l'externe pointue
ou mucronée, non-carénée ; l'interne bicarénée. Squamules-hypogynes 5. Étamines 6. Style-triparti. Stigmates plumeux. Achène recouvert par les glumelles. — Graminées
arborescentes, touffues. Tiges ligneuses, rameuses. Rameaux piquants étant jeunes. Épillets fasciculés ou disposés en épis. — Genre propre à l'Amérique équatoriale ;
les *Guadua* diffèrent à peine génériquement des Bambous
de l'ancien continent ; ils servent à peu près aux mêmes
usages que ceux-ci.

GUADUA A FEUILLES ÉTROITES. — *Guadua angustifolia* Kunth,
Synops. 1, p. 255. — *Bambusa Guadua* Humb. et Bonpl.
Plant. Équin. 1, p. 68, tab. 20. — *Nastus Guadua* Spreng.
Syst. — Feuilles linéaires, étroites, scabres au bord et en dessous.
Épillets cylindracés, un peu arqués, 7-ou 8-flores, disposés en
épis longuement pédonculés, un peu lâches. (*Kunth, Enum.* 1,
p. 455.) — Troncs hauts de 50 à 40 pieds, de 10 à 16 pouces
de diamètre ; entre-nœuds longs d'à peu près 1 pied. Feuilles
longues de 6 à 7 pouces, larges de 5 lignes, articulées à leur
gaîne, caduques. Gaînes glabres, persistantes ; ligule nulle. Épillets longs de 1 pouce à 2 pouces. — Cette espèce croît au Pérou
et dans la Nouvelle-Grenade.

GUADUA A LARGES FEUILLES. — *Guadua latifolia* Kunth, Synops. p. 254. — *Bambusa latifolia* Humb. et Bonpl. Plant. Équinox. 1, p. 75; tab. 21. — *Nastus latifolia* Spreng. Syst. — Feuilles linéaires-oblongues, très-glabres. Épillets subfasciculés, cylindriques, un peu arqués, 8-à 10-flores. (*Kunth, Enum.* 1, p. 455.) — Tiges hautes d'environ 25 pieds, nutantes au sommet, noueuses, cylindriques, luisantes, d'un vert gai, rameuses au sommet, d'environ 4 pouces de diamètre. Rameaux fasciculés; ramules un peu recourbés, presque piquants, feuillus. Feuilles longues de 5 à 6 pouces, larges de 15 lignes, striées, articulées à la base, caduques. Gaînes persistantes, striées, hispides, ciliées au sommet. Épillets longs de 2 à 5 pouces, subsessiles, acuminés.

Genre BÉESHA. — *Beesha* Rheede.

Épillets 5-ou pluri-flores; fleurs distiques : les inférieures mâles, ou neutres et réduites à une seule écaille; les autres hermaphrodites. Glumes abortives. Glumelles mucronées, acérées. Étamines 6. Ovaire 1-style. Stigmates 5, laineux. Achène très-gros, charnu, dur, ovoïde-conique. Graine inadhérente. — Graminée arborescente, semblable aux Bambous. Feuilles larges, planes. Épillets disposés en épis grêles, articulés, fasciculés en grand nombre aux articulations des rameaux et de l'extrémité supérieure du tronc; chaque épillet accompagné d'une gaîne aphylle. — On ne connaît que deux espèces de ce genre.

BÉESHA DE RHÉEDE. — *Beesha Rheedii* Kunth, Bambus.; Ejusd. Gram. 1, p. 141. — *Bambusa baccifera* Roxb. Corom. 5, p. 58; tab, 245. — *Beesha* Hort. Malab. 5, tab. 60. — *Beesha baccifera* Rœm. et Schult. Syst. — *Melocanna bambusoides* Trin. — Tiges hautes de 60 à 70 pieds, de 1 pied de circonférence vers la base, touffues, dressées, très-droites, lisses, rameuses seulement au sommet, inermes. Feuilles longues de 6 à 12 pouces, larges de 2 à 4 pouces, ovées-lancéolées, glabres, striées en dessous. Gaînes velues; ligule remplacée par une collerette de longues soies. Épis longs de $\frac{1}{2}$ pied à 1 pied, simples, ou rameux, à gaînes plus courtes que les entre-nœuds. Épillets 3-ou 4-ou pluri-flores, polygames, longs d'environ 1 pouce. Glumelles longues, inégales, glabres. Fruit du volume d'un œuf d'oie, ombiliqué à la base, longuement acuminé au sommet, dur, charnu, pendant; pointe plus ou moins courbée, subfalciforme. Graine grosse, elliptique. (*Roxburgh, l. c.*) — Cette espèce croît dans les montagnes de l'Inde; elle se plaît dans les localités sèches et découvertes. Le tronc meurt après avoir porté fruit; on l'emploie aux constructions et à beaucoup d'autres usages, comme les Bambous; toute la cavité des entre-nœuds est assez souvent remplie de la substance siliceuse dite *tabachir.*

XIe TRIBU. HORDÉACÉES. — *HORDEACEÆ* Kunth.

Épillets biglumes (par exception sans glumes), 3-flores, ou pluriflores (parfois 1-flores), souvent aristés; la fleur-terminale abortive. Glumes et glumelles herbacées. Stigmates sessiles. Ovaire en général poilu. — Inflorescence en épis simples, solitaires, à rachis ordinairement inarticulé.

Genre IVRAIE. — *Lolium* Linn.

Épillets 3-flores ou pluriflores (accidentellement 3-flores), solitaires, distiques, sessiles, apprimés, 1-ou 2-glumes, comprimés en sens contraire du rachis de l'épi; rachis de l'épi inarticulé : entre-nœuds concaves du côté de l'épillet. Glumes oblongues ou lancéolées, mutiques, non-carénées, opposées au creux du rachis : l'externe subcoriace; l'interne nulle ou membraneuse et très-courte (excepté chez l'épillet terminal, qui offre constamment 2 glumes similaires dont l'interne un peu plus longue que l'externe). Glumelles minces, herbacées : l'externe mutique, ou aristée au-dessous du sommet, non-carénée; l'interne mutique, bicarénée : carènes ciliolées. Squamules-hypogynes 2, charnues, glabres. Étamines 5. Ovaire glabre, 2-style. Styles courts, terminaux. Stigmates plumeux. Achène adné à la glumelle-interne, glabre, oblong, convexe d'un côté, 1-sulqué de l'autre. — Herbes annuelles ou vivaces. Feuilles planes (les radicales involutées dans certaines espèces). Épi simple, grêle, terminal, flexueux, dressé ; épillets plus ou moins distancés.

IVRAIE VÉNÉNEUSE. — *Lolium temulentum* Linn. — Flor. Dan. tab. 160. — Engl. Bot. tab. 1124. — Racine annuelle. Glume aussi longue que l'épillet. Glumelle-externe elliptique, aristée : arête subrectiligne, plus longue que l'écaille. (*Mertens* et *Koch, Deutschl. Flora.*) — Racine fibreuse. Tiges hautes de 1 1/2 à 5 pieds, grêles, dressées, roides, glabres, scabres, les inférieures non-touffues. Épi long de 1/2 pied à 1 pied : rachis en général scabre de même que les glumes. Épillets 5-à 9-florès, oblongs, longs de 6 à 9 lignes, verdâtres. Glumes oblongues-lancéolées, fortement striées. Arêtes jaunâtres, ou roussâtres, sétacées, plus ou moins allongées, parfois beaucoup plus courtes que les fleurs. — Cette plante, nommée vulgairement *Ivraie, Zizanie* et *Herbe d'ivrogne*, croît parmi les moissons, et de préférence dans les champs d'avoine ou d'orge ; elle fleurit en juin et en juillet. Les propriétés délétères de l'Ivraie sont connues de temps immémorial. Ses graines contiennent un principe à la fois âcre et narcotique ; la farine des céréales qui en a été mélangée produit des accidents plus ou moins graves, tels que nausées, vertiges, tremblements, ivresse, stupeurs, privation momentanée de la vue. Du reste, l'Ivraie constitue, sous ce rapport, une exception remarquable dans la famille des Graminées, qui ne renferme, autant qu'on sache, aucune autre espèce vénéneuse.

IVRAIE VIVACE. — *Lolium perenne* Linn. — Flor. Dan. tab. 747. — Racine vivace. Tiges glabres. Glume plus courte que l'épillet. Glumelle mutique ou courtement aristée, lancéolée. — Plante vivace, touffue. Racine un peu rampante. Tiges hautes de 1 pied à 2 pieds, ascendantes, striées, un peu comprimées, quel-

quefois radicantes et rameuses à la base. Feuilles linéaires, pointues, planes, scabres au bord et en dessus ; les radicales longues,
touffues ; ligule courte. Épi long de 5 à 8 pouces. Épillets verts
ou violets, aplatis, 7-à 15-flores, plus ou moins distancés. Glume
de moitié plus courte que l'épillet, fortement 7-nervée, linéaire-
lancéolée, à bord membraneux, blanchâtre. Glumelle-externe
subobtuse, 5-nervée. — Variété : *Lolium tenue* Linn. (Plante
plus basse ; feuilles plus étroites ; épillets 5-ou 4-flores.) — Cette
plante, connue sous le nom de *Ray-grass*, ou *gazon anglais*,
est commune dans les prés et les pelouses ; on la cultive comme
fourrage, mais elle n'est productive que dans les terrains frais ou
humides ; on la préfère en général à toute autre Graminée pour
les gazons des jardins.

Le *Lolium Boucheanum* Kunth (*Lolium italicum* A. Braun.
—Vulgairement *Ray-grass d'Italie*), paraît ne différer du *Lolium perenne* que par des glumelles constamment aristées.

Genre TRITICUM. — *Triticum* Linn.

Épillets triflores, ou pluriflores, biglumes, sessiles, solitaires, comprimés parallèlement au rachis de l'épi ; fleurs
distiques, imbriquées ; rachis de l'épi plan ou concave du
côté de l'épillet, finalement articulé. Glumes ovées ou
lancéolées, naviculaires, carénées, mutiques, ou aristées,
presque égales, parallèles au rachis de l'épi, bilatérales
relativement à l'épillet, finalement coriaces de même que
les glumelles. Glumelle-externe acuminée, ou obtuse, ou
tronquée, mutique, ou aristée au sommet, carénée. Glumelle-interne oblongue, bicarénée : carènes ciliolées. Squamules-hypogynes 2, en général ciliolées. Étamines 3. Ovaire
pyriforme, poilu au sommet, 2-style. Styles terminaux,
très-courts. Stigmates plumeux. Achène adné à la glumelle
interne, ou inadhérent, oblong, convexe du côté externe,
1-sulqué de l'autre côté. — Herbes annuelles ou vivaces.
Feuilles planes ou involutées. Épi simple ou rameux,
dressé. Épillets le plus souvent imbriqués.

Sous-genre BLÉ ou FROMENT.

Plantes annuelles (cultivées comme céréales). Glumes obtuses ou tronquées, ovées, ou oblongues, plus ou moins ventrues. (Dans toutes les espèces, les glumelles sont tantôt mutiques, et tantôt plus ou moins longuement aristées.)

A. *Achène elliptique ou ovoïde, inadhérent; rachis de l'épi tenace (ne se désarticulant point à la maturité).*

Blé commun. — *Triticum vulgare* Villars, Flore Dauph. — *Triticum œstivum* et *Triticum hybernum* Linn. — *Triticum sativum* Lamk. Enc. — *Triticum cereale* Schrank. — Épillets subquadriflores, imbriqués en épi tétragone. Glumes ventrues, ovées, tronquées, mucronées, comprimées au-dessous du sommet, fortement bombées au dos, à carène légèrement saillante. (*Mertens* et *Koch, Deutschl. Flora.*) — Racine fibreuse, touffue. Tiges plus ou moins touffues, dressées, droites, hautes de 5 à 5 pieds, fistuleuses, ordinairement glauques. Feuilles linéaires, glabres, molles, en général d'un vert gai. Épi long de 2 à 4 pouces, plus ou moins serré, simple, épais, roide, composé de 15 à 50 épillets glabres ou velus, mutiques, ou plus ou moins longuement aristés, ordinairement d'un vert glauque, moins souvent rougeâtre; rachis flexueux, échancré à l'insertion de chaque épillet. Grain elliptique ou oblong, de grosseur variée.

Cette espèce est la plus fréquemment cultivée, et, sans contredit, aussi la plus précieuse des céréales de la zone tempérée. On ne connaît point mieux sa patrie originaire que celle de la plupart des autres céréales. Le blé commun prospère surtout dans les terres substantielles ou un peu fortes, pourvu qu'elles ne soient pas trop humides; il reste, en général, peu productif dans les terres sablonneuses. La farine de ce blé, en vertu du gluten qui y abonde, est de qualité supérieure à toute autre farine pour la confection du pain.

Blé renflé. — *Triticum turgidum* Linn. — Host, Gram. Austr. 5, tab. 28. — *Triticum sativum turgidum* Delile, Ægypt.

tab. 14, fig. 2. — Épillets subquadriflores, imbriqués en épi tétragone. Glumes ventrues, ovées, tronquées, mucronées, comprimées dans toute leur longueur en carène étroite. — Variété à épi
rameux : *Triticum compositum* Linn. — Host, Gram. Austr. 5,
tab. 27. (Vulgairement *Blé de Smyrne, Blé de miracle.*) —
Plante très-semblable au *Blé commun.* Épis en général plus gros,
rougeâtres, ou brunâtres, ou blanchâtres, plus ou moins serrés,
mutiques, ou plus ou moins longuement aristés. — Cette espèce,
appelée vulgairement *Blé, Poulard, Gros Blé* et *Pétanielle,* se
cultive plus fréquemment que la précédente dans l'Europe méridionale et dans le nord de l'Afrique ; elle est assez répandue dans
le centre, l'ouest et le midi de la France ; elle a le mérite d'être
plus productive et plus rustique que le Blé commun, et de prospérer dans les terrains humides ; mais son grain ainsi que sa paille
sont beaucoup moins estimés.

Blé corné. — *Triticum durum* Desfont. Flor. Atlant. —
Triticum hordeiforme Host, Gram. Austr. 4, tab. 5. — *Triticum brachystachyum, Triticum platystachyum* et *Triticum
Bauhini* Lagasca. — Épillets subquadriflores, imbriqués en épi
tétragone. Glumes peu ventrues, oblongues, mucronées, comprimées dans toute leur longueur en carène large. Glumelles-externes
longuement aristées. — Plante très-semblable aux espèces précédentes. Tiges non fistuleuses. Épi glabre ou velouté. Graine cor-
née, subtransparente. — Cultivé en Espagne et dans le nord de
l'Afrique ; son grain donne fort peu de farine : on l'emploie principalement à faire du gruau.

Blé de Pologne. — *Triticum polonicum* Linn. — Trattin.
Arch. tab. 572. — Host, Gram. Austr. 5, tab. 51. — *Triticum
glaucum* Mœnch. — Épillets subquadriflores, imbriqués en épi
irrégulièrement tétragone ou comprimé. Glumes un peu ventrues,
oblongues, bidentées au sommet, carénées au dos. Glumelle-
interne de la fleur-inférieure de moitié plus courte que la glumelle-
externe. (*Mertens* et *Koch, l. c.*) — Tiges atteignant souvent 6
pieds de haut, glauques de même que les feuilles et les épillets.
Épi scabre ou velouté, long de 1/2 pied, souvent lâche, moins sou-

vent régulièrement tétragone. Glumes grandes, moins coriaces
que dans les espèces précédentes. Fleurs-inférieures de chaque
épillet notablement plus grandes que les supérieures, plus ou
moins longuement aristées ; fleur-terminale toujours mutique. —
Cultivé sous les noms impropres de *Seigle de Pologne, Seigle de
Russie*. M. Vilmorin dit qu'il est de bonne qualité, mais d'un
faible produit ; il réussit assez bien dans les terres sablonneuses.

B. *Achène adné aux glumelles, subtrigone. Rachis de l'épi
fragile (se désarticulant) à la maturité. Chaque épillet ne
produisant en général qu'un ou deux fruits.*

Blé Épeautre. — *Triticum Spelta* Linn. — *Triticum Zea*
Host, Gram. Austr. 5, tab. 29.—Épillets subquadriflores, lâche-
ment imbriqués en épi comprimé parallèlement au rachis. Glumes
larges, ovées, tronquées, mucronées, à carène subrectiligne vers
le sommet. (*Mertens* et *Koch, l. c.*) — Espèce semblable par le
port au Blé commun. Épi glabre ou velu, blanchâtre, ou glauque,
ou violet. Fleurs tantôt mutiques, tantôt plus ou moins longuement aristées. Épillets produisant en général deux grains. — Cette
céréale, nommée vulgairement *Épeautre*, ou *grande Épeautre*,
est plus rustique que ses congénères et susceptible de prospérer
dans les terrains médiocres ; aussi convient-elle de préférence
aux pays montueux ; elle peut, sans souffrir, rester ensevelie sous
la neige durant 5 ou 4 mois consécutifs. Sa culture, très-répandue
dans plusieurs parties de l'Allemagne, en Suisse, et dans le nord
de l'Italie, est à peu près inconnue dans les plaines fertiles de la
France, où le Blé proprement dit offre beaucoup plus d'avan-
tages. Le grain d'Épeautre, revêtu de ses balles, est parfaitement
à l'abri des insectes ; mais avant de le réduire en farine, il faut, par
une opération spéciale, le dépouiller de ces enveloppes florales ; sa
farine, très-blanche, donne un pain de bonne qualité, si elle a été
bien séparée de tout le son. Ce grain s'emploie aussi à faire du gruau
et de la bière. La paille d'Épeautre est plus tendre que celle du
Blé commun.

Blé dicoque. — *Triticum dicoccum* Schrank, Flor. Bavar.

— *Triticum amyleum* Seringe, Mél. Bot. — *Triticum Cienfuegos* Lagasca. — *Triticum Gærtnerianum* Lagasc. — *Triticum Spelta* Host, Gram. Austr. 5, tab. 30. — *Triticum atratum* Host, l. c. 4, tab. 4. — Épillets subquadriflores, serrés, imbriqués en épi comprimé en sens contraire du rachis. Glumes terminées en dent, mucronées un peu au-dessous du sommet : pointe infléchie ; carène comprimée, très-saillante, arquée vers le sommet. (*Mertens* et *Koch*, l. c.) — Épi glabre ou velouté, très-dense, blanchâtre, ou roussâtre, ou noirâtre, parfois rameux. Fleurs tantôt mutiques et tantôt plus ou moins longuement aristées. — Céréale peu ou point cultivée en France, mais assez répandue en Allemagne.

Blé Locular.—*Triticum monococcum* Linn.—Host, Gram. 5, tab. 52. — Épillets subtriflores, serrés, imbriqués en épi comprimé en sens contraire du rachis. Glumes carénées, bidentées au sommet : dents pointues, rectilignes de même que la carène. (*Mertens* et *Koch*, l. c.) — Tiges, feuilles et épis d'un vert tirant sur le jaune. Épi étroit, fortement comprimé, très-dense. Glumes non rétrécies au sommet. En général, chaque épillet ne donne qu'un seul fruit. Fleurs aristées. — Cette espèce est connue sous les noms vulgaires d'*Engrain, Ingrain, Locular*, et *petite Épeautre;* suivant Bieberstein, elle vient spontanément en Crimée et dans les contrées voisines du Caucase ; elle offre, comme l'Épeautre, l'avantage de prospérer dans les sols les plus maigres, et de résister à des froids très-rigoureux ; toutefois sa culture est peu répandue en France, à l'exception de quelques districts montueux du Midi ; son grain est analogue à celui de l'Épeautre.

Sous-genre AGROPYRUM Beauv.

Plantes vivaces. Épillets non-ventrus. Glumes lancéolées ou lancéolées-linéaires, rectilignes (non-recourbées au sommet).

Triticum rampant. — *Triticum repens* Linn. — Engl. Bot. tab. 909. — Flor. Dan. tab. 748. — *Agropyrum repens* Beauv. — Racine rampante. Feuilles scabres en dessus. Épi distique, à

rachis en général scabre. Épillets le plus souvent 5-flores.
Glumes lancéolées, acuminées, 5-nervées. Glumelles acuminées
ou subobtuses, mutiques, ou aristées. — Racines longues, articulées. Tiges hautes de 1 pied à 4 pieds, subsolitaires, grêles, dressées, ou ascendantes, tantôt vertes et tantôt glauques de même que
les feuilles et les épillets. Feuilles planes ou involutées, glabres ou
pubescentes, plus ou moins étroites, linéaires, acérées. Épi roide,
dressé, long de 5 à 6 pouces. Épillets 5-à 8-flores, plus ou moins
rapprochés, glabres ou velus, sessiles. Glumes presque aussi longues que l'épillet, mutiques, ou mucronées, ou courtement aristées.
Arête des glumelles en général courte, rarement longue de 5 à 4
lignes. —Cette plante, connue sous le nom vulgaire de *Chiendent*
(nom qui, d'ailleurs, s'applique aussi au *Cynodon Dactylon*),
est commune dans les localités sablonneuses ; elle infeste souvent
les champs de manière à y rendre la culture très-difficile. La racine de Chiendent a une saveur douceâtre ; elle possède des propriétés diurétiques, rafraîchissantes et apéritives, en raison des-
quelles on la fait entrer dans la plupart des tisanes ; elle peut
aussi servir à la nourriture du bétail.

Genre SEIGLE. — *Secale* Linn.

Épillets biglumes, sessiles, solitaires, triflores, comprimés parallèlement au rachis de l'épi ; les 2 fleurs inférieures subopposées, fertiles ; la fleur terminale stipitée, neutre, rudimentaire. Glumes étroites, subulées, égales, carénées, subcoriaces, aristées, ou mutiques, subopposées,
bilatérales relativement à l'épillet. Glumelles subcoriaces ;
l'externe longuement aristée au sommet, carénée, inéqui-
latérale ; l'interne plus courte, linéaire, bicarénée ; carènes scabres. Squamules-hypogynes 2, ciliolées. Étamines
5. Ovaire poilu au sommet, pyriforme, 2-style. Styles
très-courts, terminaux. Stigmates plumeux. Achène inadhérent, poilu au sommet, oblong, convexe au dos, 1-sul-
qué de l'autre côté.— Herbes annuelles. Feuilles planes.
Épillets serrés, imbriqués, disposés en épi simple.

Seigle cultivé. — *Secale cereale* Linn. — Blackw. Herb.
tab. 424. — Host, Gram. Austr. 2, tab. 48. — Plante annuelle
ou bisannuelle (suivant qu'on la sème soit au printemps, soit en
automne), haute de 3 à 6 pieds, glabre. Racine touffue, fibreuse.
Tiges dressées, grêles, droites, plus ou moins touffues, glabres,
en général glauques de même que les feuilles. Feuilles linéaires,
glabres, scabres ; ligule très-courte. Épi simple (rameux dans
une variété : *Secale cereale composilum* Kœl. Gram.), comprimé, dense, oblong, plus ou moins penché après la floraison,
long de 4 à 5 pouces, d'un vert glauque. Glumes plus courtes que
l'épillet. Glumelles ciliées de poils roides. Rachis de l'épi échancré à l'insertion de chaque épillet, ne se désarticulant pas à la
maturité. — On ne connaît guère de variétés notables de cette
espèce ; le *Seigle de printemps* (ou *petit Seigle, Seigle marsais,
Seigle trémois*), le *Seigle d'hiver*, et le *Seigle multicaule* des
agronomes, ne sont que des races plus ou moins robustes, dues
uniquement à l'époque des semailles, mais n'offrant d'ailleurs
aucune autre différence appréciable. — M. Seringe (*Descriptions
et figures des Céréales européennes*, 4, p. 48) cite une variété
qu'il appelle *Seigle de Vierland*, et à laquelle il assigne pour
caractères distinctifs : « épi très-ramassé, compacte ; grain renflé,
« jaunâtre ; feuilles d'un vert tendre. »

Au témoignage de Bieberstein (*Flor. Taur. Caucas.* 4, p. 84),
le Seigle croît spontanément dans les sables de la Crimée et des
steppes situées entre la mer Noire et la mer Caspienne ; suivant
d'autres auteurs, on le trouve aussi dans l'Asie Mineure. Cette céréale est surtout précieuse pour les contrées où les Blés ne sauraient
prospérer, soit à cause de la rigueur du climat, soit à cause de
la pauvreté ou de l'aridité du sol ; elle peut résister, dans sa jeunesse, à des gelées très-fortes, et elle réussit dans toutes les terres
sèches : aussi la cultive-t-on de préférence à toute autre dans les
sols granitiques ou schisteux. Le grain de Seigle donne, à poids
égal, un sixième de farine de plus que le Blé ; mais cette farine
est de qualité inférieure pour la panification, parce qu'elle contient peu ou point de gluten. Le pain fait de Seigle seul est lourd,
de couleur brunâtre, et beaucoup moins nutritif que le pain de

Blé ; toutefois, le méteil, mélange de Seigle et de Blé, donne un pain d'une saveur agréable et de bonne qualité. Dans le Nord, la distillation de l'eau-de-vie de grains consomme des quantités énormes de cette denrée. Les brasseurs l'emploient souvent en place d'Orge. A titre de fourrage vert, le Seigle est une des plantes les plus productives et les plus précoces. On le cultive fréquemment dans ce seul but. La paille de Seigle, en vertu de sa longueur et de sa flexibilité, est supérieure à la paille de toutes les a utres Céréales.

Le fruit du Seigle est sujet à l'altération maladive qu'on connaît sous le nom d'*ergot*; à l'exemple de M. de Candolle, la plupart des botanistes considèrent aujourd'hui cette production comme un champignon parasite (*Sclerotium Clavus*, D. C.). L'ergot est une substance délétère qui produit des accidents très-graves, à peu près analogues à ceux qui résultent de l'Ivraie, et même la mort, lorsqu'elle se trouve mélangée en quantité assez forte dans la farine. A faible dose, l'ergot est un remède emménagogue très-puissant.

Genre ÉLYME. — *Elymus* Linn.

Épillets sessiles, biglumes, bi-ou pluri-flores, fasciculés (au nombre de 2 à 6 sur chaque échancrure du rachis), comprimés parallèlement au rachis de l'épi ; fleurs imbriquées, hermaphrodites à l'exception de la terminale qui est en général abortive et neutre. Glumes lancéolées ou subulées, subcoriaces, mutiques, ou aristées, antérieures relativement à l'épillet (les glumes de chaque fascicule d'épillets simulant une collerette unilatérale). Glumelles subcoriaces ; l'externe acuminée, souvent prolongée en arête ; l'interne bicarénée, linéaire, ciliolée aux carènes. Squamules-hypogynes 2, glabres, ou ciliolées, ou poilues. Etamines 5. Ovaire stipité, subpyriforme, 2-style, poilu vers le sommet. Styles très-courts, subterminaux. Stigmates plumeux. Achène poilu au sommet, adné à la glumelle interne, convexe au dos, 1-sulqué du côté intérieur.—Her-

bes vivaces. Feuilles planes, ou involutées. Épillets disposés en épi simple ou rameux.

ELYME DES SABLES. — *Elymus arenarius* Linn. — Flor. Dan.
tab. 847. — Engl. Bot. tab. 1672. — Host, Gram. Austr. 4,
tab. 12. — Racines fortes, longues, rampantes. Tiges hautes de
2 à 4 pieds, roides, dressées, subcylindriques, finement striées,
glabres et glauques de même que les feuilles. Feuilles canaliculées ou involutées, roides, linéaires, pointues, piquantes,
striées et très-scabres en dessus; ligule très-courte. Épi long
de ¹/₂ pied à 1 pied, radical, dressé, dense, assez gros, à rachis
velu aux angles et aux articulations. Épillets longs de 9 à 12 lignes, pubescents, lancéolés, comprimés, 5-ou 4-flores, apprimés, géminés dans la partie inférieure de l'épi, ternés vers le
haut; rachis velu. Glumes aussi longues ou un peu plus courtes
que l'épillet, linéaires-lancéolées, acuminées, comprimées, 5-ner-
vées, à nervure-médiane ciliée. Glumelle-externe lancéolée, comprimée, 5-nervée, fortement pubescente.—Cette espèce croît dans
le nord de l'Europe et en Sibérie; on la cultive sur le littoral de
l'Allemagne et de la Hollande, pour consolider les sables mouvants des dunes.

Genre ORGE. — *Hordeum* Linn.

Épillets 1-flores, biglumes, comprimés parallèlement au
rachis de l'épi, ternés; les latéraux en général neutres ou
mâles, pédicellés; celui du milieu sessile, hermaphrodite;
fleur fertile accompagnée d'un rudiment de fleur réduite
à une squamule subulée. Glumes roides, subcoriaces, lancéolées-linéaires, ou subulées, aristées au sommet, antérieures relativement à l'épillet (les glumes de chaque fascicule d'épillets simulant une collerette unilatérale). Glumelles subcoriaces: l'externe terminée en arête; l'interne
à 2 carènes ciliolées. Squamules-hypogynes 2, en général
poilues ou ciliées. Étamines 3. Ovaire poilu au sommet,
2-style. Styles subterminaux, très-courts. Stigmates plumeux. Achène oblong, poilu au sommet, convexe au dos,
1-sulqué du côté interne, en général adné à la glu-

melle interne. — Herbes annuelles ou vivaces. Feuilles planes. Épillets disposés en épi à rachis en général articulé et fragile à la maturité.

Les espèces suivantes se cultivent comme céréales et comme fourrages ; ces végétaux ne le cèdent guère au Blé sous le rapport de l'utilité. Les Orges prospèrent dans tous les sols, pourvu que la localité ne soit ni marécageuse, ni absolument stérile ; toutefois les terres légères et calcaires leur conviennent le mieux. Grâce à la célérité avec laquelle s'accomplissent toutes les phases de sa végétation, l'Orge donne encore des récoltes abondantes bien au delà du cercle polaire, à des latitudes et à des hauteurs qui se refusent à la culture de toute autre céréale. Dans la Laponie et la Finlande, l'Orge ne peut être semée qu'à la fin de mai, et néanmoins elle est mûre dès la fin de juillet. Du reste, les Orges prospèrent dans tous les climats favorables à la culture des Blés. L'Orge, comme on sait, est le grain le plus généralement employé pour la confection de la bière. Dans le Nord et dans beaucoup de pays de montagnes, la farine d'Orge remplace celle de Blé pour la plupart des usages alimentaires ; mais le pain d'Orge est loin d'avoir les qualités du pain fait avec de la farine de Blé. Dans le Midi, l'Orge sert de préférence à la nourriture des chevaux, du bétail et de la volaille ; elle passe pour être moins échauffante et plus nutritive que l'Avoine ; elle engraisse promptement tous les animaux. Enfin, personne n'ignore l'emploi des tisanes rafraîchissantes dont l'Orge mondé fait la base.

A. *Épillets-latéraux fertiles de même que l'épillet du milieu, d'où résulte un épi à six rangs de fleurs et de fruits.*

ORGE ESCURGEON. — *Hordeum hestastichon* Linn. — Épi court, roide. Fleurs très-serrées, étalées, disposées sur 6 rangs réguliers et bien distincts. Arêtes divergentes, relevées d'une grosse nervure à peine bordée et accompagnée, de chaque côté, d'un sillon peu profond, plane sur l'autre face. Achène étroite-

ment entouré des glumelles et restant enveloppé par elles. Tiges
grosses, à parois minces. Feuilles larges. (*Seringe, Descriptions
et figures des Céréales européennes*, p. 24) — Cette espèce
est connue sous les noms vulgaires d'*Escourgeon, Escourgeon,
Écourgeon, Orge anguleuse, Orge à six côtés, Orge à six
rangs, Orge carrée, Orge chevalin, Orge de prime, Orge
d'hiver, Orge Pécourgeon, Secourgeon, Scorion, Sucrion*.
M. Seringe distingue les variétés suivantes :

ESCOURGEON LACHE. — *Hordeum hexastichum* Metzger, Europ.
Cereal tab. x, fig. B. — Rachis de l'épi allongé ; fleurs lâches.

ESCOURGEON SERRÉ, Seringe, l. c. tab. 2.—Axe de l'épi roide. Fleurs
très-rapprochées et étalées.

ESCOURGEON A QUATRE RANGS. — Un des trois épillets de chaque
faisceau est stérile.

ORGE COMMUNE. — *Hordeum vulgare* Linn. — Épi allongé,
flexible, un peu arqué. Fleurs lâches, ascendantes, disposées sur
6 rangs peu réguliers ; rangée-centrale de chaque article plus
saillante. Arêtes ascendantes. Nervure dorsale de chaque glumelle prolongée dans l'arête, et accompagnée, de chaque côté,
d'une ligne parallèle, visible à la loupe, et en saillie. Achène
étroitement entouré des glumelles et restant enveloppé par elles.
(*Seringe, l. c. p. 26.*) — M. Seringe distingue les variétés suivantes :

ORGE COMMUNE PALE, Ser. l. c. tab. 3. — *Hordeum vulgare : α*,
Linn. — Épi jaune pâle.

ORGE COMMUNE BLEUATRE.—*Hordeum vulgare cœrulescens* Metzger. — Épi bleuâtre.

ORGE COMMUNE NOIRE. — *Hordeum vulgare : β spica nigrescente*
Ser. Mél. bot. — *Hordeum nigrum* Willd. Enum. — Épi noir,
recouvert d'une efflorescence pruineuse qui disparaît facilement
au toucher.

ORGE COMMUNE TORTILE. — *Hordeum vulgare tortile* Ser. L. c.
tab. 3. — Glumelles pâles : l'externe souvent déformée au sommet, à arête diversement flexueuse et tordue.

ORGE CÉLESTE. — *Hordeum cœleste* Beauv. —Seringe, l. c.
tab. 4.—*Hordeum nudum* J. Bauh. —*Hordeum vulgare cœ-*

leste Linn. — Épi allongé, flexible, arqué. Fleurs lâches, ascendantes, disposées sur 6 rangs réguliers. Arête large, mince sur les bords, creusée sur chaque côté de la prolongation de la nervure-médiane de 2 profondes cannelures parallèles, visibles sur les deux faces, sans présenter de nervures latérales. Achène inadhérent, caduc à la maturité. Glumelles persistantes sur le rachis. (*Seringe, l. c.* p. 50.) — Cette espèce est connue sous les noms vulgaires d'*Orge céleste, Orge commune à graines nues, Orge de Jérusalem, Orge de Sibérie, Orge nue.* M. Seringe admet les variétés suivantes :

> ORGE CÉLESTE BARBUE. — Glumelle externe terminée en longue arête droite et fragile.

> ORGE CÉLESTE TRIFURQUÉE. — *Hordeum cœleste trifurcatum* Ser. l. c. tab. 5. — *Hordeum hymalayense* Hortor. — Épi droit, presque cylindrique, imberbe. Glumelle-externe trifurquée, blanche et pétaloïde au sommet pendant la floraison ; quelquefois les pointes latérales se prolongent en courtes arêtes.

B. *Épillet central (de chaque fascicule) sessile, à fleur-hermaphrodite aristée. Épillets-latéraux courtement pédicellés, à fleur-mâle mutique.*

a) *Achène enveloppé par les glumelles.*

ORGE ÉVENTAIL. — *Hordeum Zeocriton* Linn. — Seringe, l. c. tab. 7. — Épi lancéolé, comprimé, roide. Fleurs-fertiles très-étalées sur 2 rangs opposés. Arêtes rayonnantes, relevées sur les deux faces d'une grosse nervure convexe accompagnée, de chaque côté, d'un sillon peu prononcé, mais visible sur les deux surfaces. Achène adhérant aux glumelles. (*Seringe, l. c.*) — Cette espèce porte les noms vulgaires d'*Orge éventail, Orge à large épi, Orge de Russie, Orge faux-riz, Orge pyramidale, Riz rustique, Riz d'Allemagne.*

ORGE PAMELLE. — *Hordeum distichon* Linn. — Seringe, l. c. tab. 6. — *Zeocriton distichon* Beauv. — Épi oblong, comprimé, souvent fléchi sur l'un de ses bords. Fleurs-hermaphrodites ascendantes ; arêtes presque parallèles (à nervation comme dans l'espèce précédente). Achène adhérant aux glumelles. (*Seringe, l. c.*) — Cette espèce porte les noms vulgaires de *Pamelle, Pau-melle, Paumoule, Parmouille, Baillard, Bailleraye, Orge plate, Orge à deux rangs.*—M. Seringe admet les variétés suivantes :

ORGE PAMELLE LACHE. — Épi allongé, arqué sur les bords. Glumes rapprochées, ascendantes. Arêtes presque parallèles. Fleurs distantes, imbriquées.

ORGE PAMELLE SERRÉE. — Épi élargi, oblong-lancéolé, droit ou à peine courbé. Fleurs-fertiles serrées, obliquement étalées.

ORGE PAMELLE NOIRE. — Épi noirâtre.

ORGE PAMELLE RAMEUSE. — Épi rameux.

b) *Achène inadhérent, tombant sans les glumelles.*

ORGE A CAFÉ. — *Hordeum cœlestoides* Seringe, l. c. p. 58; tab. 8.—*Hordeum distichon nudum* Linn.—Épi oblong, aplati, très-flexible, épais. Fleurs lâches, imbriquées. Glumelles minces, crustacées, lâches ; celles des fleurs-mâles hispides : arêtes larges, relevées d'une nervure-dorsale épaisse, creusées latéralement d'un sillon marqué, planes sur la face interne. Achène plus gros que dans l'*Orge céleste.* (Seringe, *l. c.*)—Cette espèce porte les noms vulgaires d'*Orge à Café, Orge à deux rangs nue, Orge d'Espagne, Orge du Pérou.*

La patrie des Orges cultivées comme céréales est inconnue.

XIIIe TRIBU. ANDROPOGONÉES. — *ANDROPO-GONEÆ* Kunth.

Épillets biglumes, biflores ; fleur inférieure incomplète. Glumelles plus minces que les glumes, ordinairement transparentes.

Genre CANAMELLE. — *Saccharum* Linn.

Épillets géminés, biflores, biglumes, articulés à la base; l'un sessile ; l'autre pédicellé ; tous deux fertiles ; fleur inférieure neutre, réduite à une seule glumelle ; fleur supérieure hermaphrodite, à deux glumelles dont l'externe est abortive dans certaines espèces. Glumes membranacées, mutiques, entourées d'une houppe de soies. Glumelles transparentes, mutiques, inégales. Squamules-hypogynes 2, légèrement 2-ou 5-lobées au sommet. Étamines 5. Ovaire glabre, 2-style. Styles longs, terminaux. Stigmates plumeux. (Le fruit n'a pas été décrit en détail.)— Herbes vivaces, plus ou moins élancées. Épillets en panicule terminale, très-rameuse.

CANAMELLE CANNE A SUCRE. — *Saccharum officinarum* Linn. — Tussac, Flore des Antilles, 1, tab. 25. — Tiges hautes de 6 à 12 pieds. Feuilles planes. Panicule ovée, étalée : branches alternes, décomposées. Épillets très-longuement poilus. Fleurs-hermaphrodites à une seule glumelle. — Souche articulée, vivace, longue de 6 à 8 pouces, garnie de racines grêles cylindriques, très-nombreuses, longues de 8 à 10 pouces. Tiges fermes, droites, simples, feuillues vers le sommet (les feuilles inférieures se dessèchent au fur et à mesure que la plante prend de l'accroissement), de 1 ½ pouce à 2 ½ pouces de diamètre, remplies d'une moelle fibreuse; entre-nœuds longs de 1 pouce à 6 pouces; épiderme lisse, luisant, d'un jaune plus ou moins vif, ou vert, ou d'un pourpre violet, ou marqué de bandes perpendiculaires alternativement jaunes et violettes. Feuilles longues de 2 à 4 pieds, larges de 2 à 5 pouces, étalées, linéaires, pointues, glabres, striées, d'un vert glauque, un peu scabres, très-rapprochées vers l'extrémité de la tige; gaîne ordinairement plus longue que l'entre-nœud. Panicule longue de 1 pied à 5 pieds, dressée, subpyramidale, soyeuse, terminant un mérithalle plus ou moins allongé ; branches alternes, très-nombreuses, étalées. Fleurs petites. Glumes lancéolées-oblongues, pointues, 5-nervées, presque égales. Glumelle de la fleur neutre plus courte que les glumes, oblongue, pointue, convexe au dos, innervée, glabre, ciliolée au sommet. Glumelle de la fleur-hermaphrodite plus petite que celle de la fleur neutre, lancéolée, plane, ciliée au sommet.

La *Canne à sucre* n'a pas encore été trouvée à l'état spontané; elle se cultive de temps immémorial dans l'Asie équatoriale; les

Arabes, à l'époque des conquêtes des Califes, l'introduisirent en
Syrie, en Afrique, en Sicile et dans la Péninsule hispanique.
Dans la première moitié du quinzième siècle, les Espagnols et les
Portugais en établirent de vastes plantations aux Canaries et à
Madère, qui suffirent pendant longtemps à toute la consommation
de l'Europe ; c'est de ces îles que les premières Cannes à sucre
parvinrent en Amérique, après la découverte de ce Continent. Il
serait superflu de parler des emplois du sucre. Les Cannes fraîches,
arrivées à un certain degré de maturité, ont une saveur analogue
au miel : dans cet état, elles servent d'aliment ou de friandise ;
c'est même le seul usage qu'on en fasse de nos jours dans les contrées voisines de la Méditerranée.

CANAMELLE VIOLETTE.— *Saccharum violaceum* Tussac, Flore
des Antilles, 1, tab. 25, fig. 5. — Kunth, in Humb. et Bonpl.
Nov. Gen et Spec. 1, p. 182. — Cette espèce (ou probablement
variété) diffère de la précédente en ce que ses feuilles et ses tiges
sont d'un pourpre violet ; par des fleurs plus petites, d'un brun
roux, plus longuement poilues, à glume interne 4-nervée. Elle
est moins riche en principes sucrés, et on ne la cultive (du moins
en Amérique) que pour la distillation du *rhum*.

CANAMELLE DE CHINE. — *Saccharum chinense* Roxb. Flor.
Ind. ed. 2, vol. 1, p. 239. — Tiges hautes de 6 à 10 pieds.
Feuilles planes, hispides aux bords. Panicule ovée : branches
verticillées : les unes simples, les autres composées. Fleurs-hermaphrodites à 2 glumelles unilatérales. — Tiges dressées, hautes
de 10 à 15 pieds, y compris la panicule, de 2 à 3 pouces de
circonférence ; entre-nœuds longs de 4 à 8 pouces ; épiderme
d'un jaune brunâtre pâle. Feuilles linéaires-lancéolées, acérées,
glabres aux 2 faces, longues de 2 à 3 pieds, larges d'environ 18
lignes vers la base, spinelleuses aux bords ; gaîne lisse, plus
longue que l'entre-nœud ; ligule courte, annulaire. Panicule
dressée : branches longues, grêles, réclinées. Épillets longuement soyeux. (*Roxburgh, l. c.*) — Cette espèce est la Canne à
sucre cultivée en Chine, dans la province de Canton. Au témoignage de Roxburgh, elle est préférable à la Canne à sucre ordi-

naire, en ce que son écorce est assez dure pour la garantir des fourmis et des chakals, qui font souvent de grands dégâts dans les plantations ; en outre, elle résiste mieux à la sécheresse, et elle est plus riche en principes sucrés. La Compagnie des Indes a fait introduire cette Canne dans les possessions anglaises.

CANAMELLE ÉLANCÉE. — *Saccharum procerum* Roxb. Flor. Ind. ed. 2, vol. 1, p. 245. — Tiges dressées, hautes de 10 à 20 pieds, frutescentes, simples pendant la première année, puis rameuses, grêles ; entre-nœuds longs de 6 à 12 pouces, remplis de moelle insipide. Feuilles longues de 5 à 6 pieds, ensiformes, acérées, hispides aux bords, larges de 1 à 2 pouces vers le tiers de leur longueur, graduellement rétrécies vers les deux extrémités ; gaîne barbue à son embouchure. Panicule longue de 1 pied à 2 pieds, dressée, ovée, à branches subverticillées, nombreuses, étalées, composées ou décomposées, laineuses, apprimées après la floraison. Fleurs soyeuses. Glumes de couleur pourpre. (*Roxburgh, l. c.*) — Cette espèce, remarquable par l'élégance de son port, est indigène du Bengale. Ses tiges, droites et fortes, sont employées à toutes sortes d'usages par les habitants du pays.

CANAMELLE ROUSSE. — *Saccharum fuscum* Roxb. Flor. Ind. ed. 2, vol. 1, p. 256. — Tiges dressées, hautes de 5 à 8 pieds, de la grosseur du petit doigt, poilues près du sommet. Feuilles glabres, sublancéolées, longues de 5 à 4 pieds, larges de 2 pouces ou moins ; gaîne poilue au bord. Panicule longue de 1 à 2 pieds, dressée, grêle : rameaux subverticillés, composés, étalés : ramules nutants. Épillets courtement soyeux, tous pédicellés. Glumes ciliées. Achène long, obové, brun, glabre. (*Roxburgh, l. c.*) — Cette espèce croît au Bengale ; les Hindous font de ses tiges leurs plumes à écrire.

CANAMELLE MUNJA. — *Saccharum Munja* Roxb. Flor. Ind. ed. 2, vol. 1, p. 246. — Asiat. Res. 4, p. 248. — Tiges dressées, droites, hautes de 8 à 10 pieds. Feuilles longues, linéaires, marginées, hispides à la base, à nervures blanches. Panicule

grande, oblongue, étalée : branches verticillées, surdécomposées.
(*Roxburgh, l. c.*) — Cette espèce croît aux environs de Bénarès ; ses feuilles servent à faire des cordes.

Genre ANDROPOGON. — *Andropogon* Linn.

Épillets biglumes, biflores (à fleur inférieure neutre, réduite à une seule glumelle), géminés sur chaque articulation du rachis d'un épi ; l'un sessile, à fleur hermaphrodite; l'autre pédicellé, à fleur mâle ou neutre ; l'article terminal de l'épi porte 3 épillets, dont 1 central, sessile, à fleur hermaphrodite, et 2 latéraux, pédicellés, mâles, ou neutres. Glumes lancéolées, plus longues que l'épillet, finalement coriaces ou cartilagineuses ; l'externe mutique, non-carénée ; l'interne mutique ou aristée, carénée, ou non-carénée. Glumelles membraneuses, transparentes, plus petites que les glumes ; l'externe de la fleur hermaphrodite longuement aristée ; les autres mutiques. Squamules-hypogynes 2, tronquées, ordinairement glabres. Étamines 3. Ovaire glabre, 1-style. Style terminal, allongé. Stigmates plumeux. (Pistil nul ou abortif dans les fleurs mâles.) Achène glabre, inadhérent, enveloppé des glumes et des glumelles. — Herbes annuelles ou vivaces. Épis solitaires, ou géminés, ou fasciculés ; rachis articulé.

Andropogon odorant. — *Andropogon Schœnanthus* Linn. — Vent. Hort. Cels. tab. 89. — Wallich, Plant. Asiat. Rar. 3, tab. 280. — *Ramacciam* Hort. Malab. 12, tab. 72. — *Schœnanthum amboinicum* Rumph. Amb. 5, tab. 72, fig. 2. — *Andropogon bicorne* Forsk. — *Cymbopogon Schœnanthus* Spreng. Pug. — *Cymbopogon citriodorus* Link, Enum. — Souche vivace, suffrutescente, feuillue. Tiges hautes de 5 à 7 pieds, simples, dressées, glabres, feuillues, de la grosseur d'une plume d'oie, remplies d'un tissu moelleux. Feuilles minces, d'un vert pâle, un peu scabres au bord, longues de 3 à 4 pieds (y compris la gaîne), larges d'environ 9 lignes ; les florales petites, presque réduites à la gaîne. Épis géminés, petits, disposés en panicule terminale, feuillée, simple, lâche, subunilatérale; ramules courts; chaque épi accompagné d'une bractée spathacée, naviculaire; rachis articulé, flexueux, poilu. Fleurs toutes mutiques. Épillets accompagnés d'une houppe de poils. — Cette plante, nommée *Jonc odorant* et *Schénanthe* par les auteurs de matière médicale, croît dans l'Inde et en Arabie; on la cultive d'ailleurs dans presque tous les jardins de ces mêmes contrées. Ses feuilles et ses jeunes pousses ont une odeur aromatique très-agréable; leur saveur est amère et un peu âcre; on les employait jadis en thérapeutique à titre de remède vulnéraire, pectoral et diurétique. En Asie, on en extrait une huile essentielle qui est un parfum très-recherché. L'infusion des feuilles fraîches se prend souvent en guise de thé.

ANDROPOGON IWARANCUSA.—*Andropogon Iwarancusa* Roxb. in Philos. Trans. vol. 80, p. 284; tab. 16; Flor. Ind, ed. 2, vol. 1, p. 275.—*Iwarancussa* Asiat. Res. 4, p. 109.—Plante vivace, formant de grosses touffes de feuilles et de tiges. Rhizome articulé, un peu rampant, de la grosseur d'une plume de corbeau, garni de radicelles nombreuses. Tiges dressées, hautes de 5 à 6 pieds, glabres, en général simples, remplies de moelle. Feuilles-inférieures longues, étroites, scabres aux bords, lisses aux deux faces. Épis géminés, grêles, disposés en longue panicule terminale, simple, interrompue, dressée, ou inclinée; chaque paire pédicellée, accompagnée d'une spathe naviculaire; rachis de l'épi à 5 articulations. Feuilles-florales spathacées, naviculaires. Fleurs-hermaphrodites aristées. Glumes accompagnées d'une houppe de poils. (*Roxburgh, l. c.*) — Cette espèce croît au Bengale; elle participe aux propriétés aromatiques de la précédente.

ANDROPOGON MURIQUÉ.— *Andropogon muricatus* Retz. Obs. — *Anatherum muricatum* Beauv. Agrost. p. 128; tab. 22, fig. 10. — *Agrostis verticillata* Lam. Ill. — *Vetiveria odorata* Virey, in Journ. de Pharm. 15, p. 499. — *Virana* Asiat. Res. 4, p. 306. — Racine longue, fibreuse, vivace, brunâtre. Tiges touffues, glabres, simples, dressées, roides, un peu comprimées

à la base, longues de 4 à 6 pieds, de la grosseur d'une plume
d'oie. Feuilles-inférieures longues de 2 à 5 pieds, étroites, roides, assez lisses, dressées. Panicule terminale, conique, longue
de 6 à 12 pouces, composée d'épis nombreux, verticillés, linéaires, courtement pédonculés, étalés ; rachis glabre, flexueux. Fleurs
toutes mutiques. Glumes muriquées. (*Roxburgh, Flora Indica,*
ed. 2, vol. 1, p. 266.) — Cette plante est commune dans l'Inde,
au bord des eaux et dans d'autres localités humides. Ses racines
séchées exhalent une odeur aromatique très-agréable, surtout
lorsqu'on les humecte ; dans l'Inde on les emploie communément
à faire les écrans qu'on place aux portes et aux fenêtres, afin de
rafraîchir l'intérieur des habitations, au moyen d'aspersions con-
tinuelles. Ce sont ces mêmes racines que les parfumeurs débitent
sous le nom de *Vétiver*.

Genre SORGHO. — *Sorghum* Pers.

Ce genre ou sous-genre ne diffère essentiellement des
Andropogon qu'en ce que les épillets sont disposés en panicule très-rameuse ; les épillets-fertiles sont ovés ou oblongs ; les épillets-mâles lancéolés.

Les espèces dont nous allons faire mention se cultivent
abondamment, comme céréales, dans l'Afrique, la Syrie,
la Perse, l'Arabie et l'Inde, ainsi que dans les pays les
plus méridionaux de l'Europe ; très-productives dans ces
régions, elles ne réussissent guère dans les climats
plus septentrionaux. Ces végétaux sont surtout précieux
dans les contrées trop sèches pour le Riz, et trop chaudes
pour les céréales des pays tempérés. Les Sorghos fournissent une farine très-blanche, mais manquant des qualités nécessaires à la confection d'un pain de bonne qualité ; elle s'emploie principalement à faire des bouillies,
des galettes et de la pâtisserie. Ce grain est une excellente
nourriture pour la volaille. Les feuilles et les tiges, soit
sèches, soit en vert, servent de fourrage. Les tiges, qui
s'élèvent souvent jusqu'à 12 pieds, acquièrent assez de
consistance pour fournir un assez bon combustible ; avant

la maturité du grain, le tissu spongieux dont elles sont remplies contient beaucoup de principes sucrés.

SORGHO COMMUN. — *Sorghum vulgare* Pers. Syn. — Host, Gram. Austr. 4, tab. 2.—*Holcus Sorghum* Linn.— Limk. Ill. tab. 558, fig. 1.—*Holcus Durra* Forsk.—*Andropogon Sorghum* Brot. Flor. Lus. — Tige pubescente aux nœuds. Feuilles scabres au bord, glabres de même que les gaînes. Panicule dense : ramules pubescents ; rachis glabre. Pédicelles poilus. Glumes pubescentes. (*Kunth, Enum.* 4, p. 504.)—Plante annuelle. Tige droite, simple, haute de 6 à 12 pieds, de 4 à 2 pouces de diamètre. Feuilles larges, semblables à celles du Mays, d'un vert gai, longues de 2 à 5 pieds ; côte-médiane grosse, blanche. Panicule longue de 1/2 pied à 4 pied ; ramules verticillés. Épillets-hermaphrodites ovales, mutiques, ou aristés. Achène jaunâtre, ou brunâtre, arrondi, comprimé, long d'environ 2 lignes. — Cette espèce est connue sous les noms vulgaires de *Dura, Doura, Douro, Gros Millet, Grand Millet d'Inde, Millet d'Inde.* Elle passe pour être indigène de l'Inde ; mais Roxburgh assure ne l'avoir jamais vue autrement que cultivée ; le même auteur rapporte que dans un bon sol elle rapporte souvent plus de 400 pour 4 ; on la sème en octobre, et la récolte se fait en janvier.

SORGHO NOIR. — *Sorghum nigrum* Rœm. et Schult. Syst. — *Holcus niger* Gmel. Syst. — *Holcus nigerrimus* Ard. Saggi di Padov. 4, tab. 5, fig. 4. — *Andropogon niger* Kunth, Gram. 1, p. 464. — Panicule un peu lâche, pyramidale : rameaux pendants. Glumes noires, luisantes. (*Kunth, Enum.* 4, p. 504.) — Plante semblable à l'espèce précédente par le port.

SORGHO BICOLORE. — *Sorghum bicolor* Willd. Enum.—*Sorghum vulgare bicolor* Pers. Syn. — *Holcus bicolor* Linn. — *Andropogon bicolor* Roxb. Flor. Ind. 4, p. 275. — Panicule diffuse, à branches étalées, les unes décomposées, les autres sur-décomposées. Glumes des épillets-fertiles lisses, ciliées. Fleur-hermaphrodite à glumelle aristée. Glumes des épillets-stériles poilues. — Tige en général solitaire, dressée, glabre, haute de 4 à

10 pieds, de la grosseur du pouce, presque recouverte par les gaînes. Feuilles longues de 1 pied à 5 pieds, larges de 1 pouce à 5 pouces, glabres; gaîne barbue à son orifice. Panicule dressée, ovale, dense; branches subverticillées, étalées; ramifications anguleuses et hispidules. Épillets les uns fertiles; les autres neutres. (*Roxburgh, l. c.*)

Sorgho a panicule nutante. — *Sorghum cernuum* Willd. Enum. — *Holcus cernuus* Willd. Spec. — *Andropogon cernuus* Roxb. Flor. Ind. 1, p. 275. — Tige droite, haute de 5 à 15 pieds, émettant des radicelles aux articulations de la moitié inférieure. Panicule ovale, à branches nombreuses, longues, composées, inclinées. Glumes velues, ciliées. Glumelles submutiques. — Feuilles longues de 1 $\frac{1}{2}$ à 5 pieds, larges de 2 à 5 pouces, glabres. Panicule grande. Achène d'un blanc de lait. (*Roxburgh, l. c.*)

Sorgho sucré. — *Sorghum saccharatum* Pers. Syn. — Host, Gram. Austr. 4, tab. 4. — *Holcus saccharatus* Linn. — Lam. Ill. tab. 558, fig. 5. — *Holcus Dochna* Forsk. — Espèce (ou variété?) très-voisine du *Sorghum vulgare*. Panicule plus grande, plus allongée, plus lâche, d'abord droite; ramifications-fructifères horizontales ou pendantes. Glumes velues. Fleurs-hermaphrodites longuement aristées. Achène jaunâtre, ou roussâtre. — Cette espèce est remarquable par l'abondance des principes sucrés que contient sa tige; on peut en extraire un sirop aussi agréable que celui du sirop de canne.

FIN DES VÉGÉTAUX MONOCOTYLÉDONES.

FAMILLES DICOTYLÉDONES

NON CLASSÉES.

(OU DE CLASSIFICATION CONTROVERSÉE.)

DEUX CENT VINGT-QUATRIÈME FAMILLE.

LES ESCALLONIÉES. — *ESCALLONIEÆ.*

Escallonieæ R. Br. in Frankl. Voyage, p. 766. — Bartl. Ord. Nat.
p. 425. — Aug. de Saint-Hil. Flor. Brasil. 3, p. 92. — *Saxifraga-
ceæ-Escalloniem* D. C. Prodr. 4, p. 2. — Ad. Brongn. Enum. Gen.
Hort. Par. p. 108. — *Escalloniaceæ* Dumort. Anal. p. 37. — Lindl.
Nat. Syst. ed. 2, p. 27. — *Saxifragaceæ*, subordo IV : *Escalloniem*
Endl. Gen. p. 822. — *Ribesiaceæ-Escalloniem* Reichenb. Consp.
p. 161. — *Cacteæ-Escalloniem* Reichenb. Syst. Nat. p. 233.

Il nous a semblé opportun de rapporter ce groupe à
la famille des Cunoniacées. (*Voy.* vol. 5, p. 5, et p.
29.)

LES ALANGIÉES. — *ALANGIEÆ.*

Alangieæ D. C. Prodr. 3, p. 203. — Bartl. Ord. Nat. p. 424. — Wight
et Arnott, Prodr. Flor. Penins. Ind. 1, p. 325. — Dumort. Fam.
p. 33. — Endl. Gen. p. 1184. — *Alangiaceæ* Lindl. Nat. Syst. ed. 2,
p. 39. — *Onagraceæ*, trib. II : *Circeæ*, subdiv. III : *Alangieæ*
Reichenb. Syst. Nat. p. 248. — *Hamamelineæ-Alangieæ* Ad. Brongn.
Enum. Gen. Hort. Par. p. xxix, et 110.

Le genre *Alangium* (Lam. — *Angolam* Adans. —
Angolamia Scop.), que A. L. de Jussieu plaçait avec
doute en tête des Myrtacées, est devenu pour M. de Candolle le type d'une famille à laquelle il a donné le nom
d'*Alangiées*, mais qui jusqu'aujourd'hui ne compte pas
d'autres représentants. M. Lindley, à la vérité, y a
ajouté le *Marlœa* (Roxb.), qui toutefois paraît avoir
des rapports plus intimes avec les Cornées. Les Alangiées sont placées par M. de Candolle entre les Mélasto-
macées et les Myrtacées, avec la remarque qu'elles diffèrent de ces dernières, ainsi que des Combrétacées,
par des pétales plus nombreux, des anthères adnées, et
des graines périspermées. M. Lindley les place dans le
groupe qu'il appelle *Myrtales*, entre les Combrétacées
et les Rhizophorées, et il pense qu'en outre elles ont de
grandes affinités avec les Cornacées et les Hamamélidées ; c'est entre ces deux dernières familles que les
porte M. Meisner (*Gen. Plant.*), tandis que M. Endlicher adopte la manière de voir de M. Lindley. Enfin,
M. Adr. de Jussieu (*Dict. Univ. d'Hist. Nat.*) penche à
croire qu'elles seraient à réunir aux Hamamélidées.

CARACTÈRES (1).

Arbres.

Feuilles alternes, non-stipulées, entières, non-ponctuées.

Fleurs hermaphrodites, régulières, axillaires, fasciculées, courtement pédonculées.

Calice supère, campanulé, 5-à 10-denté.

Pétales en même nombre que les dents-calicinales, contournés en préfloraison, linéaires, réfléchis.

Étamines en nombre double ou triple ou quadruple des pétales, saillantes, libres. Filets longs. Anthères ntrorses, dithèques, souvent dépourvues de pollen.

Pistil : Ovaire infère, globuleux, 1-loculaire, 1-ovulé. Ovule suspendu au sommet de la loge. Style indivisé, subulé, dilaté à la base en disque charnu recouvrant le sommet de l'ovaire. Stigmate dilaté.

Péricarpe : Drupe charnu, 1-sperme, couronné des restes du calice ; noyau osseux.

Graine suspendue. Périsperme charnu. Embryon rectiligne ; radicule supère ; cotylédons plans, foliacés.

Genre ALANGE. — *Alangium* Lamk.

(Les caractères de ce genre sont les mêmes que ceux de la famille qu'il constitue à lui seul.)

ALANGE DÉCAPÉTALE. — *Alangium decapetalum* Lam. — *Alangium hexapetalum* Roxb. Flor. Ind. — *Alangium tomentosum* Lam. — *Angolam* Hort. Malab. 4, tab. 17. — Arbre atteignant environ 100 pieds de haut et 12 pieds de circonférence. Bois blanc, très-dur. Branches nombreuses, étalées en rond. Ramules spinescents. Écorce lisse : celle du tronc grisâtre ;

---

(1) D'après MM. Wight et Arnott. (*Prodr. Flor. Penins. Ind.*)

celle des rameaux verte et luisante. Feuilles oblongues-lancéolées, pointues, longues de 4 à 8 pouces, larges de 1 pouce à 2 pouces, d'un vert luisant en dessus, rougeâtres en dessous. Fruit rougeâtre, du volume d'une Cerise. — Cet arbre croît dans les montagnes du Malabar. L'écorce et les feuilles sont aromatiques et amères ; on les emploie comme vermifuge et comme purgatif. Le fruit est comestible, d'une saveur sucrée très-agréable.

ALANGE HEXAPÉTALE. — *Alangium hexapetalum* Lam. — Hort. Malab. 4, tab. 26. — Arbre atteignant 40 pieds de haut sur 6 pieds de circonférence. Branches et rameaux étalés ; ramules peu spinescents. Bois très-dur, rougeâtre au centre, blanc à la périphérie. Feuilles ovées-lancéolées, ou elliptiques, ou oblongues, acuminées, veloutées en dessous. Fleurs subfasciculées, 6-ou 7-pétales. Fruit rouge, du volume d'une petite Pomme, acide.— Indigène des mêmes contrées que l'espèce précédente ; les Hindous l'appellent *Kara Angolam.* Sa racine est drastique. Les feuilles, aromatiques et amères, passent pour un excellent vulnéraire.

LES OLACINÉES. — *OLACINEÆ.*

Olacineæ Mirb. in Bull. de la Soc. Philom. 1813, p. 377. — Juss. in Mém. du Mus. II, p. 438; Id. in Dict. des Sciences Nat. vol. 36, p. 2. — R. Br. Gen. Rem. in Flind. vol. 2, p. 570; Id. in Tuckey, Cong. p. 552. — De Cand. Prodr. I, p. 531. — Bartl. Ord. Nat. p. 423. — Endl. Gen. p. 1041. — Dumort. Fam. p. 43. — *Olacaceæ* Lindl. Nat. Syst. ed. 2, p. 32. — *Sapotaceæ-Lucumeæ*, subdiv. *Olacinæ* Reichenb. Consp. p. 136. — *Sapotaceæ-Illicinæ*, subdiv. *Olacinæ* Reichenb. Syst. Nat. p. 214. — *Hesperideæ-Ximenieæ* Ad. Brongn. Enum. Gen. Hort. Par. p. xxiv, et 86.

CARACTÈRES DE LA FAMILLE.

Arbres ou *arbrisseaux;* ramules souvent spinescents.

Feuilles éparses ou distiques, simples, pétiolées, très-entières, non-stipulées, le plus souvent coriaces; pétiole à base articulée.

Fleurs hermaphrodites ou polygames, régulières, axillaires (par exception terminales), en général petites.

Calice petit, inadhérent, persistant, indivisé (denticulé ou tronqué), en général accrescent.

Pétales au nombre de 4 à 6, hypogynes, subcoriaces, soit disjoints, soit cohérents tous par la base, soit cohérents deux à deux moyennant les étamines, caducs, valvaires en préfloraison.

Étamines hypogynes ou insérées aux pétales, en général en nombre double des pétales (les unes interpositives, les autres antépositives), moins souvent en même nombre que les pétales ou en plus petit nombre et interpositives, soit toutes fertiles, soit alternativement fertiles et stériles. Filets filiformes ou subulés.

Anthères introrses, 2-thèques, dressées, longitudinalement déhïscentes.

Pistil : Ovaire inadhérent, soit 1-loculaire, à placentaire central ou nul, soit 3-ou 4-loculaire. Ovules en
nombre défini (1 à 4), suspendus, anatropes. Style terminal, indivisé, filiforme, à stigmate capitellé, ou tronqué, ou 3-lobé.

Péricarpe drupacé ou nuculaire, souvent recouvert
du calice amplifié ou devenu charnu; noyau crustacé
ou osseux, 1-loculaire, 1–sperme.

Graine suspendue, périspermée ; tégument membranacé. Périsperme charnu. Embryon rectiligne, axile,
en général plus court que le périsperme, subcylindracé ; radicule supère, contiguë au hile.

Cette famille, encore peu nombreuse et entièrement
exotique, est classée par la plupart des auteurs auprès
des Aurantiacées; elle comprend les genres suivants :

Icacina Juss. fil. — *Opilia* Roxb, (Groutia Guill. et
Perrot.) — *Lepionurus* Blum.— *Ximenia* Plum. (Heymassoli Aubl. Rottbœllia Scopol.) — *Heisteria* Linn.
— *Olax* Linn. (Fissilia Commers. Spermaxyrum Labill. Roxburghia Kœnig.) — *Balanites* Delile.

GENRES INCOMPLÉTEMENT CONNUS.

(Rapportés avec doute aux Olacinées.)
Pseudaleia Petit-Thou. — *Pseudaleoides* Petit-Thou.
— *Platea* Blum. — *Stemonurus* Blum.— *Gomphandra*
Wallich. — *Quilesia* Blanco.

Genre ICACINA. — *Icacina* Juss. fil.

Calice court, 5-fide, persistant. Pétales 5, insérés sur
un disque hypogyne, velus en dessus à leur base, étalés.
Étamines 5, hypogynes, interpositives, dressées. Filets fili-

formes. Anthères cordiformes, médifixes. Ovaire stipité, très-velu, 1-loculaire, 2-ovulé; ovules collatéraux, suspendus au sommet de la loge. Style court, courbé, à stigmate tronqué. Péricarpe coriace, indéhiscent, ovoïde, mucroné, 1-sperme, très-velu. Graine subglobuleuse. — Arbrisseau à rameaux velus, un peu comprimés. Feuilles alternes, rapprochées, coriaces, courtement pétiolées. Fleurs en panicule terminale. Pédoncules pubescents, bractéolés. — L'espèce suivante constitue à elle seule ce genre.

ICACINA DU SÉNÉGAL. — *Icacina senegalensis* Juss. fil. in Mém. de la Soc. d'Hist. Nat. Par. 1, p. 175, tab. 9. — Guill. et Perrot. Flor. Sénégamb. 1, p. 105. — Tige dressée, anguleuse, haute de 2 à 3 pieds, subcylindrique à la base, cotonneuse au sommet. Rameaux ascendants. Feuilles ovées, glabres, pointues ou obtuses, luisantes en dessus, réticulées en dessous. Panicules lâches, pubescentes. Bractéoles minimes. — Indigène du Sénégal. Les nègres en mangent les amandes.

Genre XIMÉNIA. — *Ximenia* Plum.

Calice minime, inaccrescent, 4-fide. Pétales 4, hypogynes, connivents à leur base, révolutés dans le haut, barbus en dessus. Étamines 8, hypogynes; filets capillaires; anthères linéaires, dressées. Ovaire à 3 ou 4 loges 1-spermes; ovules suspendus au sommet des loges. Style filiforme, tétragone. Stigmate capitellé. Drupe charnu, ovoide, mucroné; noyau osseux, 1-loculaire, 1-sperme. Graine grosse, remplissant la cavité du noyau; périsperme charnu, visqueux. — Arbres ou arbrisseaux très-rameux, en général épineux. Feuilles coriaces, pétiolées. Pédoncules 1-flores ou pluri-flores, axillaires. — Genre propre à la zone équatoriale.

XIMÉNIA MULTIFLORE. — *Ximenia multiflora* Jacq. Amer. tab. 177, fig. 51 ; Id. ed. pict. tab. 107.—*Ximenia americana* Linn. — Plum. Ic. 261, fig. 1. — *Heymassoli spinosa* Aubl.

Guian. 1, tab. 125.—Buisson très-rameux, haut de 5 à 12 pieds.
Rameaux très-longs, flexibles, grêles, glabres, garnis d'épines
axillaires. Feuilles ovées, ou elliptiques, ou oblongues, obtuses,
ou échancrées, vertes, lisses, glabres, courtement pétiolées, non
persistantes, longues d'environ 2 pouces. Fleurs très-odorantes,
en corymbes multiflores ; pédoncule-commun long de 1/2 pouce à
1 pouce ; pédicelles longs de 2 à 5 lignes. Pétales longs d'environ
5 lignes, d'un blanc.jaunâtre, garnis en dessus (de la base jusqu'au
milieu) d'un duvet roussâtre laineux très-épais. Drupe du volume
d'une Prune-Mirabelle, de couleur orange ; chair pulpeuse, peu
épaisse ; noyau mince, adhérent. — Indigène des Antilles et de la
Guiane ; la chair du fruit ainsi que l'amande sont comestibles.

Genre HÉISTÈRE. — *Heisteria* Linn.

Calice minime, cupuliforme, 5-fide, accrescent, finalement très-ample et coloré. Pétales 5, hypogynes. Étamines 10, hypogynes, toutes fertiles ; filets plans ; anthères arrondies. Ovaire à 5 loges 1-ovulées ; ovules suspendus au
sommet des loges. Style court. Stigmate obscurément 5-lo-
bé. Drupe charnu, engaîné par le calice amplifié ; noyau
ovale, osseux, 1-sperme. — Arbres inermes. Feuilles alternes, pétiolées, coriaces. Fleurs petites, axillaires, pédonculées. — Genre propre à l'Amérique équatoriale.

HEISTÈRE ÉCARLATE. — *Heisteria coccinea* Jacq. Amer. p.
126 ; tab. 84 ; ed. pict. tab. 122. — Arbre de 20 pieds et plus,
ayant le port d'un Laurier. Feuilles oblongues, acuminées,
glabres, luisantes, courtement pétiolées, longues de 1/2 pied. Pétales blancs, ovales, concaves, pointus, étalés. Drupe de la forme
et du volume d'une Olive ; calice fructifère grand, écarlate,
à lobes obtus, étalé. — Indigène de la Martinique, où on l'appelle
vulgairement *Bois-perdrix*.

Genre BALANITE. — *Balanites* Delile.

Calice 5-sépale, caduc. Pétales 5, lancéolés, insérés à la
base d'un disque glandulaire, hypogyne, anguleux, engaî-

nant la base de l'ovaire. Étamines 10, ayant même insertion que les pétales ; filets subulés ; anthères ovées, médifixes. Ovaire oblong, très-velu, 5-loculaire ; ovules solitaires dans chaque loge, suspendus au sommet de l'angle
interne. Style dressé, filiforme. Stigmate capitellé. Drupe
charnu, ovoïde, pointu ; noyau ligneux, pentagone, par
avortement 1-loculaire et 1-sperme. Graine à tégument
fibreux. — Arbre armé de fortes épines axillaires. Feuilles
alternes, 2-foliolées : folioles coriaces, très-entières. Fleurs
petites, odorantes, en cymes axillaires.

Balanite Agihalid. — *Balanites œgyptiaca* Delile, Flor.
Ægypt. p. 77 ; tab. 28, fig. 1. — *Agihalid* Prosp. Alp.
Ægypt. p. 20 ; tab. 11. — *Ximenia œgyptiaca* Linn. — Roxb.
Flor. Ind. ed. 2, p. 255. — *Ximenia ferox* Poir. — Buisson
ou petit arbre très-épineux. Tronc droit. Écorce grisâtre, rimeuse. Branches peu nombreuses, dressées, souvent réclinées au
sommet. Épines solitaires, longues, fortes, très-acérées, souvent
feuillées et florifères. Feuilles éparses, pétiolées ; folioles ovales ou
oblongues, lisses (pubescentes étant jeunes), courtement pétiolulées, longues de 1 1/2 pouce, larges de 9 lignes. Pédoncules courts,
cotonneux, multiflores. Fleurs petites, d'un blanc verdâtre. Sépales ovales, cotonneux, étalés. Disque verdâtre, 10-gone, engaînant la moitié inférieure de l'ovaire. Pétales semblables aux
sépales. Filets un peu plus courts que les pétales. Drupe du volume
d'un œuf de poule, 5-sulqué ; épicarpe lisse, mince, grisâtre ;
pulpe très-amère, fétide, comme savonneuse ; noyau très-dur.
(*Roxburgh, l. c.*) — Indigène de l'Afrique équatoriale, de
l'Égypte et de l'Inde. Suivant Prosper Alpin, les feuilles ont une
saveur acide, et s'emploient, en Afrique, comme remède vermifuge. Lippi dit que le fruit est purgatif.

Balanite a petites feuilles. — *Balanites œgyptiaca* var.
microphylla Guill. et Perrott. Flor. Senegamb. 1, p. 104. —
« Cette variété, » disent MM. Guillemin et Perrottet, « est fort
« remarquable par le duvet blanchâtre qui recouvre toutes ses
« parties ; par ses feuilles constamment plus petites que celles du

« type de l'espèce ; par ses fruits qui sont moins allongés et plus
« petits de moitié. Sa hauteur moyenne est de 25 à 50 pieds au
« plus. — La pulpe qui revêt le noyau est très-purgative avant
« la maturité du fruit : son goût est âcre, extrêmement amer, et
« cause pendant longtemps une douleur cuisante à la gorge ;
« quand elle est mûre, au contraire, elle a un goût assez agréable,
« et les nègres en mangent avec plaisir. — Le bois de ce *Bala-*
« *nites* est de couleur jaunâtre, très-dur et excellent pour les
« constructions et la fabrication des meubles. Les nègres en font
« des pilons et des mortiers. »

DEUX CENT VINGT-SEPTIÈME FAMILLE.

LES BALSAMINÉES. — *BALSAMINEÆ.*

Balsamineæ A. Rich. in Dict. Class. 2, p. 173. — De Cand. Prodr. 1,
p. 685. — Kunth, in Mém. Soc. Hist. Nat. Par. 3, p. 584. — Bartl.
Ord. Nat. p. 422. — Rœper (*De floribus et affinitate Balsami-
nearum*) in Linnæa 9, p. 112, et in Flora, 1834, 1, p. 89 et 97 ; ibid.
1836, 1, p. 241. — Bernh. in Linnæa, 12, p. 669. — Kunth, Flor.
Berol. p. 82. — Endl. Gen. p. 1172.—E. Mey. Preuss. Pflanzengatt.
p. 228. — *Balsaminaceæ* Lindl. Nat. Syst. ed. 2, p. 158. — Dumort. Fam. p. 46. — *Hydrocereæ* Blum. Bijdr. p. 241. — *Papa-
veracearum* genn. Reichenb. Consp. p. 186. — *Oxalideæ-Oxaleæ*,
subdiv. *Balsamineæ* Reichb. Syst. Nat. p. 294. — *Geranioideæ-
Balsamineæ* Ad. Brongn. Enum. Gen. Hort. Par. p. xxiii et 81.

Presque tous les auteurs classent aujourd'hui cette
famille soit entre les Oxalidées et les Tropéolées, soit
entre celles-ci et les Géraniacées. La plupart des Balsaminées habitent l'Inde ; quelques espèces croissent
dans le nord de l'Asie et de l'Amérique, ou bien dans
l'Afrique australe. L'*Impatiens Noli-tangere* est la
seule espèce indigène d'Europe.

CARACTÈRES DE LA FAMILLE.

Herbes annuelles ou vivaces, succulentes.

Feuilles alternes, ou opposées, ou verticillées, pétiolées, simples, dentelées, non-stipulées ; dentelures en
général glanduleuses.

Fleurs hermaphrodites, irrégulières, en général 2-
sépales et 4-pétales (1). Pédoncules axillaires ou termi-

---

(1) Nous partageons à ce sujet la manière de voir professée par
M. E. Meyer, dans son excellent ouvrage sur les familles et genres de
la Flore de Prusse. Du reste, on est loin d'être d'accord sur ce point,
car les enveloppes florales des Balsaminées (l'**Hydrocera** excepté)
ont été interprétées très - contradictoirement. Beaucoup d'auteurs

naux, solitaires, ou fasciculés, 1-ou pluri-flores. Pédi-celles 1-bractéolés à la base, parfois 2-bractéolés au sommet, disposés en grappe. Estivation imbricative.

Calice inadhérent, caduc, 4-sépale (par exception 5-

---

attribuent à ces fleurs un calice 2-sépale et une corolle 4-pétale : opinion qui de prime abord paraîtrait la plus naturelle, mais qui se trouve réfutée par la structure des fleurs de l'*Hydrocéra*; car, dans ces fleurs, qui sont incontestablement 5-sépales et 5-pétales, le sépale-inférieur correspond exactement, tant par la forme que par la position, au cornet pétaloïde et éperonné des Balsamines, et que nous considérons aussi chez ces dernières comme le sépale-inférieur, tandis que, suivant l'opinion contraire, ce serait le pétale-inférieur. — M. A. Richard admet que les fleurs des Balsamines ont un calice composé de 4 sépales distincts, et une corolle de 4 pétales soudés collatéralement 2 à 2. — Suivant M. Rœper, les fleurs des Balsamines seraient 5-pétales, et tantôt 3-sépales, tantôt 5-sépales. Dans cette hypothèse, le sépale-supérieur est considéré comme un pétale, et les 2 pétales comme formés chacun par la soudure d'une paire de pétales; les 2 bractéoles qui existent quelquefois à la base du calice, constituent les 2 sépales dorsaux d'un calice 5-sépale, et, lorsque ces bractéoles manquent, le calice est censé 3-sépale par avortement. — D'après l'interprétation de M. Kunth, le calice des Balsamines est composé de 5 sépales, dont les 2 postérieurs sont soudés en un seul (c'est-à-dire le sépale supérieur); la corolle se compose de 5 pétales, dont le supérieur avorte, et dont les 4 autres sont soudés collatéralement 2 à 2. — Enfin, suivant M. Bernhardi, le calice des Balsamines serait 2-bractéolé (ces bractéoles sont les 2 sépales latéraux des autres auteurs), et composé de 5 sépales, dont les 2 latéraux (qu'on a coutume d'appeler des bractéoles) manquent ou sont rudimentaires, et dont les 2 postérieurs sont soudés en un seul (le sépale supérieur); la corolle se composerait également de 5 pétales, dont le supérieur est soudé en une seule pièce avec les 2 sépales postérieurs. — Ainsi, en résumé, les 2 bractéoles sont des sépales pour M. Rœper et pour M. Bernhardi; les 2 sépales-extérieurs (latéraux) sont des bractéoles pour M. Bernhardi; le sépale supérieur (ou postérieur) est un pétale pour M. Rœper, et un double sépale pour M. Kunth, tandis que M. Bernhardi l'envisage comme un « sépale-pétale » formé par la confluence de 2 sépales et d'un pétale; le sépale-supérieur et le sépale-inférieur sont des pétales pour beaucoup d'auteurs; enfin la plupart des auteurs s'accordent à regarder les 2 pétales comme étant composés chacun d'une paire de pétales soudés.

sépale); sépales disjoints, bisériés : 2 extérieurs, latéraux, similaires, presque plans, valvaires en préfloraison, plus caducs et souvent beaucoup plus petits que
les sépales-intérieurs, en général peu ou point colorés;
et 2 (par exception 3) intérieurs (alternes avec les externes), pétaloïdes (ou du moins colorés à la surface
supérieure), dissemblables : l'un inférieur (lorsqu'il y
a 3 sépales-internes 2 sont supérieurs) plus grand, la-
belliforme, ou cuculliforme, éperonné à la base, l'autre
supérieur, en général en forme de casque ou de capu-
chon.

Corolle hypogyne, caduque. Pétales disjoints, similaires, opposés aux sépales-externes, inégalement bilobés ou bipartis. Par exception la corolle est à 5 pétales
(dont un supérieur, cuculliforme ; les 4 autres presque
plans, plus petits) alternes avec 5 sépales.

Étamines au nombre de 5 (dont 4 insérées deux à
deux devant les deux pétales, et la cinquième insérée
devant le sépale-inférieur; ou bien, dans les espèces
5-pétales, interpositives), hypogynes, anisométres; 2
supérieures, plus longues, 2 latérales, la 5e (plus courte
que les latérales) inférieure. Filets dressés, connivents,
aplatis, spathulés, cohérents latéralement vers leur sommet. Anthères 2-thèques, introrses, basifixes, courtes,
conniventes en préfloraison, plus tard étalées dans le
haut, cohérentes dans leur moitié inférieure de manière
à former gaîne autour du sommet du pistil; bourses
juxtaposées, longitudinalement déhiscentes.

Pistil : Ovaire allongé, 5-loculaire, couronné d'un
stigmate 5-denté ou de 5 stigmates distincts dès leur
base ; loges 2-à 5-ovulées; ovules 1-ou 2-sériés, superposés, anatropes, suspendus à l'angle interne.

Péricarpe capsulaire, 5-loculaire, ou 1-loculaire par

l'oblitération des cloisons, polysperme, ou par avortement oligosperme, élastiquement 5-valve, septifrage ; valves s'enroulant de bas en haut en lançant les graines ; placentaire central, fongueux, persistant sous forme d'une colonne à 5 angles où à 5 ailes.— Dans le genre *Hydrocera* le fruit est un drupe charnu, à noyau osseux, 5-loculaire, 5-sperme.

Graines suspendues, apérispermées, en général subglobuleuses ; tégument mince, ordinairement comme chagriné. Embryon rectiligne ; cotylédons charnus, plano-convexes ; radicule courte, obtuse, supère ; gemmule petite, bilobée.

Les caractères essentiels qui séparent les Balsaminées des Géraniacées, des Oxalidées et des Tropéolées, ne reposent que sur les anthères plus ou moins syngénèses, l'ovaire sans style, et la conformation du fruit. Les Balsaminées diffèrent en outre des Géraniacées, de même que des Oxalidées, par des graines apérispermées.Les Tropéolées, d'ailleurs très-voisines des Balsaminées par la structure des fleurs, s'en éloignent par l'insertion périgynique des pétales et des étamines, et par le nombre octonaire de celles-ci. Du reste la symétrie des organes floraux de la plupart des Balsaminées est la même que chez les Fumariacées et certaines Papavéracées : c'est sans doute en raison de ces rapports que Bernard de Jussieu et Adanson avaient placé le genre Balsamine dans les Papavéracées.

La famille ne comprend que les genres *Impatiens* Linn. (Impatiens et Balsamina Riv. ; Medic. ; De Cand.) et *Hydrocera* Blum. (Tytonia G. Don.)

Genre BALSAMINE. — *Impatiens* Linn.

Fleurs 4-sépales, 2-pétales. Capsule 5-loculaire, un peu charnue, élastiquement 5-valve ; loges 2-à 5-spermes.

Les caractères par lesquels on a cru pouvoir distinguer les genres *Impatiens* et *Balsamina* sont ou trop légers, ou inexacts. M. De Candolle attribue au genre *Impatiens* des étamines dont les 3 inférieures auraient des anthères à deux bourses, et les deux supérieures des anthères à une seule bourse, tandis que dans le genre *Balsamina*, toutes les cinq étamines auraient des anthères à deux bourses; mais sous ce rapport il n'y a aucune différence entre les *Impatiens* et les *Balsamina*, car chez les unes comme chez les autres, toutes les étamines ont des anthères à deux bourses.

A. *Feuilles alternes.*

BALSAMINE COMMUNE. — *Impatiens Balsamina* Linn. — Blackw. Herb. tab. 583. — *Balsamina hortensis* Desp. — D. C. Prodr. — Feuilles lancéolées. Pédicelles agrégés. Éperon plus court que la fleur. (D. C.) — Plante annuelle, indigène de l'Inde. Fréquemment cultivée comme plante de parterre. Fleurs souvent doubles, de couleurs très-variées.

BALSAMINE ÉCARLATE. — *Impatiens coccinea* Sims, in Bot. Mag. tab. 1256. — *Balsamina coccinea* D. C. Prodr. 1, p. 685. — Feuilles alternes, oblongues-ovales, dentelées ; pétiole multi-glanduleux. Pédicelles agrégés. Éperon incourbé, de la longueur de la fleur. (D. C.) — Originaire de l'Inde. Cultivé comme plante d'ornement.

BALSAMINE A GRAND LABELLE. — *Impatiens macrochila* Lindl. Bot. Reg. 1840, tab. 8. — Plante annuelle, dressée, glabre, ayant le port de la Balsamine commune. Feuilles ovales-lancéolées, dentelées ; pétiole court, glanduleux. Fleurs plus grandes que celles de la Balsamine des jardins, d'un rose vif, disposées en ombelle terminale. Sépale-dorsal ovale, acuminé, recourbé au sommet. Éperon court, renflé, infléchi. Pétales à lobe majeur très-grand, ové-lancéolé, défléchi. Capsule courte, obovée, apiculée. — Indigène de l'Inde septentrionale. Cultivé comme plante d'ornement.

BALSAMINE TRICORNE. — *Impatiens tricornis* Lindl. Bot. Reg. 1840, tab. 9. — Plante annuelle, dressée. Feuilles lancéolées, dentelées, pubescentes, rétrécies en long pétiole non-glanduleux.

Grappes axillaires, beaucoup plus courtes que les feuilles. Fleurs grandes, jaunes, ponctuées de pourpre. Sépale-dorsal oblong, subbilobé, cuspidé dans le sinus, corniculé au dos. Éperon acuminé, infléchi. Pétales à lobe majeur allongé, pointu. Capsule longue, linéaire. (*Lindley*, *l. c.*) — Indigène de l'Inde septentrionale. Cultivée comme plante d'ornement.

BALSAMINE DES BOIS. — *Impatiens Noli-tangere* Linn. — Engl. Bot. tab. 937. — Flor. Dan. tab. 582. — *Impatiens lutea* Lam. — *Balsamina Noli-tangere* Mœnch, Meth. — Plante annuelle, dressée, haute de 1 ¹/₂ à 2 pieds. Feuilles ovées, obtuses, crénelées, longuement pétiolées. Pédoncules axillaires, 5-ou 4-flores, solitaires, divergents, plus courts que les feuilles. Fleurs d'un jaune pâle, grandes, pendantes, ponctuées de pourpre. Éperon onciné au sommet. Capsule oblongue, anguleuse. — Cette plante croît en France et dans les contrées plus septentrionales de l'Europe, dans les bois humides.

BALSAMINE A FLEURS BRUNES. — *Impatiens fulva* Nutt. Gen. — Reichenb. Hort. Bot. tab. 104. — Plante annuelle, semblable à l'espèce précédente par le port, le feuillage et l'inflorescence. Fleurs plus petites, d'un brun orange, mouchetée de pourpre. Sépale-inférieur conique, pointu, plus long que les pétales, à éperon redressé, assez long. Feuilles glauques. —Indigène des États-Unis. Cultivée comme plante d'ornement.

B. *Feuilles opposées ou verticillées.*

BALSAMINE DE MASTERS. — *Balsamina Mastersiana* Paxt. Mag. of Bot. 1859.—Lemaire, Nouv. Herb. de l'Amat. 2, tab. 27. — Plante annuelle, glabre. Feuilles subopposées, linéaires-lancéolées, pointues, dentelées, sessiles. Pédoncules longs, solitaires, axillaires, 1-flores, penchés. Fleurs grandes, pourpres, assez semblables à celles de la Balsamine commune. Éperon grêle, arqué, à peu près aussi long que la fleur. — Indigène de Perse. Cultivée comme plante d'ornement.

BALSAMINE RÉTICULÉE. — *Impatiens reticulata* Wallich, Plant. Asiat. 1, tab. 19. — Plante annuelle, glabre, dressée.

Feuilles opposées, linéaires-oblongues, dentelées, pointues, sub-sessiles. Pédoncules axillaires, solitaires, 1-flores, plus longs que les feuilles, défléchis après la floraison. Fleurs grandes, roses, pendantes. Sépales-latéraux linéaires-falciformes, aussi longs que le sépale-dorsal : celui-ci ové, pointu. Sépale-inférieur réticulé, infondibuliforme, à éperon court, arqué. Pétales ovés, obtus, connivents. Capsule ovoïde, lisse, 5-sulquée. (*Wallich, l. c.*) — Pégou.

Balsamine de Royle. — *Impatiens Royleana* Walp. Repert. 1, p. 475. — *Impatiens glanduligera* Royle, Himal. p. 151 ; tab. 28, fig. 2. (Non Arn.) — Bot. Mag. tab. 4020. — Bot. Reg. 1840, tab. 22. — Plante annuelle, dressée, haute de 4 à 5 pieds. Feuilles verticillées-ternées, ovées-lancéolées, dentelées : dentelures acérées, les basilaires glanduleuses ; deux glandes claviformes à la base de chaque feuille. Pédoncules longs, axillaires, pluriflores ; pédicelles en grappe corymbiforme. Fleurs d'un pourpre violet, de la grandeur de celles de la Balsamine commune. Sépale-dorsal indivisé, mutique. Éperon court, infléchi. Pétales bilobés : l'un des lobes arrondi, l'autre oblong, obtus, subfalciforme. Capsule courte, obovée. — Indigène du Cachemyre. Cultivée comme plante d'ornement.

C. *Feuilles toutes radicales.*

Balsamine acaule. — *Impatiens scapiflora* Wallich, Flor. Ind. 2, p. 464. — Hook. in Bot. Mag. tab. 5587. — Plante acaule, vivace, à racine tubéreuse. Feuilles cordiformes, à dentelures glanduleuses. Hampe dressée, haute de $^1/_2$ pied à 1 pied, terminée par une grappe de 6 à 12 fleurs. Pédicelles horizontaux, rectilignes, longs, filiformes, défléchis vers un seul côté. Fleurs grandes. Sépales-latéraux ovés, verdâtres. Sépales-intérieurs d'un blanc carné : le supérieur petit, en forme de casque ; l'inférieur à éperon grêle, redressé, long de 3 à 4 pouces. Pétales longs de 2 pouces, d'un lilas pâle, profondément bilobés : le lobe supérieur oblong-falciforme, plus court ; le lobe inférieur cunéiforme-oblong, obliquement tronqué, rétus. (*Hooker, l. c.*) — Inde.

LES BÉGONIACÉES. — *BEGONIACEÆ*.

Begoniaceæ R. Br. in Tuckey, Cong. p. 464. — Dumort. Fam. p. 13.
— Bartl. Ord. Nat. p. 420. — Lindl. Nat. Syst. ed. 2, p. 56. —
Endl. Gen. p. 941. — *Polygoneæ* subdiv. *Begoniaceæ* Reichenb.
Consp. p. 162; Id. Syst. Nat. p. 236. — *Cucurbitineæ-Begoniaceæ*
Ad. Brogn. Enum. Gen. Hort. Par. p. xxx et 116.

Cette famille est classée auprès des Polygonées par
plusieurs auteurs; près des Ombellifères par M. Link;
près des Goodénoviées par M. de Martius; près des
Ficoïdées par M. Lindley; entre les Datiscées et les
Asarinées par M. Dumortier; près des Euphorbiacées
par M. Meisner; enfin, près des Cucurbitacées, par
MM. Endlicher et Ad. Brongniart. — Toutes les espèces sont exotiques; la plupart appartiennent à l'Amérique équatoriale. Les racines des Bégoniacées sont en
général astringentes et plus ou moins amères. Beaucoup
d'espèces se font remarquer par la beauté de leurs
fleurs. Les feuilles et les jeunes pousses sont en général
acides; en Amérique on les mange en guise d'Oseille.

CARACTÈRES (1).

Herbes annuelles ou vivaces, en général succulentes;
ou arbustes. Sucs aqueux. *Tiges* et *rameaux* alternes,
cylindriques, noueux, articulés.

Feuilles alternes, pétiolées, simples, palmatiner-
vées, indivisées (palmées chez quelques espèces), en
général cordiformes à la base, ordinairement plus ou
moins inéquilatérales (parfois dimidiées), dentées, ou

----

(1) D'après M. Endlicher.

dentelées, ou rarement très-entières, bistipulées, pétiolées, involutées aux bords en vernation; pétiole articulé à sa base. *Stipules* latérales, membraneuses, libres, caduques, élargies à la base.

Fleurs monoïques, monopérianthées, disposées en
cymes axillaires, pédonculées, dichotomes, masculi-
flores au centre, féminiflores à la circonférence; rameaux et ramules de la cyme accompagnés chacun
d'une bractée basilaire membraneuse.

Fleurs-mâles : Périanthe pétaloïde, 4-sépale (parfois
2-sépale); sépales bisériés; les deux extérieurs plus
grands, arrondis, plans et valvaires en préfloraison; les
les 2 intérieurs interposés, plus petits, condupliqués en
préfloraison et recouverts par les extérieurs.

Étamines en nombre indéfini (très-nombreuses),
agrégées au centre de la fleur. Filets libres, ou monadelphes à la base, très-courts, continus avec le connectif. Anthères basifixes, dressées, extrorses, à 2 bourses
marginales, linéaires, parallèles, séparées par un connectif obtus, déhiscentes chacune par une fente longitudinale.

Aucun rudiment de pistil.

Fleurs-femelles : Périanthe pétaloïde, adhérent;
limbe supère, 4-à 9-parti; segments imbriqués en préfloraison.

Pistil : Ovaire adhérent, subclaviforme, triptère (parfois 1-ou 2-ptère, ou aptère), triloculaire; cloisons alternant avec les ailes; loges multiovulées; placentaires
axiles, proéminents. Ovules bisériés, anatropes. Styles
3, courts, gros, bifides; chaque branche terminée en
stigmate subclaviforme ou capitellé.

Péricarpe capsulaire, membraneux, triptère (parfois 1-ou 2-ptère, ou aptère), triloculaire, loculicide-

trivalve, polysperme, couronné du périanthe desséché ; ailes membraneuses, se dédoublant par la déhiscence ; cloisons membraneuses, cohérentes aux 2 bouts, se séparant du placentaire.

Graines minimes, oblongues, inarillées, périspermées ; tégument membraneux, strié ; hile basilaire. Périsperme charnu. Embryon rectiligne, axile, subcylindracé, aussi long que le périsperme ; cotylédons très-courts ; radicule allongée, centripète, contiguë au hile.

Le genre *Begonia* constitue à lui seul la famille.

Genre BÉGONIA. — *Begonia* Linn.

Fleurs monoïques. — *Fleurs-mâles*. Périanthe 2-ou 4-sépale ; sépales arrondis ; les 2 extérieurs plus grands. Étamines très-nombreuses ; filets très-courts, libres ou monadelphes à la base ; anthères extrorses, obtuses, continues avec le filet. — *Fleurs-femelles*. Périanthe à limbe supère, 4-à 9-parti, marcescent. Ovaire infère, 5-loculaire, 1-à 5-ptère, ou aptère, 5-style. Capsule membraneuse, 1-à 5-ptère, ou trièdre et aptère, 5-loculaire, loculicide-trivalve, polysperme. Graines minimes, striées. — Herbes ou arbustes. Feuilles alternes, pétiolées, inéquilatérales, bistipulées, en général cordiformes à la base. Cymes axillaires, pédonculées, dichotomes. Périanthe blanc, ou rose, ou pourpre. — On connaît environ 140 espèces de ce genre. Les suivantes se cultivent comme plantes d'ornement de serre.

Sous-genre EUBEGONIA Walp. Repert. 2, p. 206.

Segments du périanthe de même couleur ; les extérieurs notablement plus grands que les intérieurs.

A. *Plantes vivaces, à rhizome tubéreux, non-rampant.*

BÉGONIA TUBÉREUX. — *Begonia tuberosa* Dryand. in Trans. Linn. Soc. 1, p. 168. — *Empetrum acetosum* Rumph. Amb.

vol. 5, tab. 169. — Feuilles inégalement cordiformes, anguleuses, dentées. Capsule à ailes parallèles. — Fleurs d'un rose vif. — Indigène des Moluques.

BÉGONIA DISCOLORE.—*Begonia discolor* Hort. Kew.—Herb. de l'Amat. vol. 6.—*Begonia Evansiana* Andr. Bot. Rep. tab. 607.—Bot. Mag. tab. 1745.—Feuilles inégalement cordiformes, acuminées, dentelées, un peu anguleuses, d'un rouge de sang en dessous. Pédoncules bifurqués, biflores. Capsule à ailes arrondies, inégales. (*Walpers, Rep.* 2, p. 206.)—Pédoncules d'un pourpre vif. Fleurs roses. — Originaire de Chine, où il se cultive fréquemment comme plante d'agrément.

BÉGONIA MARBRÉ. — *Begonia picta* Smith, Exot. Bot. tab. 101. — Hook. Exot. Flor. tab. 89. — Bot. Mag. tab. 2962. — Lodd. Bot. Cab. tab. 571. — Tige basse, pubescente. Feuilles pointues ou acuminées, cordiformes, rugueuses, doublement dentelées, hispides, marbrées de noir en dessus. Pédoncules 1-à 5-flores, plus longs que les feuilles; pédicelles défléchis avant et après l'anthèse. Fleurs-femelles 5-sépales. Capsule à ailes inégales, pubescentes. (*Hooker, l. c.*)—Tige de 6 à 8 pouces, presque simple. Feuilles longues de 2 à 5 pouces, presque cotonneuses en dessus. Fleurs roses, larges de 2 pouces. Sépales-extérieurs cordiformes, hispides. Sépales-intérieurs obovés. — Espèce très-élégante, indigène du Népaul.

BÉGONIA A FEUILLES VARIÉES.—*Begonia diversifolia* Graham, in Bot. Mag. tab. 2966. — Très-glabre. Feuilles-radicales réniformes, crénelées, longuement pétiolées. Feuilles-caulinaires sublobées, dentelées : les inférieures réniformes ; les supérieures ovées-lancéolées, longuement acuminées, semi-cordiformes. Stipules ovées, obliques, ciliées. Pédoncules subtriflores, inclinés, plus longs ou un peu moins longs que les pétioles. Sépales-extérieurs ovés, acuminés, dentelés. Capsule à 5 ailes inégales : la plus grande triangulaire, les 2 autres arrondies. (*Graham, l. c.*) —Tige sarmenteuse. Feuilles glauques en dessous. Bractées cordiformes-ovées, concaves. Fleurs d'un rose vif, larges de 1 ½ pouce. —Mexique.

BÉGONIA MONOPTÈRE. — *Begonia monoptera* Link et Otto, Ic. Select. Hort. Berol. tab. 14.— Bot. Mag. tab. 5564.— Feuilles spathulées-suborbiculaires, obliquement tronquées, sinuées-crénelées, papilleuses, pourpres en dessous. Fleurs en thyrse. Capsule à une seule aile. (*Walpers, l. c.* p. 207.)— Mexique.

BÉGONIA BULBILLIFÈRE. — *Begonia bulbillifera* Link et Otto, l. c. tab. 45. — Tige simple, bulbillifère. Feuilles obliquement cordiformes, acuminées, légèrement anguleuses, crénelées, ciliolées; les primordiales cordiformes-arrondies. Pédoncules axillaires, uniflores. Ovaire trièdre, aptère. (*Walpers, l. c.*) — Mexique.

BÉGONIA A HUIT PÉTALES. — *Begonia octopetala* L'hérit. Stirp. p. 101.— Bot. Mag. tab. 5559. — Acaule. Feuilles longuement pétiolées, cordiformes, lobées, dentelées. Pédoncule très-long. Fleurs-mâles sub-8-sépales. Fleurs-femelles sub-6-sépales. Capsule à aile oblongue, allongée, horizontale. (*Walpers, l. c.*) — Pérou.

B. *Plantes vivaces, à rhizome rampant.*

BÉGONIA A GRANDES FEUILLES.—*Begonia macrophylla* Dryand. in Trans. Linn. Soc. 1, p. 164. — *Begonia grandifolia* Jacq. Coll. — *Begonia purpurea maxima* Plum. Ic. tab. 45, fig. 1. — Caulescent. Feuilles inégalement cordiformes, crénelées; les inférieures anguleuses. Capsule à ailes arrondies, inégales : une très-grande. (*Hort. Kew.*) — Antilles.

BÉGONIA A FEUILLES DE GÉRANIUM. — *Begonia geraniifolia* Hook. in Bot. Mag. tab. 5587. — Caulescent; très-glabre. Feuilles également cordiformes, pointues, suborbiculaires, lobées, incisées-dentées, un peu plissées, très-luisantes, bordées de brunroux, concolores en dessous. Fleurs-mâles 4-sépales; sépales-extérieurs arrondis, pourpres en dessous. Sépales-intérieurs obovés, ondulés, blancs. (*Hooker, l. c.*) — Tige haute d'environ 1 pied, droite, blanchâtre. Feuilles longuement pétiolées, larges de 2 à 4 pouces. Stipules connées. Pédoncules longs, terminaux, pauciflores, pendants avant la floraison. Périanthe large de 5 à 6 lignes. — Mexique.

BÉGONIA A FEUILLES DE BERCE. — *Begonia heracleifolia* Chamisso et Schlechtend. in Linnæa, 5, p. 605.— Bot. Reg. tab. 1668. — Bot. Mag. tab. 5444. — Acaule. Feuilles subéquilatérales, cordiformes-orbiculaires, profondément 7-lobées, poilues, planes et d'un vert foncé en dessus, d'un vert pâle et parsemées de vésicules en dessous, rougeâtres vers les bords ; lobes lancéolés, inégalement sinués et denticulés, ciliolés ; nervures roussâtres, saillantes, courtement poilues. Pétioles et pédoncules hérissés de poils étalés. (*Walpers, l. c.* p. 208.)— Feuilles larges de $^1/_2$ pied à 1 pied. Hampes hautes de 2 à 5 pieds, droites, fermes, maculées de rouge. Fleurs en cyme dichotome, 2-bractéolée aux ramifications. Pédicelles longs, filiformes. Bractées suborbiculaires, foliacées, denticulées. Périanthe 2-sépale, d'un rose pâle. Sépales suborbiculaires. Fruit à 5 ailes inégales, arrondies, obtuses. (*Hooker, l. c.*) — Mexique.

. BÉGONIA A GROSSE TIGE. — *Begonia crassicaulis* Lindl. Bot. Reg. new ser. XV, tab. 44. — Feuilles palmées : segments acuminés, subpennatifides, incisés-dentés, poilues en dessous et sur le pétiole; poils roussâtres. Tige charnue, courte, articulée, grosse, rampante. Inflorescences plus précoces que les feuilles, paniculées, denses, multiflores, garnies de poils roux. Bractées ovées, obtuses, convexes, glabres de même que les fleurs. Sépales arrondis. Ovaire à ailes inégales : la supérieure arrondie. (*Walpers, l. c.*) — Guatimala.

BÉGONIA A FEUILLES D'HYDROCOTYLE.— *Begonia hydrocotylifolia* Hook. in Bot. Mag. tab. 5968. — Pubescent. Tige grosse, courte, rampante, écailleuse. Feuilles pétiolées, cordiformes-orbiculaires. Pédoncules axillaires, beaucoup plus longs que les feuilles. Fleurs en grappes paniculées. Périanthe 2-sépale. Capsule à ailes presque égales. (*Hooker, l. c.*) — Origine incertaine.

C. *Plantes vivaces, à tige dressée, rameuse, plus ou moins élancée, suffrutescente ou frutescente chez beaucoup d'espèces.*

Bégonia a petites feuilles. — *Begonia parvifolia* Schott, in Spreng. Syst. — Hook. in Bot. Mag. tab. 5720. — Glabre. Tige suffrutescente. Feuilles inégalement cordiformes, lobées, pointues, ondulées, dentelées (dentelures distancées), un peu glauques. Fruit triptère.— Rameaux rougeâtres. Feuilles longuement pétiolées, vertes en dessus, pâles et papilleuses en dessous. Cymes longuement pédonculées, bifurquées, pauciflores. Bractées suborbiculaires, d'un jaune verdâtre. Fleurs-mâles 2-sépales; sépales réniformes. Fleurs-femelles 5-sépales; sépales obovés. Ovaire à 5 ailes grandes, inégales, crénelées. (*Hooker, l. c.*) — Originaire du Brésil.

Bégonia a feuilles sinuées.—*Begonia sinuata* Graham, in Bot. Mag. tab. 5751.— Très-glabre. Feuilles longuement pétiolées, obliquement cordiformes, anguleuses, pointues, dentelées, luisantes, pâles en dessous. Fleurs-mâles 2-sépales. Étamines presque libres. Fleurs-femelles 5-sépales. — Tige très-rameuse. Stipules marcescentes. Pétiole long de 2 à 5 pouces. Cymes lâches, 4-flores, bifurquées; pédoncule à peu près de la longueur du pétiole. Périanthe large de 8 lignes. Sépales des fleurs-mâles suborbiculaires. Sépales des fleurs-femelles oblongs-obovés. Ovaire à 5 ailes égales, pointues, roses. (*Graham, l. c.*) — Brésil.

Bégonia a feuilles de Vigne. — *Begonia vitifolia* Schott, in Spreng. Syst. — *Begonia reniformis* Hook. in Bot. Mag. tab. 5225.—Tige arborescente. Feuilles inégalement réniformes, anguleuses, sublobées, dentelées, poilues. Cymes dichotomes. Périanthe pubescent. Capsule triptère; 2 des ailes très-étroites; la 5e grande, pointue.(*Walpers, Rep.* 2, p. 210.)—Tige haute de 5 à 4 pieds, de la grosseur du doigt. Feuilles longuement pétiolées, subéquilatérales, légèrement lobées, dentelées, pubescentes, opaques, concolores, larges de 4 à 8 pouces. Pédoncules axillaires et terminaux, longs de 1 1/2 pied. Cymes multiflores. Fleurs petites, blanches. Périanthe des mâles 4-sépale ; sépales-extérieurs obovés ; sépales-intérieurs oblongs. (*Hooker, l. c.*) — Brésil.

BÉGONIA A FEUILLES DE PLATANE. — *Begonia platanifolia* Spreng. Syst. — Hook. in Bot. Mag. tab. 5591. — Tige suffrutescente. Feuilles subréniformes, pétiolées, palmatilobées, denticulées, pubescentes, rougeâtres en dessous. Stipules grandes, ovées, marcescentes. Cymes axillaires, lâches, à pédoncule à peu près aussi long que le pétiole. Fleurs blanches ; les mâles larges de près de 2 pouces, 4-sépales ; sépales très-inégaux : les extérieurs elliptiques ou elliptiques-obovés ; les intérieurs oblongs. (*Hooker, l. c.*) — Brésil.

BÉGONIA A FEUILLES D'ORME. — *Begonia ulmifolia* Kunth, in Humb. et Bonpl. Nov. Gen. et Spec. 7, p. 157. — Link et Otto, Ic. Select. 1, tab. 58. — Lodd. Bot. Cab. tab. 658. — Tige suffrutescente. Feuilles semi-cordiformes-oblongues, également dentelées, rugueuses, poilues. Stipules lancéolées, pointues. Capsule à 5 ailes, dont 2 petites, arrondies, et une grande, pointue. (*Walpers, Rep.* 2, p. 212.) — Amérique méridionale.

BÉGONIA DIPÉTALE. — *Begonia dipetala* Graham, in Bot. Mag. tab. 2849. — Lodd. Bot. Cab. tab. 1750. — Tige frutescente. Feuilles semi-cordiformes, pointues, légèrement anguleuses, inégalement dentelées, discolores, glabres, marbrées de blanc en dessus. Fleurs 2-sépales. Capsule à 5 ailes presque égales, arrondies. — Feuilles longues de 5 à 4 pouces, rougeâtres en dessous ; pétiole presque aussi long que la lame. Cymes pendantes, ordinairement un peu plus longues que les feuilles, pauciflores, dichotomes. Fleurs larges de 15 à 18 lignes, d'un rose pâle. Sépales suborbiculaires, acuminés. (*Graham, l. c.*) — Inde.

BÉGONIA COULEUR DE SANG. — *Begonia sanguinea* Raddi, in Spreng. Syst. — Link et Otto, Ic. Select. tab. 15. — Hook. in Bot. Mag. tab. 5520. — Tiges suffrutescentes à la base. Feuilles semi-cordiformes, subpeltées, acuminées, subcoriaces, très-glabres, pourpres en dessous, révolutées et légèrement crénelées aux bords. Cymes denses, dichotomes, multiflores, oppositifoliées. Ovaire à

5 ailes égales. — Tiges, pétioles et pédoncules pourpres. Feuilles longues d'environ 6 pouces. Pédoncules longs d'environ 1 pied. Fleurs blanches, larges de 5 lignes. Sépales des fleurs-mâles très-inégaux : les 2 extérieurs suborbiculaires ; les 2 intérieurs linéaires-oblongs. Fleurs-femelles à 5 sépales presque égaux. (*Hooker, l. c.*) — Brésil.

Bégonia de Fischer. — *Begonia Fischeri* Otto et Dietr. — Hook. in Bot. Mag. tab. 5352. — Tige rameuse, pourpre de même que les pédoncules, les pédicelles, les pétioles, et la surface inférieure des feuilles. Feuilles ovées-lancéolées ou oblongues-lancéolées, inéquilatérales, obliquement cordiformes à la base, pointues, dentelées, glabres. Stipules ovées, très-entières. Cymes lâches, dichotomes, axillaires. Fleurs-mâles 4-sépales ; sépales obtus : les extérieurs cymbiformes-elliptiques, révolutés aux bords ; les intérieurs obovés. Fleurs-femelles 6-sépales ; sépales presque égaux, ovés, acuminés. — Pédoncules 1 à 2 fois plus longs que les pétioles. Fleurs petites, blanches. Ovaire à 3 ailes inégales, arrondies. Feuilles larges de 2 à 3 pouces. (*Hooker, l. c.*) — Brésil.

Bégonia maculé. — *Begonia maculata* Raddi, in Spreng. Syst. — *Begonia argyrostigma* Fisch. — Link et Otto, Ic. Select. 1, tab. 10. — Tige frutescente. Feuilles allongées, semi-cordiformes, acuminées, sinuolées, marbrées de blanc en dessus, pourpres en dessous. Capsule à ailes arrondies, presque égales. (*Walpers, Rep.* 2, p. 215.) — Brésil.

Bégonia dichotome. — *Begonia dichotoma* Jacq. Ic. Rar. 3, tab. 619. — Tige frutescente. Feuilles inégalement cordiformes, légèrement anguleuses, denticulées, velues en dessous aux nervures. Panicule dichotome. Capsule à 3 ailes inégales : les 2 petites arrondies, la grande pointue. (*Willd.*) — Caracas.

Bégonia acuminé. — *Begonia acuminata* Dryand. in Trans. Linn. Soc. 1, p. 166, tab. 14, fig. 5 et 6. — Bot. Reg. tab. 564. — Feuilles semi-cordiformes, acuminées, hispides, inégalement incisées-dentées. Capsule à 5 ailes inégales : les deux petites pointues, la grande obtuse. (*Willd.*) — Jamaïque.

BÉGONIA CARNÉ.—*Begonia incarnata* Link et Otto, Ic. Select 1, tab. 19. — *Begonia insignis* Graham, in Bot. Mag. tab. 2900. — Bot. Reg. tab. 1996.—Tige glabre, herbacée. Feuilles longuement pétiolées, ovées-lancéolées, acuminées, très-inégalement cordiformes à la base, doublement dentelées, pubescentes en dessous ; dentelures sétifères. Stipules linéaires-triangulaires, acuminées, très-entières. Pédoncules terminaux, penchés, multiflores, dichotomes. Capsule à 5 ailes inégales : les petites obtuses, la grande pointue. — Tige rougeâtre, rameuse. Feuilles longues de 5 à 4 pouces, larges de 10 à 18 lignes ; pétiole 1 fois plus court que la lame. Fleurs grandes, roses : les femelles en général à 5 sépales obovés. (*Graham, l. c.*) — Mexique.

BÉGONIA FERRUGINEUX. — *Begonia ferruginea* Dryand. in Trans. Linn. Soc. 1, p. 165. — *Begonia fruticosa* Linn. Suppl. — Feuilles inégalement cordiformes, dentées. Fleurs-mâles à sépales oblongs et presque égaux. (*Willd.*) — Nouvelle Grenade.

BÉGONIA PAPILLEUX. — *Begonia papillosa* Graham, in Bot. Mag. tab. 2846. — Feuilles oblongues-lancéolées, acuminées, inégalement dentelées, ciliolées, semi-cordiformes à la base, maculées en dessus et parsemées de papilles pilifères, discolores en dessous et pubescentes aux nervures. Stipules ovées, acuminées, très-entières. Capsule à ailes presque égales, obtuses. — Tiges de 1 pied et plus. Feuilles subfalciformes, vertes et luisantes en dessus, rouges en dessous. Cymes axillaires, penchées, dichotomes, divariquées, pauciflores. Fleurs roses. Sépales-extérieurs longs d'environ 6 lignes, larges de 8 lignes. (*Graham, l. c.*) — Origine inconnue.

BÉGONIA VELU. — *Begonia villosa* Lindl. in Bot. Reg. tab. 1252. — Feuilles semi-cordiformes, obtuses, doublement dentelées ; pétiole et rameaux velus. Capsule à grande aile arrondie. — Brésil.

Bégonia luisant. — *Begonia nitida* Hort. Kew. — Salisb. Parad. Lond. tab. 72. — *Begonia obliqua* L'hérit. Stirp. tab. 46. — *Begonia minor* Jacq. Ic. Rar. 5, tab. 648. — *Begonia purpurea* Swartz. — Tige frutescente. Feuilles très-glabres, inégalement cordiformes, à peine dentées. Stipules carénées. Capsule à grande aile arrondie. (*Walpers, Rep.* 2, p. 214.) — Jamaïque.

Bégonia odorant. — *Begonia suaveolens* Lodd. Bot. Cab. tab. 69.—*Begonia odorata* Willd. Enum.—*Begonia humilis* Bot. Reg. tab. 284. — Tige frutescente. Feuilles inégalement cordiformes, acuminées, luisantes, courtement poilues, un peu scabres.Capsule à ailes presque égales. (*Walpers, Rep.* 2, p. 214.) — Antilles.

Bégonia a longs pédoncules. — *Begonia longipes* Hook. in Bot. Mag. tab. 5004. — Tige forte, légèrement sillonnée, parsemée de glandules scabres. Feuilles amples, arrondies, dentelées, anguleuses, très-obliquement cordiformes à la base, en dessus luisantes et très-glabres, en dessous pâles, opaques et légèrement pubescentes. Pédoncules axillaires, très-longs. Cymes amples, divariquées, dichotomes. Capsule monoptère; aile très-ample. — Tige haute de 5 pieds et plus, sur 1 pouce de diamètre à sa base. Feuilles longues de 8 à 10 pouces. Pédoncules cylindriques, glabres, longs de 1 pied et plus. Cymes de ½ pied de large. Fleurs blanches, petites, très-nombreuses. Capsule à aile blanche. (*Hooker, l. c.*) — Mexique.

Bégonia écarlate. — *Begonia coccinea* Hook. in Bot. Mag. tab. 5990. — Feuilles obliques, ovées-oblongues, acuminées, charnues, sinuées, dentelées, bordées de rouge. Stipules amples, concaves, obovées, colorées, caduques. Panicules nutantes. Fleurs d'un écarlate vif; les mâles à 4 sépales (dont 2 minimes) arrondis; les femelles à 5 ou 6 sépales égaux, ovés. Capsule pyriforme, à 5 ailes égales. (*Hooker, l. c.*) — Brésil.

Bégonia a manchettes. — *Begonia manicata* Cels. — Tige charnue, frutescente, décombante, glabre. Feuilles obliquement cordiformes, érosées-dentées, courtement acuminées, charnues, glabres, parsemées aux bords et en dessous aux nervures de squamules colorées (pourpres), fimbriolées. Pétiole charnu, glabre, muni vers son sommet d'une sorte de collerette d'un grand nombre de squamules (de même nature que celles de la feuille) connées. Cymes amples, longuement pédonculées, dichotomes. Fleurs (tant les mâles que les femelles) disépales; sépales égaux. Capsule à ailes presque égales, obtuses, rétrécies vers la base. (*Walpers*, *Rep.* p. 215.) — Origine inconnue.

BÉGONIA TOUJOURS FLEURI. — *Begonia semperflorens* Link et Otto, Ic. Select. 1, tab. 5. — Lodd. Bot. Cab. tab. 1459. — Reichenb. Hort. Bot. tab. 25. — Hook. in Bot. Mag. tab. 2920. — Tige glabre, cylindrique. Feuilles ovées-arrondies, inéquilatérales, tronquées ou échancrées à la base, planes, apiculées, légèrement dentelées, ciliées. Pédoncules axillaires et terminaux, penchés, subdichotomes. Capsule à 5 ailes très-inégales, dont la plus grande triangulaire, très-obtuse. — Feuilles longues de 1 pouce à 4 pouces, d'un vert luisant en dessus; pétiole des feuilles inférieures plus long que la lame. Stipules ovées-oblongues ou lancéolées, grandes, ciliées. Fleurs roses. Sépales des fleurs-mâles les uns oblongs, les autres transversalement elliptiques. (*Hooker*, *l. c.*) — Brésil.

Sous-genre EUPETALUM Lindl.

Sépales presque égaux; les extérieurs rouges; les intérieurs blancs.

BÉGONIA PÉTALOÏDE. — *Begonia petalodes* Lindl. in Bot. Reg. tab. 1757. — Caulescent. Feuilles équilatérales, orbiculaires, 5-à 9-lobées, incisées-dentées, discolores (rouges en dessous), cuculliformes à la base, larges d'environ 2 pouces; pétiole 1 à 2 fois plus long que la lame. Stipules ovées, dentelées. Cymes 2-ou 5-flores; pédoncules grêles, très-longs. Fleurs larges de 5 à 6 lignes : les femelles 8-sépales; les mâles 4-sépales. Sépales suborbiculaires. Capsule à 5 ailes acuminées, presque égales. — Brésil.

LES AQUILARINÉES. — *AQUILARINEÆ.*

Aquilarineæ R. Br. in Tuck. Congo, p. 25. — De Cand. Prodr. 2, p. 59. — Bartl. Ord. Nat. p. 420. — Endl. Gen. p. 352. — *Aquilariaceæ* Dumort. Fam. p. 18. — Lindl. Nat. Syst. ed. 2, p. 196. — — Royle, Illustr. p. 171. — *Thymeleæ*, Sectio III : *Aquilarineæ* Reichenb. Consp., p. 82; Id. Syst. Nat. p. 170. — Decaisne, in Ann. des Sciences Nat. 2e sér. vol. 19, p. 55.

M. R. Brown a donné ce nom à un petit groupe qu'il considère comme une famille distincte, voisine des Chaillétiacées et des Thymélées. Une partie des genres qui constituent cette famille avaient été relégués jadis parmi les plantes de classification douteuse dans les méthodes naturelles. La plupart des auteurs ont admis la famille proposée par M. R. Brown ; toutefois on n'est pas d'accord sur la place qu'elle doit occuper : M. De Candolle l'a mise, avec doute, entre les Chaillétiacées et les Térébinthacées ; M. Bartling la range parmi les familles dont les affinités ne sont pas suffisamment connues, et il penche à croire qu'elle devrait être réunie à quelque autre groupe déjà établi : manière de voir partagée par MM. Reichenbach et Decaisne, qui considèrent les Aquilarinées comme subdivision des Thymélées. Dans les systèmes de MM. Endlicher, Lindley et Dumortier, les Aquilarinées figurent comme famille à côté des Thymélées. Suivant M. Endlicher, les Aquilarinées se distinguent sans peine des Thymélées par la conformation de leur ovaire, ainsi que par leurs graines à chalaze appendiculée ; cela peut être très-vrai, sans suffire à l'établissement d'une nouvelle famille. M. Lindley pense que les

Aquilarinées diffèrent des Thymélées par la direction de la radicule; mais il est certainement dans l'erreur à ce sujet.—Toutes les espèces d'Aquilarinées appartiennent à l'Asie équatoriale.

CARACTÈRES.

Arbres ou *arbrisseaux*, à liber tenace. *Rameaux* cylindriques.

Feuilles alternes, courtement pétiolées, très-entières, non-stipulées.

Fleurs hermaphrodites, disposées soit en fascicules axillaires, soit en ombelles terminales ou alaires.

Périanthe simple, persistant, inadhérent, turbiné, ou tubuleux, 5-fide; gorge garnie de 5 ou 10 squamules (souvent barbues) plus ou moins soudées à la base (1). Estivation imbricative.

Étamines soit au nombre de 5 et opposées aux segments du périanthe, soit au nombre de 10 et bisériées (alternativement antéposées et interposées), insérées au tube du périanthe un peu plus bas que les squamules. Filets nuls ou très-courts. Anthères oblongues, introrses, supra-basifixes, à 2 bourses contiguës, longitudinalement déhiscentes.

Pistil : Ovaire comprimé, inadhérent, 2-ovulé, incomplétement 2-loculaire par deux cloisons linéaires; ovules anatropes, suspendus au sommet des cloisons. Style soit nul, soit terminal, filiforme, indivisé. Stigmate capitellé, entier.

Péricarpe ligneux ou coriace, capsulaire, comprimé,

---

(1) Ces squamules sont considérées par plusieurs auteurs comme des pétales, ou aussi comme des étamines abortives.

2-valve, 2-sperme, ou par avortement 1-sperme, incom
plétement 2-loculaire ; valves septifères au milieu.

Graines plano-convexes, suspendues, apérispermées;
hile terminal ; raphé filiforme, ou aliforme, prolongé
au delà de la chalaze en appendice fongueux. Embryon
rectiligne ; cotylédons hémisphériques, charnus ; radicule courte, supère, pointant vers le hile.

Les Aquilarinées ne comprennent que les genres
suivants :

Aquilaria Lamk. — *Ophispermum* Loureir. — *Gyri-
nops* Gærtn.— *Gyrinopsis* Decaisne.— *Drymispermum*
Reinw. (Phaleria Jack.) — *Pseudais* Decaisne.

Genre AQUILAIRE. — *Aquilaria* Lamk.

Périanthe à tube turbiné, hérissé en dedans de soies rétrorses; limbe 5-parti; gorge garnie de 10 squamules obscurément bilobées, soudées inférieurement en urcéole
saillant. Étamines 10 (les 5 antéposées plus longues); filets très-courts. Ovaire non-stipité, obové, astyle. Stigmate
sessile, convexe. Capsule ligneuse, non-stipitée, comprimée, obovée, 2-sperme, ou par avortement 1-sperme.
— Arbres ou arbrisseaux. Inflorescence en ombelles axil
laires et terminales, simples.

AQUILAIRE AGALLOCHE. — *Aquilaria Agallocha* Roxb. Flor.
Ind. ed. 2, p. 425. — Royle, Illustr. tab. 56. — Hook. Ic. tab.
6.—Arbre atteignant plus de 100 pieds de haut et 12 pieds de circonférence; bois blanc, poreux, très-léger. Feuilles lancéolées,
acuminées, subsessiles. Fleurs petites, en ombelles subsessiles. —
Cet arbre croît dans les montagnes de l'Inde. C'est une des espèces
dont provient le bois aromatique connu sous les noms de *bois
d'agalloche*, *bois d'aloès*, *bois d'aigle*, ou *garo* (*agalougin*,
calambac, *aggour*, ou *aggor* des Orientaux); le parfum de ce
bois est dû à une substance résineuse et balsamique qui se dépose,

sous forme de veines plus fortement colorées, dans la partie centrale des vieux troncs. C'est par erreur que beaucoup d'auteurs ont attribué l'origine du bois d'Agalloche soit à l'*Aloexylon Agallochum* de Loureiro, soit à l'*Excæcaria Agallocha*.

L'*Aquilaria malaccensis* Lamk. (*Aquilaria ovata* Cavan. Diss. 7, tab. 224), et l'*Aquilaria secundaria* De Cand. (*Agallochum secundarium* Rhumph. Amb. 5, tab. 10), qui n'est peut-être pas même spécifiquement distinct de l'espèce de Roxburgh, produisent également un bois balsamique qui porte les mêmes noms que celui de l'*Aquilaria Agallocha*.

LES DATISCÉES. — *DATISCEÆ.*

Datisceæ Presl, Rostlinar. I, p. 217. — R. Br. in Denham, Narrat. App. p. 230. — Bartl. Ord. Nat. p. 419. — Bennet, in Horsfield, Plant. Javan. p. 80. — Dumort. Fam. p. 14. — Endl. Gen. p. 897. — *Datis-caceæ* Lindl. Nat. Syst. ed. 2, p. 182. — Adr. de Juss. in Dict. Univ. des Sciences Nat. — *Halorageæ-Datisceæ* Reichb. Consp. p. 169 ; Id. Syst. Nat. p. 244. — *Crassulineæ-Datisceæ* Ad. Brongn. Enum. Gen. Hort. Par. p. xxviii et 107.

Le *Datisca*, placé par A. L. de Jussieu parmi les *genera incertæ sedis*, est devenu pour MM. Presl et R. Brown le type de la famille des *Datiscées*, adoptée depuis par la plupart des auteurs, mais dont la classification reste toujours un problème à résoudre. Considérées par plusieurs botanistes comme voisines des Résédacées, les Datiscées ont été placées entre les Gyrocarpées et les Bégoniacées, par M. Dumortier, et auprès des Casuarinées par M. Lindley ; M. de Schlechtendal pense que leurs caractères les plus marquants les rapprochent des Loasées ; M. Reichenbach les envisage comme une tribu des Haloragées ; M. Meisner les met, avec doute, dans sa classe des Juliflores (qui correspond aux Amentacées de Jussieu); en dernier lieu, M. Ad. Brongniart les a associées aux Crassulacées et aux Élatinées, dans sa classe des Crassulinées. M. R. Brown ne s'est pas prononcé sur la place qu'il croirait devoir assigner à ce petit groupe, et il a été imité dans sa prudente réserve par M. Bartling, ainsi que plus récemment par M. Adrien de Jussieu.

CARACTÈRES (1).

Herbes vivaces, ou annuelles ; ou bien *arbres*.

____

(1) D'après le *Genera* de M. Endlicher.

Feuilles imparipennées, ou triparties, ou lobées, alternes, non-stipulées ; folioles ou segments dentés ou dentelés.

Fleurs dioïques ou hermaphrodites, apétales, petites, verdâtres, disposées en panicules ou en épis.

Fleurs-mâles : Calice 4-fide ou 5-parti, étalé. Étamines soit au nombre de 4 (lorsque le calice est 4-fide), insérées à la base des segments du calice ; filets assez gros, finalement allongés ; anthères introrses, à 2 bourses suborbiculaires ; soit (lorsque le calice est à 5 segments) au nombre d'environ 15, agrégées au fond de la fleur ; filets presque nuls ; anthères introrses, à 2 bourses linéaires, contiguës. Pistil nul ou très-rudimentaire.

Fleurs-hermaphrodites et fleurs-femelles : Calice adhérent ; limbe supère, légèrement 3-à 5-denté. *Étamines* (nulles dans les fleurs-femelles) insérées au sommet de la gorge du limbe calicinal, interposées ; filets très-courts ; anthères extrorses, à 2 bourses linéaires, longitudinalement déhiscentes.

Pistil : Ovaire 3-à 5-gone, adhérent, 1-loculaire, en général béant au sommet ; placentaires en même nombre que les dents-calicinales, pariétaux, linéaires, multi-ovulés, bifurqués au sommet, où ils se prolongent chacun en un style indivisé ou bifurqué. Ovules bi-ou pluri-sériés, horizontaux, ou ascendants.

Péricarpe membraneux, 1-loculaire, polysperme, béant au sommet, évalve, ou courtement trivalve.

Graines oblongues, subcylindriques ; tégument membraneux, strié, finement ponctué ; hile garni d'une caroncule membraneuse et cupuliforme. Périsperme charnu. Embryon rectiligne, axile, cylindracé, presque aussi long que le périsperme ; cotylédons très-courts; radicule allongée, centrifuge, contiguë au hile.

On rapporte aux Datiscées les trois genres suivants:

Tetrameles R. Br. — *Datisca* Linn. — *Tricerastes* Presl.

Ces genres sont d'un intérêt purement scientifique. Le *Datisca cannabina* est indigène de Candie ; les autres espèces sont étrangères à l'Europe.

LES CÉRATOPHYLLÉES. — *CERATOPHYLLEÆ*.

Ceratophylleæ S. F. Gray, Arrangm. of british plants, II, p. 554. — De Cand. Prodr. III, p. 73. — Bartl. Ord. Nat. p. 418. — Lindl. Nat. Syst. ed. 2, p. 178. — Endl. Gen. p. 268. — Schleiden, in Linnæa, vol. 11, p. 513. — Adr. de Juss. in Dict. Univ. d'Hist. Nat. — Ad. Brongn. Enum. Gen. Hort. Par. p. xxix et 115. — *Najadeæ*, tribus I : *Ceratophylleæ* Dumort. Fam. p. 61. — *Najadeæ* fam. *Ceratophylleæ* Reichenb. Consp. p. 77; Syst. Nat. p. 162. — *Ceratophyllaceæ* Asa Gray (Remarks on the structure and affinities of the Order *Ceratophyllaceæ*), in Annals of the Lycæum of Natural history, New-York, vol. IV (1857), p. 41.

La famille des Cératophyllées n'est constituée que par le seul genre *Ceratophyllum*, compris par A. L. de Jussieu, ainsi que par plusieurs auteurs de nos jours, dans la famille des Naïades. S. F. Gray, et à son exemple De Candolle, l'ont placée à côté des Onagraires; M. M. Wight et Arnott la considèrent comme un sous-ordre des Urticacées; dans le système de M. Endlicher, elle se trouve entre les Callitrichinées et les Podostemmées (classe des Fluviales du même auteur); M. Asa-Gray pense qu'elle a les rapports les plus intimes avec les Nélombiacées et les Cabombées; M. Ad. Brongniart l'adjoint, avec doute, à sa classe des Santalinées; M. Bartling et M. Adr. de Jussieu sont d'avis qu'elle ne se rattache à aucune autre famille.

CARACTÈRES (1).

Herbes submergées, flottantes, arhizes, très-rameuses, roides. Tige et rameaux cylindriques, noueux, articulés.

---

(1) D'après MM. Ad. Brongniart, Endlicher, Asa Gray et Schleiden.

Feuilles verticillées, sessiles, non-stipulées, multifides, di-ou tri-chotomes ; segments filiformes-subulés, denticulés.

Fleurs sessiles, axillaires, solitaires, monoïques, apérianthées, accompagnées chacune d'un involucre de 10 à 12 folioles linéaires, égales, tantôt entières, tantôt incisées, persistantes.

Fleurs-mâles : Anthères sessiles, agrégées en nombre indéfini au fond de l'involucre, ovées-oblongues, 2-ou 3-cuspidées au sommet, à 2 bourses collatérales, irrégulièrement déhiscentes.

Fleurs-femelles : Ovaire non-stipité, 1-loculaire, 1-ovulé, 1-style, courtement cuspidé de chaque côté un peu au-dessus de la base. Ovule atrope, pendant, attaché au sommet de la loge. Style terminal, subulé, continu avec l'ovaire, infléchi au sommet. Stigmate latéral, peu apparent.

Péricarpe : Nucule coriace, monosperme, apiculée par le style, souvent cuspidée par les excroissances de la base de l'ovaire, accompagnée de l'involucre.

Graine pendante, apérispermée ; tégument membraneux. Embryon rectiligne, antitrope, de couleur verte. Radicule très-courte, infère. Cotylédons verticillés au nombre de 4, alternativement grands (ovés) et petits (linéaires). Plumule très-développée, substipitée, polyphylle, à peu près aussi longue que les cotylédons (1).

Genre : *Ceratophyllum* Linn. (Hydroceratophyllum Vaill. Dichotophyllum Dillen.)

---

(1) D'après les observations de M. Ad. Brongniart (*Mémoire sur la génération et le développement de l'Embryon dans les végétaux phanérogames.*— Annales des Sciences Nat. 1re série, vol. XII), l'embryon des Cératophyllées se développe à l'extérieur du sac-embryonnaire.

Deux espèces de ce genre (le *Ceratophyllum submersum* Linn. — Engl. Bot. tab. 679. — Flor. Dan. tab. 510 ; et le *Ceratophyllum demersum* Linn. — Engl. Bot. tab. 947), connues sous le nom vulgaire de *Cornifles*, sont très-communes dans les étangs, les mares et autres eaux stagnantes, ainsi que dans les ruisseaux et les rivières lentement coulantes. Ces plantes exhalent une odeur très-désagréable. On peut les utiliser comme engrais.

LES HUMIRIACÉES. — *HUMIRIACEÆ*.

Meliacearum genn. Juss. — De Cand. — Bartl. — *Humiriaceæ* Martius et Zuccar. Nov. Gen. et Spec. II, p. 147. — Adr. de Juss. in Saint-Hil. Flor. Brasil. Merid. II, p. 87. — Lindl. Nat. Syst. ed. 2, p. 104. — Endl. Gen. p. 1039. — *Hesperideæ*, tribus II : *Humirieæ* Reichenb. Syst. Nat. p. 314. — *Hesperideæ* (class.), fam.? *Humiriaceæ* Ad. Brongn. Enum. Gen. Hort. Par. p. xxiv.

Cette famille, propre à l'Amérique équatoriale, est voisine des Méliacées et des Aurantiacées. On n'en connaît qu'un petit nombre d'espèces. La plupart de ces végétaux produisent des gommes-résines balsamiques.

CARACTÈRES (1).

Arbres, ou *arbrisseaux.*

Feuilles alternes, simples, coriaces, luisantes, penninervées, très-entières (moins souvent crénelées), non-stipulées, souvent bordées de glandules ponctiformes résineuses.

Fleurs axillaires ou terminales, hermaphrodites, régulières, disposées en cyme ou en corymbe. Pédoncules articulés et bractéolés à la base.

Calice 5-parti ou 5-lobé (moins souvent 4-ou 6-parti), persistant, inadhérent. Estivation imbricative.

Pétales en même nombre que les segments du calice, hypogynes, interposés, subcoriaces, étroits, non-persistants, imbriqués ou contournés et convolutés en préfloraison.

Étamines en nombre double ou quadruple des péta-

----

(1) D'après M. Endlicher.

les (rarement en nombre indéfini), bi-ou quadri-ou pluri-sériées, hypogynes. Filets monadelphes dans le bas (formant un androphore tubuleux), filiformes dans le haut, alternativement plus longs et plus courts, parfois soudés en faisceaux (monadelphes vers la base) alternes avec les pétales. Anthères introrses, appendiculées par le connectif, à 2 bourses parallèles ou divergentes, distancées, longitudinalement déhiscentes; connectif large, gros, obtus, liguliforme.

Pistil : Ovaire inadhérent, non-stipité, 4-à 6-loculaire, accompagné d'un disque annulaire, charnu, crénelé, engaînant; loges 1-ou 2-ovulées. Ovules axiles, suspendus, anatropes, superposés étant au nombre de deux dans une loge. Style terminal, columnaire, indivisé. Stigmate à 5 (ou 4 ou 6) lobes obtus et étalés.

Péricarpe drupacé, peu charnu; noyau osseux, 4-à 6-loculaire (ou par avortement 1-à 5-loculaire); loges 1-ou 2-spermes.

Graines suspendues, périspermées; tégument membraneux, luisant. Périsperme épais, charnu. Embryon axile, rectiligne, columnaire, presque aussi long que le périsperme. Cotylédons très-courts, obtus. Radicule supère, allongée, contiguë au hile.

La famille des Humiriacées ne comprend que 3 genres, savoir :

Saccoglottis Martius. — *Humirium* Martius. (Houmiria Juss. Humiria De Cand. Houmiri Aubl. Myrodendron Schreb. Wernischeckia Scopol.)— *Helleria* Martius.

Genre HUMIRIUM. — *Humirium* Mart.

Calice cupuliforme, 5-fide. Pétales 5, contournés en préfloraison. Étamines 20; androphore tubuleux; filets al-

ternativement plus longs et plus courts ; anthères dressées, continues avec les filets : bourses ciliées. Disque
à 20 dents. Ovaire 4-ou 5-loculaire dans le bas, 1-loculaire
dans le haut ; loges 2-ovulées. Style columnaire. Stigmate
5-lobé. Drupe à noyau 4-ou 5-loculaire ; loges 2-spermes
(par avortement souvent 1-spermes ou aspermes), divisées
chacune en 2 logettes par un diaphragme osseux placé
entre les 2 graines — Arbres ou arbrisseaux. Rameaux
touffus. Feuilles sessiles ou courtement pétiolées, très-entières, involutées en estivation, souvent bordées de glandules. Inflorescence en corymbes axillaires ou terminaux,
denses, irrégulièrement rameux ; pédicelles 1-bractéolés
à la base. Fleurs petites, blanches.

HUMIRIUM MULTIFLORE. — *Humirium floribundum* Martius
et Zuccar. Nov. Gen. et Spec. II, tab. 149. — Arbre de 20 à
40 pieds, à cime hémisphérique, touffue. Ramules et pédoncules
subancipités. Feuilles obovées ou oblongues, rétrécies en pétiole
court. Corymbes latéraux et terminaux. Dents-calicinales obtuses.
Pétales dressés, lancéolés, subobtus, glabres. Drupe ové-ellip-
tique, noirâtre. — Cet arbre croît dans une grande partie du
Brésil. Il découle des incisions qu'on pratique dans son écorce un
baume limpide, de couleur jaunâtre, connu dans la province de
Para sous le nom de *baume d'Oumiri*. Au témoignage de M. de
Martius, cette substance ne le cède en rien au célèbre baume du
Pérou, quant à ses propriétés médicales. Le drupe est doux et
mangeable.

HUMIRIUM DE GUIANE. — *Humirium balsamiferum* Rich. —
Houmiri balsamifera Aubl. Guian. tab. 225. — *Myrodendron
amplexicaule* Schreb. — Arbre à tronc atteignant 50 à 60 pieds de
haut, et 2 pieds de diamètre ; bois dur, d'un rouge brun. Écorce
épaisse, rougeâtre, rugueuse. Feuilles longues de 5 à 6 pouces,
larges de 1 1/2 pouce à 2 pouces, oblongues, ou ovées-oblongues, pointues, demi-amplexatiles, décurrentes par la côte-médiane ; les jeunes rougeâtres. Corymbes axillaires et terminaux.
Fleurs blanchâtres. Sépales pointus. Pétales linéaires, oblongs,

pointus. — Ce végétal croît à Cayenne et dans presque toutes les
forêts de la Guiane; les créoles le connaissent sous le nom de *Bois
rouge;* les naturels du pays l'appellent *Houmiri* et *Touri.* Son
écorce étant entaillée, dit Aublet, répand une liqueur balsamique,
rouge, de très-bonne odeur, qu'on ne peut mieux comparer qu'à
celle du *Styrax;* elle n'est point âcre, et peut très-bien être
employée intérieurement, comme le baume du Pérou. Lorsque
cette liqueur suinte par les fentes de l'écorce, elle se transforme en résine cassante, transparente, rougeâtre, et répandant,
lorsqu'on la brûle, une excellente odeur. Quelques habitants de
la Guiane emploient le bois de cet arbre à la construction des
maisons.

LES DIPTÉROCARPÉES. —*DIPTEROCARPEÆ*.

Dipterocarpeæ Blume, Bijdr. p. 223; Ejusd. Flor. Jav. fasc. VII et
VIII. — Wight et Arn. Prodr. Flor. Penins. Ind. I, p. 83. — Endl.
Gen. p. 1012. — Ad. Brongn. Enum. Gen. Hort. Par. p. xxii et 76.
— *Dipteraceæ* Lindl. Nat. Syst. ed. 2, p. 98. — *Shoreaceæ* Roxb.
in Wallich , Cat. — *Laurineæ-Pterygieæ* Reichb. Consp. p. 87. —
Tiliaceæ, tribus III : *Dipterocarpeæ* Reichb. Syst. Nat. p. 304.

Famille propre à l'Asie équatoriale; M. Blume la
range entre les Hippocratéacées et les Malpighiacées,
tout en faisant remarquer qu'elle a de nombreux rapports avec les Malvacées, les Bombacées, les Byttnéria-
cées, les Tiliacées, et surtout avec les Éléocarpées;
MM. Endlicher et Adolphe Brongniart la placent dans
la classe des Guttifères; elle est comprise par M. Lindley dans le groupe qu'il appelle *Malvales*, où elle figure
entre les Éléocarpées et les Tiliacées; M. G. Don la
porte entre les Simaroubées et les Ochnacées, et
MM. Wight et Arnott entre les Éléocarpées et les
Ternstrémiacées. M. Reichenbach l'adjoint comme
tribu à la famille des Tiliacées.

La plupart des Diptérocarpées forment des arbres
gigantesques, produisant des substances résineuses ou
gommo-résineuses en général odorantes; plusieurs
espèces fournissent les meilleurs bois de construction
des contrées où elles sont indigènes.

CARACTÈRES (1).

Arbres.

Feuilles alternes (ou opposées dans le bas des ramu-

---

(1) D'après M. Endlicher.

les), pétiolées, très-entières, penninervées, veineuses, involutées en vernation ; pétiole à base articulée. *Stipules* convolutées, caduques, semi-amplexatiles, acuminées, formant une gaîne conique à l'extrémité des ramules.

Fleurs hermaphrodites, régulières, axillaires, ou terminales, disposées en grappes ou en panicules ; pédicelles ébractéolés, articulés.

Calice 5-sépale ou 5-lobé, inadhérent, persistant, en général accrescent ; sépales ou segments égaux ou inégaux. Estivation imbricative ou subvalvaire.

Pétales 5, hypogynes, interposés, inonguiculés, libres, ou soudés à la base, caducs, convolutés en estivation.

Étamines en nombre indéfini (rarement en nombre subdéfini), hypogynes, 1-ou 2-sériées. Filets courts, subulés, libres, ou parfois soudés deux à deux à la base. Anthères introrses, cuspidées (par le connectif), à 2 bourses linéaires ou oblongues, opposées, déhiscentes chacune de côté par une fente longitudinale.

Disque nul.

Pistil : Ovaire inadhérent, 3-loculaire ; loges bi-ovulées. Ovules collatéraux, axiles, suspendus, anatropes. Style terminal, indivisé. Stigmate pointu, ou obtus, très-entier, ou tridenticulé.

Péricarpe (recouvert par le calice plus ou moins amplifié, à segments en général aliformes) soit capsulaire et trivalve, soit nucamentacé, acuminé, par avortement 1-loculaire et 1-sperme.

Graine apérispermée, suspendue (parfois paraissant dressée, parce que la chalaze finit par adhérer au fond de la loge) ; tégument mince, membraneux. Embryon rectiligne. Cotylédons très-grands, souvent inégaux, obliquement appliqués l'un sur l'autre, soit subfoliacés et irrégulièrement chiffonnés (chrysaloïdes), soit très-gros et rugueux seulement aux bords, bilobés à la base, souvent assez longuement pétiolés, hypogés en germination. Radicule courte, columnaire, non-saillante, supère. Plumule conique, diphylle.

La famille des Diptérocarpées renferme les 7 genres suivants :

Dipterocarpus Gærtn. (Pterygium, ex parte, Correa.) — *Anisoptera* Korth. — *Dryobalanops* Gærtn. (Pterygium, ex parte, Correa.) — *Vateria* Linn. — *Seidlia* Kostel. (Isauxis Arnott. Retinodendron Korth.) — *Vatica* Linn. (Shorea Roxb.) — *Hopea* Roxb.

Genre voisin des Diptérocarpées.

Lophira Banks (1).

Genre DIPTÉROCARPE. — *Dipterocarpus* Gærtn.

Calice campanulé, 5-fide, valvaire en estivation ; segments inégaux : 3 dentiformes, plus petits ; les 2 autres opposés, allongés, finalement très-amples, aliformes, veineux, réticulés. Pétales 5, égaux, élargis et subcohérents à la base, inéquilatéraux, étalés. Étamines en nombre indéfini, subbisériées. Filets dilatés et membraneux à la base, libres, ou subcohérents à la base. Anthères allongées, linéaires, surmontées d'un appendice sétacé. Ovaire recouvert par le tube-calicinal. Style filiforme. Stigmate obtus. Noix ligneuse, monosperme, inadhérente, couronnée du limbe calicinal. Graine à chalaze finalement adnée au fond de la loge. Cotylédons égaux, charnus, chiffonnés. — Arbres résineux. Feuilles alternes, ou agrégées, éro-

---

(1) Suivant M. Endlicher, ce genre doit être considéré comme le type d'une famille nouvelle : les *Lophiracées*.

sées, ou très-entières, coriaces. Fleurs grandes, élégantes, blanches, ou jaunâtres, lavées de rouge, disposées en grappes, ou en cymules.

DIPTÉROCARPE LISSE. — *Dipterocarpus lævis* Hamilt. in Trans. Soc. Wernerian. 6, p. 299. — *Dipterocarpus turbinatus* Roxb. Corom. 3, tab. 215 ; Flor. Ind. ed. 2, vol. 2, p. 612. (Non Gærtn.) — Ramules comprimés, ancipités. Feuilles ovées, ou ovées-oblongues, pointues, rétuses à la base, glabres, luisantes, fortement veineuses. Calice-fructifère à tube légèrement ventru, à peine resserré au sommet, non-anguleux. Fruit ovoïde, ésulqué. (*Wight* et *Arnott, Prodr. Penins. Ind.* I, p. 84.) — Très-grand arbre. Tronc parfaitement droit, acquérant une dimension énorme. Écorce profondément rimeuse. Branches nombreuses : les inférieures divergentes ; les supérieures ascendantes. Ramules distiques. Jeunes pousses cotonneuses. Feuilles longues de 4 à 12 pouces, distiques, courtement pétiolées, tantôt très-entières, tantôt ondulées ou dentelées, d'un vert foncé. Stipules grandes, ensiformes, pubescentes, fugaces. Grappes grêles, plus courtes que les feuilles, solitaires, axillaires, inclinées, lâches, spiciformes. Fleurs grandes, éparses. Pétales obliquement cunéiformes, étroits, échancrés, glabres. Fruit mince, pubescent. Les deux ailes du calice-fructifère linéaires-oblongues, scarieuses, élégamment réticulées. — Cet arbre croît au Bengale, ainsi que dans la Presqu'île au delà du Gange, et dans les archipels Malais. Il produit une substance résineuse, liquide et balsamique, qui découle en abondance des entailles qu'on pratique peu au-dessus de la base du tronc ; cette substance, que les Anglais nomment *wood-oil* (huile de bois), est d'un emploi général, dans toute l'Inde, en guise de goudron et de vernis. Le tronc de l'arbre sert à faire des canots, parfois assez spacieux pour contenir une centaine d'hommes. (*Roxburgh, l. c.*)

DIPTÉROCARPE A FRUIT ANGULEUX. — *Dipterocarpus costatus* Roxb. Flor. Ind. ed. 2, vol. 2, p. 615. (Non Gærtn.) — Très-grand arbre. Jeunes pousses poilues. Feuilles linéaires-oblongues, acuminées, pubescentes en dessous, arrondies à la base. Stipules petites, velues..Tube-calicinal relevé de côtes peu saillantes, légèrement poilu. (*Roxburgh, l. c.*) — Indigène de la Péninsule au delà du Gange.

DIPTÉROCARPE GRISATRE.—*Dipterocarpus incanus* Roxb. l. c. p. 614. — *Dipterocarpus costatus* Gærtn. Fruct. (Fide Wight et Arn.) — Grand arbre. Jeunes pousses poilues. Feuilles ovées, rétrécies à la base, obtuses, molles, velues. Grappes axillaires, 1 fois plus courtes que les feuilles. Tube-calicinal 5-ptère. (*Roxburgh, l. c.*) — Indigène du Chittagong.

DIPTÉROCARPE AILÉ. — *Dipterocarpus alatus* Roxb. l. c. p. 614. — Jeunes pousses poilues. Feuilles ovées-oblongues, ou cordiformes, acuminées, glabres et opaques en dessus, scabres en dessous, ciliées. Tube-calicinal 5-ptère. (*Roxburgh, l. c.*) — Arbre énorme, indigène au Pégou et dans les îles environnantes.

Cette espèce et les deux précédentes fournissent, comme le *Dipterocarpus lœvis*, la substance résineuse appelée *wood-oil*.

DIPTÉROCARPE A CALICE TURBINÉ. — *Dipterocarpus turbinatus* Gærtn. Fruct. 5, p. 51, tab. 188. — Jeunes pousses cylindriques. Feuilles ovées, pointues, pubescentes (surtout vers les bords), à veines nombreuses, légèrement saillantes; pétiole pubescent. Calice-fructifère à tube turbiné, très-resserré au sommet, sans angles. Fruit ové, écosté. (*Wight* et *Arnott, Prodr. Flor. Ind.* I, p. 85.) — Cette espèce croit dans la Péninsule en deçà du Gange; elle fournit fort peu de résine.

DIPTÉROCARPE TRINERVÉ. — *Dipterocarpus trinervis* Blum. Flor. Javæ, Dipterocarpeæ, p. 11; tab. 1. — Feuilles ovales, pointues, subarrondies à la base, glabres de même que les bourgeons. Grands lobes du calice-fructifère oblongs-lancéolés, obtus. (*Blume, l. c.*) — Arbre de 150 à 200 pieds. Écorce brunâtre. Ramules cylindriques. Feuilles longues de 7 pouces à 1 pied, et plus, larges de 4 à 7 pouces, fortement crénelées, ou érosées. Grappes penchées, 3-à 5-flores. Pétales jaunâtres, lavés de rose, longs de 2 1/2 pouces, larges de 8 lignes, oblongs, obliques, obtus. Calice-fructifère d'un pourpre terne; grands lobes longs de 6 à 8 pouces, larges de 15 lignes; petits lobes ovés-arrondis, longs de 8 lignes à 1 pouce. — Forêts vierges des montagnes de Java.

DIPTÉROCARPE RÉTUS. — *Dipterocarpus retusus* Blum. l. c. p. 14; tab. 2. — Feuilles ovales, pointues, arrondies à la base, pubescentes en dessous sur la côte. Pétioles et ramules pubescents. Bourgeons coniques-subulés, velus. Grands lobes du calice-fructifère oblongs, rétus. (*Blume, l. c.*) — Arbre de même taille que l'espèce précédente. Feuilles longues de 7 à 10 pouces, larges de 5 1/2 à 6 1/2 pouces (celles des jeunes arbres longues de 1 1/2 pied, larges de 8 pouces), légèrement sinuolées du milieu au sommet. Grappes simples, pendantes, 5-à 5-flores, pubescentes. Fleurs très-odorantes, semblables à celles de l'espèce précédente. Calice-fructifère d'un pourpre brunâtre; grands lobes longs de 8 à 9 pouces, larges de près de 2 pouces dans le haut; petits lobes ovés ou ovés-oblongs, très-obtus, longs à peine de 1 pouce. Noix elliptique-turbinée. — Mêmes localités que l'espèce précédente.

DIPTÉROCARPE DE SPANOGHE. — *Dipterocarpus Spanoghei* Blum. l. c. p. 16, tab. 3. — Feuilles ovales, subobtuses, arrondies à la base, pubescentes en dessous sur la côte. Pétioles et ramules pubescents. Bourgeons coniques, velus. Grands lobes du calice-fructifère oblongs, obtus. (*Blume, l. c.*) — Arbre d'environ 100 pieds de haut, sur 9 à 11 pieds de diamètre. Feuilles longues de 7 à 8 pouces, larges de 5 à 7 pouces, à peine érosées. Grappes pendantes, de la longueur des pétioles. Calice-fructifère d'un brun jaunâtre; grands lobes longs de 7 pouces, larges de plus de 1 1/2 pouce. Noix subglobuleuse-obturbinée. — Montagnes de Java.

DIPTÉROCARPE LITTORAL. — *Dipterocarpus littoralis* Blum. l. c. p. 17; tab. 4. — Feuilles ovales, pointues, subcordiformes à la base, à côte pubescente tant en dessus qu'en dessous. Bourgeons oblongs-coniques, soyeux. Grands lobes du calice-fructifère lancéolés, obtus. (*Blume, l. c.*) — Arbre à tronc grêle,

haut de 80 pieds ; écorce lisse, grisâtre. Feuilles longues de 4 à
5 pouces. Fleurs inconnues. Calice-fructifère d'un brun roux ;
petits lobes longs à peine de ½ pouce, ovés-oblongs, obtus ;
grands lobes longs d'environ 8 pouces, larges de 1 ½ pouce au
milieu. Noix subpyramidale. — Cet arbre croît sur les côtes méridionales de Java ; il abonde en suc-propre balsamique, d'une
odeur très-pénétrante.

DIPTÉROCARPE GRÊLE. — *Dipterocarpus gracilis* Blum. l. c.
p. 20 ; tab. 5. — Feuilles ovales-oblongues, pointues, obtuses à
la base, couvertes en dessous d'une pubescence étoilée. Bourgeons
linéaires, cotonneux. Grands lobes du calice-fructifère obtus. —
Arbre atteignant jusqu'à 150 pieds de haut, sur 9 pieds de diamètre. Bois dur, moins résineux que chez les espèces précédentes. Suc-propre ayant l'odeur de l'essence de térébenthine. Feuilles longues de 3 à 4 pouces, larges de 1 ½ à 2 pouces. Pédoncules défléchis ou horizontaux, pauciflores. Fleurs en cymule.
Pétales linéaires-spatulés, obliques, très-obtus, blanchâtres, lavés
de rose, longs de 1 ½ pouce. Calice-fructifère d'un brun roux ;
petits lobes subovés, très-courts, obtus ; grands lobes liguliformes, longs d'environ 5 pouces. Noix obovée-globuleuse. (*Blume,
l. c.*) — Forêts-basses de l'intérieur de Java.

Genre DRYOBALANOPS. — *Dryobalanops* Gærtn.

Calice 5-parti, accrescent : segments égaux, linéaires-
lancéolés, étalés. Pétales 5, ovés-lancéolés, étalés, soudés
par la base, plus longs que le calice. Étamines très-nombreuses, monadelphes, conniventes, presque aussi longues
que le calice ; androphore court, annulaire. Anthères subsessiles, linéaires, pointues, surmontées d'un appendice
mucroniforme membraneux. Style filiforme, plus long que
les étamines. Stigmate capitellé. Capsule libre, 1-loculaire,
3-valve, 1-sperme, accompagnée du calice, dont les segments très-amplifiés ont pris la forme d'ailes spatulées,
foliacées, presque étalées. Cotylédons inégaux, chiffonnés.
(*Jack, in Hook. Compan. Bot. Mag. 1. p.* 262.) — Feuilles

très-entières, coriaces ; les inférieures opposées, les autres alternes. Stipules subulées. Fleurs axillaires et terminales.

Dryobalanops Campurier. — *Dryobalanops Camphora* Colebr. in Asiat. Research. XII, p. 559, cum Ic. — *Dryobalanops aromatica* Gærtn. fil. Fruct. III, tab. 186, fig. 2.—Correa, in Ann. du Mus. X, tab. 8, fig. 2. (Fruit.)—Grand arbre à écorce brunâtre. Feuilles longues de 5 à 7 pouces, larges de 1 pouce à 2 pouces, lisses, elliptiques, acuminées, à pointe obtuse ; pétiole court. Fleurs formant une sorte de panicule à l'extrémité des ramules. Capsule ligneuse, ovoïde, fibreuse, finement striée de lignes canaliculées, engaînée à la base par le tube calicinal. (*Colebrooke, l. c.*)—Cet arbre croît à Sumatra ; il fournit un camphre très-estimé en Chine, mais qui n'est jamais exporté pour l'Europe. Ce camphre se trouve en concrétions plus ou moins volumineuses, dans des lacunes ou fentes de la partie centrale du tronc.

Genre SÉIDLIA. — *Seidlia* Kosteletz.

Calice 5-parti, accrescent ; segments égaux, pointus, finalement aliformes. Pétales 5, linéaires-falciformes, obtus, imbriqués en forme de tube dans le bas, étalés dans le haut, soudés à la base. Étamines au nombre de 15 ; filets courts ; anthères courtes, surmontées d'un appendice ové, pointu, coloré. Style court. Stigmate claviforme, tridenté. Capsule 1-loculaire, 5-valve, 1-sperme, libre, accompagnée du calice très-amplifié, à 5 ailes membraneuses égales. Cotylédons gros, rugueux aux bords. — Feuilles alternes, très-entières. Fleurs en panicules axillaires.

Séidlia a feuilles lancéolées. — *Seidlia lanceolata* Kostel. Medic. Bot. p. 1945. — *Vateria lanceolata* Roxb. Flor. Ind. ed. 2, p. 602.—*Isauxis lanceolata* Arnott, in Ann. of Nat. Hist. III, p. 155. — Wight, Illustr. tab. 26. — Arbre de moyenne taille. Rameaux nombreux, en général réclinés. Écorce assez lisse, finalement grisâtre. Bois blanc, à grain très-serré. Feuilles longues de 4 à 8 pouces, larges de 1 pouce à 5 pouces, courtement pétiolées, lancéolées, ou lancéolées-oblongues, obtuses, ou acuminées, glabres, d'un vert pâle en dessus, colorées en dessous. Panicules plus courtes que les feuilles, décomposées, multiflores. Fleurs assez grandes, blanches, odorantes. Segments-calicinaux cotonneux en dessous, ovés, pointus. Pétales obtus. Étamines insérées par paires devant les pétales, et solitaires devant les segments-calicinaux. Anthères ovées, bilobées. Capsule du volume d'un œuf de pigeon, assez épaisse, coriace, ovoïde. — Cet arbre croît au Bengalé; son écorce fournit une gomme-résine odorante, que les Hindous appellent *choua* ou *chova*, et qu'ils emploient comme encens. (*Roxburgh, l. c.*)

Genre VATÉRIA. — *Vateria* Linn.

Calice 5-parti, inaccrescent; segments obtus, égaux. Pétales 5, elliptiques, échancrés, à peine plus longs que le calice. Étamines au nombre de 40 à 50. Filets courts, larges. Anthères linéaires, surmontées d'un appendice subulé. Style grêle, allongé. Stigmate pointu, très-entier. Capsule 1-loculaire, 5-valve, 1-sperme, accompagnée du calice réfléchi. Cotylédons épais, presque égaux, rugueux aux bords. — Feuilles alternes, très-entières. Fleurs en panicules terminales.

VATÉRIA DE L'INDE. — *Vateria indica* Linn. — Gærtn. fil. Fruct: III, tab. 189. — Roxb. Corom. 5, tab. 288. — Wight, Illustr. tab. 56.—*Elæocarpus copalliferus* Retz. Obs.—*Paenu* Hort. Malab. 4, tab. 15. — Grand arbre, d'un port très-élégant. Jeunes pousses couvertes d'une pubescence étoilée. Feuilles longues de 4 à 8 pouces, larges de 2 à 4 pouces, glabres, coriaces, oblongues, obtuses ou échancrées ou pointues; pétiole cylindrique, long d'environ 1 pouce. Stipules oblongues. Panicules grandes, un peu lâches. Fleurs assez grandes. Segments-calicinaux oblongs, velus en dessous. Style plus long que les étamines. Capsule coriace, un peu charnue, oblongue, obtuse, longue d'environ 2 ½ pouces, sur 1 ½ pouce de diamètre. (*Roxburgh, Flora Indica*, ed. 2, vol. 2, p. 84.) — Ce végétal habite le Malabar, où on le désigne par le nom de *Péini-marum*. Il produit la gomme-résine connue en Europe sous le nom de *gomme Animé;* cette substance, à l'état frais et liquide, s'emploie fréquemment, dans l'Inde, comme vernis.

Genre VATICA. — *Vatica* Linn.

Calice 5-sépale, accrescent; sépales inégaux, imbriqués, finalement aliformes, foliacés, roides, dressés. Pétales 5, étalés, subrévolutés aux bords, libres. Étamines au nombre de 15 à 100. Filets courts, filiformes, dilatés à la base, subulés au sommet. Anthères courtes, linéaires, surmontées d'un appendice filiforme, coloré, caduc. Style filiforme. Stigmate pointu. Fruit coriace ou ligneux, indéhiscent, 1-sperme. Cotylédons très-épais, inégaux, rugueux aux bords. Feuilles alternes, coriaces, très-entières, veineuses. Fleurs jaunes, en panicules axillaires et terminales.

VATICA ROBUSTE.—*Vatica (Shorea) robusta* Gærtn. fil. Fruct. III, tab. 186.—*Shorea robusta* Roxb. Corom. 3, tab. 212. — Feuilles courtement pétiolées, cordiformes-oblongues. Stipules falciformes. Panicules axillaires et terminales. — Tronc droit, atteignant des dimensions très-considérables. Bois pesant, d'un brun clair, à grain serré. Feuilles lisses, fermes, d'un vert pâle, longues de 4 à 8 pouces. Panicules pubescentes, étalées, très-rameuses, multiflores. Fleurs larges d'environ $^1/_2$ pouce, d'un jaune pâle. Bractées petites, caduques. Sépales pubescents en dessous. Pétales ovés-lancéolés, obliques, 3 à 4 fois plus longs que le calice, un peu soyeux en dessous. Étamines 25 à 50, plus longues que le calice. Fruit ovoïde, pointu, mince, longuement débordé par les ailes-calicinales; celles-ci spatulées, obtuses, conniventes : 3 plus grandes, longues d'environ 1 $^1/_2$ pouce. (*Roxburgh, l. c.*) — Cet arbre croît au pied des montagnes du nord de l'Inde, où on le connaît sous le nom de *Sâl* ou *Saôl* (les Anglais écrivent *Saul*). C'est un des végétaux les plus précieux de ces contrées : son bois, après celui du fameux *Tek* ou *Teak*

(*Tectona grandis* Linn.), est plus recherché que tout autre pour les constructions de toute espèce ; il est plus fort, mais moins durable que celui du *Tek*. L'arbre abonde aussi en résine odorante, appelée *dammar* ou *dammor* par les Anglais, et *râl* ou *douna* par les naturels du pays : cette résine sert en guise de poix et de goudron, ainsi que comme encens ; on l'emploie communément aux besoins de la marine.

Vatica a lacque. — *Vatica laccifera* Wight et Arn. Prodr. Flor. Ind. 1, p. 84.— *Shorea Talura* Roxb. Flor. Ind. ed. 2, vol. 2, p. 618.—*Shorea laccifera* Hayn. Arzn.—*Shorea robusta* Roth. (*non Roxb.*)—*Vatica chinensis* Linn. (ex W. et Arn.) — Smith, Ic. 1, tab. 56. — Glabre. Feuilles coriaces, oblongues, obtuses, souvent échancrées à la base. Panicules nombreuses, latérales. Fleurs 15-andres. Anthères longuement cuspidées. (*Wight* et *Arn. l. c.*) — Très-grand arbre, indigène de l'Inde ; il fournit un excellent bois de construction, et en outre la résine dite *dammar*.

Vatica Tumbugaïa. — *Vatica Tumbugaia* Wight et Arn. l. c. — *Shorea Tumbugaia* Roxb. l. c. p. 617. — Feuilles cordiformes-ovées, longuement pétiolées. Panicules terminales. Fleurs polyandres. Anthères barbues (*Roxburgh.*) — Grand arbre des montagnes de l'Inde ; il fournit une résine de même nature que celle des deux espèces précédentes.

Genre HOPÉA. — *Hopea* Roxb.

Calice pentasépale, accrescent ; sépales imbriqués, inégaux : 2 ou 5 finalement aliformes et très-amplifiés. Corolle rotacée, profondément 5-fide : segments oblongs—linéaires, contournés, obliques, étalés ; tube campanulé. Étamines 15, insérées à la base du tube de la corolle (10 antéposées 2 à 2 ; les 5 autres interposées). Filets 10, courts, filiformes, alternativement 1-et 2-anthérifères. Anthères courtes, bilobées, surmontées d'un appendice sétacé caduc. Fruit mince, indéhiscent, 1-loculaire, 1-sperme, débordé par les ailes-calicinales. — Arbres. Feuilles alternes, très-entières, souvent glandulifères aux aisselles des nervures. Panicules axillaires et terminales, à ramifications alternes-distiques. Fleurs petites, jaunes, odorantes, unilatérales, subsessiles.

Hopéa odorant. — *Hopea odorata* Roxb. Corom. 3, p. 9; tab. 210; Id. Flor. Ind. ed. 2, vol. 2, p. 609. — Grand arbre. Tronc droit, élancé. Rameaux nombreux, divergents. Ramules grêles, inclinés, distiques. Écorce lisse, d'un brun foncé. Feuilles courtement pétiolées, distiques, pendantes, ovées-oblongues, glabres, ondulées, luisantes, d'un vert foncé. Stipules subulées. Panicules axillaires et terminales, pendantes, velues; ramules recourbés. Fleurs très-odorantes. Sépales ovés, velus : 2 plus grands, formant finalement 2 ailes oblongues, obtuses. Fruit ovoïde, pointu. *(Roxburgh, l. c.)* — Presqu'île au delà du Gange.

___

Genre LOPHIRA. — *Lophira* Banks. — Gœrtn. fil.

Calice 5-sépale, persistant, finalement adhérent au fruit; sépales inégaux : les deux extérieurs accrescents, finalement aliformes; les 5 intérieurs petits. Pétales 5, inonguiculés, convolutés en préfloraison. Étamines très-nombreuses, pluri-sériées. Filets courts, filiformes, libres. Anthères dressées, à 2 bourses linéaires, opposées, parallèles, déhiscentes chacune au sommet par une petite fente latérale. Ovaire conique, 1-loculaire, multi-ovulé. Ovules agrégés sur un gros placentaire central basilaire. Disque nul. Stigmates 2, minimes, sessiles, contournés, réfléchis. Noix coriace, fusiforme, 1-sperme par avortement, recouverte par le calice dont les 2 sépales extérieurs se sont développés en ailes membraneuses. Graine dressée; tégument mince, membraneux. Cotylédons plano-convexes, charnus, non plissés. Radicule très-courte, infère. — Arbres. Feuilles alternes, très-entières, pétiolées, veineuses;

pétiole à base articulée ; stipules minimes, bilatérales, caduques. Fleurs jaunes, disposées en panicules axillaires et terminales ; pédicelles divariqués, articulés et bibractéolés au-dessus de la base.

Lophira ailé. — *Lophira alata* Gærtn. fil. Fruct. III, tab. 188, fig. 2.—Guillem. et Perrott. Flor. Senegamb. 1, p. 109 ; tab. 24. — Arbre de 25 à 50 pieds, à cime pyramidale. Feuilles rapprochées à l'extrémité des ramules, longues de 6 à 8 pouces, larges de 1 à 2 pouces, obtuses ou échancrées, subelliptiques, paralléliveinées, rétrécies à la base, coriaces, luisantes, très-glabres. Panicules simples ou composées ; ramules subtriflores. Corolle large de 1 pouce ; pétales obcordiformes, caducs, étalés. — Cet arbre, remarquable par l'élégance de ses fleurs et de son feuillage, croît dans la Guinée et la Sénégambie.

LES PAPAYACÉES. — *PAPAYACEÆ.*

Papayæ Agardh. Class. p. 20. — *Cariceæ* Turpin, in Atlas du Dict. des Sciences Nat. — *Papayaceæ* Martius, Consp. — Lindl. Nat. Syst. ed. 2, p. 69. — Wight et Arn. Prodr. Flor. Ind. I, p. 351. — Endl. Gen. p. 952. — Brongn. Enum. p. xxix et 109. — *Caricaceæ* Dumort. Fam. p. 42. — *Cucurbitaceæ*, tribus III : *Papayaceæ* Reichenb. Consp. p. 114; Id. Syst. Nat. p. 184.

Le genre *Carica* ou *Papaya* (vulgairement *Papayer*), placé par A. L. de Jussieu, avec les Passiflores, à la suite des Cucurbitacées, est considéré aujourd'hui, par la plupart des botanistes, comme type d'une famille distincte, classée entre les Cucurbitacées et les Passiflorées par MM. Wight et Arnott, entre les Loasées et les Cucurbitacées-Nandhirobées par M. Endlicher, entre les Loasées et les Turnéracées par M. Ad. Brongniart, entre les Passiflorées et les Flacourtianées par M. Lindley, entre les Passiflorées et les Turnéracées par M. Dumortier.

Toutes les Papayacées appartiennent à la zone équatoriale. Ces végétaux ont un port très-élégant, qui se rapproche de celui des Palmiers; on les recherche comme plantes d'ornement de serre. Toutes leurs parties contiennent un suc âcre et laiteux, remarquable en ce qu'il renferme une quantité notable de fibrine, et qu'il jouit de la singulière propriété d'amollir promptement les viandes les plus coriaces. Le fruit de certaines espèces est comestible.

CARACTÈRES.

Arbres ou *arbrisseaux* lactescents. Tronc cylindrique, très-simple, ou rameux au sommet, épaissi à la base; bois en général spongieux.

Feuilles couronnantes, grandes, rapprochées, longuement pétiolées, palmées, ou digitées, non-stipulées; segments indivisés, ou pennatifides, ou sinueux. Pétiole à base articulée.

Fleurs monoïques ou dioïques (accidentellement hermaphrodites), régulières, axillaires, ou naissant sur le tronc dans les cicatrices laissées par les pétioles des anciennes feuilles; les mâles disposées en grappes ou en panicules; les femelles solitaires, ou fasciculées, ou en grappes, ou en panicules.

Fleurs-mâles : — *Calice* minime, 5-denté. *Pistil* rudimentaire. *Corolle* hypogyne, infondibuliforme, 5-lobée; estivation valvaire. *Étamines* 10, insérées à la gorge de la corolle, incluses, alternativement plus longues et plus courtes. Filets linéaires, aplatis, courtement monadelphes à la base. Anthères introrses, basifixes, dressées, à 2 bourses parallèles, contiguës, linéaires, déhiscentes chacune par une fente longitudinale.

Fleurs-femelles : — *Calice* comme celui des fleurs-mâles. *Corolle* à 5 pétales hypogynes, libres, linéaires, valvaires en préfloraison.

Étamines nulles. *Ovaire* 1-ou 5-loculaire, inadhérent, à 5 placentaires pariétaux longitudinaux (alternes avec les cloisons lorsque l'ovaire est 5-loculaire) multi-ovulés. Ovules anatropes, subhorizontaux. *Style* terminal, très-court. *Stigmate* grand, terminal, pelté, à 5 lobes plus ou moins profonds, étalés, en général fimbriés.

Péricarpe : Baie 1-loculaire (ou rarement 5-loculaire), polysperme, pulpeuse en dedans, à 5 placentaires pariétaux.

Graines pluri-sériées sur chaque placentaire, nidulantes, plus ou moins comprimées, périspermées, arillées; arille charnu, mucilagineux, rugueux étant sec; tégument crustacé. Périsperme charnu, oléagineux. Embryon rectiligne, axile, à peu près aussi long que le périsperme; cotylédons minces, elliptiques; radicule courte, columnaire, centrifuge, contiguë au hile.

Cette famille ne comprend que deux genres, savoir:
Carica Linn. (Papaya Tourn.) — *Vasconcella* Aug. Saint-Hil.

Genre PAPAYER. — *Carica* Linn.

Fleurs monoïques ou dioïques (accidentellement polygames). Calice minime, inadhérent, 5-denté. Corolle infondibuliforme et 5-lobée dans les fleurs mâles, 5-pétale dans les fleurs femelles (ou hermaphrodites). Étamines (nulles dans les fleurs-femelles) 10, insérées à la gorge de la corolle. Pistil rudimentaire dans les fleurs-mâles. Ovaire 1-loculaire, à 5 placentaires pariétaux. Style très-court. Stigmate pelté, 5-parti : segments linéaires, étalés, fimbriés au sommet. Baie (en général grosse) 1-loculaire, polysperme, pulpeuse. Graines nidulantes, comprimées. — Tronc simple, ou rameux au sommet, raboteux par les cicatrices que laissent les pétioles des anciennes feuilles. Feuilles digitées ou palmées, amples, longuement pétiolées, agrégées au sommet du tronc ou des rameaux. Fleurs axillaires ou caulinaires, solitaires, ou fasciculées, ou en grappes, ou en panicules, jaunâtres.

PAPAYER COMMUN. — *Carica Papaya* Linn. — Rumph. Amb. 1, tab. 50 et 51.—Hort. Malab. tab. 15, fig 1 et 2.—Bot. Mag. tab. 2898 et 2899.— Bot. Reg. tab. 459.— *Papaya communis* Poir. Encycl.—*Papaya Carica* Gærtn. Fruct. I, tab. 122. — *Papaya vulgaris* Lamk. Ill. tab. 821. — *Papaya sativa* Tuss. Flor. Antill. 5, tab. 10 et 11. — Tronc inerme, en général très-simple. Feuilles palmées (7-ou 9-ou 11-lobées); lobes sinuéspennatifides. Fleurs dioïques, axillaires : les femelles solitaires ou subfasciculées, courtement pédonculées ; les mâles en panicules longuement pédonculées, pendantes. Baies ovales ou subglobuleuses, sillonnées, grosses, pendantes. Racine perpendiculaire, blanchâtre, spongieuse, d'une saveur désagréable. Tronc atteignant 20 pieds de haut et 1 pied de diamètre, droit, subcolumnaire, creux; parfois rameux au sommet (1) ; écorce épaisse, fibreuse; bois mince, spongieux, très-mou et léger, lactescent comme toutes les autres parties du végétal. Feuilles nombreuses ; les inférieures horizontales ou réclinées ; les terminales dressées ; pétiole long de 2 à 5 ¹/₂ pieds, cylindrique ; lame d'un vert clair : segments oblongs ou lancéolés-oblongs, pointus, penninervés, longs de 1 ¹/₂ pied. Panicules-mâles longues de 2 à 3 pieds (le pédoncule compris), multiflores. Fleurs d'un jaune pâle ; les mâles très-odorantes, plus petites que les femelles. Corolle de la fleur-mâle à segments étalés. Corolle de la fleur-femelle subcampaniforme : pétales oblongs-lancéolés, pointus, réfléchis dans le haut. Baie jaunâtre, du volume d'un petit Melon, en général ovale, moins souvent subglobuleuse, ou ovoïde, ou subpyramidale. Graines brunes ou noirâtres. — Cette espèce, nommée vulgairement *Papayer* ou *Papaya* (sans désignation plus spéciale), paraît être originaire des Antilles (2) ; elle se cultive communément

----

(1) Au témoignage de Rumphius, le tronc des Papayers cultivés ne se ramifie que lorsqu'on en a tronqué le sommet.

(2) « Il est peu d'habitations dans les Antilles, dit M. de Tussac « (*Flore des Antilles*, vol. 3, p. 47), où l'on ne rencontre devant la « grande case plusieurs Papayers, tant mâles que femelles; les uns « et les autres sont intéressants sous des rapports différents, d'agré- « ment ou d'utilité. De l'aisselle des grandes feuilles élégamment dé- « coupées dont se compose la cime des Papayers mâles, sortent en « grande quantité des pédoncules grêles de différentes longueurs, « garnis de distance à autre de grappes lâches de jolies fleurs d'un « jaune clair. Leur poids force les pédoncules à se courber mol- « lement vers la terre; ils forment alors un faisceau qu'on ne peut « mieux comparer qu'à un jet d'eau des divisions duquel s'échappent « continuellement en forme de pluie des milliers de fleurs, qui, en « jonchant la terre, répandent dans l'atmosphère l'arome le plus dé- « licieux. Avant la chute de ces fleurs, des myriades de colibris volti-

dans toute l'Amérique équatoriale, ainsi que dans l'Inde et aux Moluques, en raison de son fruit qui est comestible, mais fade et peu nutritif. Le suc du jeune fruit et les graines sont un remède anthelminthique très-efficace. Le suc de toutes les parties de l'arbre a la singulière propriété d'amener promptement la décomposition des substances animales qu'on y fait macérer. Ce Papayer est en outre remarquable par la rapidité de sa croissance : il suffit de l'espace de six mois pour que sa graine ait produit un arbre de hauteur d'homme, et commençant déjà à fructifier. Les individus adultes fleurissent et fructifient pendant toute l'année.

PAPAYER A PETIT FRUIT. — *Carica microcarpa* Jacq. Hort. Schœnbr. 5, tab. 509 et 510. — *Papaya microcarpa* Poir. Enc. — Tronc simple, inerme. Feuilles palmées (5-lobées), cordiformes à la base ; segments très-entiers, acuminés, le moyen trifide. Fleurs dioïques, axillaires ; les mâles en panicules cymeuses, dressées, souvent aussi longues que les feuilles ; les femelles solitaires, ou fasciculées, ou en grappes dressées plus courtes que les pétioles. Baies subglobuleuses, pointues, pentagones, dressées. — Arbrisseau de 8 à 12 pieds, glabre. Pétioles pleins, longs de $^{1}/_{2}$ pied à 1 pied. Panicules dichotomes, longues de 5 pouces à 1 pied. Pétales longs d'environ 1 pouce, blanchâtres en dessus, verdâtres en dessous. Baies du volume d'une petite Noix, d'un jaune

---

« gent autour d'elles, pour insérer dans leur nectaire leur trompe « aspirante, et en retirer le suc aromatisé dont ils font leur nourriture. « — Non loin de là, sur une tige simple et droite, le Papayer femelle, « symbole de l'abondance, est couvert, depuis son sommet jusqu'au « tiers de sa longueur, de boutons, de fleurs et de fruits de différentes « grosseurs, qui, mûrissant les uns après les autres, ne laissent dans « aucun temps la tige nue. Les fruits du Papayer ressemblent telle- « ment, pour leur forme et leur couleur, aux Melons, qu'on nomme « dans quelques cantons le Papayer *Arbre aux melons.* Les dames « créoles mangent avec plaisir les fruits mûrs du Papayer, mais les « Européens le trouvent fade. Le meilleur parti à tirer de ces fruits, « c'est de les confire dans le sucre quand ils sont au tiers de leur « grosseur, ayant soin de les piquer avec des zestes de citrons pour « en relever la fadeur, ou de les confire avec de petits citrons, dont ils « prennent le goût. »

orange, en général agrégées en grappes ; pulpe blanche, inodore, presque insipide. Graines noires, amères. — Cette espèce croît aux environs de Caracas, où les habitants la connaissent sous le nom de *Papaya de montagne*. — Cultivé dans les collections de serre.

PAPAYER CAULIFLORE.—*Carica cauliflora* Jacq. Hort. Schœnbr. 5, tab. 511. — *Papaya cauliflora* Poir. Enc. — Tronc rameux, inerme. Feuilles réticulées en dessous, palmées (5-lobées), cordiformes à la base ; segments pennatifides ou inégalement dentés, acuminés. Fleurs dioïques, axillaires et caulinaires ; les mâles solitaires ou en grappes pauciflores ; les femelles solitaires ; pédoncules courts, étalés. Baies ovoïdes, pointues, pentagones, pendantes. — Arbrisseau d'environ 12 pieds. Tronc strié. Feuilles la plupart horizontales ou réclinées ; pétiole fistuleux, long d'environ 1 pied ; lame aussi longue que le pétiole. Les fleurs naissent tant aux aisselles des feuilles récentes, qu'aux cicatrices des anciennes feuilles, de manière qu'elles couvrent tout le tronc, à partir de la base. Dans les individus mâles, il se forme de gros tubercules dans les cicatrices. Corolle blanche ; segments ou pétales oblongs, obtus. Baie de la grosseur du poing ou plus ; pulpe blanche, odorante. — Cette espèce croît à Caracas ; se cultive dans les collections de serre.

PAPAYER A FEUILLES DIGITÉES. — *Carica digitata* Spreng. Syst. — *Carica spinosa* Aubl. Guian. tab. 546. — *Papaya spinosa* Poir. Enc. — Tronc rameux, garni de tubercules coniques. Feuilles digitées, 7-foliolées. Folioles pétiolulées, ovées-oblongues, acuminées, très-entières, glabres en dessus, cotonneuses et blanchâtres en dessous. Baies solitaires, axillaires, ovoïdes, obtuses, 5-costées. — Arbre d'une trentaine de pieds ; cime pyramidale-conique. Tronc haut de 10 à 12 pieds, sur 1 pied de diamètre ; écorce mince, rougeâtre ; bois blanc, spongieux ; suc propre caustique. Branches dressées, peu rameuses. Pétioles longs de ½ pied. Folioles inégales, les plus grandes longues de 5 pouces. Inflorescence comme celle du *Carica Papaya*. Baie lisse, jaune, du volume d'un œuf ; chair jaune, succulente. Graines arrondies, roussâtres. — Ce Papayer croît dans l'Amérique méridionale ; les nègres et les créoles de la Guiane l'appellent *Papayer sauvage*. Au témoignage d'Aublet, le fruit en est comestible.

PAPAYER MONOÏQUE. — *Carica monoica* Desfont. in Ann. du Mus. 1, p. 175 ; tab. 18. — *Papaya monoica* Poir. Enc. — Tronc inerme, rameux au sommet. Feuilles hétéromorphes : les inférieures plus petites, ovales, indivisées ; les moyennes flabelliformes, à 5 lobes ovales-oblongs, pointus ; les supérieures à 5 lobes incisés. Fleurs monoïques, en grappes axillaires. — Pétioles plus courts que la lame. Grappes petites, à fleur terminale femelle. Corolle d'un jaune pâle ; segments ou pétales linéaires, obtus, réfléchis. Baie jaune, ovale, du volume d'un œuf. — Pérou. Cultivé dans les collections de serre.

DEUX CENT TRENTE-CINQUIÈME FAMILLE.

LES NÉPENTHÉES. — *NEPENTHEÆ.*

Cytinearum genus Ad. Brongn. in Ann. des Sc. Nat. 1re sér. I, p. 42.
— *Nepenthinæ* (Aristolochiarum sectio) Link, Handb. I, p. 369. —
Nepentheæ Blum. Bijdr. I, p. 84. — Bartl. Ord. Nat. p. 81. (in
adnot.) — R. Br. in Edinb. Philos. Magaz. 1832. — Endl. Gen. p. 345.
— Ad. Brongn. Enum. Gen. Hort. Par. p. xxx et 115. — *Nepenthi-
deæ* Dumort. Fam. p. 16. — *Aroideæ-Nepentheæ* Reichenb. Consp.
p. 45 (ex parte). — *Hydrocharideæ-Nepentheæ* Reichenb. Syst.
Nat. p. 144. — *Nepenthaceæ* Lindl. Nat. Syst. ed. 2, p. 204.

Groupe voisin des Aristolochiées, fondé seulement sur
le genre *Nepenthes*, dont M. R. Brown a le premier fait
connaître les véritables affinités.

CARACTÈRES.

Plantes suffrutescentes. Tiges sarmenteuses ou décombantes; bois sans couches concentriques; moelle
et liber parsemés de faisceaux de trachées.

Feuilles alternes, sessiles ou pétiolées, coriaces, nerveuses, très-entières, cirrifères au sommet; vrille souvent prolongée en grand appendice creux (ayant la
forme d'une urne ou d'une amphore ou d'une vessie ou
d'un cylindre), redressé, foliacé, nerveux, plus ou
moins coloré, operculé au sommet, aplati et en général
bicaréné antérieurement, sécrétant un liquide limpide;
l'opercule de cet appendice, fermé dans la jeunesse de
l'organe, s'ouvre à un certain âge, en restant fixé par
un rétrécissement articulé à sa base (1); l'orifice est
épaissi et involuté aux bords.

---

(1) Il résulte des observations de MM. Blume, Korthals, Graham et
Jack, que cet opercule, une fois ouvert, ne se referme jamais, et que

Fleurs petites, dioïques, régulières, apétales, disposées en grappes ou panicules terminales (ou finalement
oppositifoliées).

Fleurs-mâles : — *Calice* 4-parti ; segments bisériés,
ponctués en dessus, pubescents en dessous ; les deux
extérieurs un peu plus grands que les intérieurs ; estivation imbricative. — *Étamines* en nombre indéfini,
complétement monadelphes. Androphore columnaire.
Anthères au nombre de 8 à 20, extrorses, adnées, agrégées en capitule globuleux ; bourses géminées, collatérales, contiguës, déhiscentes chacune par une fente
longitudinale.

Fleurs-femelles : — *Calice* comme dans les fleurs-
mâles. — *Ovaire* inadhérent, 4-gone, 4-loculaire par
4 placentaires septiformes. Ovules très-nombreux, attachés sur toute la surface des placentaires, renversés,
anatropes. *Stigmate* pelté, sessile, discoïde, 4-lobé,
persistant ; lobes correspondant aux placentaires.

Péricarpe capsulaire, tétragone, 4-loculaire, loculicide-quadrivalve, polysperme.

Graines imbriquées, fusiformes ; tégument membraneux, celluleux, lâche, longuemert prolongé au delà
des deux bouts de l'amande. Périsperme charnu. Embryon rectiligne, axile, columnaire, ou subfusiforme,
à peu près aussi long que le périsperme ; cotylédons
linéaires, plano-convexes ; radicule courte, infère,
contiguë au hile.

Genre : *Nepenthes* Linn. (Phyllamphora Lour. Ban-
dura Burm.)

---

l'ampoule ne sécrète plus aucun liquide dès qu'il n'est plus clos par
l'opercule. On doit donc reléguer parmi les contes fabuleux toutes
les merveilles qui ont été débitées à ce sujet.

Genre NÉPENTHE. — *Nepenthes* Linn.

Fleurs dioïques, apétales. Calice inadhérent, 4-parti. — *Fleurs-mâles :* Étamines 8 à 20, monadelphes ; androphore columnaire ; anthères sessiles, adnées, extrorses, agrégées en capitule globuleux. — *Fleurs-femelles :* Ovaire infère, 4-gone, 4-loculaire (par les placentaires). Stigmate sessile, persistant, discoïde, pelté, 4-lobé. Capsule oblongue, rétrécie aux 2 bouts, 4-loculaire, loculicide-quadrivalve, polysperme. Graines fines, imbriquées, fusiformes, attachées à toute la surface des cloisons (placentaires septiformes) ; tégument membraneux, celluleux, prolongé au delà des deux bouts de l'amande. — Sous-arbrisseaux sarmenteux ou décombants. Feuilles alternes, coriaces, nerveuses, cirrifères au sommet : les unes à vrille inappendiculée, les autres à vrille supportant une ampoule operculée et sécrétant (seulement dans sa jeunesse, et pendant qu'il est encore couvert par l'opercule) un liquide aqueux. Fleurs petites, en grappes ou en panicules d'abord terminales, puis latérales, oppositifoliées. — Genre fort remarquable par la conformationdes feuilles ; toutes les espèces connues (à l'exception d'une seule, qui croît à Madagascar) habitent l'Asie équatoriale. Les plus notables sont les suivantes.

Népenthe de l'Inde. — *Nepenthes indica* Lamk. Enc. —Ad. Brongn. in Ann. des Sciences Nat, 1ʳᵉ série, vol. 1, p. 45 ; tab. 5. — *Nepenthes distillatoria* Loddig. Bot. Cab. tab. 1017. — Graham, in Bot. Mag. tab. 2798. — *Nepenthes phyllamphora* Sims (Non Willd.), in Bot. Mag. tab. 2629. — Tige suffrutescente, grimpante, rameuse au sommet. Feuilles éparses, oblongues-lancéolées, pétiolées, point veineuses, décurrentes ; ampoules légèrement ventrues. Grappes oppositifoliées, presque simples. — Tige haute de 8 pieds. Feuilles glabres (les jeunes couvertes d'une pubescence soyeuse roussâtre, qui se trouve aussi sur les jeunes pousses, les pédoncules et les calices), longues de 1/2 pied à 1 1/2 pied (sans la vrille), vertes, luisantes ; vrille longue de près de 1 pied, tordue dans le milieu. Ampoules atteignant jusqu'à ½ pied de long, sur 4 ½ pouces de circonférence, obconiques, bicarénées antérieurement, vertes à la surface externe (excepté vers le sommet où elles sont maculées de pourpre), d'un pourpre violet à la surface interne ; orifice oblique, à rebord strié, vert ; opercule large de 2 ¼ pouces, subréniforme, courtement éperonné postérieurement à la base. Grappes dressées, grandes, multiflores, pédonculées, longues de 2 ½ pieds (la partie non-florifère du pédoncule comprise). Pédicelles irrégulièrement fasciculés. Périanthe vert, lavé de pourpre après la floraison. Fleurs-mâles exhalant une odeur désagréable, analogue à celle des fleurs du *Lilium pomponium*. (*Graham, l. c.*) — Inde.

Népenthe a amphores. — *Nepenthes phyllamphora* Willd. — Korth. Bot. Ind. Batav. tab. 15. — *Cantharifera* Rumph. Amb. 5, tab. 59, fig. 2. — *Phyllamphora mirabilis* Loureir. Cochinch. — Feuilles pétiolées, oblongues ; ampoule subventrue à la base, nue, marcescente dans le haut, à orifice strié, déprimé. Grappes très-longues : pédicelles 1-flores. (*Jack, l. c.*) — Tiges grêles, longues, flexibles, sarmenteuses. Feuilles longues de près de 1 pied, larges de 2 pouces au milieu, lancéolées-oblongues ; ampoule mince, longue de 5 à 6 pouces, large de 1 pouce à 2 pouces, pourpre à la surface interne. Grappes longues d'environ 1 pied. — Moluques. Iles de la Sonde. Cochinchine.

Népenthe de Rafles. — *Nepenthes Raflesiana* Jack, in Hook. Bot. Mag. Comp. 1, p. 270. — Feuilles pétiolées ; ampoule des feuilles-inférieures campanulée, ventrue, garnie antérieurement de deux ailes membraneuses ; ampoule des feuilles-supérieures infondibuliforme, aptère ; orifice (de toutes les ampoules) strié, oblique. — Tige grimpante. Jeunes pousses cotonneuses. Feuilles-inférieures lancéolées, touffues ; feuilles-supérieures oblongues, éparses ; nervures-latérales peu apparentes. Vrille des feuilles-inférieures droite. Pétiole des feuilles-supérieures tortillé au milieu. Ampoules à orifice élégamment strié de pourpre, d'écarlate et de jaune. Opercule membraneux, ovale, binervé, cuspidé postérieurement. Grappes finalement oppositifoliées ; feuille-florale

sessile, à vrille inappendiculée. Pédicelles 1-flores. Calice rouge
et cotonneux en dessous, ponctué en dessus ; segments oblongs,
obtus, réfléchis. Capsule oblongue, un peu arquée. (*Jack, l. c.*)
— Ile de Singapore.

NÉPENTHE A AMPOULES. — *Nepenthes ampullaria* Jack, l. c.
p. 270.—Korth. Bot. Ind. Batav. tab. 15. — Tige rampante
à la base, stolonifère. Stolons garnis d'ampoules pétiolées, nombreuses, rapprochées, ventrues, diptères antérieurement (ailes
membraneuses), à orifice resserré, arrondi, strié, à opercule lancéolé, réfléchi, tricuspidé postérieurement. Feuilles-caulinaires
toutes sans ampoule. — Tige grimpante, couverte dans sa jeunesse d'une pubescence ferrugineuse. Stolons courts, recouverts
par les pétioles des ampoules. Ampoules courtement pétiolées,
ovoïdes, vertes et marbrées de pourpre, à ailes fimbriées ; orifice
à rebord d'un jaune verdâtre, strié. Feuilles-caulinaires longues
de 8 à 12 pouces, un peu révolutées aux bords, glabres en dessus, cotonneuses et roussâtres en dessous (surtout aux nervures),
terminées en vrille ordinairement épaissie et réfléchie au sommet ; les feuilles-caulinaires inférieures offrent parfois des ampoules semblables à celles des stolons. Grappes dressées, pyrami-
dales, multiflores, d'abord terminales, puis oppositifoliées ; pédi-
celles-inférieurs 3-ou 4-flores; pédicelles-supérieurs 1-flores. Bractées linéaires, pointues, velues de même que la grappe. Calice étalé,
glabre et vert en dessus, cotonneux-roussâtre en dessous ; segments ovés, pointus, inégaux. Androphore presque aussi long
que le calice, 8-andre. Capsule oblongue, rétrécie aux 2 bouts.
(*Jack, l. c.*)—Ile de Singapore. Sumatra.

NÉPENTHE GRÊLE.— *Nepenthes gracilis* Korth. Bot. Ind. Batav. p. 22; tab. 1.— Feuilles décurrentes. Ampoules garnies
antérieurement de deux ailes fimbriées ; ampoules-radicales ventrues ; ampoules des feuilles-caulinaires subcylindracées. Fleurs
en grappes soyeuses ; pédicelles 1-flores. (*Korthals, l. c.*) —
Sumatra.

NÉPENTHE DE MADAGASCAR. — *Nepenthes madagascariensis*

Poir. Enc.—Ad. Brongn. in Ann. des Sc. Nat, 1re sér. I, p. 45.
— *Amramatico* Flacourt, Madagasc. fig. 43.—Feuilles oblongues, rétrécies à la base, semi-amplexicaules ; ampoules infondibuliformes, lisses, à orifice non-resserré, strié, marginé ; opercule
réniforme, arrondi. Fleurs en panicules. (*Ad. Brongniart, l. c.*)
—Madagascar, où on le nomme *Amramatico*.

LES SARRACÉNIACÉES. — *SARRACENIACEÆ.*

Sarracenieæ Lapyl. in Ann. Soc. Hist. Nat. Par. 6, p. 388.— Martius, Consp. p. 61. — Hook. Flor. Bor.-Amer. I, p. 53. — Ad. Brongn. Enum. Gen. Hort. Par. p. xxvi et 98. — *Sarraceniaceæ* Dumort. Fam. p. 55. — Lindl. Nat. Syst. ed. 2, p. 34. — Endl. Gen. p. 901. — Torrey et Gray, Flor. 1, p. 58 et 664. — *Aroideæ-Nepentheæ* (ex parte) Reichenb. Consp. p. 45. — *Cistineæ,* tribus II : *Sarracenieæ* Reichenb. Syst. Nat. p. 272.

Le genre *Sarracenia*, sur lequel a été fondée cette famille, n'a pas été classé par A. L. de Jussieu ; et, de nos jours encore, l'on ne saurait affirmer que la question ait été pleinement résolue. Les Sarracéniacées ou Sarracéniées sont placées entre les Nymphéacées et les Cabombées par M. Endlicher, auprès des Francoacées par M. Lindley, auprès des Renonculacées (avec doute) par M. Ad. Brongniart, à côté des Nymphéacées par M. Dumortier, entre les Nymphéacées et les Papavéracées par MM. Torrey et Gray ; entre les Droséracées et les Cistacées par M. Reichenbach ; plusieurs autres botanistes les considèrent comme voisines des Népenthées. Ce petit groupe, d'ailleurs fort remarquable tant par l'élégance et la conformation des fleurs, que par les feuilles (qui ont de l'analogie avec celles du *Dionéa* et des Népenthes), est propre à l'Amérique ; toutes les espèces croissent dans les localités tourbeuses ou marécageuses.

CARACTÈRES.

Herbes vivaces, acaules, à rhizome rampant.
Feuilles toutes radicales, longuement pétiolées, co-

lorées (rougeâtres ou jaunâtres), subcoriaces ; pétiole infondibuliforme ou tubuleux dans le haut, ouvert au sommet, velu en dedans, solide et rétréci dans le bas, engaînant à la base, nerveux ; lame petite, cuculliforme, souvent operculaire (infléchie sur l'orifice du pétiole), très-entière, inarticulée ; orifice du pétiole révoluté aux bords. *Stipules* nulles.

Fleurs grandes, hermaphrodites, régulières, termi-nales, solitaires (rarement en grappe), nutantes, 3-bractéolées, portées sur des hampes nues. Bractées petites, persistantes, disposées en calicule.

Calice inadhérent, 5-(rarement 4-ou 6-) sépale, per-sistant, imbriqué en préfloraison.

Pétales en même nombre que les sépales, interpo-sés, hypogynes, concaves, connivents, onguiculés, per-sistants, imbriqués en préfloraison.

Étamines en nombre indéfini, hypogynes. Filets courts, libres. Anthères basifixes ou médifixes, versa-tiles, oblongues, à deux bourses contiguës, opposées, déhiscentes chacune par une fente longitudinale.

Pistil : Ovaire inadhérent, 5-loculaire (rarement 3-loculaire), à placentaires axiles, multi-ovulés. Ovules anatropes, pluri-sériés. Style terminal, indivisé, per-sistant. Stigmate persistant, pétaloïde, pelté, discoïde, en général grand et réfléchi en forme d'ombrelle à 5 lobes pointus, plus ou moins infléchis.

Péricarpe : Capsule 5-loculaire, 5-valve (rarement 3-loculaire et 3-valve), loculicide, polysperme ; placen-taires saillants.

Graines périspermées, en général très-petites et cha-grinées (moins souvent enveloppées d'un tégument lâ-che et formant une aile périphérique). Embryon petit, cylindracé, axile, contigu au hile.

Les Sarracéniacées ne renferment que les deux genres suivants :

Sarracenia Linn. (Saracena Tourn. Coilophyllum Morison. Bucanaphyllum Pluck.) — *Heliamphora* Benth.

Genre SARRACENIA. — *Sarracenia* Linn.

Calice 5-sépale, persistant, accompagné d'un calicule de 3 petites bractées. Pétales 5, persistants, connivents, concaves. Étamines en nombre indéfini. Ovaire 5-loculaire, 1-style. Stigmate très-grand, pétaloïde, discoïde, pelté, réfléchi en forme d'ombrelle à 5 lobes infléchis au sommet. Capsule 5-loculaire, loculicide-quinquévalve, polysperme. Graines très-petites, chagrinées, aptères. —Herbes vivaces, acaules, à rhizome rampant. Hampes 1-flores, nues. Feuilles grandes, subcoriaces, radicales, ordinairement colorées; pétiole tubuleux ou infondibuliforme (excepté dans le bas), long, nerveux, ouvert au sommet, et prolongé en courte lame plus ou moins concave. Fleurs grandes, terminales, solitaires, nutantes. — Genre propre à l'Amérique septentrionale.—Les espèces dont nous allons faire mention se trouvent parfois dans les collections de serre; mais on les conserve très-difficilement.

SARRACÉNIA POURPRE. — *Sarracenia purpurea* Linn. —Bot. Mag. tab. 849. — Lapyl. in Ann. Soc. Hist. Nat. Par. 9, p. 588; tab. 15. — Feuilles courtes, ascendantes, arquées; pétiole gibbeux, bouffi, largement ailé; lame dressée, cordiforme, concave, poilue en dessus. Fleur pourpre. (*Torrey* et *Gray, Flor. I,* p. 59.) —Feuilles longues de 4 à 6 pouces, verdâtres; pétiole ventru au milieu, resserré à la gorge; lame subréniforme, assez grande, parsemée en dessus de poils blancs. Hampe glabre, grêle, haute d'environ 1 pied. Calice grand, pourpre. Pétales plus grands et d'un pourpre plus vif que les sépales, obovés, infléchis sur le stigmate. Étamines courtes, recouvertes par le stigmate. Style court.—Marais du Canada et des États-Unis.

SARRACÉNIA ROUGE. — *Sarracenia rubra* Walt. Carol. — Hook. Exot. Flor. tab. 15.—Bot. Mag. tab. 5515. — Feuilles grêles, allongées, dressées ; pétiole tubuleux, légèrement dilaté vers le sommet, à aile étroite, linéaire ; lame dressée, mucronée, rétrécie à la base. Fleur rougeâtre. (*Torrey* et *Gray, l. c.*) — Feuilles longues de ½ pied à 1 pied ; pétiole graduellement dilaté dans le haut, à gorge non resserrée ; lame petite, pubescente à la surface interne. Fleur moins grande que celle de l'espèce précédente. Pétales obovés, d'un pourpre foncé. — Marais des provinces méridionales des États-Unis.

SARRACÉNIA BEC DE PERROQUET. — *Sarracenia psittacina* Mich. Flor. Bor. Amer. — *Sarracenia calceolata* Nutt. in Trans. Am. Phil. Soc. ser. 2, vol. 4, p. 49, tab. 1. — Feuilles courtes, réclinées, ponctuées de blanc ; pétiole ventru, à aile très-large, demi-obovée ; lame ventrue, infléchie sur l'orifice du pétiole. Fleur pourpre. — Feuilles longues de 5 à 4 pouces ; tube du pétiole étroit. (*Torrey* et *Gray, l. c.*) — États méridionaux de l'Union.

SARRACÉNIA VARIOLAIRE.—*Sarracenia variolaris* Mich. Flor. Bor. Amer. — Bot. Mag. tab. 1710. — *Sarracenia adunca* Smith, Exot. Bot. tab. 53. — Feuilles allongées, presque dressées ; tube du pétiole légèrement renflé dans le haut, maculé au dos, garni antérieurement d'une aile linéaire-lancéolée ; lame cuculliforme, infléchie. Fleur jaune. (*Torrey* et *Gray l. c.*) — Feuilles longues de 1 pied à 1 ½ pied ; lame recouvrant l'orifice du pétiole ; orifice resserré. Pétales spatulés-obovés, infléchis sur le stigmate, de la grandeur de ceux du *Sarracenia purpurea.* — Caroline du Sud, Géorgie, Floride, au bord des mares et des étangs.

SARRACÉNIA PETIT. — *Sarracenia minor* Walt. Carol. — Sweet, Brit. Flow. Gard. ser. 2, tab. 158. — Feuilles dressées ou presque dressées, courtes ; tube du pétiole subcylindracé, garni antérieurement d'une aile assez large ; lame concave, mucronée, droite, carénée au dos. Pétales obovés, discolores, un peu plus longs que les sépales. Stigmate à lobes infléchis au sommet. —

Feuilles droites ou plus ou moins arquées, vertes, luisantes, striées de pourpre ; tube du pétiole pourpre en dedans, à gorge ouverte ; lame petite, ovée, verte au dos, pourpre et pubescente à la surface interne. Hampes lisses, cylindriques, plus longues que les feuilles. Sépales ovés, subobtus, étalés, verts, lavés de violet en dessous et aux bords. Pétales longs d'environ 1 pouce, arrondis au sommet, infléchis sur le stigmate, d'un pourpre noirâtre en dessous, verdâtres et lavés de violet en dessus. Stigmate d'un jaune pâle. (*Sweet, l. c.*) — Géorgie.

SARRACÉNIA JAUNE. — *Sarracenia flava* Linn. — Bot. Mag. tab. 780. — Andr. Bot. Rep. tab. 581. — Mill. Ic. tab. 46. — Reichenb. Ic. Exot. 1, tab. 5. — Feuilles grandes ; tube du pétiole infondibuliforme, à gorge révolutée aux bords ; aile-ventrale presque nulle ; lame dressée, rétrécie à la base, réfléchie aux bords. Fleurs jaunes. — Feuilles longues de 1 ½ pied à 5 pieds ; tube du pétiole très-dilaté au sommet ; lame grande, réniforme, mucronée, finement pubescente à la surface interne. — Fleurs très-grandes. Pétales oblongs-obovés. Stigmate de près de 2 pouces de diamètre, à lobes bifides. (*Elliot.*) — Marais des États méridionaux de l'Union.

SARRACÉNIA DE CATESBY. — *Sarracenia Catesbœi* Elliot, Sketch. 2, p. 14. — Catesb. Carol. tab. 69, fig. B. — Feuilles très-droites ; tube du pétiole infondibuliforme, à aile-ventrale linéaire ; gorge non-révolutée ; lame dressée, subréniforme, réticulée de veines-colorées. — Feuilles longues de 1 pied à 1 ½ pied ; tube du pétiole graduellement évasé ; lame fortement velue à la surface interne. (*Elliot, l. c.*) — Caroline.

LES ARISTOTÉLIACÉES.—*ARISTOTELIACEÆ*.

Aristoteliaceæ Dumort. Fam. p. 41. — Endl. Gen. p. 1024. — *Maquineæ* Mart. Consp. — Lindl. Nat. Syst. ed. 2, p. 48.

Le genre *Aristotelia* (non classé par A. L. de Jussieu, compris dans les Homalinées par MM. R. Brown et De Candolle, dans les Éléocarpées par M. Don, et dans les Escalloniées par M. Reichenbach), constitue à lui seul cette famille ou tribu, qui est placée auprès des Célastrinées par MM. de Martius et Dumortier, entre les Ternstrémiacées et les Clusiacées par M. Endlicher, et à côté des Philadelphées par M. Lindley.

CARACTÈRES.

Arbrisseaux à rameaux opposés.

Feuilles subopposées, coriaces, dentelées, pétiolées, accompagnées de stipules caduques.

Fleurs petites, régulières, hermaphrodites, disposées en cymules axillaires.

Calice 5-ou 6-fide, turbiné, inadhérent ; segments lancéolés, imbriqués en préfloraison.

Pétales 5 ou 6, obcordiformes, imbriqués en préfloraison, insérés à l'extérieur d'un *disque hypogyne*.

Étamines 15 ou 18, ayant même insertion que les pétales, interposées 3 à 3. Filets courts, libres. Anthères dressées, oblongues, pointues, introrses, à 2 bourses déhiscentes chacune par une courte fente apicilaire.

Pistil : Ovaire inadhérent, 3-loculaire, 1-style ; loges bi-ovulées. Ovules axiles, appendants, superposés. Style court, terminé en 3 stigmates filiformes.

Péricarpe : Baie pulpeuse, subglobuleuse, 5-locu-
laire, 5-sulquée, 6-sperme; cloisons membraneuses.

Graines superposées, anguleuses, médifixes; tégument osseux ; chalaze terminale. Périsperme charnu.
Embryon axile, rectiligne, presque aussi long que le
périsperme, parallèle au hile; cotylédons elliptiques,
minces, longitudinalement plissés; radicule subcylindracée, supère, éloignée du hile.

Genre ARISTOTÉLIA. — *Aristotelia* L'Hérit.

Les caractères de ce genre sont les mêmes que ceux de
la famille dont il est considéré le type.

Aristotélia Maqui. — *Aristotelia Maqui* L'Hérit. Stirp. II,
p. 21 ; tab. 16. — Duham. Arb. ed. nov. vol. 1, tab. 55. —
Wats. Dendrol. Brit. 1, tab. 44. — Tige droite, rameuse, cylindrique de même que les rameaux ; écorce d'un brun grisâtre.
Rameaux verdâtres ou rougeâtres. Jeunes pousses pubescentes.
Feuilles ovées ou elliptiques, pointues, minces, fermes, glabres,
luisantes, subtriplinervées, veineuses, courtement pétiolées, longues de 1 pouce à 2 pouces, larges de 10 à 15 lignes. Cymules
2-à 5-flores, courtement pédonculées, pubescentes, plus ou moins
penchées. Calice long de 1 ligne, pubescent : segments connivents, rougeâtres. Pétales d'un jaune pâle, un peu plus courts
que le calice. Anthères subsaillantes. Baie du volume d'un Pois,
d'abord d'un rouge foncé, finalement noire ou violette. — Cet
arbrisseau croît au Chili, où on l'appelle *Maqui*. Les habitants
du pays en mangent les baies, qui ont une saveur acidulée et
sucrée ; ils en font aussi une sorte de boisson alcoolique.

LES SALVADORACÉES. — *SALVADORACEÆ*.

Salvadoraceæ Lindl. Nat. Syst. ed. 2, p. 269. — Endl. Gen. p. 349.

Ce groupe n'est fondé que sur le genre *Salvadora*, qu'à l'exemple d'A. L. de Jussieu la plupart des auteurs ont classé dans les Chénopodées. M. Lindley pense que la place des Salvadoracées se trouve auprès des Plantaginées : opinion qu'admet aussi M. Endlicher.

CARACTÈRES.

Arbres ou *arbrisseaux*. Rameaux opposés, articulés, noueux.

Feuilles opposées, très-entières, pétiolées, à peine veinées, coriaces.

Fleurs petites, hermaphrodites, régulières, disposées en panicules axillaires et terminales.

Calice 4-sépale, inadhérent.

Corolle membranacée, 4-partie.

Étamines 4, insérées à la base du tube de la corolle, interposées. Filets libres, courts. Anthères elliptiques, introrses, à 2 bourses déhiscentes chacune par une fente longitudinale.

Pistil : Ovaire inadhérent, 1-loculaire, astyle, 1-ovulé. Ovule anatrope, attaché au fond de la loge. Stigmate entier, sessile.

Péricarpe : Baie 1-loculaire, 1-sperme.

Graine apérispermée, attachée au fond de la loge. Embryon rectiligne ; cotylédons plano-convexes, charnus, peltés ; radicule infère, recouverte par la base des cotylédons.

Genre SALVADORA. — *Salvadora* Linn.

Ses caractères sont les mêmes que ceux des Salvadoracées. — On en connaît 5 espèces; toutes sont exotiques.

SALVADORA DE PERSE. — *Salvadora persica* Linn. — Vahl,
Symb. I, tab. 4. — Roxb. Corom. I, tab. 26. — *Cissus arborea*
Forsk. — *Embelia Burmanni* Retz. — *Pella ribesioides* Gærtn.
— *Rivina paniculata* Linn. Syst. — Arbre de moyenne taille.
Tronc haut de 8 à 10 pieds, sur 1 pied de diamètre, en général
tortueux. Écorce très-raboteuse, profondément rimeuse. Branches
très-nombreuses, étalées, réclinées au sommet. Feuilles longues de
1 pouce à 2 pouces, larges d'environ 1 pouce, elliptiques ou
oblongues, glabres, luisantes, glauques, sans veines. Panicules
grandes. Fleurs très-nombreuses, d'un jaune verdâtre. Bractées
petites. Calice persistant. Corolle à lobes oblongs, révolutés. Filets
un peu plus courts que les lobes de la corolle. Baie très-petite,
rouge, succulente. (*Roxburgh, l. c.*) — Cette espèce croît dans
l'Inde, dans l'Arabie, et dans les provinces les plus méridionales
de la Perse. Ses fruits ont une odeur fortement aromatique, et une
saveur analogue à celle du Cresson ; les Arabes les mangent.
L'écorce de la racine est très-âcre : les Hindous en font usage à
titre de remède épispastique. Les feuilles passent pour alexitères
et émollientes.

FAMILLE DES NOPALÉES.

(Voyez quatre-vingt-dixième famille, vol. VI, p. 141.)

Genre MAMMILLAIRE. — *Mammillaria* Haw.

Tube calicinal adhérent; limbe à 5 ou 6 lobes colorés, subpersistants. Pétales 5 à 25, conformes aux lobes du calice, mais plus longs, cohérents en tube dans le bas. Étamines plurisériées; filets filiformes. Style filiforme. Stigmate 5-à 7-fide, rayonnant. Baie lisse, oblongue. Graines nidulantes. Cotylédons petits, acuminés. — Arbustes subglobuleux ou cylindracés, lactescents, ou non lactescents, aphylles; garnis de tubercules subconiques (disposés en spirales) couronnés d'une touffe d'aiguillons rayonnants et cotonneux. Fleurs sessiles entre les tubercules, en général disposées en bande transversale. Baie obovée, comestible. (*Pfeiffer*, *Enum.*, p. 5.) — Les espèces les plus fréquemment cultivées sont les suivantes.

Section I. HOMOEACANTHÆ, Pfeiff.

Aiguillons roides ou sétacés, tous à peu près égaux (dans chaque faisceau).

A. *Tige très-grêle, allongée, presque dressée ; rameaux basilaires ou latéraux, divergents.*

MAMMILLAIRE SPINELLEUSE. — *Mammillaria Echinaria* De Cand. Revue, p. 110. — *Mammillaria echinata* Pfeiff. Enum. p. 5. — *Mammillaria densa* Link et Otto, Ic. tab. 55. — Tige cylindracée, allongée, en général branchue dès la base; aisselles larges, nues. Tubercules nus, obtus, très-courts, élargis à la base; aréole-apicilaire cotonneuse dans sa jeunesse. Aiguillons (16 à 18 par touffe) sétacés, rayonnants, étalés, recourbés, jaunâtres, beaucoup plus longs que le tubercule : les centraux 2, plus roides et roussâtres. — Tige de 1 à 1 ½ pouce de diamètre. Aiguillons longs de 4 à 6 lignes. Fleurs presque cachées sous les aiguillons, longues de 9 lignes, cylindracées, roussâtres en dehors, blanchâtres en dedans. Étamines de moitié plus courtes que les pétales. (*Pfeiffer, l. c.*) — Mexique.

MAMMILLAIRE LISSE. — *Mammillaria tenuis* De Cand. Rev. p. 110; Mém. tab. 1. — Bot. Reg. tab. 1525. — Tige cylindracée, ordinairement branchue à la base; aisselles étroites, nues. Tubercules ovoïdes, à aréole sublaineuse dans sa jeunesse. Aiguillons (20 à 25 par touffe) sétacés, jaunâtres, rayonnants, à peine plus longs que le tubercule; point de centraux. — Tige de ½ pouce de diamètre. Aiguillons longs de 3 à 4 lignes, entre-croisés. Fleurs petites, blanchâtres, 5-sépales, 10-pétales. Étamines plus courtes que les pétales. (*Pfeiffer, l. c. p. 6.*) — Mexique.

MAMMILLAIRE JAUNE. — *Mammillaria subcrocea* De Cand. Rev. p. 110. — Pfeiff. Enum. p. 6. — Tige cylindracée, en général branchue à la base; aisselles étroites, un peu laineuses. Tubercules ovoïdes, coniques, à aréole subcotonneuse dans la jeunesse. Aiguillons (16 à 18 par touffe) sétacés, rayonnants, jaunâtres (étant jeunes), plus longs que le tubercule; point de centraux. — Tige de 9 à 11 lignes de diamètre. Aiguillons longs de 3 lignes. Fleurs naissant entre les aiguillons. Sépales et pétales environ 25, d'un blanc jaunâtre. Baie oblongue, d'un rouge terne. (*Pfeiffer, l. c.*) — Mexique.

MAMMILLAIRE ENTRE-CROISÉE. — *Mammillaria intertexta* De Cand. Rev. p. 110. — Pfeiff. Enum. p. 7. — Tige cylindracée, ordinairement branchue à la base; aisselles étroites. Tubercules ovoïdes, très-rapprochés, cachés par les aiguillons, à aréole glabre. Aiguillons (20 à 25 par touffe) roides, jaunâtres, rayonnants, entre-croisés, longs de 3 à 4 lignes. (*Pfeiffer, l. c.*) — Mexique.

MAMMILLAIRE SPHACÉLÉE. — *Mammillaria sphacelata* Martius; in Act. Nov. Nat. Cur. XVI, pars I, p. 339; tab. 25, fig. 1. — Pfeiff. Enum. p. 7. — Tige cylindracée, finalement prolifère ; aisselles presque nues. Tubercules subconiques, rhomboïdaux à la base, à aréole presque glabre. Aiguillons (14 à 18 par touffe) rectilignes, blancs (à sommet pourpre et finalement noirâtre) : 3 ou 4 centraux, dressés ; les autres étalés. — Tige haute de ½ pied et plus, de 10 à 12 lignes de diamètre. Tubercules longs d'environ 3 lignes. Aiguillons longs de 3 à 4 lignes. Fleurs petites, solitaires, rouges. (*Pfeiffer, l. c.*) — Mexique.

B. *Tige subglobuleuse ou columnaire, simple ou prolifère, grosse. Tubercules coniques.*

MAMMILLAIRE SIMPLE. — *Mammillaria simplex* Haw. Syn. — De Cand. Plantes grasses, tab. 111 ; Mém. tab. 7. — Pfeiff. Enum. p. 9. — *Cactus mammillaris* Linn. — Tussac, Flor. Antill. 2, tab. 52. — Tige très-simple, globuleuse étant jeune, finalement o? longue ; aisselles glabres. Tubercules ovés-coniques, à aréole légèrement cotonneuse (blanche). Aiguillons (12 à 16 par touffe) rayonnants, droits, roides, d'abord pourpres, finalement d'un rouge grisâtre : 4 ou 5 centraux, à peine plus longs.— Tige longue de 4 à 5 pouces, de 2 à 5 pouces de diamètre. Tubercules longs de 6 à 7 lignes. Aiguillons longs de 4 lignes. Fleurs petites, pluri-sériées, d'un blanc verdâtre. Baie oblongue, écarlate. (*Pfeiffer, l. c.*) — Antilles. Amérique méridionale.

MAMMILLAIRE JAUNATRE. — *Mammillaria flavescens* De Cand. Cat. Hort. Monsp. — Pfeiff. Enum. p. 10. — *Mammillaria straminea* Haw. — Tige obovée, subprolifère dans le haut ; aisselles laineuses. Tubercules ovés, à aréole laineuse. Aiguillons roides, droits, longs, jaunâtres. (*De Cand. Prodr.*) — Fleurs nombreuses, subterminales, d'un jaune pâle, larges d'environ 1 pouce. — Amérique équatoriale.

MAMMILLAIRE PROLIFÈRE. — *Mammillaria prolifera* Haw. — Pfeiff. Enum. p. 10. — *Cactus mammillaris prolifer* Hort. Kew. — Tige obovée, prolifère à la base ; aisselles laineuses. Aiguillons longs, droits, d'un blanc jaunâtre. (*De Cand. Prodr.*) — Amérique équatoriale.

C. *Tige globuleuse ou columnaire, simple, ou très-rameuse.*
Tubercules courts, ovés.

MAMMILLAIRE VOISINE. — *Mammillaria affinis* De Cand.
Mém. p. 6. — Pfeiff. Enum. p. 11. — Tige simple, obovée-
oblongue , subcylindracée ; aisselles-terminales laineuses. Tubercules ovés, obtus, les jeunes barbus au sommet, finalement
glabres. Aiguillons (4 ou 5 par touffe) dressés, un peu divergents,
roussâtres : les 5 supérieurs courts ; les 2 inférieurs longs de $^1/_2$
pouce. — Fleurs nombreuses, subterminales, écarlates, larges de
6 à 7 lignes. Pétales 20 à 25, linéaires, mucronés. Étamines de
moitié plus courtes que les pétales, infléchies ; anthères petites,
rougeâtres. (*Pfeiffer, l. c.*) — Mexique.

MAMMILLAIRE ANGULAIRE. — *Mammillaria angularis* Hort.
Berol. — Pfeiff. Enum. p. 12. — *Mammillaria compressa* De
Cand. Rev. — Tige simple (finalement prolifère dans le haut),
claviforme-cylindracée ; aisselles laineuses et sétifères étant jeunes.
Tubercules ovés, courts, anguleux et comme comprimés en dessous à la base, à aréole légèrement cotonneuse. Aiguillons (4 ou 5
par touffe) roides, droits, inégaux, blanchâtres (à sommet noir) :
l'inférieur très-long.—Tige longue de 6 à 8 pouces, de 2 à 5 pouces de diamètre. Tubercules verdâtres, longs de 5 lignes. Aiguillons anisomètres : les terminaux longs de 2 lignes, les latéraux
longs de 5 à 4 lignes, le basilaire long de 4 à 6 lignes. (*Pfeiffer,*
l. c.) — Mexique.

MAMMILLAIRE A ÉPINES TERNÉES. — *Mammillaria triacantha*
De Cand. Rev. p. 115. — Pfeiff. Enum. p. 12. — Tige simple,
obovée, subcylindracée, tronquée, obtuse ; aisselles légèrement
laineuses et sétifères. Tubercules ovés, courts, très-rapprochés, à
aréole cotonneuse étant jeunes. Aiguillons ternés, droits, blancs :
l'inférieur plus long, décliné ; les latéraux plus courts. (*Pfeiffer,*
l. c.) — Mexique.

MAMMILLAIRE DIVERGENTE. — *Mammillaria divergens* De
Cand. Mém. p. 11. — Pfeiff. Enum. p. 12. — Tiges subglobuleuses, déprimées, touffues ; aisselles laineuses et sétifères. Tuber-

cules ovés, très-rapprochés, à aréole laineuse étant jeunes. Aiguillons (5 ou 6 par touffe) piquants, blancs (à sommet roussâtre), divergents, subtétragones, inégaux (les uns longs de 1 $\frac{1}{2}$ à 2 $\frac{1}{2}$ pouces, les autres longs de 3 à 4 lignes. (*Pfeiffer, l. c.*) — Mexique.

MAMMILLAIRE A VRILLES.— *Mammillaria cirrhifera* Mart. in Act. Nov. Nat. Cur. XVI, pars I, p. 334. — Pfeiff. Enum. p. 15. — Tige subcylindrique ou claviforme, prolifère dans le bas ; aisselles laineuses et sétifères. Tubercules gros, d'un vert glauque, comprimés, à aréole arrondie, cotonneuse étant jeune, finalement glabre. Aiguillons-intérieurs au nombre de 5 : dont 2 terminaux, très-courts, droits ; les latéraux plus longs, presque droits ; l'inférieur très-long, flexueux ; tous roides, blancs, à sommet noir ; aiguillons-extérieurs au nombre de 2 ou 3, grêles, courts, blancs. — Tubercules longs de 4 à 5 lignes ; aiguillons longs de 3 lignes à 2 pouces. Fleurs roses, entourées de soies nombreuses. (*Pfeiffer, l. c.*) — Mexique.

MAMMILLAIRE SUBANGULAIRE. — *Mammillaria subangularis* De Cand. Rev. p. 112. — Pfeiff. Enum. p. 15. — Tige subglobuleuse, très-prolifère ; aisselles laineuses, presque sans soies. Tubercules gros, verts, anguleux en dessous, à aréole ovale, finalement glabre. Aiguillons (6 par touffe) roides, droits, verts, cartilagineux, roussâtres au sommet : les trois terminaux courts (longs de 2 à 3 lignes), 2 latéraux plus longs (6 à 8 lignes), 1 inférieur très-long (environ 1 pouce). — Tubercules longs de 5 à 5 $\frac{1}{2}$ lignes. Fleurs pourpres , accompagnées d'un très-petit nombre de soies. (*Pfeiffer, l. c.*) — Mexique.

MAMMILLAIRE RAYONNANTE. — *Mammillaria radians* De Cand. Rev. p. 111. — Pfeiff. Enum. p. 14. — Tige simple, subglobuleuse ; aisselles nues. Tubercules gros, ovés, à aréole presque glabre. Aiguillons (16 à 18 par touffe) rayonnants, blanchâtres, roides, légèrement cotonneux étant jeunes ; point de centraux. (*Pfeiffer, l. c.*) — Mexique.

MAMMILLAIRE GLADIÉE. — *Mammillaria gladiata* Mart. in

Act. Nov. Nat. Cur. XVI, pars I , p. 556. — Pfeiff. Enum.
p. 14. — Tige presque simple, finalement prolifère, d'un vert
foncé ; aisselles légèrement laineuses. Tubercules gros, coniques,
légèrement anguleux, à aréole d'abord velue, finalement glabre.
Aiguillons (4 par touffe) blanchâtres ou cornés, roides, noirs au
sommet : les 5 supérieurs divergents, très-courts (longs de 2 à 4
lignes) ; l'inférieur beaucoup plus long (1 pouce) et plus gros, anguleux, défléchi, arqué. — Tige de 5 à 4 pouces de diamètre,
lactescente. Tubercules longs de 4 lignes. (*Pfeiffer, l. c.*) —
Mexique.

MAMMILLAIRE A GROS TUBERCULES. — *Mammillaria magni-
mamma* Haw. — Pfeiff. Enum. p. 14. — Tige globuleuse,
simple, d'un vert foncé ; aisselles laineuses. Tubercules gros,
ovés-coniques, obtus, durs, à aréole velue dans la jeunesse. Aiguillons forts, roides, assez larges, roussâtres, un peu recourbés,
en général ternés : 1 terminal, plus court (long de 5 à 5 lignes),
dressé ; 2 latéraux, étalés, défléchis, longs de 8 à 10 lignes.
— Tubercules longs de 5 lignes. (*Pfeiffer, l. c.*) — Mexique.

MAMMILLAIRE A AIGUILLONS SERRÉS. — *Mammillaria pycna-
cantha* Mart. in Nov. Act. Nat. Cur. XVI, pars I, p. 525 ; tab.
17. — Pfeiff. Enum. p. 16. — Tige simple, obovée-cylindracée. Tubercules assez larges, bilobés au sommet. Aiguillons (environ 16 par touffe) d'abord d'un pourpre brunâtre, puis pâles ;
les 4 ou 5 intérieurs plus forts. Fleurs entourées de laine floccon-
neuse (ainsi que les aisselles supérieures et les aréoles des jeunes
tubercules). — Tige longue de 6 pouces, sur 5 à 4 pouces de
diamètre. Tubercules longs de 4 à 5 lignes. Aiguillons inégaux :
les centraux longs de 6 à 8 lignes ; les extérieurs longs de 5 à
6 lignes. Fleurs jaunes. Sépales et pétales lancéolés-linéaires,
acuminés. (*Pfeiffer, l. c.*) — Mexique.

D. *Tige globuleuse, lactescente, souvent 2-céphale. Tubercules
prismatiques, pyramidaux.*

MAMMILLAIRE POLYÈDRE. — *Mammillaria polyedra* Mart. in
Nov. Act. Nat. Cur. XVI, pars I, p. 526 ; tab. 18. — Pfeiff.

Enum. p. 17. — Tige simple, subcylindracée, finalement garnie
de ramules latéraux. Tubercules aplatis en 6 ou 7 facettes, dont
2 inférieures, et 4 supérieures dont une très-petite. Aiguillons
(4 ou 5 par touffe) entourés de laine blanche, droits, blancs (à
sommet pourpre), le terminal une fois plus long. Fleurs enveloppées de laine rousse. — Tige longue de 4 à 6 pouces, sur 5 à
4 pouces de diamètre. Tubercules longs de 6 lignes. Aiguillons-
centraux longs de 8 à 10 lignes. Fleurs longues d'environ 1
pouce. Sépales 15 ou 16, linéaires-lancéolés, acuminés, d'un
rouge verdâtre, ciliolés. Pétales en moins grand nombre que les
sépales, un peu plus longs et plus larges, acuminés, roses. Étamines blanches, plus courtes que les pétales. (*Pfeiffer, l. c.*) —
Mexique.

MAMMILLAIRE DE KARWINSKI. — *Mammillaria Karwinskiana*
Mart. in Nov. Act. Nat. Cur. XVI, pars I, p. 555 ; tab. 22. —
Pfeiff. Enum. p. 19. — Tige simple, subcylindrique ; aisselles
laineuses et sétifères. Tubercules subpyramidaux-coniques, laineux entre les aiguillons ; laine d'un blanc pur. Aiguillons (5 ou
6 par touffe) courts, presque droits, blancs dans le bas, pourpres
dans le haut : les 5 supérieurs (dont le moyen plus grand et
entièrement pourpre) rapprochés ; les 5 inférieurs plus longs,
presque étalés. — Varie à aiguillons d'un jaune pâle. — Tige souvent dicéphale. Fleurs longues de près de 1 pouce, rougeâtres,
entourées de soies blanches. Sépales 10 à 16, lancéolés, acuminés,
d'un jaune verdâtre à la base. Pétales 12, plus étroits, blancs,
lavés de rouge en dessous. Étamines blanchâtres, 1 fois plus
courtes que les pétales. (*Pfeiffer, l. c.*) — Mexique.

MAMMILLAIRE DE ZUCCARINI. — *Mammillaria Zuccariniana*
Mart. in Nov. Act. Nat. Cur. vol. XVI, pars 1, p. 551 ; tab. 20. —
Mammillaria macracantha De Cand. Mém. tab. 9. — Tige simple, subglobuleuse ; aisselles-florifères laineuses ; les autres aisselles
presque nues. Tubercules d'un vert foncé, coniques-pyramidaux,
pointus, nus au sommet. Aiguillons-centraux 2, defléchis, roides,
grisâtres, noirs au sommet : le supérieur long de 4 à 6 lignes ;
l'inférieur long de 8 à 12 lignes. Aiguillons-périphériques 2 ou

5, très-courts, blancs, souvent caducs.—Tubercules longs d'environ 6 lignes. Fleurs tantôt éparses, tantôt en bande circulaire, longues de 9 à 12 lignes. Sépales linéaires-oblongs, d'un pourpre brunâtre. Pétales linéaires, d'un rose pourpre, mucronulés. (*Pfeiffer, l. c.*) — Mexique.

MAMMILLAIRE TÊTE DE MÉDUSE. — *Mammillaria Caput Medusæ* Otto. — Pfeiff. Enum. p. 22. — *Mammillaria Sempervivi* De Cand. Mém. tab. 8. — Tige simple, rétrécie à la base, déprimée dans le haut, disciforme ; aisselles laineuses. Tubercules dressés, ovés-tétragones ; aréole presque glabre. Aiguillons 5 ou 6 par touffe, dont 5 ou 4 sétacés, courts, blanchâtres, et 2 courts, gros, divergents. (*De Cand. l. c.*) — Mexique.

E. *Tige courte, prolifère à la base, ou columnaire. Tubercules subcylindriques ou coniques, allongés, divergents.*

MAMMILLAIRE A LONGS TUBERCULES. — *Mammillaria longimamma* De Cand. Rev. p. 115 ; Mém. tab. 5. — Tige simple, ou branchue dès la base, ovoïde ou subcolumnaire ; aisselles laineuses. Tubercules ovés-oblongs, distancés ; aréole cotonneuse. Aiguillons (7 ou 8 par touffe) d'un roux grisâtre, scabres, étalés : les centraux (4 à 5) un peu plus longs. — Tubercules longs de 4 à 1 ³/₄ pouce. Aiguillons longs de 8 à 12 lignes. Fleurs jaunes, longues de 1 ¹/₄ pouce. (*Pfeiffer, Enum.* p. 25.) — Mexique.

SECTION II. **HETERACANTHÆ** Pfeiff. Enum. p. 24.

Aiguillons diversiformes : les centraux d'autre forme et couleur que les extérieurs (ceux-ci en général sétacés).

A. *Tige subcolumnaire ou globuleuse. Tubercules petits, coniques, rapprochés.*

MAMMILLAIRE PORTE-CROIX. — *Mammillaria crucigera* Mart. in Nov. Act. Nat. Cur. XVI, pars I, p. 540 ; tab. 25, fig. 2.— Pfeiff. Enum. p. 25. — Tige columnaire ou obovée, prolifère ; aisselles floconneuses. Tubercules coniques, d'un vert gai, garnis au sommet de 4 aiguillons courts, étalés en croix, jaunâtres, entourés d'une collerette de soies blanches. — Fleurs pourpres. Sépales et pétales lancéolés, pointus. (*Pfeiffer, l. c.*)—Mexique.

MAMMILLAIRE ÉLÉGANTE, — *Mammillaria elegans* De Cand. Rev. p. 111.—Pfeiff. Enum. p. 25.—Tige simple, obovée, subombiliquée au sommet ; aisselles nues. Tubercules ovés, à aréole cotonneuse étant jeunes. Soies 25 à 50 par touffe, blanches, rayonnantes , assez roides. Aiguillons 1 à 5 par touffe, roides, dressés, à peine plus longs que les soies. (*De Cand. l. c.*) — Tubercules longs d'environ 4 lignes, glauques. Aiguillons-centraux noirâtres, longs de 5 ¹/₂ lignes. (*Pfeiffer, l. c.*) — Mexique.

MAMMILLAIRE A ÉPINES GÉMINÉES. — *Mammillaria geminispina* De Cand. Rev. p. 50 ; tab. 5. — *Mammillaria acanthophlegma* Lehm. Delect. Sem. Hort. Hamb. 1855. — Pfeiff. Enum. p. 26. — Tige subglobuleuse ; aisselles laineuses. Tubercules obovés, courts, rapprochés ; aréole laineuse. Aiguillons-sétiformes environ 24 par touffe, blanchâtres, étalés, irrégulièrement rayonnants, entre-croisés, recouvrant toute la tige ; aiguillons-centraux solitaires ou géminés, plus forts, dressés, noirs au sommet. — Fleurs larges de 5 à 6 lignes, d'un pourpre lilas ; tube très-court, enveloppé de laine. Pétales linéaires, réfléchis. Filets rouges. Anthères jaunes. (*Pfeiffer, l. c.*) — Mexique.

B. *Tige globuleuse ou columnaire, grosse, à tubercules coniques.*

MAMMILLAIRE DISCOLORE. — *Mammillaria discolor* Haw. Syn.—Pfeiff. Enum. p. 28.— *Mammillaria depressa* De Cand. Rev. tab. 2, fig. 2. — Tige globuleuse ou ovée, presque simple, d'un vert glauque ; aisselles à peine cotonneuses. Tubercules ovés-coniques ; aréole presque nue. Aiguillons-extérieurs 16 à 20 par touffe, blancs, sétacés, assez roides, rayonnants ; les intérieurs environ 6, plus roides, un peu recourbés, noirâtres étant jeunes, plus tard grisâtres ; le terminal et le basilaire très-longs. — Fleurs larges d'environ 8 lignes. Sépales d'un brun roux. Pétales linéaires, d'un rose pâle, réfléchis. (*Pfeiffer, l. c.*) — Mexique.

Mammillaire a aiguillons d'or. — *Mammillaria chrysacantha* Hort. Berol. — Pfeiff. Enum. p. 28. — Tige subglobuleuse, simple ; aisselles nues. Aiguillons-extérieurs 15 à 18, rayonnants, d'un jaune vif ; aiguillons-centraux 4, plus forts : 3 divergents, roussâtres ; 1 terminal plus long, dressé, brun. (*Pfeiffer, l. c.*) — Mexique.

Mammillaire a aiguillons de Rosier. — *Mammillaria rhodacantha* Link et Otto, Ic. tab. 86. — Tige subcolumnaire, en général bipartie ; aisselles laineuses et sétifères. Tubercules très-verts, à aréole velue. Aiguillons-sétacés 16 à 20 par touffe, blancs, rayonnants. Aiguillons-intérieurs 6, blancs ou jaunâtres, noirs au sommet. — Tige longue de plus de 1 pied, sur 3 à 4 pouces de diamètre, souvent bifurquée à partir du milieu. Tubercules longs de 6 lignes. Aiguillons longs de 5 à 6 lignes. Fleurs nombreuses, roses, larges de ¹/₂ pouce. Étamines rouges, conniventes. (*Pfeiffer, Enum,* p. 51.) — Mexique.

Mammillaire a aiguillons laineux. — *Mammillaria eriacantha* Hort. Berol. — Pfeiff. Enum. p. 52. — Tige simple, columnaire, allongée ; aisselles laineuses. Tubercules rapprochés, pointus ; aréole laineuse. Aiguillons-sétacés 20 à 24 par touffe, rayonnants, jaunâtres. Aiguillons-centraux géminés, droits, roides, redressés ou défléchis, d'un jaune vif, pubescents. — Tige longue de ¹/₂ pied ou plus, sur 2 à 2 ¹/₂ pouces de diamètre. Tubercules longs de 4 lignes. Aiguillons longs de 3 à 5 lignes. Fleurs larges de 6 à 7 lignes, jaunâtres. Pétales environ 14, linéaires, pointus. (*Pfeiffer, l. c.*) — Mexique.

C. *Tige globuleuse ou columnaire, à tubercules ovés.*

Mammillaire a grandes fleurs.—*Mammillaria grandiflora* Otto. — Pfeiff. Enum. p. 55. — *Cactus cylindricus* Orteg. Decad. tab. 16. —Tige simple, columnaire ; aisselles laineuses. Tubercules gros, ovés. Aiguillons-centraux ternés ou quaternés, droits, noirâtres. Aiguillons-sétacés 16 à 20 par touffe, blancs.

rayonnants. — Fleurs roses, larges de 2 pouces. Pétales étroits, acuminés. (*Pfeiffer, l. c.*) — Mexique.

MAMMILLAIRE COURONNÉE. — *Mammillaria coronaria* Haw. Rev. — Pfeiff. Enum. p. 53. — *Cactus coronatus* Willd. Enum. — Tige forte, columnaire, finalement prolifère dans le bas. Tubercules glauques, gros, ovés, légèrement cotonneux au sommet. Aiguillons-extérieurs (15 à 16 par touffe) transparents, blancs, roides, rayonnants. Aiguillons-centraux (4 par touffe) plus longs, roux : l'inférieur très-long (1 pouce), onciné au sommet (étant jeune). — Tige atteignant 3 pieds de haut, sur $^1/_2$ pied de diamètre. Tubercules longs de 6 à 7 lignes. Fleurs écarlates, plus longues que les tubercules, terminales, disposées en cercle. (*Pfeiffer, l. c.*) — Mexique.

MAMMILLAIRE A CORNES. — *Mammillaria cornifera* De Cand. Rev. p. 111. — Pfeiff. Enum. p. 54. — Tige globuleuse, simple; aisselles nues. Tubercules gros, ovés, rapprochés, à aréole presque glabre. Aiguillons-extérieurs (16 ou 17 par touffe) rayonnants, grisâtres, longs de 5 à 6 lignes. Un seul aiguillon central (par touffe), fort, plus long (7 à 8 lignes), légèrement infléchi. (*Pfeiffer, l. c.*) — Mexique.

MAMMILLAIRE CONOÏDE. — *Mammillaria conoidea* De Cand. Mém. p. 6 ; tab. 2. — Pfeiff. Enum. p. 55. — Tige simple, ovée-conique ; aisselles laineuses étant jeunes. Tubercules ovés, rapprochés : les jeunes à aréole légèrement cotonneuse. Aiguillons droits, roides : les extérieurs (15 ou 16 par touffe) rayonnants ; les centraux (5 à 5 par touffe) divergents, plus longs, d'un brun roux. — Tige longue de 4 pouces, de près de 5 pouces de diamètre à la base. Fleur sessile, solitaire, subterminale, pourpre, longue de 1 pouce. Sépales verdâtres en dessous. Pétales 5-ou 4-sériés, linéaires, mucronés. Étamines de moitié plus courtes que les pétales ; anthères d'un jaune orange. (*Pfeiffer, l. c.*) — Mexique.

MAMMILLAIRE TOUFFUE. — *Mammillaria cæspititia* De Cand. Rev. p. 112. — Tiges globuleuses, nombreuses, agrégées en touffe ;

aisselles nues. Tubercules peu nombreux, ovés, à aréole presque
glabre. Aiguillons droits, roides : les jeunes d'un jaune blanchâtre,
les adultes grisâtres ; les extérieurs (9 à 11 par touffe) rayonnants ;
les centraux (1 ou 2 par touffe) plus longs, dressés. (*Pfeiffer*,
l. c. p. 55.) — Mexique.

D. *Tige basse, prolifère. Tubercules rapprochés, columnaires,*
allongés.

MAMMILLAIRE NAINE. — *Mammillaria pusilla* De Cand. Rev.
tab. 2, fig. 1. — *Cactus pusillus* De Cand. Cat. Hort. Monsp.
— *Cactus stellaris* Linn. — *Cactus stellatus* Lodd. Bot. Cab.
tab. 79. — Tiges globuleuses, agrégées en touffes subhémisphé-
riques ; aisselles légèrement barbues. Tubercules grêles, columnaires, à aréole velue. Aiguillons extérieurs (12 à 20 par touffe)
sétacés, blancs. Aiguillons centraux (4 à 6 par touffe) roides,
presque droits, pubescents, d'un jaune blanchâtre. —Tubercules
longs de 5 à 6 lignes. Aiguillons longs de 4 lignes. Fleurs nombreuses, plus longues que les tubercules. Pétales jaunâtres, mucronulés, à nervure médiane rose. Filets blancs. Anthères jaunes.
(*Pfeiffer*, *Enum.* p. 56.) — Antilles.

MAMMILLAIRE A CRINIÈRE. — *Mammillaria criniformis* De
Cand. Mém. p. 8 , tab. 4. — *Mammillaria glochidiata* Mart.
in Act. Nov. Nat. Cur. XVI, pars I, tab. 23. — Pfeiff. Enum.
p. 56. — *Mammillaria ancistroides* Lehm. —Tiges finalement
agrégées en touffe. Tubercules verts, luisants, cylindriques, obtus, médiocrement laineux au sommet. Aiguillons-extérieurs (12
à 15 par touffe) blancs, horizontaux. Aiguillons-intérieurs (3 ou
4 par touffe) roussâtres : le central onciné, redressé, les autres
horizontaux. (*Martius*, *l. c.*) — Fleurs longues de 8 lignes,
blanches, ou roses, naissant aux aisselles des tubercules supérieurs ; tube court, verdâtre ; limbe campanulé. Sépales 5 ou 6,
acuminés de même que les pétales. Baie cunéiforme, écarlate.
Graines noires. (*Pfeiffer*, *l. c.*) — Mexique.

MAMMILLAIRE CHEVELUE. — *Mammillaria crinita* De Cand.
Mém. p. 7, tab. 3. —Tiges globuleuses, déprimées, agrégées

en touffe; aisselles nues. Tubercules ovés, à aréole presque glabre. Aiguillons-extérieurs (15 à 20 par touffe) blanchâtres, subrayonnants, allongés. Aiguillons-centraux jaunâtres, roides, oncinés, de la longueur des aiguillons extérieurs. — Tige longue seulement de 1 ¹/₂ pouce, sur 2 pouces de diamètre. Fleurs sessiles, d'un blanc sale, longues de 8 lignes, plus courtes que les soies. Sépales 5. Étamines de moitié plus courtes que les pétales. (*Pfeiffer, Enum.* p. 57.) — Mexique.

Genre MÉLOCACTE. — *Melocactus* De Cand.

Tube calicinal adhérent; limbe à 5 ou 6 lobes pétaloïdes, marcescents. Pétales 6 à 18, soudés dans le bas avec les lobes calicinaux en long tube. Étamines filiformes, plurisériées. Style filiforme. Stigmate 5-radié. Baie lisse, couronnée. Graines nidulantes. Cotylédons minimes. Plumule grosse, subglobuleuse. — Arbustes charnus, aphylles. Souche simple, arrondie, profondément sillonnée, relevée de côtes alternes avec les sillons et en général sans tubercules. Côtes garnies d'aiguillons fasciculés. Axeflorifère plan ou columnaire, terminal, composé de tubercules serrés, cotonneux et sétifères. Fleurs naissant audessous du sommet de l'axe, en partie cachées par la laine. (*D. C. Prodr. — Pfeiffer, Enum.*)

A. *Axe-florifère plan, disciforme, croissant par le bord. Fleurs-primordiales centrales; fleurs suivantes en cercles périphériques.* (Pfeiffer, Enum. p. 40.)

MÉLOCACTE FAUSSE-MAMMILLAIRE. —*Melocactus mammillariæformis* Salm. — Pfeiff. Enum. p. 40. —Souche dépriméeglobuleuse, garnie de mamelons très-serrés, aculéifères. Aiguillons 10 à 12 par touffe, dont 7 rayonnants, subulés, étalés, recourbés, d'un roux jaunâtre; les 5 ou 5 supérieurs plus grêles. Axe-florifère laineux. — Souche haute de 5 pouces, sur 5 ¹/₂ pouces de diamètre. Mamelons durs, étalés, verts, longs de 4 lignes. Aiguillons longs de 6 à 7 lignes. (*Pfeiffer, l. c.*) — Mexique.

B. *Axe-florifère d'abord disciforme, plus tard conique ou cylindracé.* (Pfeiffer, Enum.)

MÉLOCACTE COMMUN.—*Melocactus communis* De Cand. Rev. tab. 6.—Bot. Mag. tab. 5090.—*Cactus Melocactus* Linn.— De Cand. Plantes grasses, tab. 112.—Tussac, Flor. Antill. vol. 2, tab. 27—Souche subglobuleuse ou ovée, d'un vert foncé, 12-gone; sinus larges, profonds; côtes assez tranchantes; aréoles rapprochées, grandes, ovales, cotonneuses, grisâtres. Aiguillons jaunâtres ou roussâtres, droits, roides : les extérieurs (8 ou 9 par touffe) étalés, l'inférieur plus long; les centraux 5 par touffe : 2 redressés et 1 défléchi. — Plante adulte haute de 7 à 8 pouces, sur autant de diamètre; côtes hautes de 1 pouce. Aiguillons-extérieurs longs de 6 à 10 lignes. Aiguillons-centraux longs de 6 à 8 lignes. Fleurs nombreuses, d'un rose vif, larges de 6 à 8 lignes. Pétales au nombre de 12, denticulés. Filets courts, blancs. Anthères jaunâtres. Style rose, plus long que les étamines. Baie claviforme, d'un rose vif. (*Pfeiffer, Enum.* p. 42.) — Antilles.

MÉLOCACTE PYRAMIDAL. — *Melocactus pyramidalis* Salm.— Pfeiff. Enum. p. 44.—Tige conique, à 17 ou 18 côtes subverticales, sinuolées; aréoles rapprochées. Aiguillons droits, longs, d'un jaune pâle, rougeâtres au sommet : les extérieurs (17 par touffe) divariqués en 2 séries; les centraux (5 par touffe) très-forts.—Tige couverte par les aiguillons, qui sont entre-croisés. Aiguillons-centraux très-roides, subulés, longs de 5 pouces. Fleurs d'un rose vif, petites. Sépales 16 à 18, pétaloïdes, étroits, un peu recourbés. (*Pfeiffer, l. c.*) — Curaçao.

MÉLOCACTE DE SALM.—*Melocactus Salmianus* Pfeiff. Enum. p. 44.—*Echinocactus Salmianus* Link et Otto. — Tige subglobuleuse, à 15 côtes verticales, légèrement sinuolées; aréoles distancées : les jeunes blanchâtres. Aiguillons droits, longs, rougeâtres : les extérieurs (10 par touffe) rayonnants; les centraux (5 par touffe) très-forts, subulés : l'inférieur très-long. (*Pfeiffer, l. c.*) — Curaçao.

MÉLOCACTE A GRANDES ÉPINES. — *Melocactus macracanthus*

Salm. — Tige subglobuleuse, à environ 16 côtes sinuolées, tuberculeuses aux côtés ; aréoles rapprochées : les jeunes grisâtres, un peu laineuses. Aiguillons courts, droits, très-gros, pourpres : les extérieurs (18 par touffe) rayonnants ; les centraux (4 par touffe) plus gros, subulés. — Aiguillons-centraux longs d'environ 1 pouce. Tige d'un vert gai. Fleurs inconnues. (*Pfeiffer, l. c.*) — Antilles.

MÉLOCACTE VIOLET. — *Melocactus violaceus* Pfeiff. Enum. p. 45. — Tige subpyramidale ou conique, d'un vert grisâtre, 10-à 12-angulaire; côtes verticales, sinuolées, tranchantes ; sinus larges ; aréoles assez distancées, enfoncées, d'abord cotonneuses-blanchâtres, plus tard nues. Aiguillons (6 à 8 par touffe) divariqués, longs, droits, roides : les jeunes d'un écarlate roussâtre, les adultes violets, légèrement striés transversalement : le supérieur très-court ; point d'aiguillons-centraux. — Plante adulte haute de 2 $\frac{1}{2}$ pouces, sur 5 pouces de diamètre. Axe-florifère long de 2 pouces, conique, obtus. Fleurs écarlates, larges de $\frac{1}{2}$ pouce. Pétales-extérieurs 10 ou 11, étalés, crénelés au sommet ; pétales-intérieurs 7, plus petits, dressés, denticulés. Filets blancs, plus courts que la corolle. (*Pfeiffer, l. c.*) — Brésil.

MÉLOCACTE A ÉPINES COURTES. — *Melocactus curvispinus* Pfeiff. Enum. p. 46.—Tige déprimée-globuleuse, 10-à 12-angulaire ; côtes subverticales, un peu comprimées, à peine convexes entre les aréoles ; aréoles grandes, arrondies, veloutées, blanchâtres. Aiguillons-extérieurs (7 par touffe) roussâtres ou blanchâtres, courbés, un peu plus courts que les centraux. Aiguillons-centraux (2 par touffe) dressés, subulés, noirâtres, longs d'environ 1 pouce. (*Pfeiffer, l. c.*) — Mexique.

Genre ÉCHINOCACTE. — *Echinocactus* Link et Otto.

Sépales nombreux, imbriqués, adhérents dans le bas, soudés en tube très-court : les extérieurs simulant un involucre ; les intérieurs pétaloïdes. Étamines nombreuses, inégales, insérées au calice. Anthères oblongues. Style

cylindrique, subfistuleux, multifide au sommet. Baie
couronnée des sépales desséchés. Cotylédons petits. —
Arbustos ovés ou subglobuleux, charnus, très-simples,
aphylles, tuberculeux, ou relevés de côtes ; côtes ou tubercules garnis d'aiguillons fasciculés. Point d'axe-floral.
Fleurs naissant au sommet des côtes, dans les touffes d'aiguillons. (*De Cand. Prodr. — Pfeiffer, Enum.*)

SECTION I. (*Costati*, Pfeiff. Enum.)

Tige munie de côtes alternant régulièrement avec un sinus, subverticales, aréolées, crénelées, ou tuberculeuses, jamais interrompues.

A. *Côtes arrondies.*

ÉCHINOCACTE D'OTTO. — *Echinocactus Ottonis* Lehm. in
Act. Nov. Nat. Cúr. XVI, pars I, p. 517; tab. 15. — Link et
Otto, Icon. tab. 16. — Bot. Mag. tab. 5117. — Tige déprimée-
globuleuse ou ovée, verte, finalement ligneuse à la base, 10-à 12-
gone; sinus aigus; côtes arrondies ; aréoles blanches, cotonneuses, enfoncées. Aiguillons-extérieurs (12 a 18 par touffe) rayonnants, jaunâtres, grêles, presque droits. Aiguillons centraux
(4 par touffe) plus forts, rougeâtres, le supérieur très-court, les
2 latéraux horizontaux, l'inférieur très-long, défléchi, tous roides, étalés. — Tige de 5 à 4 pouces. Aiguillons-extérieurs longs
de 5 à 6 lignes; aiguillons-centraux longs de 4 à 12 lignes.
Fleurs jaunes, larges de 2 à 5 pouces. Pétales linéaires, bisériés,
acuminés, mucronulés, les extérieurs rougeâtres en dessous.
(*Pfeiffer, Enum.* p. 47.) — Mexique.

ÉCHINOCACTE DE LINK. — *Echinocactus Linkii* Pfeiff. Enum.
p. 48. — *Cereus Linkii* Lehm. in Act. Nov. Nat. Cur. XVI,
pars I, p. 516; tab. 14. — Tige subglobuleuse, verte, 15-angulée ; sinus profonds, aigus; côtes étroites, latéralement comprimées, à crête obtuse; aréoles blanchâtres-cotonneuses, enfoncées.
Aiguillons tous sétiformes : les centraux (5 par touffe) bruns ; les
extérieurs (10 à 12 par touffe) blancs, à sommet brun. — Tige

haute de 6 pouces, sur à peu près autant de diamètre. Calice imbriqué, long de ½ pouce ; sépales d'un vert jaunâtre, barbus au milieu de la surface interne. Pétales longs de 1 pouce, cunéiformes-obovés, tronqués au sommet, denticulés, jaunes. (*Pfeiffer, l. c.*) — Mexique.

Échinocacte tortueux. — *Echinocactus tortuosus* Link et Otto, Ic. tab. 15.—Tige déprimée-globuleuse, 15-angulée, d'un vert foncé ; sinus aigus, profonds ; côtes subverticales, comprimées, à crête obtuse ; aréoles enfoncées, grandes, assez rapprochées : les jeunes veloutées. Aiguillons roides, presque droits : les extérieurs (12 ou 15 par touffe) jaunâtres ou roux, inégaux (les supérieurs minimes, plus grêles) ; les centraux (4 à 6 par touffe) plus gros, presque étalés, bruns, le supérieur minime. — Côtes hautes de 8 lignes. Aiguillons longs de 2 à 8 lignes. Fleurs jaunes, larges de 2 pouces. Tube court, garni d'écailles vertes, hérissé de soies brunes. Pétales bisériés, denticulés, obtus. (*Pfeiffer, Enum.* p. 49.) — Brésil méridional.

B. *Côtes à angles obtus.*

Échinocacte de Langsdorf. — *Echinocactus Langsdorfii* Lehm. in A t. Nov. Nat. Cur. XVI, pars I, p. 516 ; tab. 15. — Link et Otto, Ic. tab. 40. — *Melocactus Langsdorfii* De Cand. Prodr.—Tige oblongue, 17-angulée, d'un vert foncé, plane et très-velue au sommet ; côtes obtuses, subtuberculées ; sinus aigus ; aréoles rapprochées : les jeunes laineuses, blanchâtres. Aiguillons grêles, roides, cornés : les extérieurs (6 par touffe) inégaux, réfléchis ; les centraux solitaires dans chaque touffe, plus longs, défléchis. — Tige de 4 pouces de haut, sur autant de diamètre. Aiguillons-centraux longs de 1 pouce. Fleurs longues de 1 à 2 pouces. Tube long de ½ pouce, laineux à la base. Corolle jaune, large d'environ 1 pouce. Pétales environ 20, lancéolés, pointus. (*Pfeiffer, Enum.* p. 51.) — Brésil méridional.

Échinocacte énorme. — *Echinocactus ingens* Pfeiff. Enum. p. 54. — Tige globuleuse ou oblongue, ligneuse et rétrécie à la base, d'un vert glauque (pourprée aux crêtes), 8-angulaire, très-

laineuse au sommet ; sinus larges, aigus ; côtes obtuses, tuber-
culées ; aréoles grandes, distancées, très-laineuses (laine jaunâtre). Aiguillons bruns, droits, roides : les extérieurs 8 par
touffe ; les centraux solitaires dans chaque touffe. — Tige atteignant jusqu'à 6 pieds de haut. Aiguillons longs de ¹/₂ pouce.
Corolle jaune, longue de ¹/₂ pouce ; pétales obtus. (*Pfeiffer, l. c.*)
— Mexique.

C. *Côtes aiguës.*

Échinocacte aigu. — *Echinocactus acuatus* Link et Otto.
— Pfeiff. Enum. p. 54.— Tige subglobuleuse, d'un vert foncé,
15-angulaire, déprimée au sommet ; sinus aigus ; côtes comprimées, aiguës, crénelées ; aréoles non-proéminentes, laineuses
étant jeunes. Aiguillons-extérieurs (10 par touffe) subrayonnants, jaunâtres. Aiguillons-centraux (4 par touffe) plus roides,
plus longs, d'un jaune pâle, le terminal très-court. — Fleurs
larges de 1 ¹/₂ pouce, jaunes. Tube très-court, poilu. Pétales
linéaires, obtus. Style pourpre. (*Pfeiffer, l. c.*) — Montévidéo.

Échinocacte claviforme. — *Echinocactus corynodes* Pfeiff.
Enum. p. 55. — Tige déprimée-globuleuse, rétrécie à la base,
d'un vert foncé, 16-angulaire ; sinus étroits, aigus ; côtes aiguës, crénelées ; aréoles enfoncées, d'abord très-laineuses (blanches), plus tard nues. Aiguillons droits, roides : les extérieurs
(9 par touffe) étalés, d'abord rouges, plus tard roussâtres ; les
centraux solitaires, subulés, dressés, bruns, de même longueur
ou plus courts que les extérieurs. — Tige haute de 2 à 5 pouces.
Aiguillons longs de 5 à 6 lignes. Fleurs d'un jaune pâle, de
2 pouces de diamètre. Tube très-court, laineux. Pétales bisériés, linéaires, denticulés au sommet. Filets rouges. (*Pfeiffer,
l. c.*) — Montévidéo.

Échinocacte de Sellow. — *Echinocactus Sellowianus* Link
et Otto. — Pfeiff. Enum. p. 55. — Tige déprimée-globuleuse,
d'un vert foncé, ombiliquée au sommet, à 15 ou 20 côtes aiguës,
à peine crénelées ; aréoles distancées, cotonneuses (blanches). Ai-

guillons-extérieurs (5 à 7 par touffe) jaunâtres, roides, presque droits, étalés. Aiguillons centraux solitaires (nuls dans la plante adulte). — Tige basse. Fleurs jaunes, larges de 2 pouces. Calice pyriforme, hérissé de poils blancs et de soies rousses. Pétales bisériés, spathulés. Étamines jaunes. (*Pfeiffer, l. c.*) — Montévidéo.

ÉCHINOCACTE À CORNES. — *Echinocactus cornigerus* De Cand. Rev. tab. 7 ; Mém. tab. 10. — *Cactus latispinus* Haw. — Tige déprimée-globuleuse, d'un vert glauque, 21-angulaire ; sinus aigus ; côtes comprimées, aiguës, crénelées ; aréoles très-distancées, ovales, blanchâtres. Aiguillons d'abord pourpres, plus tard rougeâtres : les extérieurs (6 à 10 par touffe) grêles, blanchâtres ; les intérieurs forts, subulés, droits : 5 redressés, 2 déclinés ; 1 central, recourbé, aplati, caréné, transversalement strié. — Tige d'environ 1 pied de haut, sur 16 pouces de diamètre. Aiguillons-centraux longs de 1 ½ pouce, larges de 5 à 4 lignes. Aiguillons-extérieurs jaunâtres. Aiguillons-intérieurs pourpres. Fleurs longues de 1 pouce. Tube court, gros. Sépales d'un brun roux, imbriqués. (*Pfeiffer, Enum.* p. 56.) — Mexique.

ÉCHINOCACTE RECOURBÉ. — *Echinocactus recurvus* Link et Otto. — *Cactus recurvus* Haw. Syn. — Tige subglobuleuse, d'un vert glauque, à 13 ou 14 côtes un peu tranchantes, crénelées ; sinus aigus ; aréoles distancées, cotonneuses. Aiguillons pourpres étant jeunes, plus tard rougeâtres ou noirâtres : les extérieurs (environ 8 par touffe) subéquilongs, roides, presque droits ; les centraux solitaires, beaucoup plus forts, aplatis, recourbés, transversalement dentelés. (*Pfeiffer, Enum.* p. 57.) — Mexique.

ÉCHINOCACTE À LARGES ÉPINES. — *Echinocactus platyacanthus* Link et Otto. — Tige déprimée-globuleuse, 50-angulaire, glaucescente, à sommet ample, inerme, laineux ; sinus aigus, sinuolés à la base ; côtes verticales, comprimées, sillonnées çà et là. Aréoles très-allongées : les jeunes laineuses. Aiguillons très-forts, droits : les intérieurs (4 par touffe) disposés presque en croix, aplatis, transversalement striés, épaissis à la base; les extérieurs (3 ou 4 par touffe) plus petits. — Tige haute de 1 ½ pied, sur 22 pouces de diamètre. Aiguillons-intérieurs longs de 1 ¼ pouce. Aiguillons-extérieurs de moitié plus petits. Fleurs subsessiles, longues de 1 ½ pouce. Sépales lancéolés, mucronés. Pétales dilatés, obtus, jaunes. Style 10-fide. (*Pfeiffer, Enum.* p. 59.) — Mexique.

Échinocacte a grand disque. — *Echinocactus macrodiscus* Mart. in Act. Nov. Nat. Cur. vol. XVI, pars I, p. 541; tab. 26. — Tige grande, plano-convexe, à 16 côtes subobtuses, échancrées aux aiguillons. Aiguillons environ 12 par touffe : les 4 intérieurs plus grands, le supérieur et l'inférieur un peu plus larges ; les autres 4 antérieurs et 4 postérieurs. — Tige atteignant 1 ½ pied de diamètre. Fleurs subcampanulées, larges de plus de 1 pouce. Pétales linéaires-oblongs, pourpres. Étamines incluses. (*Pfeiffer, Enum.* p. 59.) — Mexique.

D. *Côtes très-comprimées, crépues.*

Échinocacte crépu. — *Echinocactus crispatus* De Cand. Rev. p. 57, tab. 8. — Tige obovée, rétuse au sommet, subombiliquée; côtes 50 à 60, subverticales, ondulées, crépues, tuberculeuses çà et là. Aiguillons fasciculés, roides, inégaux, presque droits. (*De Cand. l. c.*) — Mexique.

Échinocacte a aiguillons foliacés. — *Echinocactus phyllacanthus* Mart. — Pfeiff. Enum. p. 65. — Tige cylindrique ou obovée, multi-angulaire, d'un vert foncé. Sommet plan ; sinus très-aigus ; côtes membranacées, très-rapprochées, ondulées ; aréoles éparses, cotonneuses, blanches. Aiguillons-supérieurs 1 ou 2, plus longs, roux, foliacés, aplatis. Aiguillons-inférieurs 4 à 7, courts, droits, blancs, plus roides. — Tige haute de ½ pied, sur 4 pouces de diamètre. Aiguillons foliacés, longs de 1 pouce. Fleurs longues de 9 à 10 lignes, d'un jaune très-pâle. Tube-calicinal long de 5 lignes, vert, infondibuliforme, médiocrement écailleux. Pétales bisériés, mucronulés. Étamines courtes, verdâtres. (*Pfeiffer, l. c.*) — Mexique.

SECTION II. (*Tuberculati*, Pfeiff.)

Côtes en général obliquement ascendantes, régulièrement
interrompues ; tubercules distincts, aréolés au sommet.

ÉCHINOCACTE BALAI. — *Echinocactus Scopa* Link et Otto,
Ic. tab. 41. — *Cereus Scopa* De Cand. Prodr. — Tige dressée, claviforme, verte, finalement prolifère dans le haut. Côtes
50 à 56, subverticales, tuberculeuses ; aréoles blanches, cotonneuses, très rapprochées. Aiguillons-centraux (3 ou 4 par touffe)
pourpres, dressés. Aiguillons-rayonnants (30 à 40 par touffe) sétacés, blancs. — Tige de 1 pied et plus, sur 3 à 4 pouces de
diamètre. Aréoles distancées à peine de 1 ligne. Aiguillons-centraux longs de 3 à 4 lignes. Aiguillons-rayonnants longs de 2 à
3 lignes. Fleurs subterminales, jaunes, larges de 1 ¹/₂ pouce.
Tube très-court, couvert d'écailles lancéolées, poilues. Pétales
bisériés, lancéolés, acuminés. Style pourpre, multifide. Stigmates écarlates. Étamines plus courtes que le style ; filets pourpres ; anthères jaunes. (*Pfeiffer, Enum.* p. 64.) — Brésil méridional.

ÉCHINOCACTE TRÈS-POINTU. — *Echinocactus acutissimus*
Otto. — Tige globuleuse, verte, déprimée au sommet. Côtes environ 18, subverticales, crénelées-tuberculeuses ; crénelures gib-
beuses à la base, aplaties dans le haut, aréolées ; aréoles laineuses. Aiguillons droits, roides, roussâtres étant jeunes, plus
tard blanchâtres : les rayonnants 10 ou 11 par touffe ; les centraux 3 par touffe. — Aiguillons-centraux longs de 9 lignes.
Fleurs solitaires, terminales, écarlates, longues de 2 ¹/₂ pouces.
Calice claviforme, couvert de squamules lancéolées ; sépales réfléchis, roses en dessus. Pétales lancéolés ou linéaires-lancéolés,
acuminés, inégaux, d'un rose foncé, longs de 1 pouce : les extérieurs plus ou moins étalés ; les intérieurs dressés, couvrant les
étamines. (*Pfeiffer, Enum.* p. 65.) — Chili.

Genre CÉREUS. — *Cereus* De Cand.

Sépales très-nombreux, imbriqués, adnés à l'ovaire à

la base, soudés en tube allongé ; les extérieurs herbacés ;
les suivants plus longs, colorés ; les intérieurs pétaliformes. Étamines très-nombreuses, soudées au tube du calice. Style filiforme, multifide au sommet. Baie aréolée,
couronnée des restes des sépales. Cotylédons acuminés.—
Arbustes subglobuleux ou allongés, charnus, articulés, ou
inarticulés, droits, ou rampants, régulièrement sillonnés, munis d'un axe ligneux ; angles verticaux, inermes,
ou garnis d'aiguillons fasciculés. Fleurs grandes, naissant
dans les faisceaux d'aiguillons ou aux crénelures des angles sur les tiges ou les vieux rameaux. Fruit ovoïde, comestible, mûrissant en général la seconde année. (*De Cand.
Prodr.*—*Pfeiff. Enum.* p. 69.)

SECTION I. (Globosi, Pfeiff.)

Tige subglobuleuse, ou déprimée-globuleuse, sillonnée,
   semblable à celle des *Mélocactes*. Fleurs latérales, en
   général à tube très-long.

CÉREUS A ANGLES TRANCHANTS. — *Cereus oxygonus* Link et
Otto. — *Echinocactus oxygonus* Bot. Reg. tab. 1717.— Tige
subglobuleuse ou obclaviforme, 15 angulaire, glaucescente, finalement prolifère à la base ; sinus érosés. Côtes verticales, comprimées, renflées aux aréoles ; crête aiguë ; aréoles distancées,
arrondies, cotonneuses (jaunâtres étant jeunes, plus tard grisâtres). Aiguillons peu nombreux (chez la plante adulte), subu
lés, inégaux, étalés, bruns. — Tige haute de 5 à 6 pouces.
Aréoles distancées d'environ 1 pouce. Aiguillons longs de 6 à 10
lignes. Fleurs inodores, roses, latérales, larges de 4 pouces. Réceptacle subglobuleux, vert, couvert de petites écailles brunes et
de poils blancs. Tube long de 8 à 10 pouces, poilu, garni
d'écailles verdâtres. Sépales roussâtres, étroits, acuminés. Pétales larges, lancéolés, d'un rose vif en dessous, blanchâtres et
lavés de rouge en dessus. Étamines jaunes, plus courtes que les
pétales. (*Pfeiffer, Enum.* p. 70.) — Brésil méridional.

CÉREUS MULTIPLE. — *Cereus multiplex* Hort. Berol. —

Pfeiff. Enum. p. 70. — Tige obclaviforme, verte, prolifère latéralement, rétrécie et ligneuse à la base, ombiliquée au sommet ;
sinus larges. Côtes 15, verticales, aiguës. Aréoles ovales, cotonneuses, d'un gris jaunâtre. Aiguillons roides, aciculaires ; les
centraux (4 par touffe) noirs aux 2 bouts, l'inférieur très-long
(environ 1 pouce) ; les extérieurs (9 ou 10 par touffe) plus courts,
jaunâtres, irrégulièrement rayonnants, les supérieurs et les inférieurs très-courts. — Tige adulte de 6 pouces de haut, sur 8
pouces de diamètre. Aréoles distancées de 8 à 10 lignes. Fleurs
larges de 4 pouces. Réceptacle oblong, vert, garni de poils
blancs. Tube long de 9 à 10 pouces, d'un rouge sale, infondibuliforme, couvert d'écailles vertes et de poils blancs. Sépales
lancéolés, d'un brun roux. Pétales roses, acuminés, longs de
2 $\frac{1}{2}$ pouces, larges de 1 pouce. Étamines plus courtes que la
corolle. Style de la longueur des étamines. (*Pfeiffer, l. c.*) —
Brésil méridional.

CÉREUS A FLEURS BLANCHES. — *Cereus leucanthus* Pfeiff.
Enum. p. 71. — *Echinocactus leucanthus* Salm. — Tige globuleuse ou subconique, à 12 ou 14 côtes verticales, comprimées.
Aréoles oblongues, rapprochées, laineuses, blanchâtres étant
jeunes. Aiguillons subulés, très-roides, bruns à la base, jaunâtres
dans le milieu, noirs au sommet : les extérieurs (8 par touffe)
rayonnants ; les centraux solitaires, plus forts ; tous courbés
vers le haut. — Tige haute d'environ 1 pied, sur 6 à 7 pouces
de diamètre. Aréoles distancées de 6 à 8 lignes. Aiguillons longs
de plus de 1 pouce. Fleurs blanches, vespertines, larges de 3 à
4 pouces. Réceptacle oblong, brun, couvert d'écailles et de poils.
Tube long de 8 à 10 pouces, luisant, brun, presque nu. Sépales
étroits, réfléchis, d'un vert roussâtre. Pétales bisériés, acuminés,
longs de 2 à 2 $\frac{1}{2}$ pouces, larges de 1 pouce, d'un blanc pur,
roses au sommet. Étamines jaunes, plus courtes que les pétales.
Style plus court que les étamines, à environ 12 stigmates. (*Pfeiffer, l. c.*) — Chili.

CÉREUS A FLEURS TUBULEUSES. — *Cereus tubiflorus* Pfeiff.
Enum. p. 71.—Tige globuleuse, d'un vert foncé, luisante, 10-

angulaire, à peine rétrécie à la base, déprimée au sommet; sinus
aigus, oblitérés dans le bas; côtes comprimées; aréoles assez distancées, proéminentes. Aiguillons droits, grêles, assez roides, entourés d'un duvet blanc velouté; les centraux (1 à 5 par touffe)
jaunâtres, noirs aux 2 bouts, longs d'environ 1 pouce; les extérieurs (7 à 9 par touffe) plus courts, plus grêles, très-étalés. —
Tige d'environ 4 pouces de diamètre; aréoles distancées d'environ 1 pouce. Fleurs latérales, larges de 3 1/2 à 4 pouces. Réceptacle oblong, vert, très-velu. Tube long de 8 pouces, grêle, vert,
garni d'écailles poilues. Sépales linéaires, réfléchis, d'un vert
pâle. Pétales longs de 2 pouces, larges de 8 lignes, bisériés, mucronulés, d'un blanc pur. Filets blancs. Anthères d'un jaune
pâle. Style un peu plus long que les étamines. Stigmates 10 à 12,
jaunâtres. (*Pfeiffer, l. c.*) — Origine inconnue.

Céreus d'Eyriès. — *Cereus Eyriesii* Hort. Berol. — Pfeiff.
Enum. p. 72. — *Echinocactus Eyriesii* Bot. Reg. tab. 1707.
— Bot. Mag. tab. 5411. — Tige globuleuse ou déprimée-globuleuse, d'un vert pâle, déprimée au sommet; sinus larges; côtes
12 à 18, verticales, assez tranchantes, ondulées; aréoles distancées, cotonneuses (d'abord jaunâtres, plus tard grisâtres). Aiguillons très-courts, bruns, piquants, droits : les extérieurs 11 par
touffe; les centraux 4.—Tige d'environ 1 pied de haut sur aü-
tant de diamètre; aréoles distancées de 6 à 8 lignes. Aiguillons
linéaires. Fleurs nocturnes, blanches, très-odorantes, larges de
3 à 3 1/2 pouces. Réceptacle vert, couvert d'écailles et de poils.
Tube long de 8 à 10 pouces, vert, médiocrement écailleux. Sépales linéaires, réfléchis, d'un vert roussâtre. Pétales bisériés,
longs de 1/2 pouce, larges de 10 lignes, longuement mucronés; les
extérieurs verts au sommet. Filets blancs. Anthères jaunes. Style
plus court que les étamines. Stigmates 8 à 12, blanchâtres. (*Pfeiffer, l. c.*) — Buénos-Ayres.

Céreus turbiné. — *Cereus turbinatus* Pfeiff. Enum. p. 72.
— Tige obovée ou claviforme, très-verte, subconvexe au sommet; sinus aigus; côtes 15 à 18, irrégulièrement turbinées, comprimées, ondulées, crénelées; aréoles rapprochées, blanches, lai-

neuses. Aiguillons-centraux (6 par touff.) très-courts, noirs. Aiguillons-extérieurs (10 ou 12 par touffe) plus longs, blancs, sétacés.—Tige adulte haute de ½ pied; aréoles distancées de 2 lignes.
Aiguillons-extérieurs longs de 2 à 3 lignes. Fleurs larges de 3 pouces, répandant une odeur de Jasmin. Tube long de 6 pouces, vert,
médiocrement écailleux et poilu. Sépales linéaires, d'un vert foncé. Pétales bisériés, larges, blancs, mucronés, verdâtres en dessous. Style multifide, aussi long que les étamines. (*Pfeiffer, l. c.*)
— Origine inconnue.

CÉREUS DÉNUDÉ. — *Cereus denudatus* Pfeiff. Enum. p. 75.
— *Echinocactus denudatus* Link et Otto, Ic. tab. 9. — Tige
globuleuse, 7-à 9-angulaire, d'un vert glauque, plane et nue au
sommet; côtes arrondies, tuberculeuses; aréoles assez distancées,
ovales, blanchâtres. Aiguillons assez roides, un peu courbés, apprimés, jaunes étant jeunes, plus tard blancs, longs de ½ pouce.
Fleurs blanches, larges de 2 ½ pouces. Tube vert, nu, médiocrement écailleux, long de 2 pouces. Pétales-extérieurs verdâtres en dessous, blancs en dessus. Pétales-intérieurs linéaires,
d'un blanc pur. Étamines et style plus courts que la corolle.
(*Pfeiffer, l. c.*) — Brésil méridional.

CÉREUS CHARMANT. — *Cereus pulchellus* Pfeiff. Enum. p. 74.
—*Echinocactus pulchellus* Mart. in. Act. Nov. Nat. Cur. XVI,
pars I, tab. 25, fig. 2.—Tige obovée-cylindracée, glaucescente,
légèrement creusée au sommet; côtes 12, obtuses, à tubercules
distancés. Aiguillons (4 ou 5) courts, droits, jaunâtres, obliquement étalés : l'interne p'us long; laine rare, caduque. — Tige
longue de 2 ½ pouces, sur 1 ½ pouce de diamètre. Fleurs larges
de 1 ¾ pouce, d'un blanc rosé. Tube long d'environ 1 pouce,
cylindrique, tuberculeux, d'un vert noirâtre. Sépales plurisériés,
linéaires-oblongs, obtus, mucronés, très-entiers, glabres. Pétales
environ 20, étroits, lancéolés, acuminés-cuspidés, dentelés du
milieu jusqu'au sommet. (*Pfeiffer, l. c.*) — Mexique.

CÉREUS GIBBEUX.—*Cereus gibbosus* Pfeiff. Enum. p. 74. —
Cactus gibbosus Haw. — *Echinocactus gibbosus* De Cand.

Prodr.—Bot. Reg. tab. 157.— Reichenb. Ic. Exot. tab. 526.—
Tige subglobuleuse, rétrécie à la base, glaucescente, 12-à 16-an-
gulaire; côtes subverticales, larges, tuberculeuses; aréoles grandes, blanchâtres-cotonneuses. Aiguillons (6) divergents, droits,
roides, d'un gris brunâtre : les supérieurs minimes.—Aiguillons
longs d'environ 15 lignes. Fleurs subterminales, blanches, larges
de 5 pouces. Tube long de 1 ½ pouce, d'un vert foncé, garni
d'écailles obtuses, blanchâtres, éparses. Sépales courts. d'un rouge
verdâtre. Pétales nombreux, 5-sériés, mucronés. (*Pfeiffer, l. c.*)
—Jamaïque.

SECTION II. (*Cereastri* Pfeiff. Enum. p. 75.)

**Tige dressée, inarticulée, garnie de côtes régulières, en
général simple.**

A. *Tige 12-à 50-sulquée, cylindracée; aréoles en général
rapprochées.*

CÉREUS SÉNILE. — *Cereus senilis* De Cand. Prodr. —*Cactus
senilis* Haw.— *Cereus Bradypus* Lehm. in Act. Nov. Nat.
Cur. XVI, pars I, p. 515; tab. 12. — Tige dressée, obclaviforme; côtes 20 à 25, verticales, tuberculeuses; faisceaux d'aiguillons rapprochés. Aiguillons (20 à 25 par faisceau) crinifor-
mes, crépus, rayonnants, nus à la base; les centraux solitaires,
droits, roides. (*De Candolle, l. c*)—Tige atteignant 3 à 4 pieds
de haut, sur 3 à 4 pouces de diamètre. Côtes très-rapprochées.
Crins défléchis, très-longs, couvrant toute la tige. (*Lehmann,
l. c.*) — Mexique. Guatimala. Brésil.

CÉREUS COLONNE DE TRAJAN.—*Cereus Columna Trajani* Karwinski, in Pfeiff. Enum. p. 76. — Tige dressée, très-élancée,
multi-angulaire, verte; sinus verticaux, aigus; côtes un peu
comprimées, subsinuolées; aréoles oblongues, cotonneuses roussâtres. Aiguillons-extérieurs (8 à 10 par faisceau) rayonnants :
les supérieurs plus courts; aiguillons-centraux solitaires, plus
forts, très-allongés, presque droits, défléchis, tous roides, blanchâtres ou cornés, brunâtres aux deux bouts. — Tige atteignant

40 à 45 pieds de haut, sur 18 à 20 pouces de diamètre. Aiguillons-centraux longs de 6 pouces. Aiguillons-rayonnants longs de ½ pouce à 1 pouce. (*Pfeiffer, l. c.*) — Mexique.

CÉREUS MULTI-ANGULAIRE. — *Cereus multangularis* Haw. Suppl. — *Cactus multangularis* Willd. Enum. — Tige grosse, verte, 18-à 20-angulaire, finalement rameuse à la base ; angles rapprochés, arrondis ; aréoles proéminentes, arrondies, ovales, un peu cotonneuses, blanchâtres. Aiguillons droits : les centraux (4 à 6 par touffe) roides, longs, jaunes, bruns au sommet ; les extérieurs rayonnants, très-nombreux, jaunâtres : les 4 à 6 supérieurs aciculaires, les autres sétacés. — Plante haute de 2 à 3 pieds, sur 2 à 5 pouces de diamètre. Aiguillons-centraux longs de 8 à 10 lignes. Aiguillons-extérieurs longs de 3 à 4 lignes. (*Pfeiffer, Enum.* p. 77.) — Amérique équatoriale.

CÉREUS LAINEUX. — *Cereus lanatus* De Cand. Prodr. — Pfeiff. Enum. p. 78. — *Cactus lanatus* Kunth, in Humb. et Bonpl. Nov. Gen. 6, p. 68. — Tige rameuse, multi-angulaire, couverte de laine blanche ; angles membranacés, tuberculeux, garnis d'aiguillons disposés en étoiles. Aiguillons-centraux 8 fois plus longs que les autres. — Tige haute de 2 à 3 toises. Aiguillons-centraux longs de 1 pouce à 1 ½ pouce. Fleurs latérales, enveloppées de laine. Fruit rouge, obové. (*De Cand, l. c.*) — Quito.

B. *Tige columnaire, 5-à 12-sulquée.*

a) *Aréoles cotonneuses et en outre garnies de laine floconneuse.*

CÉREUS LAINEUX.—*Cereus lanuginosus* Haw.—Pfeiff. Enum. p. 80. — *Cactus lanuginosus* Linn. — *Cactus repandus* Mill. Dict. —Tige 8-à 10-angulaire, verte ; angles peu apparents ; aréoles assez rapprochées, laineuses. Aiguillons jaunes, allongés : les centraux 3 par touffe ; les extérieurs 10 à 12, aussi longs que la laine. — Tige haute de 5 à 6 pouces, sur 1 ½ pouce à 2 pouces de diamètre. Aréoles distancées de 4 lignes. Aiguillons longs de 6 à 10 lignes. (*Pfeiffer, l. c.*)—Antilles. Amérique méridionale.

Céreus de Royen. — *Cereus Royeni* Haw. Syn. — Pfeiff. Enum. p. 80. — *Cactus Royeni* Linn. — *Cereus lanuginosus* Mill. Dict. — Tige simple, 8-ou 9-angulaire, bleuâtre, finalement d'un vert pâle; côtes obtuses, ondulées; aréoles rapprochées, couvertes d'un duvet roux et de laine blanche crépue persistante. Aiguillons grêles, droits, d'un roux vif : les extérieurs 10 ; les centraux 3 ou 4, un peu moins forts. — Tige de 2 à 5 pouces de diamètre. Aréoles distancées de 2 à 3 lignes. Aiguillons longs de 4 à 10 lignes. (*Pfeiffer, l. c.*) — Antilles.

Céreus floconneux. — *Cereus floccosus* Hort. Berol. — Pfeiff. Enum. p. 81. — Tige 10-angulaire ; sinus profonds, aigus ; côtes comprimées, obsinuolées ; aréoles rapprochées, cotonneuses, et couvertes de laine blanche très-copieuse plus longue que les aiguillons. Aiguillons droits, assez roides, roux : les extérieurs 8 à 10, inégaux ; les centraux 3 ou 4, plus longs. — Tige de 5 pouces de diamètre. Aiguillons longs d'environ 5 pouces. — (*Pfeiffer, l. c.*) — Antilles.

Céreus de Curtis. — *Cereus Curtisii* Hort. Berol. — Pfeiff. Enum. p. 81. — *Cactus Royeni* Bot. Mag. tab. 5425. (Non Linn.) — Tige octangulaire, d'un vert foncé ; sinus profonds ; côtes comprimées ; aréoles convexes, garnies de coton roux, et de laine soyeuse blanche aussi longue que les aiguillons. Aiguillons droits, aciculaires, bruns : les centraux 4 ; les extérieurs 8 à 10 ; les supérieurs minimes. — Tige de 2 pouces de diamètre. Aiguillons longs d'environ 1 pouce. Tube de la fleur nu, long de 1 pouce. Sépales courts, d'un rouge verdâtre. Pétales bisériés, blanchâtres, roses à la base. Corolle épanouie large de 1 ½ pouce. (*Pfeiffer, l. c.*) — Nouvelle-Grenade.

Céreus a épines jaunes. — *Cereus flavispinus* Salm-Dyck, Obs. 1822, p. 5. — Pfeiff. Enum. p. 22. — Tige simple, verte, 6-à 9-angulaire ; côtes obtuses ; aréoles rapprochées, garnies de laine blanche. Aiguillons-extérieurs 8 à 12, jaunâtres, étalés. Aiguillons-centraux 3 ou 4, divergents, roux, plus longs que les extérieurs : le supérieur très-long, dressé. — Tige haute de 1

à 5 pieds. Aiguillons longs de 4 à 8 lignes. (*Pfeiffer, l. c.*) —
Amérique équatoriale.

CÉREUS DE HAWORTH. —*Cereus Haworthii* De Cand. — Pfeiff.
Enum. p. 82.— *Cactus Haworthii* Spreng.—Tige simple, 5-ou
6-angulaire ; sinus plans ; côtes comprimées, sinuolées, finalement oblitérées ; aréoles assez distancées, couvertes de laine
blanche. Aiguillons-extérieurs (en général 10) grêles, irrégulièrement rayonnants. Aiguillons-centraux 5 ou 4, roux, plus longs et
plus roides que les extérieurs.—Tige de 1 1/2 pouce à 2 pouces de
diamètre. Aréoles distancées de 4 à 5 lignes. Aiguillons presque
égaux, longs de 5 à 7 lignes. (*Pfeiffer, l. c.*) — Antilles.

CÉREUS DROIT. — *Cereus strictus* De Cand. — Pfeiff. Enum.
p. 85.—*Cactus strictus* Willd. Enum. Suppl.—Tige forte, 7-
ou 8-angulaire, d'un vert d'olive ; sinus larges, profonds ; côtes
un peu comprimées, sinuolées ; aréoles peu distancées, cotonneuses
(blanches), à peine laineuses. Aiguillons droits, roides, d'un
brun roux, finalement grisâtres : les extérieurs 8 ; les centraux
4, plus longs. — Tige de 2 à 5 pouces de diamètre ; aréoles distancées de 4 à 5 lignes. Aiguillons presque égaux, longs de 6 à 8
lignes. (*Pfeiffer, l. c.*) — Amérique équatoriale.

CÉREUS NOIR. — *Cereus niger* Salm-Dyck, Obs. 1822, p. 4.
— Pfeiff. Enum. p. 85. — *Cactus niger* Spreng. Syst. — Tige
simple, 6-à 8-angulaire, d'un vert noirâtre au sommet, finalement noire ; côtes un peu comprimées, subcrénelées ; aréoles
rapprochées, légèrement proéminentes, blanchâtres, peu laineuses.
Aiguillons droits, inégaux, grêles, roux : les extérieurs 6 à 8,
divariqués ; les centraux 2 ou 5, plus longs. — Tige haute de 4
à 5 pieds, sur 2 pouces de diamètre. Aréoles distancées de 2 à 4
lignes. Aiguillons longs de 5 à 8 lignes. (*Pfeiffer, l. c.*) — Amérique équatoriale.

CÉREUS JAUNATRE. — *Cereus lutescens* Salm-Dyck, ex Pfeiff.
Enum. p. 84. — Tige verte, 6-ou 7-angulaire ; sinus un peu aigus ; côtes sinuolées ou non-sinuolées, comprimées ; crête un peu
obtuse ; aréoles assez distancées, peu proéminentes, d'un jaune

grisâtre ; laine peu abondante. Aiguillons droits, roides, grêles,
jaunes : les extérieurs 10 à 12, inégaux ; les centraux 4 à 6, 1
fois plus longs et plus gros. (*Pfeiffer*, *l. c.*) —Patrie inconnue.

CÉREUS CRÉNELÉ. — *Cereus crenulatus* Salm-Dyck, Obs. Bot.
1822, p. 6. — Pfeiff. Enum. p. 84.— *Cactus Royeni* Willd. —
Tige 9-angulaire, d'un vert grisâtre ; sinus aigus ; côtes un peu
comprimées, crénelées; aréoles assez rapprochées, grandes, cotonneuses-grisâtres, garnies de laine pendante. Aiguillons droits,
roides, grisâtres, noirs au sommet : les extérieurs 9 à 12, les
supérieurs minimes ; les centraux solitaires, 1 fois plus longs. —
Aiguillons-centraux longs de 8 à 12 lignes. (*Pfeiffer*, *l. c.*) —
Amérique méridionale.

CÉREUS A AIGUILLONS BLANCS.—*Cereus albispinus* Salm-Dyck,
Obs. Bot. 1822, p. 5. — Pfeiff. Enum. p. 85. — Tige simple
(rarement rameuse à la base), 8-à 10-angulaire, d'un vert grisâtre ; sinus finalement oblitérés ; côtes obtuses ; aréoles rapprochées, cotonneuses-grisâtres. Aiguillons droits, roides, grêles,
blancs, noirâtres au sommet : les extérieurs 10 à 13 ; les centraux
2 à 4, plus longs. Tige haute de 4 à 5 pieds, sur 3 pouces de diamètre, entièrement laineuse étant jeune. (*Pfeiffer. l. c.*) —
Amérique méridionale.

CÉREUS BLEUATRE. — *Cereus cœrulescens* Salm-Dyck, Hort.
Dyck. p. 535. —Pfeiff. Enum. p. 85. — *Cereus Æthiops*
Haw. —Tige atténuée, 8-angulaire, bleuâtre ; côtes obtuses ;
aréoles rapprochées. Aiguillons blancs ou noirs, sétacés, accompagnés de coton noir ; les extérieurs 12, rayonnants ; les centraux 3 ou 4 ; le supérieur souvent plus fort.—Aréoles distancées
de 8 à 10 lignes. Aiguillons-externes longs de 3 à 5 lignes. Aiguillons-centraux longs de 8 à 10 lignes. (*Pfeiffer*, *l. c.*)—Brésil.

CÉREUS AZURÉ. — *Cereus azureus* Parm. ex Pfeiff. Enum. p.
86.—Tige atténuée, 6-angulaire, couverte d'une poussière bleue ;
côtes obtuses, sinuolées ; sinus pointus ; aréoles distancées, garnies
de coton brun et de laine grise. Aiguillons-extérieurs 8, rayon-

nants, blancs, sphacélés au sommet. Aiguillons-centraux 1 à 5, plus forts, bruns. (*Salm-Dyck* et *Pfeiffer*, *l. c.*) — Brésil.

b) *Aréoles nues ou cotonneuses, mais sans laine.*

CÉREUS DU CHILI. — *Cereus chilensis* Colla, Hort. Ripul. 2, p. 542.—Tige dressée, grosse, simple, 10-à 12-angulaire, verte; sinus peu apparents; côtes arrondies; aréoles distancées, oblongues, grandes. Aiguillons 8 à 10, forts, d'un blanc roussâtre, droits, divariqués, inégaux, accompagnés d'un coton gris très-court; les centraux solitaires ou géminés, très-forts, coniques, bruns. — Tige haute de 2 pieds, sur 3 ¹/₂ pouces de diamètre. Aréoles distancées de 6 lignes. Aiguillons-centraux longs de 1 pouce. (*Pfeiffer, l. c.*)

CÉREUS ÉTOILÉ. — *Cereus stellatus* Pfeiff. Enum. p. 87. — Tige dressée, forte, 9-angulaire, d'un vert gai; sinus aigus; côtes comprimées, obtuses, obsinuolées; aréoles rapprochées, enfoncées, cotonneuses-blanches. Aiguillons blancs, droits, roides : les extérieurs 8 à 10, grêles; les centraux 4 à 6, plus grands; le supérieur très-grand (long d'environ 1 pouce). (*Pfeiffer, l. c.*) — Mexique.

CÉREUS DU PRINCE DE SALM-DYCK. — *Cereus Dyckii* Martius, ex Pfeiff. Enum. p. 87. — Tige dressée, 8-angulaire, verte; sinus larges, aigus; côtes verticales, subcomprimées, à peine sinuolées; aréoles presque enfoncées, ovales, cotonneuses, grisâtres. Aiguillons-extérieurs 10 ou 11, courts, blancs, roides, très-étalés. Aiguillons-centraux 5 (l'inférieur plus long), blancs, roussâtres aux 2 bouts. (*Pfeiffer, l. c.*) — Mexique.

CÉREUS DU PÉROU. — *Cereus peruvianus* De Cand. Plantes grasses, tab. 58. — Pfeiff. Enum. p. 88. — *Cactus hexagonus* Willd. Enum. Suppl. —Tige dressée, grosse, très-élancée, d'un vert foncé, finalement rameuse, 5-à 8-angulaire; sinus larges, finalement oblitérés; côtes verticales, peu ou point sinuolées; aréoles rapprochées. Aiguillons bruns, roides, accompagnés d'un coton gris; les extérieurs 6 à 8; les centraux 1 à 5, un peu plus

longs. — Tige atteignant 40 pieds de haut. Aiguillons longs de 4
à 8 lignes. — Fleurs solitaires, blanches, nocturnes, larges de 5
pouces, longues de 6 pouces. Tube vert, glabre. Sépales d'un
pourpre sale. Pétales bisériés, subacuminés. (*Pfeiffer, l. c.*) —
Amérique méridionale.

CÉREUS MONSTRUEUX. — *Cereus monstruosus* De Cand. Rev.
p. 42, tab. 11. — *Cereus peruvianus* β : *monstruosus* Pfeiff.
Enum. p. 88. — *Cactus abnormis* Willd. Enum. — Tige
grosse, rameuse, irrégulièrement costée et tuberculeuse ; aréoles
tantôt très-rapprochées, tantôt distancées, cotonneuses-grises. Aiguillons courts, droits, bruns ; les extérieurs 6 à 8 ; les centraux
solitaires ou géminés, un peu plus longs. (*Pfeiffer, l. c.*) —
Amérique méridionale.

CÉREUS D'IVOIRE. — *Cereus eburneus* Salm-Dyck, Obs. Bot.
1822, p. 6. — *Cactus eburneus* Link, Enum. — *Cactus peruvianus* Willd. Enum. — Tige dressée, simple, glaucescente,
7-ou 8-angulaire; sinus plans ; côtes obtuses ; aréoles subdistancées, ovales, grisâtres, nues. Aiguillons roides, d'abord pourpres,
plus tard d'un blanc d'ivoire, noirs au sommet ; les externes 8 à
10 , rayonnants ; les centraux solitaires (rarement ternés).
(*Pfeiffer, Enum.* p. 90.) — Amérique méridionale.

CÉREUS HÉRISSON. — *Cereus hystrix* Salm-Dyck, Obs. 1822,
p. 7. — Pfeiff. Enum. p. 91. — Tige dressée, d'un vert brunâtre, luisante, 8-ou 9-angulaire; côtes assez aiguës ; aréoles
proéminentes, arrondies, cotonneuses-grises. Aiguillons roides,
droits, à bandes alternativement blanches et brunes ; les externes
9 ou 10 (les supérieurs minimes) ; les centraux 5 ou 4, plus
forts. — Aréoles distancées de 5 à 4 lignes Aiguillons-externes
longs de 5 à 6 lignes. Aiguillons-centraux longs de 8 à 10 lignes.
(*Pfeiffer, l. c.*) — Antilles.

CÉREUS BLANCHATRE. — *Cereus candicans* Gillies, in Salm-
Dyck, Hort. Dyck. — Pfeiff. Enum. p. 91. — Tige dressée,
d'un vert pâle, 9-ou 10-angulaire ; côtes larges, obtuses ; aréoles
larges, couvertes de coton blanc. Aiguillons couleur de paille :

les externes 9 ou 10, rayonnants ; les centraux 4, plus forts, l'inférieur très-fort. — Aréoles distancées de 4 lignes. Aiguillons longs de 1 ½ pouce. (*Pfeiffer, l. c.*) — Mendoza.

Céreus a fleurs dentelées. — *Cereus serruliflorus* Haw. — Pfeiff. Enum. p. 92. — *Cereus fimbriatus* De Cand. Prodr. — Tige dressée, simple, 8-angulaire ; côtes comprimées-arrondies, subsinuolées ; aréoles distancées. Aiguillons 12 à 15, rayonnants. — Fleurs tubuleuses, larges de 3 pouces. Tube écailleux, long de 4 ½ pouces. Pétales bisériés : les intérieurs dentelés. Fruit conique, obtus, écailleux, inerme. (*Pfeiffer, l. c.*) — Antilles.

Céreus a grands aiguillons. — *Cereus grandispinus* Haw. — Pfeiff. Enum. p. 92. — *Cactus fimbriatus* Lam. Dict. — Tige très-élancée, simple, grosse, 8-angulaire ; côtes obtuses, ondulées ; sinus anguleux ; aréoles subdistancées, grandes. Aiguillons 10 à 14, très-forts, subulés, presque droits, irrégulièrement rayonnants, longs de 2 pouces. — Fleurs à tube très-court, Pétales fimbriés, peu nombreux. Fruit pomiforme, spinelleux. (*Pfeiffer, l. c.*) — Antilles.

Céreus sinuolé. — *Cereus repandus* Haw. Syn. — Pfeiff. Enum. p. 93. — *Cactus repandus* Linn. — *Cereus gracilis* Mill. Dict. — Bot. Reg. tab. 536. — *Cactus Royeni* De Cand. Plant. grass. tab. 143. — Tige dressée, élancée, simple, verte, 8-ou 9-angulaire ; sinus aigus, subondulés ; aréoles subdistancées, cotonneuses-blanches. Aiguillons presque égaux, courts, roides, blancs : les externes 7 ou 8 ; les centraux géminés. — Tige haute de 3 à 4 pieds ou plus, sur 1 ¼ à 1 ½ pouce de diamètre. Aréoles distancées de 8 lignes. Aiguillons longs de 4 à 5 lignes. Fleurs obliquement dressées, blanches, larges de 5 pouces, fugaces. Tube long de 3 ½ pouces, roussâtre, inerme, parsemé d'écailles vertes poilues. Sépales linéaires, d'un brun roux. Pétales bisériés, lancéolés : les extérieurs d'un vert roussâtre, les intérieurs d'un blanc pur. Fruit obové, long de 2 pouces, jaunâtre, tuberculeux, et garni d'écailles poilues. (*Pfeiffer, l. c.*) — Antilles.

Céreus subsinuolé. — *Cereus subrepandus* Haw. Syn. — Pfeiff. Enum. p. 95. — Tige dressée, 8-à 12-angulaire; sinus aigus ; côtes obtuses, rapprochées, enflées sous les aréoles ; aréoles rapprochées. Aiguillons (accompagnés d'un coton très-court) 6 à 8, inégaux, blanchâtres, noirs au sommet, divergents : les centraux soit solitaires et à peine plus longs, soit nuls. — Tige de 1 ½ pouce de diamètre. Aréoles distancées de 5 lignes. Aiguillons longs de 6 à 8 lignes. Fleurs très-grandes. Tube long de 7 à 8 pouces, subhorizontal, roussâtre, garni d'écailles allongées, vertes. Sépales linéaires, d'un vert roussâtre. Pétales plus larges, d'un blanc pur. Fruit obové, jaune, tuberculeux, écailleux, long de 2 ½ pouces. (*Pfeiffer, l. c.*) — Antilles.

Céreus lanigère. — *Cereus eriophorus* Hort. Berol. ex Pfeiff. Enum. p. 94. — Tige dressée, simp'e, très-verte, 8-angulaire; sinus d'abord aigus, plus tard oblitérés ; côtes obtuses, sinuolées ; aréoles distancées, ovales, blanches. Aiguillons droits, aciculaires, blancs, noirs au sommet, accompagnés d'un coton très-court ; les extérieurs 8 ; les centraux solitaires, un peu plus longs. — Tige de 1 ½ pouce de diamètre. Côtes larges de 4 lignes. Aréoles distancées d'environ 1 pouce. Aiguillons longs de 4 à 8 lignes. Fleurs inodores, nocturnes, blanches. Tube obliquement dressé, long de 4 pouces, écailleux ; écailles vertes, laineuses. Sépales étroits, acuminés, d'un rouge brunâtre. Pétales bisériés : les extérieurs lancéolés, verdâtres ; les intérieurs acuminés, plus larges, d'un blanc pur. (*Pfeiffer, l. c.*) — Cuba.

Céreus ondé. — *Cereus undatus* Hort. Berol. ex Pfeiff. Enum. p. 94. — Tige dressée, grêle, 10-angulaire, d'un vert foncé ; côtes obtuses, ondulées ; aréoles rapprochées, blanchâtres. Aiguillons roides, droits : les externes 6 à 8, blanchâtres ; les centraux 3 à 4, plus longs, roussâtres. — Tige de 6 à 9 lignes de diamètre. Aréoles distancées de 6 lignes. Aiguillons longs de 4 à 8 lignes. Fleurs grandes, solitaires, blanches, larges de 5 pouces. Tube long de 5 pouces, subhorizontal, vert, écailleux. Sépales longs, linéaires, jaunâtres, très-étalés. Pétales plus larges, d'un blanc pur, denticulés au sommet. Fruit obové, jaune, long

de 1 ¹/₂ pouce, subtuberculeux, garni d'écailles poilues. (*Pfeiffer,
l. c.*) — Patrie inconnue.

CÉREUS DIVERGENT. — *Cereus divergens* Hort. Berol. ex
Pfeiff. Enum. p. 95. — Tige dressée, 9-angulaire : sinus subai-
gus ; côtes obtuses, sinuolées ; aréoles distancées, laineuses-in-
canes. Aiguillons nombreux, grêles, blancs, roides : 5 plus
grands, divergents, jaunâtres ; 1 central, très-grand, dressé,
roussâtre. — Tige de 1 ¹/₄ pouce de diamètre. Aréoles distancées
de ¹/₂ pouce. Aiguillons-centraux longs de 1 ¹/₂ pouce à 2 pouces.
(*Pfeiffer, l. c.*) — Haïti.

CÉREUS DIVARIQUÉ. — *Cereus divaricatus* De Cand. Prodr.
— Pfeiff. Enum. p. 95. — *Cactus divaricatus* Lamk. Dict.
— Tige dressée, 9-angulaire ; sinus aigus, ondulés ; côtes obtuses, obsinuolées, finalement oblitérées ; aréoles petites, sub-dis-
tancées, légèrement cotonneuses. Aiguillons presque égaux : les
extérieurs 8 à 10, blancs ; les centraux 4, plus longs, roussâtres.
(*Pfeiffer, l. c.*) — Haïti.

　　　c) Aréoles gemmiformes, rapprochées, parfois confluentes.

CÉREUS MARGINÉ. — *Cereus marginatus* De Cand. Rev. p. 116.
—Pfeiff. Enum. p. 97.—Tige simple, ou subrameuse au sommet, dressée, d'un vert foncé, obtuse au sommet ; côtes 5 à 7,
verticales ; sinus aigus ; crête obtuse ; aréoles ovales, confluentes,
cotonneuses (rousses ou blanches). Aiguillons 7 à 9, coniques,
roides, gris, courts : le central à peu près conforme aux autres.
(*Pfeiffer, l. c.*) — Mexique.

C. *Tige simple, ou rameuse à la base, dressée, 4-ou 5-sul-
　　　quée ; aréoles nues ou laineuses.*

CÉREUS JAMACARU. — *Cereus Jamacaru* Salm-Dyck, Hort.
p. 556. — Pfeiff. Enum. p. 98. — Tige glauque ou bleuâtre,
élancée, 4-ou 5-angulaire ; côtes comprimées, obsinuolées ; sinus
larges. Aréoles larges, cotonneuses-grises. Aiguillons d'un brun
roux : les externes 7 à 9, rayonnants ; les centraux 4, forts, très-
roides.—Tige de 4 à 5 pouces de diamètre. Aréoles distancées

d'environ 1 pouce. Aiguillons-centraux longs de 1 à 1 ¹/₂ pouce. (*Pfeiffer, l. c.*) — Brésil.

Céreus tétragone. — *Cereus tetragonus* Haw. Syn. — Pfeiff. Enum. p. 99. — *Cactus tetragonus* Linn. — Tige dressée, longue, tétragone, verte, très-rameuse ; rameaux latéraux et basilaires, verticalement ascendants, en général 4-gones ; sinus plans ; côtes comprimées, transversalement plissées ; aréoles rapprochées, à peine laineuses. Aiguillons grêles, roussâtres, inégaux : les externes 7 ou 8 ; les centraux solitaires, à peine plus longs. — Tige et rameaux de 1 ¹/₂ pouce à 5 pouces de diamètre. Aréoles distancées de 2 à 4 lignes. Aiguillons longs de 3 à 4 lignes. (*Pfeiffer, l. c.*) — Amérique méridionale.

Céreus vert. — *Cereus virens* De Cand. Rev. p. 116. — Pfeiff. Enum. p. 99. — Tige simple, 5-angulaire ; sinus aigus, finalement plans ; côtes arrondies ; aréoles subdistancées, rousses, à peine proéminentes, laineuses. Aiguillons 4 ou 5, subulés, roux, très-courts, défléchis ; les centraux solitaires, horizontaux, roides, d'un brun roux. — Tige de 1 ¹/₂ pouce de diamètre. Aréoles distancées de 7 lignes. Aiguillons-inférieurs longs de 1 à 2 lignes. Aiguillons-centraux longs de 1 pouce. (*Pfeiffer, l. c.*) — Mexique.

Section III. (*Polylophi* Pfeiff. Enum. p. 101.)

Tige basse, charnue, flasque, subrameuse, tuberculeuse ; tubercules confluents en 5 à 8 côtes.

Céreus cendré. — *Cereus cinerascens* De Cand. Rev. p. 116. — Pfeiff. Enum. p. 101. — Tige simple, dressée, d'un vert cendré ; côtes 7 ou 8, obtuses, tuberculeuses ; sinus étroits ; aréoles convexes et veloutées étant jeunes. Aiguillons 14, blancs, sétacés, roides : 10 externes, rayonnants ; 4 centraux, plus longs, un peu divergents, souvent d'un brun roux. — Tige haute de 8 à 10 pouces et plus, sur 2 pouces de diamètre. Aréoles distancées de 5 à 6 lignes. Aiguillons-externes longs de 6 à 9 lignes. Aiguillons-centraux longs de 1 pouce. (*Pfeiffer, l. c.*) — Mexique.

CÉREUS A CINQ CRÊTES.—*Cereus pentalophus* De Cand. Rev. p. 117. — Pfeiff. Enum. p. 101. — Tige dressée, obtuse, d'un vert cendré; côtes 5, verticales, obtuses; faisceaux rapprochés; aréoles cotonneuses étant jeunes. Aiguillons 5 à 7, sétacés, divergents : les jeunes d'un jaune blanchâtre; les adultes gris. (*Pfeiffer, l. c.*) — Mexique.

SECTION IV. (*Opuntiacei* Pfeiff. Enum. p. 102.)

Tige articulée, diffuse; articles ovés ou subglobuleux, tuberculeux, aréolés.

CÉREUS MONILIFORME. — *Cereus moniliformis* De Cand. Rev. p. 60. — Pfeiff. Enum. p. 102. — *Cactus moniliformis* Linn. — Plum. ed. Burm. tab. 198. — Procombant. Articles globuleux, diffus. Aréoles rapprochées. Aiguillons allongés, subulés, très-acérés, solitaires, ou 3 à 5 divergents.—Articles de 12 à 15 lignes de diamètre. Fleurs solitaires sur les articles-supérieurs, rouges, à tube écailleux, long de 1 ½ pouce. Corolle de 1 ½ pouce de diamètre. Fruit rouge, écailleux, du volume d'un œuf de pigeon. (*Pfeiffer, l. c.*) — Haïti.

CÉREUS OVOÏDE. — *Cereus ovatus* Pfeiff. Enum. p. 102. — Articles gros, ovés, glauques, glabres, subtubéreux; aréoles cotonneuses, distancées, situées au sommet des tubercules. Aiguillons biformes : 8 à 10 courts, sétacés, roux, débordant à peine le coton; et 2 à 6 inégaux, forts, divergents, droits, denticulés, noirâtres ou grisâtres. — Articles longs de 2 pouces, sur 1 ½ pouce à 2 pouces de diamètre, latéraux et terminaux sur une tige globuleuse. Grands aiguillons longs de 2 à 2 ½ pouces. Petits aiguillons longs de 4 à 6 lignes. (*Pfeiffer, l. c.*) — Mendoza.

CÉREUS ARTICULÉ.—*Cereus articulatus* Pfeiff. Enum. p. 105. — *Opuntia articulata* Hort. Berol. —Articles oblongs-globuleux, glaucescents, aréolés, subtuberculeux. Aréoles disposées en séries subverticales, inermes, garnies de coton blanc très-court, et de soies brunes à peine plus longues. — Articles longs de

1 ¹/₂ pouce à 2 pouces, de 1 à 2 pouces de diamètre. (*Pfeiffer,
l. c.*) — Mendoza.

Céreus serpentant. — *Cereus serpens* De Cand. Prodr. —
Pfeiff. Enum. p. 103. — *Cactus serpens* Kunth, in Humb. et
Bonpl. — Rampant, rameux, subanguleux; articles 6-angu-
laires, garnis d'aiguillons terminaux. — Fleurs tubuleuses, carnées. Pétales 8 à 12, pointus. (*Pfeiffer, l. c.*) — Quito.

SECTION V. (*Protracti* Pfeiff. Enum. p. 104.)

Tige presque dressée, semblable à celle des *Cereastrum,*
　　mais sans aiguillons, subarticulée; articles allongés, non
　　radicants.

A. *Multi-angulaires.*

Céreus Serpent. — *Cereus serpentinus* Lag. Anal. 1801, p.
261. — Link et Otto, Ic. tab. 42. — De Cand. Rev. tab. 12.
— Pfeiff. Enum. p. 104. — Tige presque dressée, flexueuse,
subgrimpante, finalement rameuse, 11-angulaire, verte; sinus
bientôt oblitérés; côtes comprimées, obtuses, presque rectilignes;
aréoles assez rapprochées, petites, cotonneuses-blanches. Aiguillons droits, très-grêles, assez roides, d'abord roses, finalement
blancs ou d'un brun roux; les extérieurs 9 à 12; les centraux
solitaires. — Tige atteignant 16 pieds de haut ou plus, sur
1 ¹/₂ à 1 ³/₄ pouce de diamètre. Aréoles distancées de 5 à 6 lignes. Aiguillons longs de 5 à 6 lignes. Fleurs grandes, larges de
6 à 7 pouces. Tube long de 5 pouces, vert, glabre, parsemé
d'écailles rouges poilues. Sépales d'un vert d'olive. Pétales-externes rougeâtres, acuminés. Pétales-internes d'un blanc pur,
dentés au sommet. (*Pfeiffer, l. c.*) — Mexique.

Céreus douteux. — *Cereus ambiguus* De Cand. Prodr. —
Cactus ambiguus Bonpl. Nav. tab. 56. — Reichenb. Icon.
Exot. tab. 179. — Tige longue, dressée, à 9 ou 11 angles très-
obtus; soies spinescentes, plus longues que la laine. Tube de la
fleur sétifère à sa base. — Fleurs très-semblables à celles de
l'espèce précédente. (*Pfeiffer, Enum.* p. 104.) — Patrie inconnue.

Céreus polygone. — *Cereus polygonus* De Cand. Prodr. — Pfeiff. Enum. p. 105. — *Cactus polygonus* Lamk. Dict. — Plum. ed. Burm. tab. 196. — Tige dressée, subarticulée, sub-11-angulaire, finalement rameuse ; côtes comprimées, verticales ; sinus érosés ; aréoles grandes, rapprochées. Aiguillons 10 à 16, grêles, droits, rayonnants, grisâtres. — Fleurs blanches, longues de 5 pouces, larges de 2 pouces. (*Pfeiffer, l. c.*) — Haïti.

B. *Tige dressée, 3-à 5-angulaire ; articles allongés, à côtes obtuses.*

Céreus obtus. — *Cereus obtusus* Haw. Rev. p. 70. — Pfeiff. Enum. p. 105. — Tige triangulaire, d'un vert gai ; côtes obtuses ; faisceaux d'aiguillons très-distancés. Aiguillons roux, accompagnés d'un coton brun : 4 rayonnants ; 1 central, allongé, dressé. (*De Cand. Prodr.*) — Tronc de 2 pouces de diamètre. Aréoles distancées au moins de 1 pouce. Aiguillons longs de 5 à 8 lignes. Fleurs diurnes, blanches, larges de 4 1/2 pouces. Tube long de 6 à 7 pouces, d'un vert jaunâtre, parsemé d'écailles lancéolées. Sépales verts, réfléchis, linéaires-lancéolés, longs d'environ 1 pouce. Pétales bisériés ; les extérieurs d'un vert pâle ; les intérieurs longs de 2 pouces, larges de 8 lignes, étalés, d'un blanc pur, denticulés au sommet. (*Pfeiffer, l. c.*) — Brésil.

Céreus variablé. — *Cereus variabilis* Pfeiff. Enum. p. 105. — *Cactus Pitajaya* Jacq. Amer. p. 151. — *Cereus Pitajaya* De Cand. Prodr. — Plum. ed. Burm. tab. 199, fig. 1 — *Cereus undulosus* De Cand. Rev. — Plum. ed. Burm. tab. 194. — *Cereus lætevirens* Salm-Dyck. — Tige presque dressée, subarticulée, simple, ou rameuse à la base, verte, ou glaucescente ; côtes 3 à 5, subcomprimées, obsinuolées ; aréoles plus ou moins distancées, cotonneuses (blanches ou d'un brun roux), peu laineuses. Aiguillons droits, roides : 6 à 8 externes ; 1 ou 2 centraux, blancs, ou jaunâtres, ou noirâtres. — Tige de 1 1/2 à 5 pouces de diamètre. Aréoles distancées de 4 à 8 lignes. Aiguillons longs de 4 à 12 lignes. (*Pfeiffer, l. c.*) — Mexique. Antilles. Amérique méridionale.

CÉREUS PANICULÉ. — *Cereus paniculatus* De Cand. — Pfeiff.
Enum. p. 107. — *Cactus paniculatus* Lam. Dict. — Plum. ed.
Burm. tab. 192. — Tige dressée. Rameaux terminaux, paniculés, tétragones, articulés à la base. Aiguillons courts, fasciculés.
— Fleurs blanches, striées de rouge; tube long, garni d'écailles
ciliées. Pétales arrondis au sommet. Fruit pomiforme, tubércu-
leux, jaunâtre. (*Pfeiffer, l. c.*) — Haïti.

C. *Tige presque dressée. Rameaux en général diffus, grêles,
5-à 5-gones; côtes comprimées.*

CÉREUS ACUTANGULÉ. — *Cereus acutangulus* Hort. Berol. ex
Pfeiff. Enum. p. 107. — Subarticulé, 4-angulaire, très-vert,
luisant; côtes très-comprimées, obsinuolées, enflées autour des
aréoles; sinus larges, profonds, finalement plans; aréoles distancées, transversalement elliptiques. Aiguillons accompagnés d'un
coton court, roussâtre; les externes 4 à 6 (les 2 inférieurs toujours minimes), rayonnants; les centraux en général solitaires,
subulés, grisâtres. — Tige de 1 1/2 pouce de diamètre. Aréoles
distancées de 4 à 5 lignes. Aiguillons-externes longs de 3 à 5
lignes, les inférieurs de 1 à 1 1/2 ligne. Aiguillons-centraux longs
de 5 à 8 lignes. (*Pfeiffer, l. c.*) — Mexique.

CÉREUS TRANSPARENT. — *Cereus pellucidus* Hort. Berol. ex
Pfeiff. Enum. p. 108. — Tige rameuse à la base, 5-angu'aire,
d'un vert transparent; côtes acérées et presque membranacées
étant jeunes, plus tard obtuses, obsinuolées, enflées au-dessous
des aréoles; aréoles presque nues. Aiguillons droits, d'abord d'un
jaune vif, plus tard roux; les externes 9, rayonnants; les centraux solitaires, plus longs. — Tige de 1 à 1 1/2 pouce de diamètre. Aréoles distancées de 4 à 5 lignes. Aiguillons-centraux
longs d'environ 1 pouce. (*Pfeiffer, l. c.*) — Cuba.

CÉREUS PRINCE. — *Cereus princeps* Pfeiff. Enum. p. 108. —
Tige rameuse, subarticulée, 5-à 5-angulaire; sinus plans; côtés
comprimées, enflées sous les aréoles; aréoles subdistancées, accompagnées d'un coton blanc très-court. Aiguillons jaunâtres ou
blancs: les centraux 5; les externes 7 ou 8 (le supérieur très-

court ou nul). — Tige de 1 à 1 ¼ pouce de diamètre. Aréoles
distancées de 4 à 5 lignes. Aiguillons-centraux longs de 6 à 8 lignes. (*Pfeiffer*, *l. c.*) — Patrie inconnue.

CÉREUS DE BONPLAND. — *Cereus Bonplandii* Parm. ex Pfeiff.
Enum. p. 108. — Tige subarticulée, 4-ou 5-angulaire, glaucescente; côtes subrectangulaires; crêtes obtuses, ondulées; aréoles
subdistancées. Aiguillons roides, d'un blanc d'ivoire, épaissis à
la base, noirâtres aux 2 bouts, accompagnés d'un coton gris très-
court; les centraux solitaires; les externes 5 ou 6, inégaux : les
2 supérieurs plus grands, les 5 ou 4 inférieurs très-courts et très-
grêles. — Tige de 1 ¼ pouce de diamètre. Aréoles distancées de
6 à 7 lignes. Aiguillons-centraux longs d'environ 1 pouce.
(*Pfeiffer*, *l. c.*) — Brésil.

CÉREUS PENTAGONE. — *Cereus pentagonus* Haw. Syn. —
Pfeiff. Enum. p. 109. — *Cactus pentagonus* Linn. — *Cactus
prismaticus* et *Cactus reptans* Willd. — *Cereus reptans* et
Cereus prismaticus Haw. Suppl. — Articulé, très-rameux,
presque dressé. Rameaux 5-à 5-gones (rarement 6-ou 7-gones);
sinus larges; côtes subcomprimées, subsinuolées, finalement oblitérées; aréoles plus ou moins distancées, cotonneuses-blanches.
Aiguillons des rameaux robustes, roides, noirâtres, plus tard
blanchâtres; les externes 5, rayonnants; les centraux solitaires.
Aiguillons des rameaux grêles, bruns, sétacés : les externes 6 ou
7, rayonnants; les centraux solitaires. — Tige de 4 à 8 lignes de
diamètre. Aiguillons longs de 3 à 4 lignes. (*Pfeiffer*, *l. c.*)—
Amérique équatoriale.

CÉREUS DÉLICAT. — *Cereus tenellus* Salm-Dyck, ex Pfeiff.
Enum. p. 109. — Tige articulée, presque dressée, 4-ou 5-gone,
grêle; sinus plans; côtes subcomprimées; aréoles rapprochées,
nues. Aiguillons 5 ou 4, sétiformes, bruns, courts, divariqués;
les supérieurs apprimés. — Tige de 4 à 6 lignes de diamètre.
Aréoles distancées de 4 à 5 lignes. Aiguillons longs de 5 à 4 lignes. (*Pfeiffer*, *l. c.*) — Brésil.

SECTION VI. (*Repentes*, Pfeiff. Enum. p. 110.)

Tige subarticulée; rameaux longs, rampants, diffus, costés ou subtuberculeux, produisant des radicelles latérales.

A. *Multi-angulaires.*

CÉREUS DE MARTIUS. — *Cereus Martianus* Zuccar. ex Pfeiff.
Enum. p. 110. — Tige presque dressée, rameuse, 8-angulaire;
sinus assez larges; côtes à peine proéminentes; aréoles rapprochées, situées sur les tubercules des crêtes. Aiguillons-externes
6 à 8, sétiformes, blanchâtres (d'abord rouges), rayonnants; les
centraux 2 ou 5, roux, à peine plus grands. — Tige de 6 à 8
lignes de diamètre. Aréoles distancées de 4 lignes. Aiguillons
longs de 2 à 4 lignes. Fleurs larges de 2 à 2 ½ pouces; tube
long de 2 ½ pouces, rougeâtre, aréolé et poilu à la base. Pétales
lancéolés, pointus, rougeâtres : les extérieurs réfléchis ; les intérieurs environ 12, dressés, larges de 4 lignes. (*Pfeiffer, l. c.*)
— Mexique.

CÉREUS FLAGELLIFORME. — *Cereus flagelliformis* Mill. Dict.
— Pfeiff. Enum. p. 110. — *Cactus flagelliformis* Linn. —
De Cand. Plant. Gr. tab. 127.— Bot. Mag. tab. 17. — Trew,
Ehret. tab. 50. — Tige rampante, grêle, très-rameuse; rameaux
cylindriques, garnis de 10 à 12 séries de tubercules; aréoles à
peine cotonneuses; aiguillons courts, assez roides : les externes 8
à 12, roussâtres, disposés en étoile; les centraux 5 ou 4, bruns,
d'un jaune vif au sommet, un peu plus grands. — Rameaux de
8 à 10 lignes de diamètre, longs de 1 pied et plus, rampants, ou
pendants; aréoles distancées de 5 à 4 lignes. Aiguillons longs de
2 à 5 lignes; les jeunes rouges. Fleurs vernales, tubuleuses,
rouges, longues de 2 ½ à 5 pouces ; limbe large de 1 ¼ pouce.
Tube grêle; sépales poilus, d'un pourpre roussâtre. Pétales mucronulés : les extérieurs révolutés. Filets blanchâtres, saillants.
Fruit rouge, globuleux, de ½ pouce de diamètre. (*Pfeiffer, l. c.*)
— Amérique équatoriale.

CÉREUS FLAGRIFORME. — *Cereus flagriformis* Zucc. ex Pfeiff.

Enum. p. 111. — Rampant ; très-rameux ; rameaux 11-angulaires, verts ; sinus oblitérés ; côtes obtuses, tuberculeuses ; aréoles rapprochées. Aiguillons-externes 6 à 8, rayonnants, grêles, cornés. Aiguillons-centraux 4 ou 5, plus courts, plus roides, bruns. — Rameaux de 5 à 12 lignes de diamètre. Aréoles distancées de 2 à 5 lignes. Aiguillons-externes longs de 2 lignes. Aiguillons-centraux longs de 1 $\frac{1}{2}$ ligne. Fleurs longues de 4 pouces, larges de 5 pouces et plus. Tube rougeâtre, poilu, long de 1 $\frac{1}{2}$ pouce. Pétales 5-sériés, mucronés, écarlates, bleuâtres aux bords, réfléchis : les intérieurs larges de 5 lignes, disposés en forme de cloche. Étamines rougeâtres. (*Pfeiffer*, *l. c.*) — Mexique.

Céreus Petit Serpent. — *Cereus leptophis* De Cand. Rev. — Id. Mém. tab. 12. — Pfeiff. Enum. p. 112. — Subradicant, cylindracé, serpentant ; côtes 7 ou 8, très-obtuses, subsinuolées ; aréoles veloutées, toujours convexes. Aiguillons-externes 12 ou 15, sétacés, jaunâtres, étalés, rayonnants, à peine roides. Aiguillons-centraux 2 ou 5, presque dressés. — Plante semblable au *Cereus flagelliformc*, mais plus grêle. Fleurs sessiles, solitaires, longues de 2 $\frac{1}{2}$ pouces, larges de 2 pouces, d'un écarlate brillant. Tube garni de squamules poilues et de sépales lancéolés. Pétales oblongs, presque linéaires, réfléchis au sommet. Étamines plus courtes que les pétales ; filets d'un rose pâle. Style filiforme, plus long que les étamines. (*Pfeiffer*, *l. c.*) — Mexique.

B. *Quadri-à 7-angulaires*.

Céreus a grandes fleurs. — *Cereus grandiflorus* Mill. Dict. — Pfeiff. Enum. p. 115. — *Cactus grandiflorus* Linn. — De Cand. Plant. Gr. tab. 52. — Trew. Ehret. tab. 51 et 52. — Bot. Mag. tab. 5584. — Rampant ; diffus ; d'un vert pâle ; articles radicants, très-longs, flexueux, 5-ou 7-angulaires, à peine sillonnés, presque cylindriques. Aiguillons-externes 4 à 8, rayonnants, courts, jaunâtres ou blanchâtres, presque mutiques. Aiguillons-centraux 1 à 4, de la longueur des externes. — Rameaux de 6 à 10 lignes de diamètre. Aréoles distancées de 5 à 7 lignes. Aiguillons longs de 2 à 5 lignes. Fleurs nocturnes, fugaces, larges de 6 à 7 pouces, répandant une forte odeur de Vanille. Tube long de 6 pouces, d'un vert pâle, couvert d'écailles vertes, ciliées, allongées, d'un jaune orange au sommet. Sépales longs de 4 pouces, linéaires, pointus, très-étalés, d'un jaune orange. Pétales d'un blanc pur, longs de 5 pouces, plus larges que les sépales. Étamines nombreuses, blanches, aussi longues que le style. (*Pfeiffer, l. c.*) — Antilles.

CÉREUS NOCTURNE. — *Cereus nycticalus* Link, in Act. Soc. Hort. Boruss. X, p. 575; tab. 4. — Pfeiff. Enum. p. 115. — *Cereus pteranthus* Link. — *Cereus brevispinulus* Salm-Dyck. — Tige presque dressée, très-longue, articulée, radicante; articles diversiformes : les uns subcylindracés, à 4 ou 5 séries d'aréoles; les autres 4-à 6-gones; jeunes côtes acérées, finalement obtuses; aréoles tantôt distancées, tantôt rapprochées. Aiguillons 1 à 4, très-petits, roides, souvent caducs, entremêlés de quelques soies. — Rameaux de 8 à 12 lignes de diamètre. Aréoles distancées de 4 à 10 lignes. Aiguillons longs de 1 ligne à 2 lignes. Soies longues de 2 à 5 lignes. Fleurs semblables à celles du *Cereus grandiflorus*, mais plus grandes et inodores. Tube long de 7 pouces, horizontalement étalé, garni d'écailles d'un vert roussâtre, peu laineuses. Sépales très-étalés, linéaires, longs de 2 pouces à 4 $^1/_2$ pouces : les intérieurs rouges, les extérieurs d'un vert roussâtre. Pétales blancs, longs de 4 $^1/_2$ pouces, larges de 15 lignes, rétrécis à la base, cunéiformes, mucronés, obtus, connivents en forme de cloche. Étamines plus courtes que les pétales. Style un peu plus long que les étamines. (*Pfeiffer, l. c.*) — Mexique.

CÉREUS SPINELLEUX. — *Cereus spinulosus* De Cand. Rev. p. 117. — Pfeiff. Enum. p. 115. — Tige presque dressée, rameuse; rameaux divergents, 4-ou 5-angulaires; sinus plans; côtes subacérées, finalement obtuses; aréoles brunes, veloutées. Aiguillons-externes 6 à 8, cornés, assez roides, très-courts (les 2 inférieurs plus longs, plus grêles, jaunâtres). Aiguillons-centraux solitaires, de même longueur que les autres. — Tige de 5 à 6 lignes de diamètre. Aréoles distancées de 4 à 6 lignes. Aiguillons longs de 1 ½ ligne à 2 lignes. (*Pfeiffer, l. c.*) — Mexique.

CÉREUS NAIN. — *Cereus humilis* De Cand. Prodr. — Pfeiff. Enum. p. 115. — *Cereus gracilis* Salm-Dyck. — Tige presque dressée, rameuse, 4-ou 5-angulaire; côtes subacérées, sinuolées; aréoles presque nues. Aiguillons d'abord roux, plus tard blanchâtres: les externes 8 à 12; les centraux 4, un peu plus roides. — Tige de 1 pouce de diamètre. Aréoles distancées de 4 lignes. Aiguillons longs de 2 à 4 lignes. (*Pfeiffer, l. c.*) — Amérique équatoriale.

CÉREUS SÉTIGÈRE.—*Cereus setiger* Haw. in Philos. Mag. 1850, p. 109. — Pfeiff. Enum. p. 116. — Tige presque dressée, peu rameuse; rameaux 4-angulaires. Soies environ 20 par touffe; 5 à 5 linéaires, presque égales, rayonnantes, pâles. (*Pfeiffer, l. c.*) — Brésil.

C. *Tri-ou 4-angulaires. Côtes subacérées. Aréoles jeunes accompagnées d'une squamule charnue.*

a) *Articles triangulaires, à côtes aiguës. Fleurs blanches.*

CÉREUS TRIANGULAIRE. — *Cereus triangularis* Haw. Syn. — Pfeiff. Enum. p. 116. — *Cactus triangularis* Linn. — *Cereus compressus* Mill. Dict. — Bot. Reg. tab. 1807. — Plum. ed. Burm. tab. 200, fig. 1. — Tige presque dressée, radicante, articulée, d'un vert gai; articles larges, allongés; jeunes côtes très-fortement comprimées, presque ailées; deux des sinus peu profonds, le troisième presque plan; aréoles subdistancées, presque nues. Aiguillons 2 à 4, noirâtres, disposés presque en croix, courts, roides, un peu recourbés; l'inférieur très-long. — Articles longs de plus de 1 pied, larges de 2 à 5 pouces, parfois tordus: les vieux prismatiques, entièrement ligneux; aréoles distancées de 1 pouce. Aiguillons longs de 1 ligne à 2 lignes. Fleurs larges de 8 pouces. Tube vert, long de 6 pouces, sur 1 pouce de diamètre, garni d'écailles allongées, spathulées au sommet. Sépales d'un vert d'olive, lancéolés, très-étalés. Pétales bisériés, larges de 1 pouce, longuement acuminés, d'un blanc pur. Étamines jaunâtres. Style gros, beaucoup plus long que les étamines. Stigmates très-nombreux, d'un jaune orangé. Fruit nu, écarlate, de la forme et du volume d'un œuf d'oie. (*Pfeiffer, l. c.*)—Mexique. Antilles.

CÉREUS DE NAPOLÉON. — *Cereus Napoleonis* Graham, in Botan. Mag. tab. 5458. — Pfeiff. Enum. p. 117. — *Cereus triangularis major* Salm-Dyck. — Plum. ed. Burm. tab. 199, fig. 2. — Tige presque dressée, longuement articulée, verte; articles trigones, grêles; sinus plans; côtes acérées, ondulées, subtuberculées; aréoles distancées, à peine cotonneuses dans le haut des tubercules. Aiguillons 3 ou 4, inégaux, subulés, droits, noirs (l'inférieur en général très-long), accompagnés parfois de quelques soies blanches. — Articles longs de 1 pied et plus, sur 10 à 12 lignes de diamètre. Aréoles distancées de 6 à 8 lignes. Aiguillons longs de 4 à 8 lignes. Fleurs longues de 8 pouces, sur 6 pouces de diamètre. Tube long de 5 pouces, vert, garni d'écailles rouges. Sépales lancéolés-linéaires, d'un jaune verdâtre. Pétales d'un blanc pur, spathulés-lancéolés, crénelés au sommet. Étamines nombreuses, jaunes, plus courtes que la corolle. Style beaucoup plus long que les étamines, blanchâtre. Stigmates nombreux, étalés, jaunes. (*Pfeiffer, l. c.*) — Antilles.

CÉREUS TRIÈDRE. — *Cereus triqueter* Haw. Syn. — Pfeiff. Enum. p. 118. — *Cactus prismaticus* Desfont. Hort. Par. — Tige presque dressée, articulée, verte, triangulaire; sinus plans; côtes acérées, sinuolées; aréoles très-courtement cotonneuses, grisâtres. Aiguillons 4 à 6, roux, assez roides : les 2 ou 3 inférieurs plus grêles, blancs. — Tige et rameaux de 1 pouce de diamètre. Aréoles distancées de 6 lignes. Aiguillons longs de 2 lignes. (*Pfeiffer, l. c.*) — Amérique méridionale.

CÉREUS TRIGONE. — *Cereus trigonus* Haw. Syn. — Pfeiff. Enum. p. 118. — Plum. ed. Burm. tab. 200, fig. 2. — Rampant, trièdre; angles à peine canaliculés. Aiguillons 5 à 7, linéaires, étalés en étoile. (*Haworth, l. c.*) — Antilles.

CÉREUS TRIPTÈRE. — *Cereus tripterus* Salm-Dyck, in De

Cand. Prodr. 5, p. 468. — Pfeiff. Enum. p. 118. — Tige articulée, presque dressée, radicante, 5-ou 4-angulaire ; côtes fortement comprimées, subsinuolées ; fascicules rapprochés. Aiguillons égaux, blanchâtres, presque nus à la base : les externes 8, rayonnants ; les centraux 5, assez roides. — Articles de 10 à 15 lignes de diamètre. Aréoles distancées de 1 ligne à 5 lignes. Aiguillons longs de 1 ligne à 1. 1/2 ligne. (*Pfeiffer, l. c.*) — Patrie inconnue.

Céreus prismatique. — *Cereus prismaticus* Salm-Dyck, in De Cand. Prodr. 5, p. 469. — Pfeiff. Enum. p. 118. — Tige articulée, presque dressée, radicante, verte, triangulaire ; côtes sinuolées ; faisceaux d'aiguillons rapprochés. Aiguillons presque égaux, roux, accompagnés de coton d'un brun roux ; les supérieurs 7 à 10 (dont 5 ou 4 centraux); les inférieurs 5 à 6, plus grêles et plus courts. — Tige d'environ 1 pouce de diamètre. Articles souvent tordus, rarement 4-angulaires. Aréoles distancées de 5 lignes. Aiguillons-supérieurs longs de 2 à 5 lignes. (*Pfeiffer, l. c.*) — Amérique équatoriale.

Céreus a longs articles. — *Cereus extensus* Salm-Dyck, in De Cand. Prodr. 5, p. 469. — Pfeiff. Enum. p. 119. — Très-longuement articulé, radicant, vert, triangulaire ; côtes sinuolées, subacérées ; aréoles distancées, cotonneuses, rousses. Aiguillons roux, roides, légèrement recourbés, courts, 2 à 4 en croix (quelquefois accompagnés d'un aiguillon-central), accompagnés de quelques soies blanches en général caduques.— Articles longs de 1 pied et plus, sur 1 à 1 1/4 pouce de diamètre ; les vieux cylindriques. Aréoles distancées de 1 1/2 pouce. Aiguillons longs de 1 ligne à 5 lignes. Fleur longue de 1 pied, blanche, diurne, fugace, répandant une odeur agréable semblable à celle du *Datura suaveolens.* Tube droit, long de 5 à 6 pouces, dilaté dans le haut, d'un vert gai, garni d'écailles lancéolées, pointues, vertes dans le bas, rouges au sommet. Sépales larges de 2 1/2 à 5 lignes, linéaires, pointus, d'un jaune verdâtre. Corolle blanche, subcampaniforme. Pétales longs de 4 1/2 pouces, obcunéiformes, larges de 14 lignes au-dessous du sommet, obtus, mucronés. Filets blancs, plus courts

que les pétales. Anthères d'un jaune pâle. Style un peu plus long
que les étamines, d'un jaune très-pâle, terminé en 20 stigmates
subulés. (*Pfeiffer, l. c.*) — Patrie inconnue.

CÉREUS SÉTACÉ. — *Cereus setaceus* Salm-Dyck, in De Cand.
Prodr. 3, p. 469. — Pfeiff. Enum. p. 119. — Tige articulée,
presque dressée, radicante; articles triangulaires, allongés, divergents, d'un vert gai : les jeunes pourpres aux bords; aréoles à
peine convexes, cotonneuses, blanches. Aiguillons 2 à 4, roux,
grêles, roides, accompagnés de 8 à 10 soies plus longues et en
général apprimées. — Rameaux de ¹/₂ pouce à 1 pouce de diamètre. Aréoles distancées de 6 à 18 lignes. Aiguillons longs de
1 ligne à 2 lignes. Soies longues de 3 à 4 lignes. Fleur grande,
pendante. Tube long de 6 à 7 pouces, vert, parsemé de quelques
écailles inermes pourpres au sommet. Sépales longs de 4 à 5 pouces,
linéaires, verts. Corolle campaniforme, longue de 4 pouces. Pétales d'un blanc pur, larges, denticulés au sommet. Étamines
nombreuses, jaunâtres. Style d'un jaune vif, un peu plus long
que les étamines, 16-parti. (*Pfeiffer, l. c.*) — Brésil.

b) *Articles presque dressés, 3-ou 4-gones (rarement 5-gones).*
Fleurs grandes, écarlates.

CÉREUS MAGNIFIQUE. — *Cereus speciosissimus* De Cand. Rev.
p. 54. — Pfeiff. Enum. p. 120. — *Cactus speciosissimus* Desfont. in Mém. du Mus. 3, p. 190; tab. 9. — *Cactus speciosus*
Willd. — Colla, Hort. Ripul. tab. 10. — Bot. Reg. tab. 486 et
1596. — Reichenb. Icon. Exot. tab. 180. — Tige presque
dressée, très-rameuse; rameaux allongés, divergents, 3-ou 4-an-
gulaires, pourpres étant jeunes; côtes aiguës, dentées; aréoles convexes, cotonneuses, blanches. Aiguillons droits, presque égaux,
roides, d'abord roses, plus tard blanchâtres : 1 central; 6 ou
8 supérieurs, et 2 ou 3 inférieurs plus petits. — Tige et rameaux
longs de plus de 1 pied, sur 1 à 2 pouces de diamètre. Aréoles
distancées de ¹/₂ pouce 1 pouce. Aiguillons longs de 4 à 6 lignes.
Fleurs abondantes, durant 3 ou 4 jours. Tube long de 5 pouces,
vert, garni d'aréoles spinelleuses et d'écailles pourpres. Sépales
linéaires, d'un vert rougeâtre. Corolle large de 5 à 6 pouces,

Pétales bisériés, larges de 1 pouce, acuminés : les externes écarlates ; les internes d'un pourpre bleuâtre. Étamines très-nombreuses. Filets filiformes, fasciculés, écarlates en dessous. Anthères petites, blanchâtres. Style de la longueur des étamines, écarlate. Stigmates 8 à 10, blanchâtres. Fruit du volume d'un œuf de poule, d'un vert jaunâtre, légèrement spinelleux, rempli d'une pulpe acidule. (*Pfeiffer, l. c.*) — Mexique.

CÉREUS DE SCHRANK. — *Cereus Schrankii* Zuccar. in Pfeiff. Enum. p. 122. — Tige presque dressée, rameuse ; rameaux 3-ou 4-gones, verts, longs, grêles, divergents ; côtes subacérées, ciliolées ; aréoles distancées, convexes, cotonneuses, blanches. Aiguillons 6 à 8, droits, assez roides, roux, fasciculés, inégaux, accompagnés (à la base de l'aréole) de quelques soies parfois caduques. — Rameaux longs de 2 pieds, sur 5 à 6 lignes de diamètre. Aréoles distancées de 1 1/2 pouce à 2 pouces. Aiguillons longs de 2 à 5 lignes. Soies longues de 1 ligne à 2 lignes. Fleurs moins ouvertes que celles du *Cereus speciosissimus*, d'un écarlate tirant sur le jaune, jamais bleuâtre. Tube droit, long de 2 pouces, spinelleux. Corolle de 6 pouces de diamètre. Pétales-internes larges de 2 pouces, lancéolés, pointus. Filets rougeâtres. Anthères blanches. Style saillant, écarlate, à 8 stigmates allongés, blancs. (*Pfeiffer, l. c.*) — Mexique.

CÉREUS ÉCARLATE. — *Cereus coccineus* Salm-Dyck, in Pfeiff. Enum. p. 122. — Tige subdiffuse, rameuse, 5-ou 4-angulaire ; côtes dentées ; aréoles proéminentes, blanches, subcotonneuses. Aiguillons 4 à 6 supérieurs, très-courts, aciculaires, bruns ; 4 à 8 inférieurs, très-longs, sétacés. — Articles longs de 1 pied, sur 9 lignes de diamètre, souvent décombants. Aréoles distancées de 6 à 8 lignes. Aiguillons longs de 1 ligne. Soies longues de 5 lignes. Fleurs larges de 6 pouces. Tube long de 1 1/2 pouce, vert, spinelleux. Pétales bisériés, lancéolés, acuminés : les internes larges de 9 lignes, bleuâtres aux bords. Filets filiformes, rouges. Anthères blanches. Style écarlate, à 7 stigmates blancs. (*Pfeiffer, l. c.*) — Mexique.

SECTION VII. (*Alati* Pfeiff. Enum. p. 123.)

Tige et rameaux oblongs, rétrécis et cylindriques à la base, dilatés dans le haut, fortement comprimés, diptères aux bords. (*Pfeiffer, l. c.*)

CÉREUS D'ACKERMANN. — *Cereus Ackermanni* Pfeiff. Enum. p. 125. — *Epiphyllum Ackermanni* Haw. — Bot. Mag. tab. 1554. — Diffus, rameux. Rameaux allongés, d'un vert gai, laiés-membranacés dans le haut, à crénelures tuberculeuses ; interstices des crénelures fortement sinueux. Rameaux parfois 5-ou 4-angulaires à la base, sinuolés, hispides. — Fleurs écarlates, larges de 5 à 6 pouces, naissant aux crénelures latérales, durant plusieurs jours. Tube-calicinal long de 1 ½ pouce, vert, glabre, garni de quelques écailles rouges. Sépales étroits, roussâtres, peu nombreux. Pétales 12, plus larges, acuminés, d'un écarlate couleur de feu. Filets blancs vers la base, rouges dans le haut. Anthères blanches. Style aussi long que les étamines, rougeâtre, à 8 stigmates blancs. Fruit du volume d'un œuf de pigeon, glabre, pourpre. (*Pfeiffer, l. c.*) — Mexique.

CÉREUS FAUX-PHYLLANTHE. — *Cereus phyllanthoides* De Cand. Prodr.—Pfeiff. Enum. p. 124.—*Cactus phyllanthoides* De Cand. Cat. Hort. Monsp. — *Cactus speciosus* Bonpl. Nav. tab. 5. — Herb. de l'Amat. tab. 244. — Bot. Mag. tab. 2092. — Bot. Reg. tab. 504. — *Cactus alatus* Willd. Enum. — Colla, Hort. Ripul. tab. 20. — *Epiphyllum speciosum* Haw. Suppl. — *Cactus elegans* Link, Enum. — Diffus ; très-rameux ; rameaux adultes ligneux, cylindriques ; articles naissant de la base ou du sommet des rameaux, très-verts, foliacés, sinués-crénelés. — Fleurs roses, longues de 4 pouces, durant plusieurs jours. Tube vert, inerme, long de 1 ½ pouce, parsemé de squamules rougeâtres, réfléchies. Pétales-externes d'un rose vif, acuminés, étalés. Pétales-internes plus longs, connivents dans le bas, d'abord blancs, plus tard rougeâtres. Filets fasciculés, blancs. Anthères blanches. Style grêle, blanc, un peu plus long que les étamines, à 5-8 stigmates blancs. Fruit ovoïde, obtus, d'un pourpre foncé, luisant, long de 18 lignes, sur 9 lignes de diamètre. (*Pfeiffer, l. c.*) — Mexique.

Céréus à pétales pointus. — *Cereus oxypetalus* De Cand. Rev. p. 60, tab. 14. — Pfeiff. Enum. p. 124. —Presque dressé, diffus. parfois parasite ; rameaux allongés, assez gros, crénelés. — Fleurs longues de 4 pouces, rouges en dessous, blanches en dessus. Baie rouge, oblongue, côtée, rétrécie aux 2 bouts. (*Pfeiffer, l. c.*) — Mexique.

Céréus à larges frondes. — *Cereus latifrons* Pfeiff. Enum. p. 125. — Rameaux verts, grands, foliacés, obtus au sommet, légèrement crénelés aux bords, subondulés. — Fleurs blanches, larges de 6 pouces. Tube long de 6 pouces, nu, roussâtre, légèrement sillonné, parsemé de squamules très rares. Sépales linéaires, roses. Pétales plus larges, verdâtres en dessous, blancs en dessus, roses au bord. Filets blancs. Anthères oblongues, jaunes. Style écarlate, un peu plus long que les étamines. Stigmates 8, jaunes, (*Pfeiffer, l. c.*) — Mexique.

Céréus de Hooker. — *Cereus Hookeri* Pfeiff. Enum. p. 125. — *Epiphyllum Hookeri* Haw. in Phil. Mag. Aug. 1829. — *Cereus Phyllanthus* Hook. in Bot. Mag. t. b. 2692. — *Cereus marginatus* Salm-Dyck, Hort. p. 540. — Rameaux larges, allongés, dressés, irrégulièrement sinué-crénelés, lisses, souvent bordé de rouge. (*Salm-Dyck, l. c.*) — Fleurs odorantes, nocturnes. Tube long de 6 pouces, d'un vert jaunâtre, nu. Sépales longs de 1 pouce, écarlates. Pétales lancéolés, longs de 2 pouces, larges de 4 lignes, d'un blanc pur : les externes d'un vert pâle, rougeâtres en dessous, pourpres au sommet. Filets filiformes, blancs. Anthères d'un jaune grisâtre. Style écarlate, blanc à la base, long de 7 pouces. Stigmates 11, jaunes, longs de ½ pouce. (*Pfeiffer, l. c.*) — Brésil. Guiane.

Céréus Phyllanthe. — *Cereus Phyllanthus* De Cand. Prodr. — Pfeiff. Enum. p. 125. — *Epiphyllum Phyllanthus* Haw. Syn. — *Cactus Phyllanthus* Linn. — D II. Hort. Elth. tab. 64, fig. 74. — *Opuntia Phyllanthus* Mill. Dict. — De Cand.

Plantes grasses, tab. 145. — Tige presque dressée. Rameaux diffus, très-longs, foliacés, verts, souvent bordés de rouge dans leur jeune se, irrégulièrement ondulés et incisés aux bords. — Fleurs nocturnes, fugaces, exhalant une légère odeur de Benjoin. Tube long de 1 pied, infléchi, d'un blanc verdâtre. Corolle d'un blanc verdâtre. Pétalés 19 ou 20, les externes plus longs et plus larges. Anthères roussâtres. Style multifide. Fruit pourpre, 8-gone. (*Pfeiffer, l. c.*) — Biésil, Guiane, Antilles.

Genre ÉPIPHYLLE. — *Epiphyllum* Haw.

Sépales caliciformes, adnés à l'ovaire nu : les extérieurs courts; les suivants plus longs, réfléchis; les internes pétaliformes, soudés en tube à orifice oblique. Étamines environ 100, filiformes, beaucoup plus longues que le limbe : les externes insérées au tube; les intermédiaires plus courtes, insérées au réceptacle. Style filiforme. Stigmates peu nombreux, à peine étalés. — Arbustes charnus, articulés; articles ailés, subtronqués, subinermes, cotonneux au sommet. Fleurs élégantes, hiémales. (*Pfeiffer, Enum.,* p. 127.)

ÉPIPHYLLE TRONQUÉ.— *Epiphyllum truncatum* Haw. Suppl. — Pfeiff. Enum. p. 127. — *Cereus truncatus* De Cand. Prodr. — *Cactus truncatus* Link, Enum. — Bot. Reg. tab. 696. — Bot. Mag. tab. 2526. — Hook. Exot. Flor. tab. 20. — Lodd. Bot. Cab. tab. 1207. — Reichb. Icon. Exot. tab. 523. — Tige presque dressée, rameuse au sommet des articles (moins souvent aux crénelures latérales) ; articles oblongs, verts (souvent pourpres aux bords), comprimés-foliacés, denticulés, rétrécis à la base, tronqués et cotonneux au sommet. — Articles longs de 1 ½ pouce à 2 pouces, larges d'environ 1 pouce, en général caducs après la floraison. Fleurs solitaires ou géminées, apicilaires, longues de 2 ½ pouces. Tube rose. Sépales d'un écarlate couleur de feu. Pétales acuminés, roses à la base, écarlates au sommet et aux bords : les supérieurs presque dressés; les inférieurs étalés. Étamines longuement saillantes, fasciculées. Filets blancs. Anthères jaunâtres. Style pourpre, plus long que les étamines. Stigmates 5, rouges. (*Pfeiffer, l. c.*) — Brésil.

Genre RHIPSALIS. — *Rhipsalis* Gærtn.

Tube-calicinal lisse, adhérent à l'ovaire ; limbe 5-à 6-parti, supère, court ; dents acuminées, membranacées. Pétales 6 ou 8, oblongs, étalés, insérés au calice. Étamines 12 à 50, insérées à la base des pétales. Style filiforme. Stigmates 5 à 6, étalés. Baie transparente, subglobuleuse, couronnée du calice desséché. Graines nidulantes, apérispermées ; radicule grosse ; cotylédons courts, pointus. (*De Candolle, Prodr.* 5, p. 475.)—Arbustes parasites, souvent pendants, subaphylles, rameux, cylindriques, costés, ou ailés, presque nus, ou squamelleux, ou garnis de soies minimes disposées en quinconce. Fleurs latérales, sessiles, petites, blanchâtres. Baies blanches, semblables à celles du Gui.

SECTION I. (*Alatæ* Pfeiff. Enum. p. 130.)

Tronc cylindrique ou ailé ; rameaux fortement comprimés, diptères, foliacés, crénelés.

RHIPSALIS CRÉPU.—*Rhipsalis crispata* Pfeiff. Enum. p. 130.—*Epiphyllum crispatum* Haw. — Presque dressé, articulé ; rameaux (la plupart naissant du sommet des articles) orbiculaires ou oblongs, subpétiolés, d'un vert jaunâtre, presque membranacés, profondément crénelés, un peu crépus au bord.—Fleurs hiémales, petites, blanchâtres, légèrement odorantes. Lobes-calicinaux très-courts. Pétales 6, ovés, réfléchis, d'un blanc verdâtre. Étamines blanches, étalées. Style blanc, plus long que les étamines. Stigmates 5, étalés. (*Pfeiffer, l. c.*)— Patrie inconnue.

RHIPSALIS RHOMBOÏDAL. — *Rhipsalis rhombea* Pfeiff. Enum. p. 150. — *Cereus rhombeus* Salm-Dyck, Hort. p. 541.—Tige et ramules presque dressés, articulés, diffus ; articles assez courts, ailés, semblables à des feuilles, ovés-rhomboïdaux, ou lancéo-

lés-rhomboïdaux, très-glabres, luisants, prolifères au sommet, incisés-crénelés aux bords. — Tige cylindrique ou diversement
comprimée, rameuse dès la base ; ramules subdichotomes, diffus;
presque dressés, un peu recourbés au sommet. Articles longs de
1 pouce à 3 pouces, larges de 12 à 15 lignes, légèrement charnus, un peu concaves, subcunéiformes à la base, dilatés au milieu, subobtus au sommet, très-lisses, bordés de rouge. Fleurs
solitaires, petites, rotacées, d'un blanc verdâtre. (*Pfeiffer, l. c.*)
— Patrie incertaine.

Rhipsalis ramuleux. — *Rhipsalis ramulosa* Pfeiff. Enum.
p. 130.—*Cereus ramulosus* Salm-Dyck, Hort. p. 540.—Tige
et rameaux presque dressés, cylindriques, squamelleux, finalement ligneux ; rameaux pendants, ailés, d'un vert gai, lancéolés, étroits, crénelés : crénelures distancées : les inférieures accompagnées d'une squamule foliacée.—Tige longue de 1 pied et
plus, sur 2 lignes de diamètre. Ramules ailés, longs de 3 à 5
pouces, larges de 6 à 12 lignes ; crénelures distancées de 6 à 10
lignes. Fleurs solitaires, latérales, larges d'environ 3 lignes. Pétales 7 ou 8, ovés-lancéolés, d'un blanc verdâtre. Étamines 12
à 18. Style filiforme. Stigmate inapparent. (*Pfeiffer, l. c.*) —
Patrie inconnue.

Rhipsalis a large fruit. — *Rhipsalis platycarpa* Pfeiff.
Enum. p. 151.—Ailé. Rameaux sinués-crénelés, verts (parfois bordés de rouge) ; crénelures squamelleuses étant jeunes. — Articles
longs de 4 à 8 pouces, larges de 1 $^1/_2$ pouce. Fleurs subapicilaires, longues de 8 lignes, d'un blanc sale. Pétales ovés, longs
de 4 lignes. Étamines blanches. Style à peine plus long que les
étamines. Stigmates 5, subulés, étalés, blancs. Baie nue, verdâtre, comprimée, anguleuse. (*Pfeiffer, l. c.*) — Brésil.

Rhipsalis de Swartz.—*Rhipsalis Swartziana* Pfeiff. Enum.
p. 151. — *Cactus alatus* Swartz, Flor. Ind. occid. — *Cereus
alatus* De Cand. Prodr. — Ailé, diffus. Rameaux foliacés, d'un
vert foncé, ovales, ou ensiformes, profondément crénelés, inermes.
—Fleurs solitaires, ou géminées, ou ternées, inodores, blanches,

larges de 7 à 8 lignes, subapicilaires. Sépales 5 ou 4, courts, verdâtres. Pétales 5 ou 6, ovales, acuminés, d'un blanc verdâtre. Étamines nombreuses, filiformes, blanches. Style filiforme. (*Pfeiffer, l. c.*) — Jamaïque.

RHIPSALIS A AILES ÉPAISSES. — *Rhipsalis pachyptera* Pfeiff. Enum. p. 152. — *Cereus alatus* Link et Otto, Ic. tab. 59. — *Epiphyllum alatum* Haw. Suppl. — *Cactus alatus* Bot. Mag. tab. 2820. — Ailé ou triptère, presque dressé. Rameaux étalés, amples, verts, bordés de rouge, arrondis ou allongés, rétrécis au sommet, nerveux, charnus, tuberculeux au bord, inermes, rarement subciliés, parfois produisant sur la côte médiane des radicelles subdistiques. — Tige souvent subcylindrique à la base. Articles, les uns plans, gros, souvent de 4 à 6 pouces de diamètre, les autres triptères, allongés, très-semblables à ceux du *Cereus triangularis*, incisés, inermes, longs de 4 à 5 pouces. Fleurs hiémales, très-abondantes, blanchâtres, odorantes, de 1 pouce de diamètre. Ovaire subglobuleux, lisse. Pétales 5 ou 6, ventrus, longs de 4 à 6 lignes, larges de 2 à 5 lignes, d'un blanc verdâtre. Étamines blanches, à peine plus courtes que le style. Style blanc, 4-parti. (*Pfeiffer, l. c.*) — Antilles.

SECTION II. (*Angulosæ* Pfeiff. Enum. p. 152.)

Tige presque dressée, à côtes squamuleuses-aréolées.

RHIPSALIS PENTAPTÈRE. — *Rhipsalis pentaptera* Pfeiff. Enum. p. 152. — Presque dressé, longuement articulé, très-vert. Tige 5-ou 6-gone. Rameaux grêles, subtordus, pentagones; sinus profonds; côtes fortement comprimées, et interrompues; aréoles distancées; crénelures des jeunes côtes cotonneuses, inermes, accompagnées d'une foliole squamuliforme acuminée. — Aréoles distancées de 1 pouce à 2 pouces. Fleurs très-nombreuses, subterminales, en général ternées, fasciculées au sommet des rameaux. Corolle blanche, large de 1/2 pouce. Pétales 6 ou 7, bisériés : les externes plus courts, blanchâtres, transparents; les internes longs de 5 lignes, blancs, obtus. Étamines nombreuses, blanches, un peu plus courtes que les pétales. Style à stigmate 4-lobé. (*Pfeiffer, l. c.*) — Brésil.

RHIPSALIS TRIGONE. — *Rhipsalis trigona* Pfeiff. Enum. p. 153. — Pre que dressé, subarticulé, d'un vert gai, trigone; sinus plans; côtes acérées; aréoles assez rapprochées, légèrement cotonneuses, accompignées d'une squamule verte, marcescente. (*Pfeiffer, l. c.*) — Brés.l.

SECTION III. (*Teretes* Pfeiff. Enum. p. 133.)

Tige et rameaux cylindriques, glabres, ou légèrement poilus, inermes.

RHIPSALIS CASSYTHA. — *Rhipsalis Cassytha* Gærtn. Fruct. 1, tab. 28, fig. 1. — Pfeiff. Enum. p. 153. — *Cactus pendulus* Swartz, Flor. Ind. Occid. — *Cassytha baccifera* Mill. Dict. — Bot. Mag. tab. 5080. — Tige dressée, final ment ligneuse. Rameaux grêles, verts, cylindriques, pendants, subverticillés, obtus au sommet, parsemés de squamules distancées. — Tige atteignant 5 lignes de diamètre. Rameaux longs de 8 à 12 pouces. Fleurs blanchâtres, longues de 4 lignes, larges de 2 lignes. Sépales 6, verts. Pétales 6 ou 7, blanchâtres, verts au sommet. Baies oblongues, d'abord vertes, puis roses, diaphanes, finalement d'un blanc mat. (*Pfeiffer, l. c.*) — Antilles; parasite sur les arbres.

RHIPSALIS FLOCONNEUX. — *Rhipsalis floccosa* Salm-Dyck, ex Pfeiff. Enum. p. 154. — Presque dressé. Rameaux pendants, non-fasciculés, de la grosseur d'une plume de cygne, légèrement rugueux; aréoles éparses, accompagnées d'une squamule, nues; les fl rifères laineuse. — Rameaux plus gros que ceux du *Rhipsalis Cassytha*. Fleurs longes de 6 lignes. Sépales 6 ou 7, connés en tube court. Étamines 4-sériées. Style blanc, plus long que les étamines. (*Pfeiffer, l. c.*) — Patrie inconnue.

RHIPSALIS EN FORME DE CORDE. — *Rhipsalis funalis* Salm-Dyck, ex Pfeiff. Enum. p. 155. — *Cactus funalis* Spreng. Syst. — *Rhipsalis grandiflorus* Haw. Suppl. — Bot. Mag. tab. 2740. — Link et Otto, Ic. tab. 58. — Presque dressé; rameaux longs,

cylindriques, obtus, d'un vert foncé, presque glabres; aréoles
éparses, presque nues, accompagnées d'une squamule pourpre,
mucronulée.—Tige haute de 2 à 5 pieds, finalement ligneuse et
atteignant 6 à 10 lignes de diamètre. Fleurs très-nombreuses,
blanchâtres, larges d'environ 10 lignes, inodores, entourées à la
base d'une pubescence fine. Pétales 7 ou 8, lancéolés, obtus, d'un
blanc verdâtre, finalement réfléchis. Étamines très-nombreuses,
blanches. Style blanc, à peine plus long que les étamines, à 4
stigmates anguleux. (*Pfeiffer, l. c.*) — Amérique méridionale.

RHIPSALIS FASCICULÉ.— *Rhipsalis fasciculata* Haw. Suppl.
p. 85.—Pfeiff. Enum. p. 155.— *Cactus parasiticus* Linn. —
De Cand. Plantes grasses, tab. 59. — *Cactus fasciculatus*
Willd. Enum. — *Rhipsalis parasiticus* Haw. Syn. — Bot.
Mag. tab. 5079. — Rampant; rameux. Rameaux fasciculés,
verts, cylindriques, parsemés de soies très-rares; les jeunes spira-
lement subanguleux, rougeâtres; aréoles assez rapprochées, garnies d'une squamule pourpre très-petite et de 4 à 6 soies molles,
blanches. — Rameaux de 2 à 5 lignes de diamètre. Fleurs abondantes, très-semblables à celles du *Rhipsalis Cassytha*, mais plus
petites, larges de 1 ¹/₂ ligne. Pétales 5, ob'ongs, obtus, d'un jaune
sale. Étamines 15 à 18. Style triparti. Baie blanche. (*Pfeiffer,
l. c.*) — Antilles.

RHIPSALIS ONDULÉ. — *Rhipsalis undulata* Pfeiff. Enum. p.
156.— Plum. ed. Burm. tab. 197, fig. 2. — *Rhipsalis parasi-
tica* De Cand. Prodr. — Inerme, aphylle, rameux. Rameaux
grêles, comprimés, articulés, dichotomes et trichotomes, ondulés.
(*Plumier, ex Pfeiffer, l. c.*) — Antilles.

SECTION IV. (*Articuliferæ* Pfeiff. Enum. p. 156.)

Tige allongée, rameuse, munie de petits articles latéraux.

RHIPSALIS FAUX-MÉSEMBRYANTHÈME. — *Rhipsalis mesem-
bryanthemoides* Haw. Revis. p. 71.—Pfeiff. Enum. p. 156.
— *Rhipsalis salicornioides* : β, Haw. Suppl.—Bot. Mag. tab.

5078.—Rameaux glomérulés, presque dressés, cylindriques, roides, radicants, articulifères; articles latéraux, rapprochés, cylindriques, atténués aux 2 bouts, nébuleux; soies capillaires, blanches, pâles, finalement mortes ou noires. (*De Candolle, Prodr.*) — Rameaux longs de 8 à 10 pouces, sur 1 ligne à 1 ½ ligne de diamètre; articles longs de 4 à 8 lignes. Fleurs vernales, blanches, larges de ½ pouce, latérales sur les articles. Pétales 5, ovés, acuminés, très-étalés. Étamines étalées, blanches. Style dressé. Stigmates comprimés. Baie blanche. (*Pfeiffer, l. c.*) — Amérique méridionale.

Genre LÉPISME. — *Lepismium* Pfeiff.

Sépales adnés à l'ovaire presque nu et pyriforme, connés en tube très-court : 4 ou 5 externes, subimbriqués; 5 à 7 internes, pétaliformes, lancéolés, pointus, étalés, recourbés, blancs, ou roses. Étamines filiformes, plurisériées; les externes plus longues, adnées à la base des pétales. Anthères petites, réniformes. Style columnaire, plus long que les étamines internes. Stigmate 4-ou 5-radié. Baie subglobuleuse, lisse, couronnée du calice marcescent. Graines nidulantes. Cotylédons larges, acuminés, foliacés. — Arbustes charnus (à axe ligneux), allongés, articulés, anguleux, souvent subradicants; angles 3 à 5, sinuolés-crénelés; crénelures inermes, garnies d'une squamule ou d'une petite foliole pointue (marcescente mais non caduque). Aréoles axillaires, plus ou moins enfoncées dans l'écorce : les jeunes nues ou presque nues; les adultes florifères, garnies d'un faisceau de poils. Fleurs géminées ou ternées, petites, naissant parmi les faisceaux de poils; tube entièrement enfoncé. (*Pfeiffer, l. c. p.* 158.)

LÉPISME COMMUN. — *Lepismium commune* Pfeiff. Enum. p. 158. — *Cereus squamulosus* Salm-Dyck, ex De Cand. Prodr. 5, p. 469. — Presque dressé, articulé, subradicant. Articles d'un vert gai, triangulaires, en général un peu tordus; sinus larges; bords aigus, obcrénelés; crénelures distancées, accompagnées

d'une squamule ovée, pointue, foliacée : celles des rameaux-florifères barbées de poils cendrés.—Tige haute de 1 pied et plus.
Rameaux divergents, de 1 ¹/₂ pouce à 2 pouces de diamètre. Crénelures distancées de 6 à 10 lignes. Fleurs larges de 6 à 7 lignes ; tube très-court. Sépales 4 ou 5, d'un blanc verdâtre. Pétales 5 à 7, linéaires, obtus, réfléchis, blancs le premier jour,
jaunâtres le lendemain. Étamines blanches. Style blanc, à peine
plus long que les étamines. Stigmates 4 ou 5, allongés, réfléchis, d'un blanc verdâtre. Baies subglobuleuses, un peu comprimées, longues de 5 ¹/₂ lignes, sur 4 lignes de diamètre, presque transparentes, écarlates. (*Pfeiffer, l. c.*) — Brésil.

Lépisme Queue de souris. — *Lepismium Myosurus* Pf iff.
Enum. p. 159.—*Cereus Myosurus* Salm-Dyck, ex De Cand.
Prodr. 3, p. 469. — *Cereus tenuispinus* Haw. in Phil. Mag.
1827. — Subdiffus, sub-articulé. Articles allongés, grêles, tri-ou
tétra-gones; bords aigus, crénelés, pourpres; crénelures subdistancées, garnies de poils blancs, accompagnées d'une squamule foliacée. — Articles souvent longs de 1 pied et plus, parfois de 8 à
10 lignes de diamètre. Crénelures distancées de ¹/₂ pouce à 1
pouce. Fleurs petites, roses, larges de 6 lignes. Sépales courts,
d'un rouge sale. Pétales lancéolés, acuminés. Étamines blanches.
Style un peu plus long que les étamines, rouge, 4-parti. Baies
écarlates, longues de 5 lignes. (*Pfeiffer, l. c.*) — Brésil.

Lépisme de Knight. — *Lepismium Knightii* Pfeiff. Enum.
159. — Presque dressé, subacuminé, d'un vert pâle. Articles divergents, allongés, 4-ou 5-gones; côtes aiguës, subcrénelées,
pourpres étant jeunes; sinus érodés; aréoles rapprochées, garnies
d'une squamule minime et couvertes d'un épais faisceau de poils
blancs. — Articles longs de 1 pied et plus, sur 4 à 10 lignes de
diamètre, resserrés çà et là, souvent fasciculés. Crénelures distancées de 2 à 4 lignes. Fleurs d'un blanc sale, larges de 10 lignes. Sépales roussâtres. Pétales blanchâtres, transparents, rougeâtres au sommet. Étamines courtes, blanches. Style à peine
plus long que les étamines, blanc. Stigmates 3 ou 4. (*Pfeiffer,
l. c.*) — Brésil.

Genre HARIOTA. — *Hariota* De Cand.

Tube calicinal très-court, lisse, adhérent ; limbe supère, submembranacé, cyathiforme, tronqué, 4-ou 5-sépale : sépales courts, saillants. Pétales 7 à 10, oblongs-lancéolés, subpointus. Étamines entre-greffées à la base avec les pétales. Stigmates 5, gros, dressés, fortement papilleux. Ovaire 1-loculaire ; ovules pariétaux. Baie blanchâtre, couronnée des restes de la corolle. Graines luisantes, noires. — Arbuscule dressé, rameux, articulé. Articles des rameaux inférieurs subanguleux, garnis de courts poils fasciculés. Articles-caulinaires courts, subcylindracés. Articles des rameaux supérieurs verticillés, allongés, très-minces et resserrés à la base, subclaviformes au sommet. Fleurs solitaires ou géminées, terminales, jaunes, peu ouvertes. (*Pfeiffer, Enum.* p. 141.)

HARIOTA FAUSSE-SALICORNE. — *Hariota salicornioides* De Cand. Mém. p. 25. — Pfeiff. Enum. p. 141. — *Opuntia salicornioides* Spreng. Syst. — *Rhipsalis salicornioides* H w. Suppl. — Link et Otto, Ic. tab. 21. — Bot. Mag. tab. 2461. — Souche haute d'environ 1 pied, très-rameuse. Rameaux terminaux, un peu cotonneux, géminés, ou ternés, ou subverticillés, de 2 à 5 lignes de diamètre, d'un vert gai : les inférieurs un peu anguleux, à angles garnis de faisceaux de poils blancs ; les supérieurs subcylindriques, subclaviformes, nus. Fleurs abondantes, terminales, sessiles, solitaires, ou géminées, inodores. Sépales lancéolés, réfléchis, de la forme et de la grandeur des pétales. Pétales 7 à 10, longs de 6 lignes, larges de 2 lignes, ventrus, pointus, d'un jaune orangé, à peine étalés. Étamines beaucoup plus courtes que les pétales. Style court, 4-ou 5-parti. Baies subglobuleuses, blanchâtres, transparentes. (*Pfeiffer, l. c.*) — Brésil.

Genre OPUNTIA. — *Opuntia* Tourn.

Sépales nombreux, foliacés, adnés à l'ovaire : les supérieurs plans, courts ; les intérieurs pétaloïdes, obovés, étalés. Tube nul. Étamines plus courtes que les pétales ; filets minces, subirritables. Style cylindrique, resserré à la base. Stigmates 5 à 8, dressés, épais. Baie ovoïde, ombiliquée au sommet, tuberculeuse, le plus souvent garnie d'aiguillons. Embryon subspiralé, subcylindrique. Cotylédons semi-cylindriques, plans, épais, foliacés en germination. Plumule petite. — Arbustes. Tronc et rameaux cylindriques, ou comprimés, articulés ; articles ovés ou oblongs, garnis d'aiguillons ou de soies fasciculés : faisceaux disposés en quinconce ou en spirale. Feuilles subulées, très-fugaces, naissant à la base des faisceaux. Fleurs jaunes, ou rouges, ou blanches, marginales ou naissant dans les faisceaux. Fruit souvent comestible et ayant la forme d'une figue, en général ne mûrissant que la seconde ou la troisième année. (*Pfeiffer*, *Enum.* p. 145.)

SECTION I. (*Glomeratæ* Pfeiff. Enum. p. 144.)

Tige articulée, basse. Articles cylindracés, ou subglobuleux, ou ovés. Aiguillons roides ou sétacés.

OPUNTIA JAUNE DE SOUFRE.—*Opuntia sulfurea* Gill. in Hort. Dyck. — Pfeiff. Enum. p. 144. — Articles dressés, subglobuleux, d'un vert gai ; aréoles assez rapprochées. Aiguillons biformes, accompagnés d'un coton pâle : les supérieurs sétacés, d'un pourpre noirâtre, très-petits ; les inférieurs 6 à 12, allongés, aciculaires, blanchâtres, pourpres au sommet : le central très-long. —Articles longs de 2 pouces, sur près de 1 ¹/₂ pouce de diamètre. Petits aiguillons d'un pourpre noirâtre. Grands aiguillons longs de 1 pouce et plus. (*Pfeiffer*, *l. c.*) — Chili.

OPUNTIA OVÉ. — *Opuntia ovata* Pfeiff. Enum. p. 144.—Articles verts, glabres, ovés ; aréoles rapprochées, grandes, convexes, fortement laineuses (laine rousse). Aiguillons 7 ou 8, inégaux, roides, droits, d'abord roussâtres, finalement blancs. — Articles ovoïdes, longs de 1 ¹/₄ à 1 ¹/₂ pouce, sur 8 à 10 lignes de diamètre. Aréoles distancées de 4 lignes. Aiguillons longs de 2 à 5 li-

gues. Folioles longues de 1 ligne, vertes, subconiques. (*Pfeiffer,
l. c.*) — Mendoza.

OPUNTIA NAIN. — *Opuntia pusilla* Salm-Dyck, Obs. 1822,
p. 10. — Couché, divariqué, d'un vert sale. Articles cylindracés,
cucumériformes. Faisceaux d'aiguillons rapprochés. Aiguillons
sétacés, blancs, inégaux : les plus longs dressés. — Articles longs
de 1 ½ pouce, sur 5 à 6 lignes de diamètre, rétrécis aux 2 bouts.
Aréoles rapprochées. Aiguillons mutiques, accompagnés de coton
blanc. Folioles larges, courtes, rougeâtres. (*Pfeiffer, l. c.*) —
Amérique équatoriale.

OPUNTIA GLOMÉRULÉ. — *Opuntia glomerata* Haw. in Phil.
Mag. 1850, p. 9. — Pfeiff. Enum. p. 145. — Rameaux rapprochés en touffe. Aiguillons-centraux solitaires, linéaires, acuminés, très-longs, plans des deux côtés. — Ramules larges à peine
de ½ pouce, sublancéolés. Aréoles garnies de soies très-courtes et
très-serrées. Aiguillons-centraux flexibles, cornés, longs de 2
pouces. Articles longs à peine de 1 pouce. Folioles très-petites,
rousses, squamuliformes. (*Pfeiffer, l. c.*) — Mendoza.

OPUNTIA DES ANDES. — *Opuntia andicola* Pfeiff. Enum. p.
145. — Décombant, très-rameux. Articles cucumériformes, allongés, rétrécis au sommet, d'un vert brunâtre, luisants, finalement ligneux. Aréoles assez rapprochées, sétifères. Aiguillons 3
ou 4, grêles, blancs, assez roides : 1 ou 2 plus longs, aplatis à
la base. — Articles de 4 à 6 lignes de diamètre. Aiguillons-inférieurs longs de 1 ½ pouce à 2 pouces. Folioles petites, brunes.
(*Pfeiffer, l. c.*) — Mendoza.

OPUNTIA TUBÉREUX. — *Opuntia tuberosa* Pfeiff. Enum. p.
146. — Articles cylindracés, divariqués, bruns, garnis de tubercules imbriqués. Aréoles petites, blanches, situées au sommet des
tubercules. Aiguillons 7 ou 8, courts, sétacés, blanchâtres. — Articles longs de 2 à 3 pouces, sur 4 lignes de diamètre. Folioles
petites, brunes. (*Pfeiffer, l. c.*) — Mendoza.

SECTION II. (*Divaricatæ* Pfeiff. Enum. p. 146.)

Tige articulée. Articles arrondis ou linéaires-lancéolés, divergents, subcomprimés.

OPUNTIA FRAGILE.—*Opuntia fragilis* Haw. Suppl.—Pfeiff. Enum. p. 147.—*Cactus fragilis* Nutt. Gen.—Articles courts, pleins, fragiles, comprimés subcylindriques. Aiguillons variables, très-nombreux, presque étalés, blancs, les adultes longs d'environ ½ pouce.—Articles longs de 2 à 5 pouces, larges de ½ pouce à 1 ½ pouce. Aréoles rapprochées, situées sur des tubercules. Aiguillons-inférieurs 6 à 8, longs de 5 lignes ; aiguillons-supérieurs et centraux 6 à 8, presque dressés, plus forts, d'un roux pâle, longs de 5 à 5 lignes. Fleurs petites, solitaires, naissant au sommet des articles. (*Pfeiffer, l. c.*) —Plaines du Missouri.

OPUNTIA ORANGÉ.— *Opuntia aurantiaca* Gillies, in Bot. Reg. tab. 1606. — Pfeiff. Enum. p. 147. — Articles linéaires ou linéaires-lancéolés, divariqués, comprimés au sommet, cylindriques à la base, très-verts, maculés de noir près des aréoles. Aréoles grandes, convexes, blanchâtres, cotonneuses. Aiguillons inégaux : 5 plus longs, roides, bruns, divergents ; 2 ou 5 inférieurs blancs, courts, sétiformes. —Plante atteignant 2 pieds de haut. Rameaux longs de 6 à 7 pouces, sur environ 1 pouce de diamètre. Aiguillons longs de 1 pouce et plus. Fleurs solitaires, jaunes. Corolle large de près de 2 pouces. Pétales obovés, infléchis aux bords. Etamines blanches, plus courtes que les pétales. Style non saillant. Stigmates 7, verdâtres. (*Pfeiffer, l. c.*) — Chili.

OPUNTIA ALLONGÉ.—*Opuntia extensa* Salm-Dyck, ex Pfeiff. Enum. p. 147. —Rameux. Articles linéaires, allongés. Aréoles distancées, saillantes, garnies d'un faisceau de soies roussâtres, et de 1 à 4 aiguillons blanchâtres ou roux, roides, inégaux. —Articles longs de 2 à 8 pouces, sur 6 lignes de diamètre. Aiguillons longs de 5 à 6 lignes, souvent rougeâtres au sommet. Feuilles petites, vertes. (*Pfeiff, l. c.*) — Patrie inconnue.

OPUNTIA FEUILLU.—*Opuntia foliosa* Salm-Dyck, ex De Cand.

Prodr. 5, p. 471.—Pfeiff. Enum. p. 148. — *Cactus foliosus*, Willd. Enum.—Articles sublancéolés, comprimés, rameux, d'un vert gai, les jeunes feuillus ; les adultes garnis d'aiguillons. Aiguillons 1 ou 2, allongés, forts, d'un blanc jaunâtre, accompagnés d'un coton jaune. — Articles longs de 5 à 6 pouces, sur 6 à 8 lignes de diamètre. Aiguillons longs de 4 à 10 lignes. Feuilles longues de 5 lignes. Fleurs nombreuses, terminales, jaunes , très-semblables à celles de l'*Opuntia vulgaris*. Sépales 5, très-inégaux. Pétales environ 8, cunéiformes-oblongs, obtus, luisants. Étamines nombreuses, dressées. Filets roux. Anthères blanches. Style gros, cylindrique, blanchâtre, débordant un peu les anthères. Stigmates 5 ou 4, blancs. (*Pfeiffer, l. c.*) — Amérique équatoriale.

Opuntia de Curaçao. —*Opuntia curassavica* Mill. Dict.— Pfeiff. Enum. p. 148. —*Cactus curassavicus* Linn. — Presque dressé. Articles fragiles, ventrus, comprimés, très-divariqués, d'un vert foncé. Aréoles rapprochées, blanches, cotonneuses, légèrement laineuses. Aiguillons 5 à 5, inégaux, roux, finalement blanchâtres, droits, très-acérés. —Articles longs de 4 à 8 pouces, sur 6 à 8 lignes de diamètre. Aiguillons longs de 5 à 6 lignes. Feuilles courtes, rougeâtres. Fleurs éphémères, solitaires, d'un aune sale, larges de 1 ½ pouce. Pétales subbisériés, lancéolés. Étamines d'un jaune pâle. Style blanc. Stigmates 5 à 5, à peine saillants. (*Pfeiffer, l. c.*) — Curaçao.

SECTION III. (*Compresso-articulatæ* Pfeiff. Enum. p. 149.)

Tige articulée ; articles comprimés, plans, lancéolés, ou ovés, ou arrondis, glabres, pulvinés, garnis de soies ou d'aiguillons.

Opuntia commun. — *Opuntia vulgaris* Mill. Dict. — Pfeiff. Enum. p. 149.— *Cactus Opuntia* Linn. — De Cand. Plantes grasses, tab. 158. —Décombant, divariqué, d'un vert gai. Articles obovés, comprimés, assez petits. Aiguillons à peine sétacés, simulant un coton grisâtre. (*Salm-Dyck, Obs.* 1822, p. 9.) — Articles longs de 2 pouces, presque aussi larges que longs. Fleurs

éphémères, jaunes, larges de 2 pouces; Sépales petits, d'un brun
roux. Pétales bisériés : les extérieurs mucronés, rougeâtres en
dessous ; les intérieurs cordiformes. Étamines conniventes. Filets
d'un jaune orange. Anthères oblongues, d'un jaune pâle. Style
gros, jaune, de la longueur des étamines. Stigmates 5, blanchâtres. Fruit écarlate, long de 1 pouce. (*Pfeiffer, l. c.*) — Cette espèce, connue sous les noms vulgaires de *Raquette*, *Figuier
d'Inde*, et *Cardasse*, passe pour être originaire des provinces
méridionales des États-Unis ; on la cultive très-communément
dans les contrées voisines de la Méditerranée ; elle sert à établir des
clôtures, et son fruit est mangeable.

Opuntia a cochenille.—*Opuntia coccinellifera* Mill. Dict.
— Pfeiff. Enum. p. 150.— *Cactus cochenillifer* Linn. — Dill.
Hort. Elth. tab. 297, fig. 585. — Sloan. Jam. 2, p. 152 ; tab.
8, fig. 1 et 2. — Andr. Bot. Rep. tab. 533. — Bot. Mag. tab.
2741 et 2742.—Dressé. Articles assez gros, verts, ovés-oblongs,
subinermes, comme réticulés. —Articles longs de 6 à 12 pouces,
larges de 2 à 4 pouces, parfois cylindriques à la base. Feuilles rougeâtres, réfléchies. Fleurs rouges, à peine ouvertes, larges
d'environ 15 lignes. Ovaire obové, d'un vert foncé. Sépales
courts, pointus, écarlates, jaunâtres aux bords. Pétales dressés,
bisériés, acuminés, d'un écarlate sale. Étamines beaucoup plus
longues que la corolle. Filets d'un rouge vif. Anthères jaunes.
Style carné. Stigmate d'un jaune verdâtre. (*Pfeiffer, l. c*) —
Indigène de l'Amérique équatoriale.— Cette espèce se cultive en
grand aux Antilles, sous le nom de *Cactier de Campêche*, pour
l'éducation de la cochenille. Au Mexique et au Brésil, on donne
la préférence, pour le même usage, à l'*Opuntia Tuna.*

Opuntia tuberculeux. — *Opuntia tuberculata* Haw. Syn.
—Pfeiff. Enum. p. 151.—*Cactus tuberculatus* Willd. Enum.
—Articles très-comprimés, ovés-oblongs, rétrécis aux 2 bouts,
nerveux, subtuberculeux. Aréoles assez distancées, garnies d'un
faisceau d'aiguillons sétacés très-courts.—Articles longs de 4 à 6
pouces, larges de 2 à 3 pouces : les adultes maculés de pourpre
près des aréoles. Feuilles vertes, longues de 3 lignes. Fleurs

larges de 5 pouces. Sépales étroits, verts. Pétales larges, jaunes, mucronulés. Filets filiformes, jaunes. Style gros, plus long que les étamines. Stigmates 5, jaunâtres. (*Pfeiffer, l. c.*) — Amérique équatoriale.

OPUNTIA ROIDE.— *Opuntia stricta* Haw. Syn.—Pfeiff. Enum. p. 151.—*Cactus Opuntia inermis* De Cand. Plantes grasses, tab. 158.—Droit, dressé. Articles charnus, ovés-elliptiques, d'un vert pâle. Aiguillons uniformes, très-courts, très-nombreux, sétacés. — Articles longs d'environ 1 pied, larges de 3 à 5 pouces. Feuilles vertes, pointues. Fleurs jaunes, larges de 5 pouces. Pétales rétrécis à la base. Style à peine plus long que les étamines. (*Pfeiffer, l. c.*) — Amérique équatoriale.

OPUNTIA LANCÉOLÉ. — *Opuntia lanccolata* Haw. Syn.—Pfeiff. Enum. p. 152. —Presque dressé. Articles lancéolés, glabres, verts. Aréoles nues ou sétifères (soies jaunes), distancées. Aiguillons nuls. — Articles charnus, longs de 5 à 6 pouces, larges de 1 pouce à 1 ½ pouce : les jeunes très-feuillus. Feuilles longues de 5 lignes ou plus, rougeâtres. Fleurs semblables à celles de l'*Opuntia vulgaris*, larges de 4 pouces, d'un jaune éclatant. Étamines jaunes, 1 fois plus courtes que les pétales. Style blanchâtre, de la longueur des étamines. Stigmates 5, gros, d'un jaune pâle. (*Pfeiffer, l. c.*) — Amérique méridionale.

OPUNTIA DÉCUMANE. — *Opuntia Decumana* Haw. Syn. — Pfeiff. Enum. p. 152. — *Cactus Decumanus* Willd. Enum.— *Cactus elongatus* Willd. l. c. — Articles ovés-oblongs, obtus. Aiguillons caducs, de la longueur de la laine. — Articles longs de 1 pied à 1 ½ pied, larges de 8 à 10 pouces. Feuilles grêles, ferrugineuses au sommet. Fleurs d'un orange terne. (*Pfeiffer, l. c.*)—Amérique méridionale.

OPUNTIA ÉLANCÉ. — *Opuntia elata* Salm-Dyck, Hort. p. 361. — Pfeiff. Enum. p. 152. —Articles dressés, oblongs, grands, très-verts. Aréoles larges, distancées, cotonneuses, blanchâtres, inermes, ou munies d'un aiguillon solitaire, subulé, dressé. — Articles souvent longs de 10 pouces, larges de 4 à 5 lignes. (*Pfeiffer, l. c.*) — Amérique méridionale.

OPUNTIA FIGUIER D'INDE. — *Opuntia Ficus indica* Mill. Dict. — Pfeiff. Enum. p. 152. — *Cactus Ficus indica* Linn. — *Opuntia vulgaris* Ten. Syll. — *Cactus Opuntia* Guss. Prodr. (exclus. syn.) — Dressé. Articles grands, verts, elliptiques, assez gros, atténués au bord. Aréoles régulièrement disposées, enfoncées, inermes, ou moins souvent garnies de petits aiguillons solitaires. — Tronc finalement cylindrique et ligneux. Articles longs de 1 ½ pied, larges de 1 pied. Feuilles petites, rouges. Fleurs d'un jaune pâle. (*Pfeiffer, l. c.*) — Indigène de l'Amérique méridionale ; se cultive fréquemment, comme arbuste fruitier, en Sicile et dans l'Italie méridionale. On en possède une variété à fruit sans graines.

OPUNTIA ÉPAIS. — *Opuntia crassa* Haw. Suppl. — Pfeiff. Enum. p. 155. — Dressé. Articles ovés, ou oblongs, charnus en dedans, très-gros, d'un vert glauque. Aréoles distancées, rousses, presque inermes, rarement garnies de 1 ou 2 aiguillons blancs, droits. — Articles longs de 5 à 4 pouces, larges de 2 à 5 pouces, parfois orbiculaires. Feuilles pointues, ferrugineuses au sommet. (*Pfeiffer, l. c.*) — Mexique.

OPUNTIA MIGNON. — *Opuntia parvula* Salm-Dyck, Hort. p. 564. — Pfeiff. Enum. p. 155. — Articles presque dressés, ovés-oblongs, petits, épais, d'un vert glauque. Aréoles petites, garnies de soies très-courtes, jaunâtres, accompagnées d'un coton roussâtre. — Articles longs de 2 pouces, larges de 1 pouce. Aréoles assez rapprochées. (*Pfeiffer, l. c.*) — Chili.

OPUNTIA DE HERNANDEZ. — *Opuntia Hernandezii* De Cand. Rev. p. 69, tab. 16. — *Nopalnochetzl* Hernand. Mex. p. 78. — *Nopal sylvestre* Thierry de Menonvilles, Voy. 2, p. 277, cum Ic. — Dressé. Articles gros, arrondis-obovés, verts. Aréoles rapprochées, inermes, garnies de soies rousses. — Articles longs de 2 à 5 pouces, larges de 1 ½ à 1 ¾ pouces. Fleurs larges de 1 ½

pouce. Étamines rougeâtres, plus courtes que le style. Stigmates
5, jaunes. (*Pfeiffer, l. c.*)—Mexique.

Opuntia a petites soies.— *Opuntia microdosys* Lehm. Ind.
Sem. Hort. Hamb. 1827. — Pfeiff. Enum. p. 154. — Presque
dressé, diffus. Articles obovés ou lancéolés, verts, épais à la base.
Aréoles régulièrement rapprochées, garnies d'un faisceau de soies
jaunes. — Articles longs de 4 à 6 pouces, larges de 2 à 5 pouces.
Soies longues de 5 à 4 lignes. (*Pfeiffer, l. c.*) — Mexique.

Opuntia décombant. — *Opuntia decumbens* Salm-Dyck,
Hort. p. 561. — Pfeiff. Enum. p. 154. — Articles décombants,
comprimés, obovés, verts, plus foncés aux aréoles. Aréoles rapprochées, laineuses. Aiguillons biformes : les supérieurs sétacés,
jaunâtres ; les inférieurs 1 ou 2, forts, blanchâtres. — Articles
gros, longs de 6 à 7 pouces, larges de 5 à 4 pouces, très-prolifères.
Fleurs rouges. (*Pfeiffer, l. c.*) — Mexique.

Opuntia glauque.— *Opuntia glaucescens* Salm-Dyck, Hort.
p. 562. — Pfeiff. Enum. p. 155. — Articles dressés, oblongs,
d'un vert glauque. Aréoles assez rapprochées. Aiguillons biformes, accompagnés d'un coton gris : les supérieurs sétacés,
fasciculés, d'un rose brunâtre ; les inférieurs 1 à 4, allongés,
aciculaires, blancs. — Articles longs de 5 à 6 pouces, larges de 2
pouces, rétrécis aux 2 bouts. Feuilles petites, ferrugineuses.
(*Pfeiffer, l. c.*) — Mexique.

Opuntia grand. — *Opuntia grandis* Pfeiff. Enum. p. 155.
— Articles ovales ou elliptiques, comprimés, d'un vert glauque.
Aréoles subdistancées, situées sur des tubercules plus verts, garnies d'un faisceau de soies noirâtres, et de 2 aiguillons blancs et
roides. — Articles longs de 4 à 5 pouces, larges de 5 pouces ;
les jeunes d'un beau bleu. Aiguillons inégaux : l'un long de 1
pouce, l'autre de 4 à 5 lignes. Feuilles rouges, pointues. (*Pfeiffer,
l. c.*) — Mexique.

Opuntia blanchatre.— *Opuntia albicans* Salm-Dyck, Hort.
p. 561. — Pfeiff. Enum. p. 155.— Articles dressés, comprimés,

oblongs, étroits, subglauques. Aréoles rapprochées. Aiguillons biformes, accompagnés d'un coton roux : les supérieurs très-nombreux, sétacés, jaunes; les inférieurs 1 à 4, allongés, aciculaires,
blancs. — Articles fortement comprimés, longs de 5 à 6 pouces,
larges de 1 pouce. Aiguillons blancs, longs de 1 pouce. Feuilles
petites, d'un vert roussâtre. (*Pfeiffer, l. c.*) — Mexique.

OPUNTIA SOYEUX. — *Opuntia sericea* Don, in Salm-Dyck,
Hort. p. 563. — Pfeiff. Enum. p. 155. — Articles dressés,
ovés-oblongs, comprimés, verts. Aréoles rapprochées, convexes.
Aiguillons biformes, accompagnés d'un coton gris : les supérieurs
sétacés, nombreux, d'un roux orange ; les inférieurs 5 à 5, forts,
aciculaires, d'un blanc jaunâtre ; le central ou l'inférieur plus
long, souvent défléchi. — Articles longs de 5 à 4 pouces, larges
de 1 ½ pouce, luisants. Aiguillons longs de 4 à 8 lignes. Feuilles
courtes, vertes. (*Pfeiffer, l. c.*) — Chili.

OPUNTIA ORBICULAIRE. — *Opuntia orbiculata* Salm-Dyck, ex
Pfeiff. l. c. p. 156.— Dressé; subrameux. Articles orbiculaires,
épais, très-verts. Aréoles régulièrement distancées, garnies d'un
faisceau de soies brunes et de 4 ou 5 aiguillons inégaux, grêles,
d'un jaune pâle, roussâtres à la base, horizontaux. — Articles
larges de 5 à 4 pouces. Grands aiguillons longs de 15 lignes.
Feuilles vertes, pointues. (*Pfeiffer, l. c.*) — Présumé du Chili.

OPUNTIA PUBÉRULE. — *Opuntia puberula* Pfeiff. Enum. p.
156. — Articles obovés, épais, verts, pubérules. Aréoles assez
distancées, à peine convexes, entourées d'une tache rouge, garnies
d'un faisceau de soies rousses très-courtes et de 2 à 4 aiguillons
inégaux, grêles, blanchâtres, divergents.—Articles longs de 5 à
5 pouces, larges de 2 à 5 pouces. Grands aiguillons longs de 4
lignes. Feuilles pointues, rougeâtres au sommet. (*Pfeiffer, l. c.*)
— Mexique.

OPUNTIA A CRIN BLANC. — *Opuntia leucotricha* De Cand.
Rev. p. 119. — Pfeiff. Enum. p. 156. — Articles oblongs,
dressés : les jeunes finement veloutés. Aréoles convexes et veloutées étant jeunes. Aiguillons biformes : 2 ou 5 très-longs, ca-

pillaires, mutiques, blancs, étalés ; 4 ou 5 minimes, sétacés, droits, blanchâtres. (*De Candolle, l. c.*)—Articles longs de 6 à 7 pouces, larges de 2 ¹/₂ pouces à 4 pouces. Grandes soies longues de 1 pouce à 2 pouces. (*Pfeiffer, l. c.*) — Mexique.

OPUNTIA PORTE-CRINS. — *Opuntia crinifera* Salm-Dyck, ex Pfeiff. Enum. p. 157. — Presque dressé. Articles ovés ou allongés, minces, d'un vert foncé. Aréoles assez rapprochées, blanches, convexes, garnies dans le bas de 5 ou 4 aiguillons très-grêles, assez roides, roux, et dans le haut d'un faisceau de longues soies blanches (pendantes et semblables à du crin). — Articles longs de 2 à 5 pouces, larges de 1 à 2 pouces, les jeunes dépourvus de crin. Aiguillons longs de 5 à 4 lignes. Soies longues de plus de 1 pouce. Feuilles longues de 1 ¹/₂ ligne, recourbées, rougeâtres au sommet. (*Pfeiffer, l. c.*) — Brésil.

OPUNTIA SPINULEUX. — *Opuntia spinulifera* Salm-Dyck, Hort. p. 564. — Pfeiff. Enum. p. 157. — Articles presque dressés, obovés, épais, d'un vert glauque. Aréoles assez rapprochées, petites. Aiguillons sétacés, petits, blancs, inégaux, accompagnés d'un coton gris. — Articles longs de 4 à 5 pouces, larges de 2 à 5 pouces. Aiguillons longs de 5 à 6 lignes. (*Pfeiffer, l. c.*) —Mexique.

OPUNTIA DU MISSOURI. — *Opuntia missouriensis* De Cand. Prodr. 5, p. 472. — Pfeiff. Enum. p. 158. — *Cactus ferox* Nutt. Gen. — *Opuntia polyacantha* Haw. Suppl. — Articles subdivariqués, comprimés, obovés-arrondis, d'un vert gai, subtuberculeux. Aréoles très-rapprochées. Aiguillons biformes, accompagnés d'un coton roussâtre : les supérieurs sétacés, roussâtres ; les inférieurs 8 à 10, forts, subradiants, apprimés, blancs: le central plus long, défléchi. — Articles longs de 5 pouces, larges de 2 pouces. Aréoles très-rapprochées. Aiguillons longs de ¹/₂ pouce. Fleurs nombreuses, d'un jaune pâle. Stigmates 8 à 10, verdâtres. Fruit sec, garni d'aiguillons. (*Pfeiffer, l. c.*) — Plaines arides aux bords du Missouri.

OPUNTIA INTERMÉDIAIRE. — *Opuntia media* Haw. Suppl.—

Pfeiff. Enum. p. 158. — Articles ovés-oblongs, comprimés. Aiguillons très-nombreux, variables, blancs, inégaux : 2 ou 5 des adultes divariqués, défléchis, longs de ¹/₂ pouce. — Articles longs de 2 pouces, larges de 1 ¹/₂ pouce. Feuilles longues de 1 ¹/₂ ligne, très-pointues, rouges au sommet. (*Pfeiffer, l. c.*) — Amérique septentrionale.

OPUNTIA DÉJETÉ. — *Opuntia dejecta* Salm-Dyck, Hort. p. 561. — Pfeiff. Enum. p. 159. — Articles subdivariqués, très-comprimés, allongés, étroits, verts. Aréoles distancées, à peine cotonneuses. Aiguillons biformes : les supérieurs sétacés, blanchâtres ; les inférieurs 5 ou 6, blancs, inégaux. — Articles longs de 8 à 9 pouces, larges à peine de 1 ¹/₂ pouce. Aréoles distancées. Aiguillons forts, les plus longs de 1 pouce. (*Pfeiffer, l. c.*) — Cuba.

OPUNTIA EN FORME DE CANDÉLABRE. — *Opuntia candelabri-formis* Pfeiff. Enum. p. 159. — Presque dressé. Articles obovés ou elliptiques, pleins, d'un vert glauque. Aréoles assez rapprochées, enfoncées, garnies d'un faisceau de courtes soies blanches, et de 4 ou 5 aiguillons (dont un très-long et défléchi) blancs, plus longs. — Articles longs de 6 à 7 pouces, larges de 5 à 4 pouces. Aiguillons défléchis, longs de plus de 1 pouce. Feuilles allongées, rougeâtres au sommet. (*Pfeiffer, l. c.*) — Mexique.

OPUNTIA A GRANDS AIGUILLONS. — *Opuntia megacantha* Salm-Dyck, Hort. p. 565. — Pfeiff. Enum. p. 160. — Articles ovés-oblongs, pleins, verts, à peine tuberculeux. Aréoles assez distancées, garnies d'aiguillons et de soies blancs. Aiguillons grêles, droits : 5 ou 4 supérieurs courts, et 1 inférieur très-long. — Articles longs de 4 à 5 pouces, larges de 2 à 2 ¹/₂ pouces. Aiguillons-inférieurs longs de 6 lignes. Feuilles courtes, rougeâtres. (*Pfeiffer, l. c.*) — Mexique.

OPUNTIA COTONNEUX. — *Opuntia tomentosa* Salm-Dyck, Obs. 1822, p. 8. — Pfeiff. Enum. p. 160. — *Cactus tomentosus* Link, Enum. — Presque dressé, d'un vert gai, cotonneux. Articles lancéolés, comprimés. Aiguillons tous sétacés, à peine plus

longs que le coton : les inférieurs allongés, défléchis, blanchâtres.
— Articles longs de ¹/₂ pied, la plupart lancéolés. Aiguillons inférieurs longs de 4 lignes. Feuilles pointues, ferrugineuses au
sommet. Fleurs rougeâtres. (*Pfeiffer, l. c.*) — Amérique équatoriale.

OPUNTIA OBLONG. — *Opuntia oblongata* Wendl. ex Pfeiff.
Enum. p. 161. — Dressé. Articles oblongs ou oblongs-obovés,
d'un vert foncé, subpubescents. Aréoles assez distancées, cotonneuses, grisâtres, garnies dans le haut de soies brunes très-
courtes, et dans le bas de 2 à 6 aiguillons blancs, assez roides,
droits. — Articles longs de 4 à 6 pouces, larges de 2 à 5 pouces.
Aiguillons longs de 4 à 6 lignes. Feuilles rougeâtres, pointues,
longues de 2 lignes. (*Pfeiffer, l. c.*) — Mexique.

OPUNTIA TUNA. — *Opuntia Tuna* Mill. Dict. — Pfeiff.
Enum. p. 161. — *Cactus Tuna* Linn. — Dill. Hort. Elth. tab.
295, fig. 580. — *Opuntia coccinellifera* De Cand. Plantes
grasses, tab. 157. — *Cactus Bonplandii* Kunth, in Humb. et
Bonpl. Nov. Gen. 6, p. 69. — Articles grands, elliptiques, sinuolés. Aréoles distancées, cotonneuses, grisâtres, garnies dans
le haut d'un faisceau de soies d'un jaune roussâtre, et dans le bas
de 4 à 6 aiguillons roides, subulés, jaunes, inégaux. — Articles
longs de 4 à 8 pouces, sur à peu près autant de large. Aiguillons
longs de 4 à 10 lignes. Soies longues de 3 à 4 lignes. Feuilles
vertes, pointues, longues de 3 lignes. Fleurs d'un rouge sale,
larges de 3 lignes. Pétales obtus, mucronulés. Étamines jaunes.
Style rougeâtre. Stigmates 5, verts. (*Pfeiffer, l. c.*) — Mexique.
— C'est cette espèce qui se cultive au Mexique et dans l'Amérique méridionale, sous le nom de *Nopal*, pour l'éducation de la
cochenille.

OPUNTIA HORRIBLE. — *Opuntia horrida* Salm-Dyck, in De
Cand. Prodr. 3, p. 472. — Pfeiff. Enum. p. 162. — *Opuntia
humilis* Haw. Syn. — *Cactus humilis* Haw. Misc. — Dressé.
Articles cunéiformes-obovés, sinuolés. Faisceaux d'aiguillons distancés. Aiguillons diversiformes, jaunes, panachés de brun, forts,

accompagnés d'un coton jaunâtre, 1 ou 2 plus longs (longs d'environ 2 pouces). — Semblable à l'*Opuntia Tuna* par le port.
Fleurs d'un jaune pâle, larges d'environ 4 pouces. Sépales d'un
rouge verdâtre. Pétales mucronulés, bisériés. Étamines nombreuses, jaunes. Style saillant, gros, rouge. Stigmates 5 ou 6,
jaunes. Fruit pyriforme, d'un pourpre noirâtre, long de 2 ¹/₂ pouces. (*Pfeiffer, l. c.*) — Amérique méridionale.

OPUNTIA DE DILLÉNIUS. — *Opuntia Dillenii* De Cand. Prodr.
5. p. 472. — *Cactus Dillenii* Bot. Reg. tab. 255. — Dressé.
Articles obovés-arrondis, ondulés, glauques. Aréoles cotonneuses,
garnies d'un faisceau de soies (d'abord jaunes, plus tard rousses
de même que le duvet). Aiguillons forts, divariqués, jaunâtres :
5 à 5 plus petits ; 1 plus fort et plus long. — Articles longs de
4 à 8 pouces, larges de 4 à 6 lignes. Grands aiguillons longs de
1 pouce. Petits aiguillons longs de ¹/₂ pouce. Pétales obcordiformes, subbisériés. Étamines jaunâtres. Style gros. Stigmates 6,
verts. Fruit ovoïde, d'un pourpre foncé. (*Pfeiffer, Enum.* p.
162.) — Amérique équatorialè.

OPUNTIA POLYANTHE. — *Opuntia polyantha* Haw. Syn. —
Pfeiff. Enum. p. 165. — *Cactus polyanthos* Bot. Mag. tab.
2691. — Presque dressé. Articles oblongs, rétrécis aux 2 bouts,
à peine tuberculeux. Aréoles assez distancées, garnies d'un faisceau de soies jaunâtres, et de 4 à 6 aiguillons presque égaux,
jaunes ou panachés de jaune et de brun. — Articles longs de ¹/₂
pied, larges de 2 à 5 pouces. Grands aiguillons longs d'environ
1 pouce. Feuilles petites, rougeâtres. Fleurs d'un jaune pâle,
larges de 2 ¹/₂ pouces. Pétales 7 ou 8, larges, obtus. Étamines
blanches. Style blanc, 5-ou 7-parti. (*Pfeiffer, l. c.*)— Amérique
équatoriale.

OPUNTIA A TROIS AIGUILLONS.— *Opuntia triacantha* De Cand.
Prodr. 5, p. 473. — *Cactus triacanthos* Willd. Enum. —
Dressé. Articles ovés-elliptiques, verts, plans. Aréoles assez rapprochées, convexes, garnies dans le milieu d'un faisceau de soies
rousses et de 3 ou 4 aiguillons. Aiguillons roides, droits, jau-

nâtres : le supérieur très-long ; les autres presque égaux. (*Pfeiffer, l. c.*) — Amérique équatoriale.

OPUNTIA A AIGUILLONS ROUX. — *Opuntia fulvispina* Salm-Dyck, ex Pfeiff. Enum. p. 164. — Dressé. Articles elliptiques, assez gros, très-verts. Aréoles grandes, brunes, cotonneuses, garnies de soies. Aiguillons 12 à 16, inégaux, roussâtres : 3 ou 4 centraux, 1 ou 2 fois plus longs, grêles, aciculaires; les inférieurs défléchis. — Articles longs de 4 pouces, larges de 2 à 2½ pouces. Aiguillons-centraux longs de 1 pouce à 1 ½ pouce. Feuilles vertes, pointues. (*Pfeiffer, l. c.*) — Patrie inconnue.

OPUNTIA A AIGUILLONS SOLITAIRES. — *Opuntia monacantha* Haw. Suppl. — Pfeiff. Enum. p. 164. — *Cactus monacanthos* Willd. Enum. — *Cactus Opuntia Tuna* De Cand. Plantes grasses, tab. 158. — Bot. Reg. tab. 1726. — Dressé. Articles elliptiques ou ovés-oblongs, grands, très-comprimés, glabres, très-verts. Aréoles distancées, garnies d'un coton gris, sétacé, très-court, et d'un aiguillon roide, brun, à sommet jaune. — Articles longs de 1 pied, larges de 4 à 5 pouces. Aiguillons longs de 1 pouce. Feuilles rouges. Fleurs larges de 3 pouces. Sépales courts, pourpres. Pétales ovés, obtus, acuminés, bisériés; les extérieurs pourpres au dos; les intérieurs jaunes. Étamines jaunes, très-étalées. Style gros, jaune. Stigmates courts, dressés. (*Pfeiffer, l. c.*) — Brésil.

OPUNTIA NOIRATRE. — *Opuntia nigricans* Haw. Syn. — Pfeiff. Enum. p. 165. — *Cactus nigricans* Haw. Misc. — *Cactus Tuna nigricans* Bot. Mag. tab. 1557. — Dressé. Articles ovés ou lancéolés, grands, d'un vert foncé. Aréoles distancées, rousses. Aiguillons 2 ou 3, inégaux, divergents, droits, roides, noirâtres. — Articles longs de 1 pied à 1 ½ pied et plus, larges de 6 à 8 pouces. Aiguillons longs de 1 pouce à 3 pouces, d'un roux terne étant jeunes. Folioles petites, presque planes, étalées, ferrugineuses au sommet. Fleurs larges de 2 pouces. Sépales roses, cunéiformes. Pétales d'un jaune roussâtre. Étamines très-nombreuses, d'un rose vif. Style grand, blanchâtre, à 5 stigmates épais, d'un jaune verdâtre. Fruit pyriforme, pourpre, aréolé, long de 2 ¹/₂ pouces. (*Pfeiffer, l. c.*) — Amérique équatoriale.

OPUNTIA ÉLANCÉ. — *Opuntia elatior* Mill. Dict. — Pfeiff. Enum. p. 165. — Dill. Hort. Elth. tab. 294, fig. 379. — Dressé. Articles glaucescents, largement ovés-oblongs. Aiguillons subulés, très-longs, d'un brun noirâtre, presque sans laine. — Articles longs de 7 à 10 pouces, larges de 5 ¹/₂ pouces à 5 pouces. Aiguillons inégaux, longs de 8 à 14 lignes. Fleurs larges de près de 2 pouces, d'un jaune tirant sur le pourpre. Pétales larges, acuminés. Étamines pourpres. Stigmate 5-fide. Fruit rouge, ovoïde, long de 1 ¹/₂ pouce. (*Pfeiffer, l. c.*) — Amérique méridionale.

OPUNTIA ROBUSTE. — *Opuntia robusta* Wendl. ex Pfeiff. Enum. p. 165.— Dressé. Articles obovés-oblongs, pulvérulents, glauques. Aiguillons 8 à 12, diversiformes, forts, d'un brun roux à la base, blanchâtres au sommet, longs de 2 pouces, accompagnés de coton sétacé d'un brun roux. — Articles longs de 8 à 10 pouces, larges de 4 à 5 pouces. Feuilles rougeâtres, jaunes, longues de 2 lignes. (*Pfeiffer, l. c.*)— Mexique.

SECTION. IV. (*Cruciatæ* Pfeiff. Enum. p. 166.)

Tige inarticulée, comprimée, dressée. Rameaux comprimés, latéraux : la plupart opposés.

OPUNTIA ROUGEATRE. — *Opuntia rubescens* Salm-Dyck, Hort. p. 560. — Pfeiff. Enum. p. 166. — Tige dressée, entière. Rameaux latéraux, allongés, subopposés, d'un rouge verdâtre, subtuberculeux. Aréoles inermes, cotonneuses, blanchâtres. — Tige haute d'environ 5 pieds, large de 2 pouces, roide, aplatie. Rameaux étalés. Aréoles grandes, rapprochées, à foliole très-petite, inermes, ou garnies de quelques aiguillons courts, roides, blancs, cotonneux. (*Pfeiffer, l. c.*) — Brésil.

OPUNTIA CROIX DE LORRAINE. — *Opuntia spinosissima* Mill. Dict.— Pfeiff. Enum. p. 166. — *Cactus spinosissimus* Lamk.

Enc. — Tige inarticulée, très-élevée, comprimée ; rameaux opposés. Tubercules peu saillants. Aréoles rapprochées, cotonneuses, garnies dans le haut d'un faisceau de soies rousses, et dans le bas de 6 à 8 aiguillons roides, inégaux, jaunes. — Tige haute de 10 à 12 pieds, large de 2 à 5 pouces. Rameaux caducs, en général disposés en croix. Aiguillons longs de 1 pouce à 2 pouces, finalement entrecroisés sur le tronc. Feuilles très-petites, rougeâtres. (*Pfeiffer, l. c.*) — Antilles.

OPUNTIA FÉROCE. — *Opuntia ferox* Haw. Suppl. — Pfeiff. Enum. p. 167. — *Cactus ferox* Willd. Enum. — Tige inarticulée, comprimée, rameuse aux 2 bords, subtuberculeuse. Aréoles assez rapprochées, convexes, garnies dans le haut d'un faisceau de soies jaunes, et dans le bas de 4 à 6 aiguillons inégaux, aciculaires, blanchâtres.—Tige large de 1 pouce à 2 pouces. Aiguillons roses étant jeunes : les plus longs de 1 pouce. Folioles petites, vertes. (*Pfeiffer, l. c.*) — Amérique équatoriale.

OPUNTIA A AIGUILLONS BLANCS. — *Opuntia leucacantha* Hort. Bérol. (non Salm-Dyck) ex Pfeiff. Enum. p. 167. — Tronc dressé, inarticulé, comprimé, subimbriqué à la surface. Aréoles rapprochées, garnies d'un faisceau de soies jaunâtres, et d'aiguillons aciculaires, droits, blancs, inégaux (5 ou 4 courts, 1 à 3 plus longs). —Tige longue de 1 pied et plus, large de 2 pouces ; rameaux latéraux, subopposés, longs de 5 à 4 pouces, assez gros. Petits aiguillons longs de 5 à 4 lignes. Grands aiguillons longs d'environ 1 pouce. Feuilles minimes, vertes. (*Pfeiffer, l. c.*) — Mexique.

OPUNTIA A FEUTRE BLANC. — *Opuntia leucosticia* Wendl. ex Pfeiff. Enum. p. 167.—Tige dressée, comprimée, rameuse, presque plane à la surface. Aréoles assez rapprochées, régulièrement rangées, cotonneuses-blanchâtres, convexes, garnies dans le haut d'un faisceau de soies brunes très-courtes. Aiguillons 4 ou 5, courts, inégaux, blancs, aciculaires ; et 1 ou 2 plus longs.—Petits aiguillons longs de 2 à 5 lignes. Grands aiguillons longs de 6 à 8 lignes. Feuilles petites, d'un pourpre noirâtre. (*Pfeiffer, l. c.*) —Mexique.

Section V. (*Paradoxæ* Pfeiff. Enum. p. 168.)

Tige dressée, ligneuse, cylindrique, aréolée, produisant
des rameaux cylindriques et des articles latéraux très-
comprimés.

Opuntia du Brésil. —*Opuntia brasiliensis* Haw. Suppl.—
Pfeiff. Enum. p. 168. — Bot. Mag. tab. 5295. — *Cactus brasiliensis* Willd. Enum. — *Cactus paradoxus* Horn. Hort. Hafn.
—Tronc arborescent, cylindrique, gros, très-élancé, ligneux, à
aréoles distancées, subcotonneuses, garnies de 1 à 5 longs aiguillons blancs. Rameaux horizontaux, ovales, souvent atténués à la
base, minces, presque membranacés, tuberculeux; aréoles presque nues, armées de longs aiguillons solitaires. — Arbre atteignant la taille d'un Pin. Rameaux longs de 6 à 10 pouces, articulifères. Articles d'un vert luisant, longs de 5 à 6 pouces, larges de 2 à 5 pouces. Aiguillons longs de 1 pouce à 2 pouces.
Fleurs larges de 1 1/2 pouce, d'un jaune de citron. Sépales gros,
courts, d'un jaune verdâtre. Pétales environ 15, inégaux, a sez
épais : les intérieurs plus grands, rétrécis vers la base. Étamines
nombreuses, étalées. Filets d'un jaune pâle. Anthères blanchâtres. Style jaune, à 5 stigmates velus en dessous. Fruit ovoïde,
de 1 pouce à 1 1/2 pouce de diamètre, d'un jaune transparent,
garni de faisceaux de soies brunes; pulpe succulente, acidule.
Graines 2 à 4, larges de 5 à 4 lignes, arrondies. (*Pfeiffer, l. c.*)
— Brésil.

Section VI. (*Cylindraceæ* Pfeiff. Enum. p. 169.)

Tige dressée, rameuse, charnue, ligneuse, cylindracée, tuberculeuse, aréolée, garnie d'aiguillons forts ; épiderme
souvent séparable. Rameaux conformés comme la tige.

Opuntia cylindrique.—*Opuntia cylindrica* De Cand. Prodr.
5, p. 471.—Pfeiff. Enum. p. 169.—*Cactus cylindricus* Lamk.
Dict.—*Cereus cylindricus* Haw. Syn.—Bot. Mag. tab. 5501.
—Tige très élancée (semblable à celle d'un *Cereus*), très-verte,
cylindrique, finalement rameuse et ligneuse. Tubercules rhom-

boïdaux, portant au sommet une aréole garnie de laine blanche et d'aiguillons. Aiguillons 4 à 6, droits, blanchâtres, défléchis, inégaux : 1 ou 2 allongés.—Tige haute de 10 à 12 pieds,
sur 2 à 2 ½ pouces de diamètre. Grands aiguillons longs de 6 à
10 lignes. Feuilles épaisses, vertes, longues de 4 lignes. Fleurs
terminales, écarlates, larges de 1 ½ pouce. Sépales épais, subulés. Pétales courts, rosacés, dressés. Étamines nombreuses, infléchies. Anthères blanches. Style cylindrique, d'un vert pâle. Stigmates 8, verts. (*Pfeiffer, l. c.*) — Pérou.

OPUNTIA TUNIQUÉ. — *Opuntia tunicata* Hort. Berol. ex
Pfeiff. Enum. p. 170. — *Cereus tunicatus* Lehm. — Presque
dressé; très-rameux. Rameaux d'un vert foncé, divergents, atténués à la base, tuberculeux, aréolés. Aréoles oblongues, cotonneuses-blanches, situées au sommet des tubercules. Tubercules
oblongs, obtus. Aiguillons naissant de la base des aréoles : 4 à
6 plus grands; 2 ou 5 inférieurs courts; tous blancs, revêtus
d'une membrane presque diaphane. — Tige haute de 1 pied,
d'environ 1 ½ pouce de diamètre. Articles de 8 à 10 lignes de
diamètre. Aiguillons longs de 1 pouce à 2 pouces ; les inférieurs
longs de 4 à 6 lignes. Feuilles courtes, vertes. (*Pfeiffer, l. c.*) —
Mexique.

OPUNTIA ROSE. — *Opuntia rosea* De Cand. Rev. p. 66; tab.
15. — Pfeiff. Enum. p. 171. — Dressé; rose. Tige et rameaux
tuberculeux. Tubercules oblongs, déprimés, rangés en spirale,
garnis de feuilles (caduques) et d'aiguillons (droits, fasciculés,
blancs). — Rameaux divergents, florifères au sommet. Fleurs
subquaternées, roses, larges de 1 ½ pouce. Pétales rosacés, acuminés. Étamines rouges. Anthères jaunes. Style rouge. Fruit
subglobuleux, tuberculeux, d'un brun roux pâle, de 15 lignes
de diamètre. (*Pfeiffer, l. c.*) — Mexique.

OPUNTIA STAPÉLIA. — *Opuntia Stapelia* De Cand. Rev. p.
117. — Pfeiff. Enum. p. 171. — Rameaux; irrégulièrement
touffu; articulé; d'un vert vif. Articles ovés ou oblongs. Aréoles
petites, cotonneuses, situées aux aisselles des tubercules. Aiguil-

lons 5 ou 6, roides, d'un jaune pâle, sétacés, à épiderme finalement lâche. — Tige de 6 lignes de diamètre. Aiguillons longs
de 4 lignes. Feuilles courtes, vertes, ferrugineuses au sommet.
(*Pfeiffer, l. c.*) — Mexique.

OPUNTIA FAUX-KLEINIA.— *Opuntia Kleiniæ* De Cand. Rev.
p. 118. — Pfeiff. Enum. p. 171. — Dressé; rameux; d'un
vert cendré. Rameaux dressés, cylindriques, tuberculeux : faisceaux rangés en spirale. Aréoles veloutées. Aiguillons biformes :
les uns sétacés, très-nombreux, d'un roux blanchâtre ; les autres
solitaires, très-grands, défléchis, grêles, blanchâtres. — Tige
de la grosseur d'un doigt, semblable à celle du *Cacalia Klei-
nia*. Rameaux longs de 1 pied et plus. Grands aiguillons longs
de 1 pouce. Feuilles vertes, oblongues, caduques. (*Pfeiffer, l.c .*)
— Mexique.

OPUNTIA TROMPEUR. — *Opuntia decipiens* De Cand. Rev. p.
118. — Pfeiff. Enum. p. 172. — Dressé; rameux; vert. Rameaux étalés, cylindriques, atténués à la base. Tubercules peu
nombreux, rangés en spirale. Aréoles petites. Aiguillons biformes : 5 ou 4 minimes, sétiformes, subradiants ; 1 central, très-grand, jaune, défléchi, tuniqué. (*Pfeiffer, l. c.*) —
Mexique.

OPUNTIA GRÊLE. — *Opuntia gracilis* Pfeiff. Enum. p. 172.
— Tige et rameaux cylindriques, grêles, allongés. Aréoles (naissant à l'aisselle d'un tubercule) distancées, cotonneuses-blanches,
garnies dans le haut d'un petit faisceau de soies brunes très-
courtes, et, dans le bas, d'un aiguillon solitaire, roide, horizontal, long de 1 pouce, corné, blanc au sommet, revêtu d'une membrane jaune. (*Pfeiffer, l. c.*) — Mexique.

OPUNTIA DE SALM. — *Opuntia Salmiana* Parm. ex Pfeiff.
Enum. p. 172. — Dressé; rameux; d'un vert gai tirant sur le
gris. Rameaux cylindriques, non-tuberculeux. Aréoles assez rapprochées, cotonneuses, blanchâtres, les vieilles globuleuses, saillantes, garnies dans le bas de 5 ou 4 aiguillons sétacés, petits,
d'un brun roux. — Tige longue de 2 pieds et plus, de la gros-

seur du petit doigt, à écorce lisse. Rameaux atténués dans le haut,
florifères au sommet. Aréoles revêtues d'un coton blanc. Aiguillons longs de 3 à 4 lignes. Fleurs blanches. (*Pfeiffer, l, c.*)—
Brésil.

OPUNTIA À TIGE MENUE. — *Opuntia leptocaulis* De Cand.
Rev. p. 118. — Pfeiff. Enum. p. 173. — Dressé ; rameux.
Rameaux dressés, cylindriques, tuberculeux. Faisceaux rangés
en spirale. Aéroles subcotonneuses. Aiguillons biformes : les uns
(environ 5) inférieurs, sétacés, noirâtres, défléchis ; les autres
touffus, plus fins, roussâtres. — Tige de la grosseur du petit
doigt. Rameaux de 5 lignes de diamètre. Aréoles jeunes garnies
d'un grand nombre de longs poils blancs. Aiguillons longs de 2
à 5 lignes. Folioles 1 fois plus longues que les aiguillons, très-
pointues, rouges au sommet. (*Pfeiffer, l. c.*) — Mexique.

OPUNTIA RAMULIFÈRE. — *Opuntia ramulifera* Salm-Dyck,
Hort. p. 360. — Pfeiff. Enum. p. 173. — Dressé : très-rameux.
Rameaux grêles, atténués à la base, subtuberculeux. Aréoles
nues, rapprochées. Aiguillons d'un brun roux : les extérieurs 6
ou 8, subradiants; les centraux solitaires, plus forts, revêtus d'un
épiderme lâche. — Aiguillons longs de 5 à 7 lignes. Folioles 2
fois plus courtes que les aiguillons centraux, ferrugineuses au sommet. (*Pfeiffer, l. c.*) — Mexique.

OPUNTIA CLAVAIRE. — *Opuntia clavarioides* Hort. Berol. ex
Pfeiff. Enum. p. 175. — Tige cylindrique, inégale, presque
dressée. Rameaux diffus. Articles verts, allongés, grêles, cylindracés ou obclaviformes. Aréoles régulièrement rapprochées, laineuses, blanches. Aiguillons 8 à 10, d'un rouge jaunâtre, ou blanchâtres, très-fins, droits, apprimés en étoile. — Aiguillons longs
de 1 ligne à 2 lignes. Aréoles très-rapprochées. Folioles minimes, rougeâtres, subulées. (*Pfeiffer, l. c.*)— Chili.

OPUNTIA DE PŒPPIG. — *Opuntia Pœppigii* Otto, ex Pfeiff.
Enum. p. 174. — Tige basse, dressée, mince, irrégulièrement
cylindracée, ligneuse à la base ; rameaux cylindriques, divergents, verts. Aréoles assez rapprochées, cotonneuses, blanches.

Aiguillons assez roides, blancs, en général ternés : les 2 latéraux
courts; celui du milieu plus long, dressé.—Tige de 4 lignes de diamètre, longue de 6 à 8 pouces. Grands aiguillons longs de 8 à 10
lignes. Petits aiguillons longs de 2 à 4 lignes. Feuilles cylindracées, vertes, longues de 5 lignes. (*Pfeiffer, l. c.*) — Chili.

Genre PÉRÉSKIA. — *Pereskia* (Plum.) Haw.

Sépales très-nombreux, supères, foliacés, souvent persistants. Corolle rotacée. Étamines nombreuses. Stigmates
agrégés en spirale. Baie globuleuse ou ovoïde. Graines
nidulantes. Cotylédons grands, foliacés, verts. — Arbres
ou arbrisseaux à rameaux cylindriques. Aiguillons soit
fasciculés sur la tige, soit solitaires aux aisselles (cotonneuses) des feuilles. Feuilles grandes, planes, non-persis-
tantes. Fleurs solitaires, subpaniculées, en général terminales. (*De Candolle, Prodr.* 5, p. 474.)

Péréskia a aiguillons. — *Pereskia aculeata* Plum. Gen.—
Dill. Hort. Elth. tab. 227, fig. 294. — Pfeiff. Enum. p. 175.
— *Cactus Pereskia* Linn. — Tronc ligneux, dressé. Rameaux
grêles, très-longs, grimpants. Aréoles sublaineuses. Aiguillons
géminés, un peu recourbés, finalement fasciculés sur le tronc.
Feuilles vertes, oblongues, acuminées, glabres.—Tronc de 1 pouce
et plus d'épaisseur. Aiguillons-géminés longs de 2 à 5 lignes. Ai-
guillons-fasciculés droits, longs de 4 à 6 lignes. Feuilles longues
de 2 à 5 pouces, larges de 1 pouce à 1 ¼ pouce. Fleurs blanches
ou jaunâtres, subpaniculées, larges de 2 pouces. Pétales ovés,
étalés, subsériés. Fruit globuleux, jaunâtre, de 1 pouce de diamètre, couronné du limbe calicinal. (*Pfeiffer, l. c.*) — Antilles.
(Vulgairement *Groseillier des Antilles*.)

Péréskia spatulé. — *Pereskia spathulata* Hort. Berol. ex
Pfeiff. Enum. p. 176. — Tronc ascendant, grêle, finalement ligneux. Rameaux épars, défléchis. Aréoles distancées, cotonneuses
(les jeunes laineuses), garnies dans le bas de 1 ou 2 aiguillons
roides, blanchâtres, et, dans le haut, d'un faisceau de courtes

soies brunes. Feuilles épaisses, vertes, spatulées.—Tige haute de 5
pieds, d'environ 6 lignes de diamètre à la base. Aiguillons longs
de 1 pouce. Feuilles longues de 1 pouce à 2 pouces, larges de
6 à 10 lignes. Fleurs rouges. (*Pfeiffer, l. c.*) — Mexique.

PÉRÉSKIA PITITACHÉ. — *Pereskia Pititaché* Pfeiff. Enum. p.
176. — Tronc ligneux, dressé, très-épineux. Rameaux divergents subhorizontalement. Aréoles rapprochées, cotonneuses. Aiguillons 5 à 6, inégaux, droits, roides. Feuilles charnues, vertes,
lancéolées-ovées. Aiguillons longs de 1 ½ pouce. Feuilles longues de 1 ½ pouce, larges de 8 lignes. (*Pfeiffer, l. c.*) — Mexique. (Vulgairement *Pititaché.*)

PÉRÉSKIA BLÉO.—*Pereskia Bleo* De Cand. Prodr. 5, p. 475.
—Pfeiff. Enum. p. 176. — *Cactus Bleo* Kunth, in Humb. et
Bonpl. Nov. Gen. — Bot. Reg. tab. 1475.—Bot. Mag. tab.
5478. — Reichenb. Icon. Exot. tab. 528. — Arborescent; rameux. Rameaux cylindriques, verts. Aréoles distancées, cotonneuses, rousses. Aiguillons 7 ou 8, inégaux, noirs, roides, subfasciculés. Feuilles vertes, scabres et ponctuées en dessous, obovées, acuminées. —Tronc haut de 6 à 8 pieds, de 1 ½ pouce de diamètre.
Aiguillons longs de ¾ de pouce à 2 pouces. Feuilles longues de
4 pouces. Fleurs terminales (au nombre de 2 à 4), courtement
pédonculées, carnées, ou roses, larges de 1 ½ pouce. Sépales
courts, verts. Pétales obovés, rétus, blanchâtres en dessous. Étamines rouges, blanches à la base. Stigmate 5-à 7-fide. (*Pfeiffer,
l. c.*) — Nouvelle-Grenade. Mexique. (Vulgairement *Bléo.*)

PÉRÉSKIA A GRANDES FEUILLES.—*Pereskia grandifolia* Haw.
Suppl. —Pfeiff. Enum. p. 177. — *Cactus grandifolius* Link,
Enum.—Reichenb. Icon. Exot. tab. 529. — Arborescent; très-
haut, rameux. Aréoles rapprochées, cotonneuses, rousses. Aiguillons 8 à 10, bruns, inégaux. Feuilles vertes, scabres en dessous,
lancéolées. — Aiguillons longs de ½ pouce à 1 pouce. Feuilles
longues de 4 pouces. Fleurs vernales, terminales, subpédonculées, d'un lilas rose, larges de 1 ¾ pouce. Sépales d'un vert foncé.
Pétales acuminés, rétrécis à la base. Filets rouges. Anthères jaunes. (*Pfeiffer, l. c.*) — Brésil.

PÉRÉSKIA A FLEURS DE ZINNIA. — *Pereskia zinniæflora* De Cand. Rev. p. 75; tab. 17. — Pfeiff. Enum. p. 177.—Feuilles ovées, pointues, ondulées. Aiguillons géminés aux aisselles des feuilles, et finalement subfasciculés sur le tronc. — Fleurs solitaires, terminales, d'un violet rougeâtre éclatant, verdâtres en dessous, de 1 pouce de diamètre. Pétales obcordiformes. (*Pfeiffer, l. c.*) — Mexique,

PÉRÉSKIA A FLEURS DE LYCHNIS. — *Pereskia lychnidiflora* De Cand. Rev. p. 75; tab. 18.—Feuilles ovées, pointues. Aréoles cotonneuses, d'un brun roux. Aiguillons axillaires, solitaires.—Tronc ligneux, de 1 à 2 pouces de diamètre. Aiguillons longs de 1 pouce à 2 pouces, droits. Feuilles longues de 2 à 5 pouces. Fleurs solitaires, terminales, d'un jaune orange, semblables à celles du *Lychnis chalcedonica*, larges de 2 pouces. Pétales bisériés, cunéiformes, fimbriolés au sommet. (*Pfeiffer, l. c.*) —Mexique.

PÉRÉSKIA A FLEURS D'OPUNTIA. — *Pereskia opuntiæflora* De Cand. Rev. p. 76; tab. 19. — Pfeiff. Enum. p. 178.—Feuilles obovées, mucronées, subgéminées. Aiguillons axillaires, solitaires, très-longs.—Tronc ligneux, de 1 pouce de diamètre. Aiguillons longs de 2 à 5 pouces. Feuilles longues de 1 ½ pouce, larges de 9 à 10 lignes. Fleurs solitaires, subpédonculées, d'un rouge sale, larges de 1 pouce. Pétales bisériés, ovés, un peu pointus. (*Pfeiffer, l. c.*) — Mexique.

PÉRÉSKIA A FEUILLES RONDES. — *Pereskia rotundifolia* De Cand. Rev. p. 77; tab. 20. — Pfeiff. Enum. p. 178.—Feuilles arrondies, mucronées. Aréoles sétifères. Aiguillons-axillaires solitaires. — Tronc gros, ligneux, rameux. Rameaux-florifères de 2 à 4 lignes de diamètre. Aiguillons-adultes longs de 1 pouce, accompagnés d'un faisceau de soies. Feuilles vertes, larges de 5 à 7 lignes. Fleurs latérales, solitaires, jaunes, panachées d'écarlate, larges de près de 1 ½ pouce. Pétales rosacés, mucronulés. Étamines très-étalées. Style rouge. Stigmates jaunes. Fruit obové, ombiliqué au sommet, rouge, long de 10 lignes, garni d'aréoles sétifères. (*Pfeiffer, l. c.*) — Mexique.

Péréskia a feuilles de Pourpier. — *Pereskia portulacœfolia* D · Cand. Prodr. 5, p. 475. — *Cactus portulacœfolius* Linn. — Plum. ed. Burm. tab. 497, fig. 4. — Feuilles obovées-cunéiformes. Aiguillons solitaires aux aisselles des feuilles, finalement fasciculés sur le tronc. — Arbre de là taille d'un Pommier. Aiguillons noirâtres, longs de 1/2 pouce. Feuilles épaisses, échancrées. Fleurs solitaires terminales, pourpres, larges de 1 1/2 pouce. Pétales arrondis, échancrés. Fruit subglobuleux, un peu anguleux, de 1 3/4 pouce de diamètre, ombiliqué, verdâtre, non-couronné ; chair blanchâtre. (*Pfeiffer*, *l. c.*) — Antilles.

Péréskia horrible. — *Pereskia horrida* De Cand. Prodr. 5, p. 475. — Pfeiff. Enum. p. 479. — *Cactus horridus* Kunth, in Humb. et Bonpl. Nov. Gen. — Arborescent. Rameaux cylindriques, épineux. Aiguillons axillaires, 4 à 5, subulés. Feuilles alternes, oblongues, pointues aux 2 bouts. Fleurs axillaires (2 à 5), pédonculées, petites, rouges. Stigmates 5 ou 4. (*Pfeiffer*, *l. c.*) — Brésil.

Péréskia a fleurs glomérulées. — *Pereskia glomerata* Pfeiff. Enum. p. 479. — Nain ; très-épineux. Feuilles agrégées. Aiguillons roux, longs de 2 pouces. (*Pfeiffer*, *l. c.*) — Andes du Pérou.

TABLE DES PRINCIPAUX OUVRAGES

CITÉS DANS

L'HISTOIRE DES PLANTES PHANÉROGAMES.

ACTA ACADEMIÆ PARISIENSIS. — V. *Mémoires de l'Académie royale des Sciences ; — Mémoires de l'Institut.*

ACTA ACADEMIÆ SCIENTIARUM IMPERIALIS PETROPOLITANÆ. 4°, *Petropoli*, 1777-1782.

ACTA PETROPOLITANA. — V. *Acta Academiæ Imperialis Petropolitanæ; Mémoires de l'Académie impériale de Saint-Pétersbourg; Nova Acta Academiæ Petropolitanæ; Novi Commentarii Academiæ Petropolitanæ.*

ADANSON. — Familles des Plantes. 2 vol. 8°, *Paris*, 1763.

AGARDH. — Aphorismi botanici. *Lund*, 1817.

AITON (William). — Hortus Kewensis. Ed. 1, 3 vol. 8°, *London*, 1789.

AITON (William Townsend). — Hortus Kewensis. Ed. 2, 5 vol. 8°, *London*, 1810 1813.

ALDINI. — Exactissima descriptio rariorum quarumdam plantarum quæ continentur Romæ in Horto Farnesiano. 1 vol. fol°, *Romæ*, 1525.

ALLIONI. — Flora Pedemontana. 3 vol. fol°, *Taurini*, 1785.

ID. — Auctuarium ad Floram Pedemontanam. 4°, *Taurini*, 1789.

ALPINI. — De plantis Ægypti liber. 4°, ed. 1, *Venetiis*, 1592. Ed. 2, *Patavii*, 1640.

ID. — Historia naturalis Ægypti. 2 vol. 4°, *Lugduni-Batav.* 1735.

AMMANN. — Stirpium rariorum in Imperio Rutheno sponte provenientium icones et descriptiones. 4°, *Petropoli*, 1739.

ANDREWS. — The Botanist's Repository for new and rare plants. 10 vol. 4°, *London*, 1797-1812.

ID. — Ericæ. 3 vol. fol°, *London*, 1802-1809.

ANNALES DES SCIENCES NATURELLES. Ire série, 1824 à 1833, publiées par MM. Audouin, Ad. Brongniart et Dumas. 30 vol. 8°.

ANNALES DES SCIENCES NATURELLES. IIe série. Botanique, rédigée par MM. Ad. Brongniart, Guillemin et Decaisne. 40 vol. 8°; *Paris*, 1834 à 1843.

ANNALES DES SCIENCES NATURELLES. IIIe série. Botanique, rédigée par MM. Ad. Brongniart et Decaisne. 1844 et suiv.

ANNALES DU MUSÉUM D'HISTOIRE NATURELLE. 20 vol. 4°, *Paris*, 1802 à 1813.

ANNALS OF THE LYCÆUM OF NATURAL HISTORY OF NEW-YORK. 8°, 1824-1836.

ANNALS OF BOTANY. (V. *Kœnig et Sims.*)

ANTOINE. — Die Coniferen nach Lambert, Loudon und anderen. Fol°, *Wien*, 1840.

ARRABIDA. — Floræ Fluminensis Icones. 11 vol. fol°, *Paris*, 1827.

ASIATIC RESEARCHES. — 4°, *Calcutta*, 1783 et suiv.

ASSO. — Synopsis stirpium indigenarum Arragoniæ. 4°, *Marsiliæ*, 1779.

AUBLET. — Histo re des plantes de la Guiane française. 4 vol. 4°, *Londres*, 1775.

AUDIBERT (Frères). — Catalogues des végétaux cultivés à Tonelle, près Tarascon. 8°, *Tarascon*, 1838-1841.

BALBIS. — Miscellanea botanica. 2 fasc. 4°, ex Actis Academiæ Taurinensis exserta. 1804-1806.

ID. — Catalogi Horti botanici Taurinensis. 8°, 1805, 1810, 1811, 1812 et 1813.

BANKS. — Icones selectæ plantarum quas in Japonia collegit et delineavit Kæmpfer. Fol°, *Londini*, 1791.

BARRELIER. — Plantæ per Galliam, Hispaniam et Italiam observatæ, opus editum a Bernardo Jussiæo. Fol°, *Paris*, 1741.

BARTLING ET WENDLAND. — Diosmæ descriptæ et illustratæ. 8°, *Gottingæ*, 1824.

BARTLING. — Ordines naturales plantarum. 8°, *Gottingæ*, 1830.

BARTON. — Collections for an essay towards a Materia Medica of the United States. 8°, *Philadelphiæ*, 1798.

BASTARD. — Essai sur la Flore du département de Maine-et-Loire. 8°, *Angers*, 1809.

BAUHIN (Caspar). — Pinax Theatri Botanici. 4°, *Basileæ*, ed. 1, 1623. Ed. 2, 1671.

BAUMGARTEN. — Enumeratio stirpium magno Transylvaniæ principatui præprimis indigenarum. 3 vol. 8°, *Vindobonæ*, 1814.

BEAUVOIS (PALISOT DE). — Flore des royaumes d'Oware et de Benin. Fol°, *Paris*, 1805.

BECHSTEIN. — Fortsbotanik, oder vollstændige Naturgeschichte der deutschen Holzarten und einiger fremden. 8°, *Erfurt*, 1810.

BELLARDI. — Appendix ad Floram Pedemontanam. 1 fasc. 8°, Ex Actis Academiæ Taurinensis ex-ertus, 1790-1791.

BENNET. — Plantæ (Horsfieldii) Javanicæ rariores. Fol°, *Londini*, 1836 et seqq.

BENTHAM. — Labiatarum Genera et Species. 8°, *London*, 1832-1833.

ID. — Scrophularinearum Revisio (*in Botanical Register*, 1835).

BERGIUS. — Descriptiones plantarum ex Capite Bonæ Spei. 8°, *Stockholm*, 1767.

BERNHARDI. — Dissertationes de Papaveraceis (*in Linnæa*, vol. 8 et 12).

BERTOLONI. — Flora italica, sistens plantas in Italia et in insulis circums antibus sponte nascentes. 8°, vol. 1-6, *Bononiæ*, 1833-1844.

ID. — Amœnitates Italicæ, sistentes opuscula ad rem herbariam et zoologiam Italiæ spectantia. *Bononiæ*, 1819, 4°.

BESLER. — Hortus Eysiettensis. 2 vol. fol°, *Nürnberg*, 1612.

BESSER. — Enumeratio plantarum hucusque in Volhyn a, Podolia, Gub. Kiovien-i, et circa Odessam collectarum, simul Galliciæ austr acæ. 8°, *Vilnæ*, 1822.

BIBLIOTHÈQUE UNIVERSELLE DE GENÈVE. 8°, *Genève*, 1816 et suiv.

BIEBERSTEIN (MARSCHALL DE). — Centuria plantarum rariorum Rossiæ meridionalis. Fol°, *Petropoli*, 1812.

ID. — Flora Taurico-Caucasica. 3 vol. 8°, *Charkow*, 1808. Supplem. 1819.

BIGELOW. — American medical Botany. 3 vol. 8°, *Boston*, 1817-1820.

BIVONA-BERNARDI. — Sicularum plantarum Centuria. 8°, *Panormi*, 1806.

BLACKWELL. — A curious Herbal of the useful plants. 2 vol. fol°, *London*, 1737.

BLUME. — Bijdragen tot de Flora van Nederlandsch India. 8", *Bataviæ*, 1825.

ID. — Rumphia, Commentationes botanicæ inprimis de plantis Indiæ orientalis. Fol°. (vol. 1, 1835-1838), *Lugduni-Batavorum*.

BLUME ET FISCHER. — Flora Javæ. Fol°, *Bruxell.* 1829 et seqq.

BOCCONE. — Museo di piante rare della Sicilia, Malta, Corsica, Italia, Piemonte e Germania. 4°, *Venezia*, 1674.

ID. — Icones et descriptiones rariorum plantarum Siciliæ, Melitæ, Galliæ et Italiæ. 4°, *Londini*, 1671.

BOENNINGHAUSEN. — Prodromus Floræ Monasteriensis Westphalorum. 8°, *Monasterii*, 1824.

BOERHAAVE. — Index plantarum quæ in Horto Acad. Lugduno-Batavo reperiuntur. 8°, *Lugduni-Batav.* 1710.

BOISSIEU. — Flore d'Europe. 12 fasc. 8°, *Lyon*, 1805-1807.

BONPLAND. — Description des plantes rares cultivées à Malmaison et à Navarre. Fol°, *Paris*, 1813-1816.

ID. — Monographie des Mélastomes et autres plantes de cet Ordre. Fol°, *Paris*, 1806.

BORKHAUSEN. — Beschreibung der in den Hessen-Darmstædtischen Landen im freien wachsenden Holzarten. 8°, *Frankfurt am Main*, 1790.

BORY DE SAINT-VINCENT. — Voyages aux îles de l'Afrique australe. 8°, *Paris*, 1805.

BOTANICAL CABINET. (V. *Loddiges*.)

BOTANICAL MAGAZINE. (V. *Curtis*.)

BOTANICAL REGISTER. (V. *Edwards*.)

BOTANISTS REPOSITORY. (V. *Andrews*.)

BREYNIUS. — Exoticarum plantarum Centuria. Fol°, *Gedani*, 1678.

BRONGNIART (Ad.). — Énumération des genres de Plantes cultivés au Muséum d'Histoire Naturelle de Paris, suivant l'ordre établi dans l'École de Botanique en 1843. 8°, *Paris*, 1843.

ID. — Mémoire sur la famille des Rhamnées (*in Annales des Sciences Naturelles*. 1827).

BROTERO. — Flora Lusitanica. 2 vol. 6°, *Olissiponæ*, 1804.

ID. — Phytographia Lusitaniæ selectior. Fol°, *Olissiponæ*, 1801.

BROWN (Robert). — Botany of the coasts of Baffin's Bay. (*Appendice Botanique au voyage du capitaine Ross*.) 1813, 4°.

ID. — Botany of the Congo. (*Appendice Botanique au voyage du capitaine Tuckey*.) 4°, *London*, 1818.

ID. — Dissertatio de Asclepiadeis (*in Transactions of the Wernerian Society*).

ID. — General Remarks on the botany of Terra australis. (*Appendice Botanique au voyage du capitaine Flinders*.) 4°, *London*, 1814.

ID. — Observations on the structure and affinities of the more remarkable plants collected by the late Oudney, mayor Denham, and capt. Clapperton, during their expedition to explore central Africa. (*Appendice Botanique au voyage d'Oudney, Denham* et *Clapperton*.) 4°, *London*, 1826.

ID. — Prodromus Floræ Novæ Hollandiæ et insulæ Van-Diemen. 8°, *Londini*, 1810.

BROWNE (Patrick). — Civil and natural History of Jamaica. Fol°, 1756. Edit. 2, 1789.

Bruce. — Voyage aux sources du Nil en Nubie et en Abyssinie (traduit de l'anglais). 13 vol. 8°, *Londres*, 1790.

Buch. — Physikalische Beschreibung der kanarischen Inseln. 4°, *Berlin*, 1825.

Bulletins de la Société Philomatique de Paris. 8°, 1791 et suiv.

Bulliard. — Herbier de France. 600 planches in fol°, 1780.

Bunge. — Enumeratio pl n'arum quas in China boreali collegit anno 1831. (*Mémoires de l'Académie des Sciences de Saint-Pétersbourg.*)

Burgsdorf. — Versuch einer vollstændigen Geschichte vorzüglicher Holzarten. 2 vol. 4°, *Berlin*, 1801 et 1802.

Burmann. — The·aurus zeylanicus. 4°, *Amstelodami*, 1757.

Id. — Rariorum african·rum plantarum decades X. 4°, *Amstelodami*, 1738-1739.

Id. — Flora Indica, 4°, *Lugdun.-Batav.* 1768.

Buxbaum. — Plantarum minus cognitarum centuriæ complectentes plantas circa Byzantium et in Oriente observatas. 4°, *Petropoli*, 1728.

Cambessèdes. — Mémoire sur les Ternstrœmiacées et les Guttifères (*dans les Mémoires du Muséum d'Histoire Naturelle*). 1828.

Id. — Mémoire sur les Sapindacées (*dans les Mémoires du Muséum d'Histoire Naturelle*). 1829.

Id. — Monographie du Genre *Spiræa* (*dans les Annales des Sciences Naturelles*). 1825.

Camerarius. — Hortus medicus et philosophicus. 4°, *Francoforti ad Mœnum*. 1588.

Id. — De plantis Epitome utilissima. 4°, *Francoforti ad Mœnum*, 1586.

Campdera. — Monographie du Genre *Rumex*. *Paris*, 1819.

Cassini. — Opuscules phytologiques. 2 vol. 8°, *Paris*, 1826.

Catesby. — The Natural History of Carolina and Florida. 2 vol. fol°, *London*, 1741-1743.

Cavanilles. — Monadelphiæ Classis dissertationes decem. 4°, *Parisiis*, 1785-1789. — *Matriti*, 1791-1800.

Id. — Icones et descriptiones plantarum quæ aut sponte in Hispania crescunt aut in hortis hospitantur. 5 vol. fol°, *Matriti*, 1790-1800.

Chaumeton, Chamberet et Poiret. — Flore Médicale. 6 vol. 4°, *Paris*, 1814-1818.

Chavannes. — Monographie des Antirrhinées. 4°, *Paris*, 1833.

Clusius (ou de l'Écluse). — Exoticarum libri X. Fol°, *Antwerpiæ*, 1605.

Id. — Rariorum Plantarum Historia. Fol°, *Antwerpiæ*, 1601.

Colla. — Hortus Ripulensis. 4°, *Taurini*, 1824.

COLLADON. — Histoire naturelle et médicale des Casses. 4°, *Montpellier*, 1816.

COMMELYN. — Horti Medici Amstelodamensis rariorum plantarum descriptio et icones. Fol°, *Amstelodami*, 1703.

CORNUTI. — Canadensium plantarum aliarumque nondum editarum historia. 4°, *Paris*, 1635.

COULTER. — Mémoire sur les Dipsacées *(dans les Mémoires de la Société d'Histoire Naturelle de Genève)*. 1823.

CRANTZ. — Stirpium austriacarum fasciculi VI. *Viennæ*, 1762-1769.

ID. — Classis Cruciferarum emendata. 8°, *Viennæ*, 1769.

CURTIS. — Botanical Magazine, continued by *Sims, Bellenden* (serius *Gawler*, serius *Ker*), and *Hooker*. 8°, *London*, 1787-1846.

ID. — Flora Londinensis. 2 vol. fol°, *London*, 1777 et seq. — Ed. 2 *(continuée par Sir W. J. Hooker)*, *London*, 1815 et seqq.

DECANDOLLE (Augustin-Pyrame). — Plantarum historia succulentarum (ou *Histoire des plantes grasses*). 4° et fol°, *Paris*, 1799-1803.

ID. — Catalogus plantarum Horti Monspeliensis. 8°, *Monspelii*, 1813.

ID. — Mémoire sur les Ochnacées. 4°, *Paris*, 1813.

ID. — Théorie élémentaire de la Botanique. 8°, *Paris*, 1813.

ID. — Regni vegetabilis Systema naturale. 2 vol. 8°, *Parisiis*, 1818-1821.

ID. — Prodromus Systematis naturalis Regni Vegetabilis. 9 vol. 8°, *Parisiis*, 1824-1844.

ID. — Plantes rares du Jardin de Genève. 4°, *Paris*. 1825.

ID. — Mémoires sur les Légumineuses. 4°, *Paris*, 1826.

ID. — Organographie végétale. 8°, *Paris*, 1827.

ID. — Mémoires sur les Combrétacées *(dans les Mémoires de la Société d'Histoire Naturelle de Genève)*. 1828.

ID. — Revue de la famille des Cactées *(dans les Mémoires du Muséum d'Histoire naturelle)*. 1828.

ID. ET LAMARCK. — Flore Française. 3ᵉ édition. 5 vol. 8°, *Paris*, 1805 et 1815.

DECANDOLLE FILS (Alphonse). — Monographie des Campanulacées. 4°, *Paris*, 1830.

ID. — Mémoire sur la famille des Anonacées *(dans les Mémoires de la Société de Physique et d'Histoire naturelle de Genève)*. 1832.

DELAUNAY. — Herbier général de l'Amateur *(continué par Loiseleur Deslongchamps)*. 8°, *Paris*, 1816 et suiv.

DELESSERT. — Icones Selectæ plantarum. 4 vol. 4°, *Paris*, 1820 à 1839.

DELILE (ALIRE RAFFENEAU). — Mémoires botaniques, extraits
    de la Description de l'Égypte. Fol°, *Paris*, 1813.

DESCOURTILZ. — Flore pittoresque et médicale des Antilles, ou
    Traité des plantes usuelles des colonies françaises, es-
    pagnoles et portugaises. 4 vol. 8°, *Paris*, 1821-1827.

DESFONTAINES. — Flora Atlantica. 2 vol. 4°, *Paris*, 1798-1799.

ID. — Choix de plantes du Corollaire de Tournefort. 4°,
    Paris, 1808.

ID. — Histoire des arbres et arbrisseaux qui peuvent être
    cultivés en pleine terre sur le sol de la France. 2 vol.
    8°, *Paris*, 1809.

ID. — Catalogus plantarum Horti Regii Parisiensis. Ed. 3, 8°,
    Paris, 1829, et Suppl. 1832.

DESVAUX. — Journal de Botanique. 8°, *Paris*, 1809-1814.

DICTIONNAIRE DES SCIENCES NATURELLES. 60 vol. 8°, *Paris*,
    1816-1830.

DILLENIUS. — Hortus Elthamensis. 2 vol. fol°, *Londini*, 1732.

DODONÆUS (ou DODOENS). — Stirpium historiæ Pemptades VI.
    Fol°, *Antwerpiæ*, 1583, 1612, 1616.

DON (David) — Prodromus Floræ Nepalensis, sive enumeratio
    vegetabilium quæ in itinere per Nepaliam proprie dic-
    tam et regiones conterminas annis 1802 et 1803 detexit
    atque legit Fr. Hamilton (olim Buchanan). 8°, *Londini*,
    1825.

DONN. — Hortus Cantabrigensis. 8°, *Cambridge*, 1796, ed. VI,
    1811. — Ed. VII, 1812. — Ed. VIII, augmented by
    Pursh, 1815.

DUBY. — Botanicon gallicum. 2 vol. 8°, *Parisiis*, 1828-1830.

DUFRESNE. — Histoire Naturelle et Médicale des Valérianées.
    4°, *Montpellier*, 1811.

DUHAMEL DU MONCEAU. — Traité des arbres et arbustes qui se
    cultivent en France en pleine terre. 2 vol. 8°, *Paris*,
    1755.

ID. — Traité des arbres et arbustes qui se cultivent en pleine
    terre en France. Seconde édition considérablement
    augmentée. 5 vol. fol°, *Paris*, 1801-1816.

DUMONT DE COURSET. — Le Botaniste Cultivateur. 5 vol. 8°,
    Paris, 1802. — Édit. 2, 6 vol. 8°, *Paris*, 1811; vol. 7,
    1814.

DUMONT D'URVILLE. — Enumeratio plantarum quas in insulis
    Archipelagi aut littoribus Ponti Euxini annis 1819 et
    1820 collegit atque detexit. 8°, *Parisiis* et *Lipsiæ*, 1822.

DUMORTIER. — Analyse des familles des plantes. 8°, *Tournay*,
    1829.

DUROI. — Die Harbkesche wilde Baumzucht. 2 vol. 8°, *Braun-
    schweig*, 1771 et 1772.

Ecklon et Zeyher. — Enumeratio plantarum Africæ australis extra-tropicæ. 8°, 1834-1837.

Edinburgh philosophical journal. — 8°, *Edinburgh*, 1819-
1826.

Edinburgh new philosophical journal. — 8°, *Edinburgh*,
1826 et suiv.

Edinburgh philosophical magazine. — 8°, *London*, 1827-
1845.

Edwards. — The Botanical Register, consisting of coloured
figures of exotic plants cultivated in British gardens
(continué par *Lindley*). 8°, *London*, 1815-1846.

Ehrhart. — Beiträge zur Naturkunde. 7 vol. 8°, *Hannover* et
Osnabrück, 1787-1792.

Id. — Phytophylacium Ehrhartianum. Fol°, *Hannover*, 1780.

Elliott — Sketch of the Botany of South-Carolina and Geor-
gia. 2 vol. 8°, *Charlestown*, 1817 et 1824.

Endlicher. — Genera Plantarum. 8°, *Vindobonæ*, 1836-1840.

Id. — Prodromus Floræ Norfolkicæ. 8°, *Vindobonæ*, 1833.

Fabricius. — Enumeratio methodica plantarum Horti Medici
Helmstædtiensis. 8°, *Helmstædt*, 1759. — Ed. 2, 1763.
— Ed. 3, 1776.

Feuillée. — Journal des Observations physiques, mathémati-
ques et botaniques faites dans l'Amérique méridionale.
3 vol. 4°, *Paris*, 1714 et 1725.

Fischer. — Catalogue du jardin des plantes de Gorenki, près
Moscou. 12°, 1808.

Fischer, C. A. Meyer et Lallemant. — Animadversiones botanicæ, ad indices seminum Horti botanici imp. Pe-
tropolitani. 1835-1844.

Flacourt. — Histoire de Madagascar. 4°, *Paris*, 1808.

Flora Danica. — Icones plantarum sponte nascentium in re-
gnis Daniæ, Norvegiæ, etc. 8 vol. fol°, *Hafniæ*, vol. 1,
2, 3, auctore *OEder*, 1761-1770; vol. 4 et 5, auctore
Müller, 1771-1782; vol. 6 et 7, auctore *Vahl*, 1787-
1805, ; vol. 8, auctore *Hornemann*, 1806-1816.

Flora Fluminensis. (V. *Arrabida*.)

Flora Græca. (V. *Sibthorp* et *Smith*.)

Flora Mexicana. (V. *Sesse* et *Mocinno*.)

Flora der Wetterau. Flora wetteravica. (V. *G. Gærtner*.)

Flore médicale. — (V. *Chaumeton*.)

Forskal. — Flora ægyptiaco-arabica, seu descriptiones plantarum quas per Ægyptum inferiorem et Arabiam Fe-
licem detexit; illustravit post mortem auctoris Carsten
Niebuhr. 4°, *Hafniæ*, 1775.

Forster (George). — Florulæ insularum australium Prodromus. 8°, *Gottingæ*, 1786.

FORSTER (George). — De Plantis esculentis insularum Oceani australis commentatio. 8°, *Berolini*, 1786. .

ID. ET I. R. FORSTER. — Characteres generum plantarum insularum maris australis. 4°, *Londini*, 1776.

FRIES. — Novitiæ Floræ Suecicæ. 8°, ed. 2, *Lund*, 1828.

FUCHSIUS. — De Historia stirpium commentarii insignes. Fol°, *Basileæ*, 1542-1545. .

GÆRTNER (Josephus). — De fructibus et seminibus plantarum. 2 vol. 4°, *Lipsiæ*, 1788.

GÆRTNER (Filius). — Supplementum Carpologiæ. 4°, *Lipsiæ*, 1805.

GÆRTNER (G.), B. MEYER, et SCHERBINS. — OEkonomisch-techni-che Flora der Wetterau. 3 vol. 8°, *Frankfurt am Main*, 1799-1801.

GAUDICHAUD. — Botanique du Voyage autour du monde, exécuté sur les corvettes *l'Uranie* et *la Physicienne*, pendant les années 1817, 1818, 1819 et 1820, par Louis de Freycinet. 4° (et Atlas in-fol°), *Paris*, 1826 et suiv.

GAY. — Mémoire sur les cinq genres qui composent la tribu des Lasiopétalées. (*Dans les Mémoires du Muséum.*) 1821.

GMELIN (J. F.). — Caroli Linnæi Systema Naturæ. 8°, *Lugduni*, 1796.

GMELIN (Carol. Christ.). — Flora Badensi-Alsatica. 3 vol. 8°, *Carlsruhe*, 1805-1808.

GMELIN (J. G.). — Flora Sibirica. 4 vol. 4°, *Petropoli*, vol. 1, 1747 ; vol. 2, 1749 ; vol. 3, ed. *Sam. Gottl. Gmelin*, 1768 ; vol. 4, 1769.

GOUAN. — Illustrationes botanicæ. Fol°, *Tiguri*, 1773.

GRAY (Asa). — Melanthacearum Americæ septentrionalis Revisio. (*Annals of the Lycæum of Natural History of New-York*, vol. 4.)

ID. ET TORREY. — V. *Torrey* et *Gray*.

GRAY (S. F.). — A natural arrangement of British plants. 2 vol. 8°, *London*, 1822.

GRISEBACH. — Gentianearum genera et species. 8°, *Stuttgartiæ*, 1839.

GUILLEMIN, PERROTTET ET A. RICHARD. — Flore de Sénégambie, ou description, histoire et propriétés des plantes qui croissent dans les diverses contrées de la Sénégambie, recueillies par Leprieur et Perrottet. 4°, *Paris*, 1831-1833.

GUIMPEL ET HAYNE. — Abbildung der deutschen Holzarten. 2 vol. 4°, *Berlin*, 1810-1820.

ID., ID. — Abbildung der fremden in Deutschland ausdauernden Holzarten. 4°, *Berlin*, 1825-1827.

Gussone. — Prodromus Floræ Siculæ. 8°, *Neapoli*, 1827. (vol. 1.)

Hacquet. — Plantæ alpinæ carniolicæ. 4°, *Viennæ*, 1782.

Haller. — Historia stirpium indigenarum. 3 vol. fol°, *Bern*, 1768.

Hartmann. — Flora Scandinaviæ. 8°, *Stockholm*, 1820.

Haworth. — Synopsis. plantarum succulentarum. 8°, *Londini*, 1812.

Id. — Supplementum plantarum succulentarum; adjungitur Narcissearum revisio. 8°, *Londini*, 1819.

Id. — Observations on the genus *Mesembryanthemum*. 2 vol. 8°, *London*, 1794.

Id. Saxifragarum Enumeratio. 8°, *London*, 1821.

Hayne. — Getreue Darstellung und Beschreibung der in der Arzneikunde gebræuchlichen Gewæchse. 9 vol. 4°, *Berlin*, 1805 et suiv. Ed. 2, 1827.

Id. — Dendrologische Flora, oder Beschreibung der in Deutschland im Freyen ausdauernden Holzgewæchse. 8°, *Berlin*, 1825.

Herbert. — Amaryllideæ. 8°, *London*, 1856.

Herbier de l'Amateur. (V. *Delaunay.*)

Hermann. — Horti Lugduni-Batavi Catalogus. 8°, *Lugd.-Batav.* 1687.

Id. — Paradisus Batavus, continens plus centum plantas, cum tabulis æneis et descriptionibus illustratas. *Lugd.-Batav.* 1705, 4°.

Hernandez. — De la Naturalaça de las arbolas, plantas, etc., de la Nueva-Espanna. *Mexico*, 1516, 4°. — Edit. latin. *Matriti*, 1790, 3 vol. fol°.

Hoffmann. — Deutschlands Flora. *Erlangen*, 1791-1804, 4 vol. 12°.

Hoffmannsegg et Link. — Flore portugaise. *Rostock* et *Berlin*, 1806 et seqq. fol°.

Hooker (Sir William Jackson). — Botanical Miscellanies. *London*, 1830, 3 vol. 8°.

Id. — Exotic Flora. *London*, 1823-1827, 2 vol. 8°.

Id. — Flora Boreali-Americana. *London*, 1829, 4°.

Id. — Botanical Magazine. (V. *Curtis.*)

Id. — Flora Londinensis. (V. *Curtis.*)

Id. et Arnott. — Botany of Captain Beechey's Voyage to the Pacific. *London*, 1825-1828, 4°.

Hoppe. — Botanisches Taschenbuch. *Regensburg*, 1793, 8°.

Hornemann. — Hortus regius botanicus Hafniensis. *Hauniæ*, 1813, 8°.

Hortus Berolinensis. (V. *Willdenow* et *Link.*)

Hortus Cliffortianus. (V. *Linnæus.*)

Hortus Kewensis. (V. *Aiton.*)

Hortus Indicus Malabaricus adornatus per H. Van Rheede,
     etc. *Amsteloda i*, 1678-1703, 12 vol. fol°.

Hortus Parisiensis. (V. *Desfontaines*.)

Host.— Flora Au triaca. *Vindobonæ,* 1827, 2 vol. 8°.

  Id. — Icone· et descriptiones Graminum austriacorum. *Vindobonæ,* 1801-1810, 4 vol. fol°.

Houttuyn.— Des Ritters von Linné Pflanzensystem. *Nurnberg,* 1777-1788. 14 vol. 8°.

Hudson. — Flora Anglica. *London,* 1762, 8°.

Humboldt et Bonpland. — Plantes Équinoxia'es. *Paris,* 1808-1816, 2 vol. fol°.

Humboldt, Bonpland et Kunth. — Nova Genera et Species quas in itinere ad plagam æquinoctia'em Orbis Novi collegerunt, descripserunt, partim adumbraverunt Alexandrus de Humboldt et Aimé Bonpland. — Ex schedis autographis Bonplandi in ord nem digessit C. S. Kunth. *Paris,* 1815-1825. 7 vol. 4°.

Jacquin (Nicol. Jos. de). — Stirpium americanarum Historia. *Mannheim,* 1788, 8°.

  Id. — Selec arum stirpium americanarum Historia. *Vindobonæ,* 1763-1786, fol°.

  Id. — Observationes botanicæ iconibus illustratæ. *Vindobonæ,* 1764-1771, 4 fac. fol°.

  Id. — Hortus Botanicus Vin lobonensis. *Vindobonæ,* 1770-1776, 3 vol. fol°.

  Id. — Floræ Austriacæ Icones. *Vindobonæ,* 1773-1778, 5 vol. fo.°.

  Id. — Miscellanea austriaca ad botanicam spectantia. *Vindobonæ,* 1778-1781. 2 vol. 4°.

  Id. — Icones Plantarum rariorum. *Vindobonæ,* 1781-1793, 3 vol. fol°.

  Id. — Oxa is Monographia iconibus illustrata. *Vindobonæ,* 1792, 1 vol. 4°.

  Id. — Plantarum rariorum Horti Schœnbrunnensis Icones. *Vindobonæ,* 1797-1804, 4 vol. fol°.

  Id. — Fragmenta botanica. *Vindobonæ,* 1808, fol°.

Jacquin filius. — Eclogæ botanicæ. *Vindobonæ,* 2 vol. fol°. (vol. 1, 1811-1816 ; vol. 2, 1844.)

Jaume Saint-Hilaire. — La Flore et la Pomone Françaises, ou Description, histoire et culture des fleurs et des fruits de France. *Paris,* 1828 et suiv., 4°.

Jussieu (Ant.-Laur. de). — Genera Plantarum. *Paris,* 1789, 8°. — Ed. Usteri. *T rici,* 1791.

Jussieu (Adrian. de). — De Euphorbiacearum Generibus, meditisque earumdem viribus tentamen. *Parisiis,* 1824, 4°.

Jussieu (Adrian. de)—Mémoire sur le groupe des Rutacées. (Dans les *Mémoires du Muséum d'Histoire Naturelle.*) 1825.

Id. — Mémoire sur le groupe des Méliacées. (Dans les *Mémoires du Muséum d'Histoire Naturelle.*) 1830.

Id. — Flora Brasil. Merid. (V. *Aug. Saint-H laire.*)

Kæmpfer. — Amœnitates Exoticæ. *Lemgoviæ,* 1712, 4°.

Ker. (Alias *Bellenden* et *Gawler.*) — (V. *Botanical Register.*)

Kerner. — Beschreibung der Bæume we'che in Würtemberg wild wachsen. *Stuttgardt,* 1785-1786, 4°.

Knoop. — Pomologia. E'it. holland. *Leuwarden,* 1758. — Ed. gall. *Amsterdam,* 1771, fol°.

Koch. — Synopsis Floræ Germanicæ et Helveticæ. Ed. 1, *Frankfurt,* 1836-1839, 2 vol. 8°. — Ed. 2, *Lipsiæ,* 1843, 2 vol. 8°.

Id. — Rœhling's Deutschlands Flora, vol. 4 et 5. *Frankfurt,* 1833 et 1839, 8°. (V. *Mertens* et *Koch.*)

Kœnig et Sims. — Annals of Botany. 1805, 1806, 2 vol. 8°.

Korthals — Botanique de l Inde Néerlandaise (en hollandais). *L°yde,* 1839-1842, fol°.

Krocker. — F.ora Silesiaca renovata. *Vratislaviæ,* 1787-1790, 2 vol. 8°.

Kunth. — Enumeratio plantarum omnium hucusque cognitarum. *Stuttgardiæ* et *Tubingæ,* 1833-1843, vol. 1-4, 8°.

Id. — Flora Berolinensis. *Berolini,* 1838, 8°.

Id. — Ré·ision des Graminées publiées dans les *Nova Genera et Species* de MM. de Humboldt et Bonpland. *Paris,* 1829 et 1830, 2 vol. fol°.

Id. — Synopsis plantarum quas in itinere ad plagam æquinoctialem Orbis Novi collegerunt *A. de Humboldt* et *A. Bonpland. Paris,* 1822-1825, 4 vol. 8°.

Id. — Nova Genera et Species. (V. *Humboldt, Bonpland* et *Kunth.*)

Labillardière. — Icones Plantarum Syriæ rariorum ; Decades 5. *Parisiis,* 1791-1812, 4°.

Id. — Relation du Voyage à la recherche de Lapeyrouse. *Paris,* 1798, 2 vol. 4°, avec atlas fol°.

Id. — Novæ Hollandiæ Plantarum specimen. *Parisiis,* 1804-1806, 2 vol. fol°.

Id. — Sertum Austro-Caledonicum. *Parisiis, Argentorati* et *Londini,* 1824-1825, fol°.

Lagasca. — Catalogus plantarum quæ in Horto Regio Matritensi colebantur anno 1815. *Matriti,* 1816, 8°.

Lambert. — Description of the genus *Pinus. London,* 1805, fol°. — Edit. 2, *ibid.* 1837.

Lapeyrouse (Baron Picot de). — Figures de la Flore des Pyrénées. *Paris,* fasc. 1, 1795 ; fasc. 2, 1801, fol°.

LAPEYROUSE (Baron PICOT DE).— Histoire abrégée des Plantes des Pyrénées. *Toulouse*, 1813, 8°.

LAMARCK. — Illustration des genres. *Paris*, 1791-1793, 2 vol. 4°, et 900 planches.

ID. — Flore française. *Paris*, 1778, 3 vol. 8°. — Ed. 2, 1795.

ID. ET DECANDOLLE. (V. *Decandolle* et *Lamarck, Flore Française*, 3° Edition.)

LAMARCK ET POIRET. — Encyclopédie méthodique botanique. *Paris*, 1783-1808, 8 vol. 4°. (Supplément par *Poiret*.)

LA ROCHE. —Eryngiorum nec non generis novi Alepideæ historia. *Paris*, 1808, fol°.

LAWRENCE (Miss). — Collection of Roses, from nature. *London*, 1799, fol°.

LEDEBOUR. — Icones plantarum novarum v. imperfecte cognitarum, Floram Rossicam inprimis Altaicam illustrantes. *Riga*, 1829-1834, 5 vol. fol.

LEDEBOUR, C. A. MEYER ET A. DE BUNGE. — Flora Altaica. *Berlin*, 1829-1833. 4 vol. 8°.

LEERS. — Flora Herbornensis. *Coloniæ*, 1789, 8°.

LEHMANN. — Plantæ e Familia *Asperifoliarum* nuciferæ. *Berolini*, 1818, 4°.

ID. — Pugillus novarum plantarum in Botanico Hamburgensium Horto occurrentium. *Hamburg*, 1828, 4°.

LEJEUNE.— Flore des environs de Spa. *Liége*, 1811-1813, 8°.

LEMAIRE. — Horticulteur Universel, journal général des jardiniers et amateurs. *Paris*, 1839 et suiv. 8°.

ID. — Herbier général de l'Amateur, 2° série. *Paris*, 1839 et suiv. 8°.

LESSING.— Synopsis Generum Compositarum. *Berolini*, 1832, 8°.

L'HÉRITIER. — Stirpes novæ aut minus cognitæ. *Parisiis*, 1784-1785, fol°.

ID. — Sertum Anglicum. *Parisiis*, 1788, fol°.

ID. — Monographia generis *Cornus*. *Parisiis*, 1788, fol°.

LINDLEY. — Digitalium Monographia. *London*, 1821, fol°.

ID. — Collectanea Botanica. *London*, 1821-1823, fol°.

ID. — The Genera and Species of Orchideous plants. *London*, 1830-1839, 8°.

ID. — Sertum Orchideaceum. *London*, 1838, fol°.

ID. — Botanical Register. (V. *Edwards*.)

ID. — Introduction to Botany. *London*, 1838, 8°.

ID. — Natural System of Botany. Edit. 2, *London*, 1836, 8°.

LINK. — Elementa Philosophiæ Botanicæ. *Berolini*, 1839, 2 vol. 8°.

ID. — Handbuch zur Erkennung der Gewæchse. *Berlin*, 1829-1830, 2 vol. 8°.

Lɪɴᴋ ᴇᴛ Oᴛᴛo. — Enumeratio Plantarum Horti Regii Berolinensis. *Berolini*, 1821, 8°.

Iᴅ.   Iᴅ. — Icones plantarum selectarum Horti Berolinensis.
Berlin, 1820-1828, 4°.

Lɪɴᴋ ᴇᴛ Hᴏꜰꜰᴍᴀɴɴꜱᴇɢɢ. — Flore Portugaise. (V. *Hoffmannsegg
et Link*.)

Lɪɴɴᴀ̃ᴀ. — Ein Journal für die Botanik in ihrem ganzen Um-
fange, herausgegeben von D. F. L. von Schlechtendal.
Berlin, 1826-1846, 8°.

Lɪɴɴᴀᴇᴜꜱ (Carolus), ou Lɪɴɴᴇ́. — Systema Naturæ. Ed. 1, *Lugduni Batav.* 1735, fol°. — Ed. 2, in-8°, *Stockholm*, 1740.
— Ed. 3, in-4°, *Halle*, 1740. — Ed. 4, in-8°, *Paris*,
1744. — Ed. 5, in-8°, *Halle*, 1767. — Ed. 6, in-8°,
Stockholm, 1748. — Ed. 9, *Lugd.-Batav.* 1756. — Ed.
10, *Stockholm*, 1758 et 1759, 2 vol. in-8°. — Ed. 11,
Halle, 1760, 3 vol. in-8°. — Ed. 12, *Stockholm*, 1766-
1768, 3 vol. in-8°. — Ed. 13, *curante J. F. Gmelin.
Lipsiæ*, 1788-1793, 3 vol. in-8°.

Iᴅ. — Hortus Cliffortianus. *Amstelodami*, 1737, fol°.

Iᴅ. — Flora Lapponica. *Amstelodami*, 1737, 8°. — Ed. 2, curante *J. A. Smith. Londini*, 1792.

Iᴅ. — Materia medica. *Holmiæ*, 1749, 8°. — Ed. *Schreber*,
1772.

Iᴅ. — Amœnitates Academicæ. *Holmiæ et Lipsiæ*, 1749 et
seqq. 10 vol. 8°. — Ed. 2, *Holmiæ*, 1762 et seqq. — Ed.
3, curante *Schreber. Erlangæ*, 1787-1790.

Iᴅ. — Selectæ ex Amœnitatibus Academicis. *Græcii*, 1764-
1760, 3 vol. 4°.

Iᴅ. — Species Plantarum. Ed. 1, *Holmiæ*, 1753, 2 vol. 8°. —
Ed. 2, *Holmiæ*, 1762-1763, 2 vol. 8°. — Ed. 3, *Vindobonæ*, 1764.

Iᴅ. — Dissertatio de Musa Cliffortiana. *Leidæ*, 1736, 4°.

Iᴅ. — Mantissa Plantarum. *Holmiæ*, 1767-1771, 8°.

Lɪɴɴᴀᴇᴜꜱ ꜰɪʟɪᴜꜱ. — Decades Plantarum rariorum Horti Upsaliensis. *Holmiæ*, 1761-1763, fol°.

Iᴅ. — Plantarum rariorum Horti Upsaliensis fasciculi. *Lipsiæ*,
1767, fol°.

Iᴅ. — Supplementum Plantarum. *Brunsvigiæ*, 1781, 8°.

Lʟᴀᴠᴇ ᴇᴛ Lᴇxᴀʀᴢᴀ. — Novorum vegetabilium descriptio. *Mexico*,
1824.

Lᴏʙᴇʟ. — Plantarum seu stirpium historia. *Antwerpiæ*, 1576,
2 vol. fol°.

Iᴅ. — Icones stirpium seu plantarum tam exoticarum quam
indigenarum. *Antwerpiæ*, 1581, 2 vol. 4°. — Ed. holland. 1591, fol°.

Lᴜᴅᴅɪɢᴇꜱ. — The Botanical Cabinet. *London*, 1817-1846, 8°.

LOISELEUR-DESLONGCHAMPS. — Flora Gallica. *Parisiis*, 1806-1807, 2 vol. 8⁰.

ID. — Manuel des plantes usuelles indigènes. *Paris*, 1819, 2 vol. 8⁰.

ID. — Herbier de l'Amateur. (V. *Delaunay*.)

LŒFFLING. — Iter Hispanicum. *Stockholm*, 1578, 8⁰.

LOUDON. — Arboretum Britannicum. *London*, 1839, 8⁰.

LOUREIRO. — Flora Cochinchinensis. *Ulissiponæ*, 1790, 2 vol. 4⁰.

MARTIUS. — Genera et Species Palmarum. *Monachii*, 1823-1846, fol⁰.

ID. — Palmarum familia ejusque genera denuo illustrata. *Monachii*, 1824, 4⁰.

ID. — Reisen in Brasilien. *München*, 1817-1820, 3 vol. 4⁰.

ID. — Specimen Materiæ Medicæ brasiliensis. *Monachii*, 1824, 4⁰.

ID. — Systema Materiæ Medicæ brasiliensis. *Lipsiæ* et *Vindobonæ*, 1843, 8⁰.

ID. ET ZUCCARINI. — Nova Genera et Species Plantarum quas in itinere per Brasiliam, annis 1817-1820 collegit et descripsit C. F. Ph. de Martius. *Monachii*, 1824-1832, 3 vol. 4⁰.

MARCGRAVIUS. — H storia rerum naturalium Brasiliæ. *Lugduni-Batav. et Amstelodami*, 1648, f. l⁰.

MARSCHALL BIEBERSTEIN. (V. *Bieberstein*.)

MASSON. — Stapeliæ Novæ. *London*, 1796, fol⁰.

MEDICUS. — Botanische Beobachtungen. *Mannheim*, 1783-1784, 2 vol. 8⁰.

MEERBURG. — Plantarum Selectarum icones pictæ. *Lugduni-Batav.* 1798, fol⁰.

MEISNER. — Mon graphiæ Generis Polygoni Prodromus. *Genevæ*, 1826, 4⁰.

ID. — Plantarum vascularium Genera. *Lipsiæ*, 1836-1842, fol⁰.

MÉMOIRES DE LA SOCIÉTÉ DE PHYSIQUE ET D HISTOIRE NATURELLE DE GÈNÈVE. *Genève*, 18 1 1834, 4⁰.

MÉMOIRES DE L'INSTITUT NATIONAL DES SCIENCES ET DES ARTS. *Paris*, 1796 et suiv. 4⁰.

MÉMOIRES PRÉSENTÉS A L'INSTITUT NATIONAL DES SCIENCES ET DES ART. *Par s*, 1808, 4⁰.

MÉMOIRES DE L'ACADÉMIE ROYALE DES SCIENCES. *Paris*, 1766-1788, 2 vol 4⁰.

MÉMOIRES DE L'ACADÉMIE ROYALE DES SCIENCES DE TURIN. *Turin*, 1782 1816, 4⁰.

MÉMOIRES DE L'AC DEMIE IMPÉRIALE DES SCIENCES DE SAINT-PÉTERSBOURG. *Saint-Pétersbourg*, 1809-1830, 4⁰.

MÉMOIRES DU MUSÉUM D'HISTOIRE NATURELLE. *Paris*, 1815-1832, 20 vol. 4⁰.

MEMOIRS OF THE WERNERIAN SOCIETY OF NATURAL HISTORY. *Edinburgh*, 1812-1826, 4⁰. — Second series, 1836 et seqq.

MEMORIE DELLA REALE ACCADEMIA DELLE SCIENZE DI TORINO. *Torino*, 1817-1844, 4⁰.

MÉRAT. — Nouvelle Flore des environs de Paris. *Paris*, 1812, 8⁰.

MERTENS ET KOCH. — Rœhling's Deutschland's Flora. *Frankfurt*, 1823-1851, vol. 1-5, 8⁰. (V. *Koch, pour la continuation.*)

MEYER (Ernst). — Commentaria de plantis Africæ australioris, quas per octo annos collegit observationibusque illustravit *J. F. Drege. Lipsiæ*, 1835-1837, 2 vol. 8⁰.

ID. — Dissertatio de Houttuynia et Saurureis. *Regiomonti*, 1827, 8⁰.

ID. — Preussen's Pflanzengattungen nach Familien geordnet. *Kœnigsberg*, 1839, 8⁰.

MEYER (G.-F.-W.). — Primitiæ Floræ Essequeboensis. *Gottingæ*, 1818, 4⁰.

MEYER (C.-A.). — Verzeichniss der Pflanzen welche wæhrend der in den Jahren 1829 und 1830 unternommene. Reise im Caucasus und in den Provinzen am westlichen Ufer des Caspischen Metres gefunden und gesammelt worden sind. *Petersburg*. 1831, 4⁰.

ID. ET FISCHER. (V. *Fischer.*)

ID. *in Flora Altaica.* (V. *Ledebour.*)

MICHAUX. — Flora boreali-americana. *Parisiis*, 1803, 2 vol. 8⁰.

ID. — Histoire des Chênes de l'Amerique S. ptentrionale. *Paris*, 1801, fol⁰.

MICHAUX FILS. — Histoire des arbres forestiers de l'Amérique septentrionale. *Paris*, 1810-1813, 3 vol. 4⁰.

MICHELI. — Nova plantarum genera. *Florentiæ*, 1729, fol⁰.

MIKAN. — Delectus Floræ et Faunæ Brasiliensis. *Vindobonæ*, 1821-1822, fol⁰.

MILLER. — Gardener's and Florist's Dictionary. *London*, 1731, fol⁰ (1ʳᵉ éd.). — *Edition française*: Dictionnaire des Jardiniers. *Paris*, 1785 8 vol. 4⁰. — *Supplément*, par de Cussettes. 2 vol. 4⁰, *Metz*, 1789.

ID. — Figures of the most beautiful, useful and uncommon plants described in the Gardeners Dictionary. *London*, 1760, 2 vol. fol⁰. — Edit. german. *Nürnberg*, 1768.

MIRBEL (BRISSEAU DE). — Élémens de Physiologie végétale et de botanique. *Paris*, 1815, 3 vol. 8⁰.

MŒNCH. — Methodus plantas Horti et agri Marburgensis describendi. *Marburg*, 1794, vol. 8⁰.

MOLINA. — Saggio sulla storia naturale del Chili. *Bologna*, 1782 8⁰.

Moquin-Tandon. — Chenopodearum monographica Enumeratio. *Paris,* 1840, 8⁰.

Moris. — Flora Sardoa. *Taurini,* 1840–1843, vol. 1 et 2. 4⁰.

Morison. — Plantarum Historia universalis Oxoniensis. *Oxonii,* 1680, 2 vol. fol⁰.

Muhlenberg. — Catalogus plantarum Americæ septentrionalis hucusque cognitarum in ligenarum. *Lancaster* (Pensylvaniæ), 1813, 8⁰.

Murray. — Linnæi Systema Vegetabilium, ed. 13. *Gottingæ* et *Gothæ,* 1784, 1 vol. 8⁰. — *Parisiis,* 1798.

Murrith. — Guide du Botaniste dans le Valais. *Lausanne,* 1811, 4⁰.

Necker. — Elementa botanica secundum systema omologicum seu naturale. *Neuwied,* 1790, 3 vol. 8⁰.

Nectoux. — Voyage dans la Haute Égypte, avec des observations sur les diverses espèces de Séné. *Paris,* 1808, fol⁰.

Nees von Esenbeck (C.-G.). — Programma plantarum Laurinarum. *Vratislaviæ,* 1833, 4⁰.

Id. — Systema Laurinarum. *Berolini,* 1836, 8⁰.

Nees von Esenbeck (Th. Fr. Lud.).— Genera plantarum Floræ Germanicæ, iconibus et descriptionibus illustrata. *Bonn,* 1833 et seqq. 8⁰.

Nestler. — Monographia de Potentilla. *Parisiis* et *Argentorati,* 1816, 4⁰.

Noisette. — Le Jardin fruitier. *Paris,* 1813, 4⁰.

Nova Acta Academiæ Scientiarum Imperialis Petropolitanæ. *Petropoli,* 1783-1816, 4⁰.

Nova Acta Societatis Regiæ Upsaliensis. *Upsalæ,* 1773-1777, 4⁰.

Novi Commentarii Academiæ imperialis Petropolitanæ. *Petropoli,* 1750-1776, 4⁰.

Novi Commentarii Soc. Reg. Gottingensis. *Gottingæ,* 1771-1778, 4 vol. 8⁰.

Nuttall.— The Genera of North-American Plants, and Catalogue of the species to the year 1817. *Philadelphia,* 1818, 8⁰.

Olivier et Bruguière. — Voyages dans l'Empire Ottoman. *Paris,* 1800-1807, 3 vol. 4⁰.

Orbigny (Charles d'). — Dictionnaire universel des Sciences Naturelles. *Paris,* 1841 et suiv. 8⁰.

Pallas. — Flora Rossica. *Petropoli,* 1784-1788, fol⁰.

Id. — Species Astragalorum descriptæ et iconibus illustratæ. *Lipsiæ,* 1800, fol⁰.

Parkinson. — Theatrum botanicum. *London,* 1640, fol⁰.

Paxton. — Magazine of Botany. *London,* 1839 et seqq. 8⁰.

PERSOON. — Synopsis plantarum, seu Enchiridion botanicum. *Parisiis*, 1805-1807, 2 vol. 8⁰.

PETAGNA. — Institutiones botanicæ. *Neapoli*, 1785, 5 vol. 8⁰.

PETIT-THOUARS (AUBERT DU). —Histoire des végétaux recueillis dans les îles australes d'Afrique. *Paris*, 1806, 2 fasc., 4⁰.

PFEIFFER. — Enumerat'o diagnostica Cactearum hucusque cognitarum. *Berolini*, 1837, 8⁰.

PHILOSOPHICAL TRANSACTIONS OF THE ROYAL SOCIETY OF LONDON. *London*, 1665-1776, 70 vol. 4⁰.

PISO. — Historia Naturalis Brasiliæ. *Amsterdam*, 1648, fol⁰.

PLENCK. — Officinal-Pflanzen, seu Icones plantarum medicinalium. *Viennæ*, 1803 et seqq. fol⁰.

PLUCKENET. — Phytographia. *Londini*, 1691, 4 vol. 4⁰.
ID. — Almagestum botanicum. *Londini*, 1796, 4⁰.
ID. — Almagesti botanici Mantissa. *Londini*, 1700, 4⁰.

PLUMIER. — Descriptions des plantes de l'Amérique. *Paris*, 1693, fol⁰.
ID. — Nova plantarum americanarum Genera. *Parisiis*, 1703, 4⁰.
ID. — Plantarum americanarum quas detexit Plumierius fasciculi X; edidit Burmannus. *Amstelodami*, 1756, 8⁰.

POHL. — Plantarum Brasiliæ Icones et Descriptiones. *Viennæ*, 1826-1831, 2 vol. fol⁰.

POIRET. — Encyclopédie méthodique. (V. *Lamarck et Poiret.*) Botanique. Supplément. *Paris*, 1810-1817, 5 vol. 4⁰.

POITEAU ET TURPIN. — Traité des Arbres fruitiers de Duhamel. Nouvelle édition. *Paris*, 1808 et suiv. fol⁰.

POLLICH. —Historia Plantarum in Palatinatu sponte nascentium. *Mannheim*, 1776, 5 vol. 8⁰.

POLLINI. — Flora Veronensis. *Verona*, 1816, 3 vol. 8⁰.

PONA. — Plantæ seu simplicia quæ in Baldo monte reperiuntur. Edit. 1, *cum Clusii Historia.* — Edit. 2, *Basileæ*, 1608, 4⁰.

PRESL. — Flora Cechica. *Pragæ*, 1819, 8⁰.
ID. — Flora Sicula. *Pragæ*, 1826, 2 vol. 8⁰.
ID. — Prodromus Monographiæ Lobeliacearum. *Pragæ*, 1836, 8⁰.
ID. — Reliquiæ Hænkeanæ. *Pragæ*, 1826-1835.
ID. — Symbolæ Botanicæ. Vol. 1, *Pragæ*, 1832, 4⁰.

PRONVILLE. —Monographie du genre Rosier. (*Traduction de la Monographie de Lindley.*) *Paris*, 1824, 8⁰.

PURSH. —Flora Americæ septentrionalis. *London*, 1814, 2 vol. 8⁰.

RADDI. — Agrostographia Brasiliensis. *Lucca*, 1828, 8⁰.

RAFINESQUE-SCHMALZ. — Florula Ludoviciana. *New-York*, 1817, 8⁰.

RAFINESQUE-SCHMALZ. — Specchio delle scienze, o Giornale en-
 ciclopedico di Sicilia. 1814.

REDOUTÉ. — Les Liliacées. *Paris*, 1808-1816, 8 vol. fol°. (Descriptions par *Decandolle, de la Roche* et *Delile.*)

ID. ET THORY. — Les Roses. *Paris*, 1817-1820, 4 vol. fol°.

REICHENBACH. — Conspectus regni vegetabilis per gradus naturales evoluti. *Lipsiæ*, 1828, 8°.

ID. — Flora Germanica excursoria. *Lipsiæ*, 1830. 2 vol. 12.

ID. — Iconographia botanica exotica. *Lipsiæ*, 1824-1830, 4°.

ID. — Iconographia botanica seu Plantæ criticæ. *Lipsiæ*, 1823-
 1832, 10 vol. 4°.

ID. — Handbuch des natürlichen Pflanzen-Systems. *Dresden*
 et *Leipzig*, 1837, 8°.

ID. — Monographia Generis Aconiti, iconibus omnium spe-
 cierum coloratis illustrata. *Lipsiæ*, 1821, fol°.

REITTER ET ABEL.—Beschreibung und Abbildung der in Deutschland selten wild wachsenden Holzarten. *Stutfgardt*,
 1803, 4°.

RENEALMIUS. — Specimen Historiæ Plantarum. *Parisiis*, 1611, 4°.

RETZIUS. — Observationes botanicæ. *Londini*, 1774, fol°.

RHEEDE. (V. *Hortus Indicus Malabaricus.*)

RICHARD (L.-C.). — Analyse du fruit considéré en général, pu-
 bliée par Duval. *Paris*, 1808, 8°.

ID. — Commentatio botanica de Coniferis et Cycadeis. Opus
 posthumum ab A. Richardo filio editum. *Parisiis*,
 1826, 4°.

ID. — De Musaceis Commentatio botanica. Opus posthumum
 ab A. Richardo filio terminatum et in lucem editum.
 Vratislaviæ et *Bonnæ*, 1831, 4°.

RICHARD FILS (Achille). — Éléments de Botanique. *Paris*, 1824-
 1839. Ed. 1 à 7, 8°.

ID. — Monographie des Éléagnées (*dans les Mémoires de la
 Société d'Histoire Naturelle de Paris*), 1823.

ID. in *Flora Senegambiæ.* (V. *Guillemin, Perrottet* et *A.
 Richard.*)

RISSO ET POITEAU. — Histoire Naturelle des Orangers. *Paris*,
 1818, 3 vol. 8°, avec Atlas 4°.

RIVINUS. — Introductio Generalis in rem herbariam. *Lipsiæ*,
 1690, 8°.

RŒMER ET SCHULTES. — Prospectus Systematis vegetabilium
 Linnæi. *Stutfgardt*, 1817-1820, 8°. vol. 1-6. (Continuation, V. *Schultes.*)

RŒSSIG. — Die vorzüglichsten Arten Rosen. *Leipzig*, 1799,
 2 vol. 8°.

ROSCOE. — Figures of the order Scitamineæ. *London*, 1824 et
 seqq. fol°.

ROTH. — Botanische Abhandlungen und Beobachtungen. *Nürnberg*, 1787, 4⁰.

ID. — Tentamen Floræ Germanicæ. *Lipsiæ*, 1788-1801, 3 vol. 8⁰.

ID. — Catalecta botanica. *Lipsiæ*, 1797-1805, 3 vol. 8⁰.

ID. — Neue Beitræge zur Botanik. *Frankfurt*, 1802, 8⁰.

ID. — Novæ plantarum species. *Lipsiæ*, 1820, 2 vol. 8⁰.

ROXBURGH. — Flora indica. Ed. *W. Carey. Calcutta*, 1820, 8⁰. Ed. 2, *Serampore*, 1832, 3 vol. 8⁰.

ID. — Plants of the Coast of Coromandel, published under the direction of sir Joseph Banks. *London*, 1795-1798, 3 vol. fol⁰.

ROYEN (VAN). — Floræ Leydensis Prodromus, exhibens plantas Horti Lugduni-Batavi. *Lugd.-Batav.* 1740. 8⁰.

ROYLE. — Illustrations of the Botany of the Himalayan mountains. *London*, 1833-1838, 4⁰.

ROZIER. — Cours complet, ou Dictionnaire d'Agriculture théorique et pratique. *Paris*, 1791-1805, 12 vol. 4⁰.

RUDGE. — Plantarum Guianæ rariorum icones et descriptiones. *Londini*, 1805 et seqq. fol⁰.

RUIZ ET PAVON. — Floræ Peruvianæ et Chilensis Prodromus. *Matriti*, 1794, fol⁰.

ID.   ID. — Flora Peruviana et Chilensis. *Matriti*, 1798-1802, 3 vol. fol⁰.

ID.   ID. — Systema Vegetabilium Floræ Peruvianæ et Chilensis. *Matriti*, 1798, fol⁰.

RUMPHIUS. — Herbarium Amboinense. *Amstelodami*, 1741-1755, 7 vol. fol⁰.

SABBATI. — Hortus Romanus. *Romæ*, 1772-1784, 7 vol. fol⁰.

SAINT-HILAIRE (Auguste DE), Adrien DE JUSSIEU et CAMBESSEDES. — Flora Brasiliæ Meridionalis. *Paris*, 1824-1834, 4⁰.

ID. ID. ID. — Histoire des plantes remarquables du Brésil et du Paraguay. *Paris*, 1824 et seqq. 4⁰.

ID. ID. ID. — Plantes usuelles des Brasiliens. *Paris*, 1825 et seqq. 4⁰.

SAINT-HILAIRE (Auguste de) ET MOQUIN-TANDON. — Mémoire sur la famille des Polygalées (*dans les Mémoires du Muséum*, vol. 17 et 19).

SALISBURY. — Prodromus stirpium in Horto ad Chapel-Allerton vigentium. *Londini*, 1796, 8⁰.

ID. — Paradisus Londinensis. *London*, 1805-1808, 2 vol. 4⁰.

SALM-DYCK (Le prince de). — Observationes botanicæ in Horto Dyckensi notatæ. *Coloniæ*, 1820, 8⁰.

ID. — Monographia Generis Aloes et Mesembryanthemi. *Dusseldorf*, 1835 et 1836, fol⁰.

Salm-Dyck (le prince de).— Cacteæ in Horto Dyckensi cultæ anno 1844. *Parisiis*, 1815, 8º.

Santi. — Viaggi al monte Amiata e per la Toscana. *Pisa*, 1795-1806, 3 vol. 8º.

Savi. — Flora Pisana. *Pisa*, 1798, 2 vol. 8º.

Id. — Botanicon etruscum. *Pisis*, 1808-1815, 2 vol. 8º.

Id. — Observationes in varias Trifoliorum species. *Florentiæ*, 1810, 8º.

Id. — Flora Italiana, ossia raccolta delle piante le più belle che si coltivano nei giardini d'I alia. *Pisa*, 1822, fol⁰.

Schkuhr. — Botanisches Handbuch. *Wittenberg*, 1791-1803, 3 vol. 8º.

Schmidt (Friedr. Willibald). — Flora Bohemica inchoata. *Pragæ*, 1793-1794. 2 vol. fol⁰.

Schmidt (Franz).— OEsterreich's allgemeine Baumzucht. *Wien*, 1792-1794, 2 vol. fol⁰.

Schmiedel. — Icones plantarum. *Norimbergæ*, 1762, fol⁰.

Schneevogt. — Icones plantarum rariorum. *Harlem*, 1795, 2 vol. fol⁰.

Schott et Endlicher. — Meletemata botanica. *Berlin*, 1826. fol⁰.

Schrader (Henr. Adolph.).—Sertum Hannoveranum. *Gottingæ*, 1795-1796, 4 fasc. fol⁰.

Id. —De Halophytis Pallasii. *Gottingæ*, 1810, 4º.

Id. — Hortus Gottingensis. *Gottingæ*, 1809-1813, fol⁰.

Id. — Journal für die Botanik. *Gœttingen*, 1799-1803, 10 fasc. 8º.

Id. —Neues Journal für die Botanik. *Gœttingen*, 1805-1810, 8 fasc. 8º.

Schrader (C. F.) et Wendland.—Sertum Hannoveranum, seu plantæ rariores quæ in hortis regiis Hannoveræ vicinis coluntur. *Gottingæ*, 1795, fol⁰.

Schrank.— Plantæ rariores Horti Monachensis. *Monachii*, 1809-1813, fol⁰.

Schultes (Jos. Aug., et Jul. Herm.) — Mantissa ad Systematis vegetabilium vol. 1, 2 et 3. *Stuttgardtiæ*, 1822-1827, 3 vol. 8º.

Id. Id. — Systema Vegetabilium vol. 7, pars 1 et 2. *Stuttgardtiæ*, 1829-1830.

Scopoli. — Deliciæ Floræ Insubricæ. *Ticini*, 1786-1788, 3 vol. fol⁰.

Id. — Flora Carniolica. *Viennæ*, 1760, 8º. — Ed. 2, *ibidem*, 1772, 2 vol. 8º.

Seringe.— Musée helvétique d'Histoire naturelle (partie botanique), ou Collection de Mémoires, Monographies et Notices botaniques. *Berne*, 1823, 8º.

SIBTHORP ET SMITH. — Floræ Græcæ Prodromus, seu plantarum omnium enumeratio quæ in provinciis aut insulis Græciæ invenit Sibthorp. *Londini*, 1803-1813, 2 vol. 8°.

ID. ID. — Flora Græca. *Londini*, 1809-1833, 8 vol. fol°.

SIEBOLD ET ZUCCARINI. — Flora Japonica, seu plantæ quas in Imperio Japonico collegit, descripsit, ex parte in ipsis locis pingendas curavit de Siebold. — *Lugd.-Batav.* 1833 et seqq. fol°.

SIMS. (V. *Curtis, Botanical Magazine.*)

SLOANE. — Prodromi Historiæ Naturalis Jamaicæ pars prima. *Londini*, 1696, 8°.

SMITH. — Spicilegium botanicum. *Londini*, 1791-1792, 2 fasc. fol°.

ID. — Flora Britannica *Londini*, 1800-1804, 3 vol. 8°.

ID. — Exotic Botany. *London*, 1804-1808, 8°.

ID. — Plantarum Icones hactenus ineditæ. *Londini*, 1789, fol°.

ID. ET SOWERBY. — English Botany. *London*, 1790-1814, 20 vol. 8°.

ID. ID. — Specimen of the Botany of New-Holland. *London*, 1793, 4°.

SONNERAT. — Voyage à la Nouvelle-Guinée. *Paris*, 1776, 4°.

SPARMANN. — Voyage au Cap de Bonne-Espérance. *Paris*, 1787, 3 vol. 8.

SPENNER. — Flora Friburgensis et regionum proxime adjacentium. *Friburgi Brisgoviæ*, 1825, 2 vol. 8°.

SPRENGEL. — Linnæi Systema Vegetabilium ed. 16. *Gottingæ*, 1825, 5 vol. 8°.

ID. — Neue Entdeckungen. *Leipzig*, 1820-1822. 5 vol. 8°.

STECHMANN. — Dissertatio de Artemisia. *Gottingæ*, 1775, 4°.

STERNBERG. — Revisio Saxifragarum. *Ratisbonæ*, 1810, fol°.

STORM. — Deutschland's Flora. *Nürnberg*, 1798, 2 vol. 4°.

SWARTZ. — Flora Indiæ Occidentalis. *Erlangæ*, 1797-1806, 3 vol. 8°.

ID. — Genera et Species Orchidearum systematice coordinatarum. *Erlangæ*, 1805, 8°.

ID. — Observationes botanicæ. *Erlangæ*, 1791, 1 vol. 8°.

SWEET. — The British Flower Garden, containing full and accurate coloured figures and descriptions of plants that may be cultivated in the open air of Great-Britain. *London*, 1822-1830, 8°. — Series 2, 1831 et seqq.

ID. — Cistineæ. *London*, 1825, 8°.

ID. — Flora Australasica, or a selection of most beautiful and interesting plants of New-Holland. *London*, 1827-1828, 8°.

ID. — Geraniaceæ. *London*, 1821, 8°.

Sweet.— Hortus Britannicus, or a catalogue of all the plants in-
        digenous, or cultivated in the gardens of Great-Britain.
        London, 1827, 8⁰. — Ed. 2, 1830. — Ed. 3, 1839.

Tabernæmontanus. — Icones p'antarum. *Franckfurt*, 1590, 4⁰.

Tausch.— Das System der Doldengewæchsc (*in Botanische Zei-
        tung*), 1834.

Tenore. — Prodromus Floræ Neapolitanæ. *Neapoli*, 1811, 8⁰.
   Id. — Flora Napolitana. *Napoli*, 1811 et seqq. fol⁰.
   Id. — Sylloge plantarum vascularium Floræ Neapolitanæ.*Nea-
        poli*, 1831, 8⁰.

Thore. — Essai d'une Chloris du Département des Landes.
        Dax, 1803, 8⁰.

Thory et Redouté. (V. *Redouté et Thory*.)

Thuillier. — Flore des environs de Paris. *Paris*, 1790, 12⁰.

Thunberg.— Flora Japonica. *Lipsiæ*, 1784, 8⁰.
   Id. — Prodromus plantarum capensium. *Upsal.* 1794, 8⁰.
   Id. —Nova plantarum genera. Dissertationes 9. *Upsal.* 1799-
        1801.

Tineo. —Plantarum rariorum Siciliæ minus cognitarum pugil-
        lus I. *Panormi*, 1847.

Torrey.— Compendium of the Flora of the North and Middle
        United-States. *New-York*, 1826, 8⁰.
   Id. et Asa Gray.— Flora of North-America. 8⁰, *New-York*,
        vol. I, 1838 1840 ; vol. II. 1841 et seqq.

Tournefort. — Institutiones Rei Herbariæ. *Parisiis*, 1700-
        1703, 3 vol. 4⁰.— Ed. *Lugd.-Batav.* 1719
   Id. ☰ Corola ium Institutionum Rei Herbariæ. *Parisiis*,
        1703, 4⁰.
   Id. —Relation d'un Voyage au Levant. *Paris*, 1718, 2 vol.4⁰.

Transactions of the Royal Society of Edinburgh. —
        Edinburgh, 1789 et seqq. 4⁰.

Transactions of the Linnean Society of London. —
        London, 1791-1816, 11 vol. 4⁰.

Transactions of the Horticultural Society of London.
        —*London*. 1812 et seqq. 4⁰.

Trattinick. — Archiv der Gewæchskunde. *Wien*, 1811-1812,
        3 fasc. 4⁰.
   Id. — Observationes botanicæ. *Viennæ*, 1811-1812, 3 vol. 4⁰.
   Id. — Thesaurus botanicus. *Viennæ*, 1805.
   Id. — Tabulæ pictæ. Ausgewahlte Tafeln aus dem Archiv der
        Gewæchskunde. *Wien*, 1813. 4⁰.

Trew.— Plantæ Selectæ ab Ehret pictæ. *Norimbergæ*, 1750-
        1773 fol⁰.

Trinius. — Fundamenta Agrostographiæ, sive theoria construc-
        tionis floris Graminei ; adjecta synopsi generum Gra-
        minum hucusque cognitorum. *Viennæ*, 1820, 8⁰.

TRINIUS. — Species Graminum, iconibus et descriptionibus
illustratæ. *Petropoli*, 1820-1834, 2 vol. 4⁰.

ID. — De Graminibus unifloris et sesquifloris. *Petropoli*,
1824, 8⁰.

TURPIN ET POITEAU. (V. *Poiteau.*)

TUSSAC. — Flore des Antilles, ou Histoire générale botanique,
rurale et économique des végétaux indigènes des Antilles, et des exotiques qu'on est parvenu à y naturaliser. *l'aris*, 1808-1826, 3 vol. fol⁰.

USTERI. — Annalen der Botanik. *Zürich*, 1791-1793. 6 vol. 8⁰.

VAHL. — Symbolæ Botanicæ. *Hauniæ*, 1790 1794, 3 fasc. fol⁰.

ID. — Eclogæ americanæ. *Hauniæ*, 1796-1798, 2 fasc. fol⁰.

ID. — Icones plantarum americanarum in Eclogis descripta-
rum. *Hauniæ*, 1798-1799, fol⁰.

VAILLANT. — Botanicon Parisiense. *Leydæ*, 1727, fol⁰.

VENTENAT. — Tableau du Règne Végétal. *Paris*, 1799, 4 vol. 8⁰.

ID. — Plantes nouvelles ou peu connues du Jardin de Cels.
Paris, 1800, fol⁰.

ID. — Choix de plantes cultivées dans le Jardin de Cels. *Paris*,
1803, fol⁰.

ID. — Jardin de la Malmaison. *Paris*, 1803, fol⁰.

VILLARS. — Histoire des plantes du Dauphiné. *Grenoble*, 1786-
1788, 3 vol. 8⁰.

VITMAN. — Summa plantarum in lucem edita. *Mediolani*, 1789-
1792, 6 vol. 8⁰.

VIVIANI. — Floræ italicæ fragmenta. *Genuæ*, 1808, 4⁰.

WAHLENBERG. — Flora Upsaliensis. *Upsaliæ*, 1820, 8⁰.

ID. — Flora Suecica. *Upsaliæ*, 1824-1826, 3 vol. 8⁰.

ID. — Flora Lapponica. *Berolini*, 1812, 8⁰.

ID. — Flora Carpatorum. *Gottingæ*, 1814, 8⁰.

WALDSTEIN ET KITAIBEL. — Descriptiones et Icones plantarum
rariorum Hungariæ. *Viennæ*, 1802-1812, 3 vol. fol⁰.

WALLICH. — Plantæ Asiaticæ rariores. *Londini*, 1829-1832,
3 vol. fol⁰.

ID. — Tentamen Floræ Nepalensis illustratæ. *Calcutta*, 1824-
1826, fol⁰.

WALLROTH. — Schedulæ criticæ de plantis Floræ Halensis. *Halæ*,
18 2 8⁰.

WALTER — Flora Caroliniana. *Londini*, 1788, 8⁰.

WANGENHEIM. — Beschreibung einiger Nord-Amerikanischen
Holzarten. *Gottingæ*, 1781, 8⁰.

WATSON. — Dendrologia britannica, or trees and shrubs that
will live in the open air of Britain. *London*, 1825, 8⁰.

WEBB ET BERTHELOT. — Histoire naturelle des iles Canaries.
Paris, 1835 1843 et suiv. 3 vol. 4⁰.

Weinmann. — Phytanthoza iconographica. *Ratisbonæ*, 1737-1745, 4 vol. fol⁰.

Wendland (J. C.). — Hortus Herrenhusanus. *Hannover*, 1798-1801, 4 fasc. fol⁰.

Wendland (H. L.). — Collectio plantarum tam exoticarum quam indigenarum, cum delineatione, descriptione et cultura. *Hannover*, 1806, 2 vol. 4⁰.

Id. — Ericarum icones et descriptiones. *Hannover*, 1798, 4⁰.

Wight. — Illustrations of Indian Botany. *London*, 1821, 4⁰.

Wight et Walker-Arnott. — Prodromus Floræ Peninsulæ Indiæ Orientalis. Vol. I, *London*, 1834, 8⁰.

Id. Id. — Contributions to the Botany of India. *London*, 1834, 8⁰.

Willdenow. — Historia Amarantorum. *Turici*, 1790, fol⁰.

Id. — Enumeratio plantarum Horti Berolinensis. *Berolini*, 1809, 2 vol. 8⁰. — Suppl. 1813.

Id. — Hortus Berolinensis. *Berolini*, 1806-1810, fol⁰.

Id. — Linnæi Species Plantarum. *Berolini*, 1797-1810, 5 vol. 8⁰.

Wimmer, Grabowsky et Gunther. — Enumeratio stirpium phanerogamarum quæ Silesiæ sponte proveniunt. *Vratislaviæ*, 1824 et 1827, 8⁰.

Withering. — Botanical arrangement of the vegetables of Great-Britain. *Birmingham*, 1776, 8⁰.

Woodville. — Medical botany. *London*, 1790-1793. 3 vol. 4⁰.

Zuccarini. (V. *Martius et Zuccarini; Siebold et Zuccarini*.)

FIN DE LA TABLE BIBLIOGRAPHIQUE ET DU TOME TREIZIÈME
DES PHANÉROGAMES.

COLLABORATEURS.

MM.

AUDINET-SERVILLE, ex-président de la Société Entomologique, Membre de plusieurs Sociétés savantes, nationales et étrangères. (ORTHOPTÈRES, NÉVROPTÈRES ET HÉMIPTÈRES).

AUDOUIN, Professeur-Administrateur du Muséum, Membre de plusieurs Sociétés savantes, nationales et étrangères. (ANNELIDES).

BIBRON, Aide-Naturaliste du Muséum, collaborateur de M. Duméril pour les Reptiles.

BOISDUVAL, Membre de plusieurs Sociétés savantes, nationales et étrangères, auteur de l'Entomologie de l'Astrolabe, de l'Icones des Lépidoptères d'Europe, de la Faune de Madagascar, etc. etc. (LÉPIDOPTÈRES).

DE BLAINVILLE, Membre de l'Institut, Professeur-Administrateur du Muséum d'Histoire Naturelle, Professeur à la Faculté des Sciences, etc. (MOLLUSQUES).

DE BREBISSON, Membre de plusieurs Sociétés savantes, auteur des Mousses et de la Flore de Normandie, (PLANTES CRYPTOGAMES).

A. DE CANDOLLE, de Genève (BOTANIQUE).

CUVIER (Fr), Membre de l'Institut (CÉTACÉS).

DEJEAN (le comte), Lieut. général, Pair de France, (COLÉOPTÈRES).

DESMAREST, Membre correspondant de l'Institut, Professeur de Zoologie à l'École vétérinaire d'Alfort, (POISSONS).

MM.

DUMÉRIL, Membre de l'Institut, Professeur-Administrateur du Muséum d'Histoire Naturelle, Professeur à l'École de Médecine, etc. etc. (REPTILES).

LACORDAIRE, Naturaliste-voyageur, Membre de la Société Entomologique, etc. (INTRODUCTION A L'ENTOMOLOGIE).

HUOT, GÉOLOGIE.
*BROGNIART
DELAFOSSE MINÉRALOGIE.

LESSON, Membre correspondant de l'Institut, Professeur à Rochefort, etc. (ZOOPHYTES ET VERS).

MACQUART, Directeur du Muséum de Lille, auteur des Diptères du Nord de la France, etc. etc. (DIPTÈRES)

MILNE-EDWARS, Professeur d'Histoire Naturelle, Membre de diverses Sociétés savantes, etc. etc. (CRUSTACÉS).

LE PELETIER DE SAINT-FARGEAU, Président de la Société Entomologique, auteur de la Monographie des Tenthrédines, etc. etc. (HYMÉNOPTÈRES).

SPACH, Aide-Naturaliste au Muséum. (PLANTES PHANÉROGAMES).

WALCKENAER, Membre de l'Institut; travaux sur les Arachnides, etc. etc. (ARACHNIDES ET INSECTES APTÈRES).

CONDITIONS DE LA SOUSCRIPTION.

Les Suites à Buffon formeront 55 volumes in-8° environ, imprimés avec le plus grand soin et sur beau papier ; ce nombre paraît suffisant pour donner à cet ensemble toute l'étendue convenable. Chaque auteur s'occupant depuis long-temps de la partie qui lui est confiée, l'éditeur sera à même de publier en peu de temps la totalité des traités dont se composera cette utile collection.

A partir de janvier 1834, il paraîtra a peu près tous les mois un volume in-8°, accompagné de livraisons d'environ 10 planches noires ou coloriées.

Prix du texte, chaque volume (1)..............5 f. 50 c.

Prix de chaque livraison { noire.............3.
{ coloriée.........6.

N^a Les personnes qui souscriront pour des parties séparées paieront chaque volume 6 fr. 50

Un petit nombre d'exemplaires seront imprimés sur grand papier vélin, dont le prix sera double.

ON SOUSCRIT, SANS RIEN PAYER D'AVANCE,

A LA LIBRAIRIE ENCYCLOPÉDIQUE DE RORET,

RUE HAUTEFEUILLE, N° 10 bis, A PARIS,

AU COIN DE CELLE DU BATTOIR.

(1) L'Éditeur ayant à payer pour cette collection des honoraires aux auteurs, le prix des volumes ne peut être comparé à celui des réimpressions d'ouvrages appartenant au domaine public et exempts de droits d'auteur, tels que Buffon, Voltaire, etc. etc.

*N'ont pas été compris dans la première souscription les ouvrages de Mrs BROGNIART, DELAFOSSE, HUOT.